<한국해양전략연구소 총서 103>

THE STRATEGY OF DENIAL

AMERICAN DEFENSE IN AN AGE OF GREAT POWER CONFLICT

거부전략

강대국 분쟁시대 미국의 국방

Elbridge A. Colby 지음 / 오준혁 옮김

박영사

서문

가장 좋은 미국의 국방전략은 무엇인가?

다시 말해, 미국은 어떤 목적을 갖고 싸울 준비를 갖춰야 하며, 그런 전쟁을 수행하기 위해 어떤 군사대비태세를 갖출 것인가? 이런 물음들은 막대한 규모의 생사여부를 결정짓기 때문에, 앞서 말한 전략의 목적의식 없이는 합리적으로 답할 수 없다.

오랫동안 이와 같은 물음들은 그리 압박되거나 날카롭지 않았다. 소련이 붕괴된 후, 미국은 가능성 있는 라이벌 국가들보다 훨씬 더 강력해져서 국익을 위해 싸우고자 하면 그 어떤 국가에 대해서도 주저 없이 상대할 수 있었다. 미국은 핵공격을 받지 않고는 모스크바나 베이징을 탈취할 수 없었을 것이지만, 그렇게 위협을 무릅쓸 이유가 없었다. 미국은 굳이 그런 위협을 감내하지 않아도 지구에서 초일류의 지위를 구가했다. NATO(북대서양 조약기구)를 위해 러시아와 싸우든, 대만이나 남중국해 혹은 일본을 위해 중국과 싸우든, 싸울 의향이 있는 그 어떤 국가에 대해 미국은 단지 압도하는 데 필요한 자원만 투입하면 되었다.

그런 세계는 이제 갔다. "일극체제"는 끝이 났다.[1]

무엇보다도, 이것은 중국의 부상 때문이다. 나폴레옹은 중국이 부상할 때 전 세계가 흔들릴 것이라고 말했다고 한다.[2] 중국은 일어섰으며, 계속 일어서고 있다. 그리고 전 세계는 흔들리고 있다. 19세기 이래 처음으로 미국은 의심의 여지가 없이 세계 최대의 경제력을 가졌음을 자랑할 수 없게 되었다. 그 결과로 우리는 소위 "강대국 세력경쟁great power competition"으로의 회귀를 목격하고 있다. 물리적 현실로 비유하건대, 큰 사물은 그 사물을 포함하는 체계에 대하여 가장 막대한 결과를 초래한다. 중국의 거대한 규모와 정교함sophistication은 자신의 부상이 가장 중요해질 것임을 의미한다. 앞서 현상을 기술했다면, 이제 어떻게 그 현상에 대해 대응할지가 남았다.

이 책은 이러한 현실이 미국의 국방과 국익에 대하여 어떤 의미를 갖는지를 설명하고자 한다. 이 집필의도는 미국인들과 미국의 국방전략에 관심이 있는 사람들이 폭넓고 심도 있는 온전한 방식으로 이런 질문들에 대해 답할 수 있는 사고의 틀을 아직 갖추지 않았다는 걱정에서 비롯되었다. 물론 요즘에는 전략에 대한 저작들이 존재하며 대부분 뛰어나다. 하지만 그런 저서들은 대부분 대전략을 다룬다. 하나의 구성력 있는 사고의 틀을 통해서 자국의 대전략의 산물로서 국가의 국방전략이 무엇이어야 하는지에 대해 명확한 지침을 제공하는 경우는 거의 없다.[3)]

그런 사고의 틀이 없다는 것은 심각한 문제이다. 일극체제 시대에 미국인들은 전략적 질문에 대한 결정을 내릴 때 수반한 결과에 대하여 많은 두려움이 없었다. 미국의 패권은 자국의 결정이 수반한 결과가 고통스럽지 않도록 완충할 여지가 있었기 때문이다.

그러나 이제는 그렇지 않다. 국력은 분산되었고, 특히 중국을 포함한 국력을 갖춰가는 다른 국가들은 미국과 동맹이었던 국가들이 아니다. 10년 전, 미국의 국방예산은 다음 18개국의 국방예산을 모두 합한 것보다 많이 지출되었으며, 그 국가들은 대부분 동맹국이었다. 오늘날 그 격차는 줄었다. 미국의 국방예산지출은 이제 다음 7개국 국방예산의 합이며, 2위로 뛰어 올라온 중국은 지난 5년 동안 매년 10퍼센트씩 국방예산지출액을 늘리고 있다. 그리고 그 격차는 중국이 성장하면서 더 축소될 것이다.[4)]

패권구조만 변한 것이 아니다. 1990년대와 2000년대에는 세계가 평화롭고 협력적이었다고 생각할 수 있었다. 중국과 러시아는 기존의 국제체제에 순응하는 것처럼 보였다. 그러나 최근 세계는 더 긴장감이 고조되었고, 비록 적대적이진 않더라도, 구조의 변화뿐만 아니라 공공연히 경쟁적인 태도가 다시 불거지고 있다. 이는 과거 특정지역에만 한정되었던 주요전쟁이 보다 가능성 있는 것으로 생각된다는 것을 의미한다.

미국은 어떻게 이 모든 것을 고려하여 현 위치를 파악하고 향배를 결정해야 할 것인가? 근본적인 현실은 미국이 할 수 있는 것이 구조적으로 한정되어 있다는 점이다. 이제 미국은 모든 것을 한 번에 할 수 없다. 그러므로 미국은 어려운 결정들을 내려야 한다. 그리고 어려운 결정들에 대해서는 결정을 위한 사고의 틀인 전략이 매우 중요하다. 국가는 결과가 주요하지 않을 때, 타국이 자국의 운명을 결정할 때, 기존의 전략적 사고의 틀에 이미 순종하고 있을 때 의식적 전략 없이 시행착오를 거쳐 갈 수 있다. 하지만 새로 대두된 제한사항들을 고려했을 때, 미국인들은 이제 국제적 야망이나 개입을 미국인 자신의 능력과 지속하고자 하는 의지와 절충해야 한다. 이와 같은 조건에서 지적인 결정을 내리기 위해, 미국인들은 무엇이 중요하고 무엇이 그렇지 않은지, 무엇이 국익에 가장 큰 위협이 되는지, 어떻게 미국인들이 감수할 비용과 위험을 고려한 방식으로 국익을 달성할지를 판별할 기준이 필요하다.

중요한 것은, 전략은 사고의 틀이며 장기 계획이 아니라는 점이다. 전략은 일관된 세계관에 근거하며, 선택을 하고 우선순위를 정할 수 있는 논리를 제공한다. 그 중심에는 복잡한 세계를 다루는 '개략화시키는 논리가' 있으며, 이것 없이 세계를 이해하기는 혼란스러울 것이다. 전략은 그런 의미에서 세계를 설명하는 데 도움을 주고자 만든 이론들과 같아서, 최대한 간단해야 하지만 단순해서는 안 된다. 이와 같은 논리 없이는 중요성에 따라 무엇을 특별히 준비하고 관리하며 무시해야 하는지를 판별할 일관된 방식이 없을 것이다. 미국이 처한 자원이 희소한 상황에서 전략이 부재하게 되면 좌절과 재앙은 자명하다.

전략적 사고의 틀은 지난 생각과 지난 사고의 틀이 현실과 점점 격차가 일어나는 오늘날과 같은 전환기에 특별히 필요하다. 일부 지도자 및 지식인들을 위시한 탈냉전 세대는 일부 미국인들 및 내재한 현실과 괴리감을 낳고 있으며, 그들은 대중에게 미국이 국제무대에서 할 수 있는 것과 해야 할 것을 크게 과장하고 있다. 이는 수많은 우려스러운 결과를 가져왔다. 또한, 국제분야에 대한 다수의 대표 사상가들은 이와 같이 상황을 인식하여, 이제 상황이 걷잡을 수 없이 변했다고 믿는 다수의 미국인과 반대로, 마치 국가에 희망을 심으면 미국은 다시 일극체제로 돌아가게 만들 수 있다고 본다. 동시에, 미국을 다시 수세적 태세로 전환하고 제2차 세계대전 이후 미국이 추구했던 것보다 훨씬 더 소극적인 외교정책을 채택해야 한다는 주장이 특히 학계에서 잔존한다.

이 책의 목표는 미국인들이 어떻게 이 새로운 현실에 대처해야 하는지 그리고 그들이 현실적이고 정당하게 감내할 수 있을 만큼의 위험과 비용 수준으로 해외에 미치는 중대한 국익을 추구하고 보호할지를 기술하는 데 있다. 특히, 미국인들이 중차대한 국익을 위한 전쟁을 어떻게 준비하고 타당한 방법으로 수행할 것인지에 관심이 있다. 이 책은 국방전략 저서이다. 이 책은 대전략에 기반해 있으나, 그 주안점은 군사전략에 맞춰져 있다. 전쟁은 단순히 또 다른 인간활동의 영역이 아니다. 여기에서는 군사문제가 가진 중요한 면모가 결정적인 성격이라고 주장한다. 하지만 군사문제는 포괄적이지 않으며, 만약 국방전략이 제대로 할 일을 하면 군사문제는 주요사안으로 불거지지 않는다. 이 책에서는 전략의 성공을 바로 이와 같은 결과로 정의한다. 전쟁위협이 불거지지 않은 상태가 그것이다. 하지만 이런 목표를 달성하는 것은, 역설적이게도 전쟁에 대한 명확하고 심도 있는 집중을 필요로 한다. 여기에서 독자들은 중국과 경제적으로 어떻게 경쟁해야 하는지, 어떻게 국제기구들이 개선되어야 할지 혹은 국제정치의 그 어떤 다른 문제에 대한 논의를 접하지 못할 것이다. 이는 이런 중요한 문제들을 중요하지 않게 여기기 때문이 아니며, 만약 미국인들이 제대로 된 국방전략을 갖추지 못한다면 다른 고려사항과 국익은 우선순위의 뒷좌석에 앉을 수밖에 없기 때문이다. 그 전략을 규명하는 것이 이 책의 과업이다.

　　비록 이 책은 전쟁에 대한 책이지만, 왜 전쟁이 일어나는지, 무슨 목적으로 전쟁이 수행되어야 하는지, 어떻게 전쟁은 수행되어야 하는지를 다루는 이 모든 것은 평화를 수호하기 위함이며, 올바른 평화를 위함이다. 하지만 미국인들의 안보, 자유 그리고 번영과 양립할 수 있는 올바른 평화는 자생적으로 생겨나지 않는다.[5] 성취해야 한다. 이 책은 올바른 평화가 당연하게 여겨지지 못하는 시대에 감수할 수 있는 비용과 위험의 수준에서 어떻게 미국인들이 그와 같은 평화를 성취할 것인지를 제시하고자 한다.

책의 구성

　　이 책은 연역적 방식으로 진행하여 최초에 원칙을 제시하고 논리가 형성된 후에 결론을 제시한다. 이렇게 하는 이유는 독자들이 논리적 전개를 명확하게 볼 수 있게 하기 위해서이며, 결론부터 시작해서 합리화하지 않기 위함이다. 이 책의 진행방향을 미리 알고 싶거나 선택적으로 이 책을 읽고자 하는 독자들을 위해 다음의 개요를 설명하고자 한다. 1장부터 4장까지는 미국의 국방전략을 인도할 개략적인 지정학적 전략을 그린다. 5장에서 11장까지는 이보다 넓은 범위의 전략을 지탱하는 데 필요한 군사전략을 제시한다. 12장은 짤막하게 내린 결론이다.

1장은 미국 대전략의 근본적인 목적과 그런 목적이 어떻게 미국의 국방전략을 형성하는지를 그린다. 이 장은 타국이 획득하려는 세계의 중요 지역에 대한 패권을 거부하는 근본적 목적이 강조된 힘의 균형의 중심적 역할을 소개한다. 이러한 힘의 균형은 미국이 안보, 자유 그리고 번영을 달성하도록 한다. 이 장은 왜 아시아가 부와 권력의 측면에서 세계에서 가장 중요한 지역인지를 설명하며, 왜 중국이 세계에서 가장 중요한 나라 중 하나인지를 설명한다. 다른 강대국들과 같이 중국은 동아시아에 대하여 패권을 형성하려는 가장 강력한 관심을 가지며, 베이징은 이런 목표를 추구하는 것으로 보인다. 따라서 중국이 아시아에 형성하려는 패권을 거부하는 것은 미국 대전략의 기본 목표이다.

2장은 왜 지역에 대한 우호적 세력 균형이 미국의 전략에서 중요한지 설명한다. 2장은 이러한 균형을 지탱하는 반패권연합anti-hegemonic coalition이 부상하는 지역패권국가나 그 패권국의 연합국들이 형성할 힘보다 더 강한 힘을 형성하여 지역 힘의 균형을 지탱하는 모습을 묘사한다. 이 장은 이런 연합을 형성하고 유지하는 데 마주할 어려움을 묘사한다. 이때 연합은 지역패권국가로 부상하는 국가와 직면하며, 특히 부상국가는 이런 연합체제를 붕괴시키도록 고안된 순차적 집중 전략을 활용한다. 신흥 패권국가는 이 전략으로써 연합국을 순차적으로 집중하여 고립시킬 수 있게 하며, 점진적으로 연합을 약화시켜 신흥 패권국이 패권을 장악하도록 한다. 이러한 문제는 특히 지역 외부에서 확보되어야 할 주춧돌과 같은 균형자의 중요성을 그리고 미국은 특유의 능력으로 이 역할을 수행할 수 있음을 일깨운다. 마지막으로, 이 장은 왜 미국이 아시아에서 이러한 역할을 수행하는 데 집중해야 하는지 설명한다. 이는 중국에 대항한 반패권연합은 미국의 균형자 역할이 수반되지 않고서는 형성될 수 없음을 고려하고, 미국의 노력을 절약하고 타 중요 지역에서도 이와 같은 연합이 더 형성하고 유지할 수 있는 환경이 조성될 수 있음을 고려하였을 때 필요하다.

3장은 타국을 위하여 싸우는 공식화된 약정으로써, 반패권연합 속에서의 동맹의 중요성을 설명한다. 이때, 이 반패권연합은 보다 비공식적인 조직으로서 동맹과 보다 구속적이지 않은 동반관계를 모두 포괄한다. 동맹이 없다면 중국과 같은 부상하는 패권국에 편승할 국가들에게 확신을 심어주는데, 특히 중국의 집중 및 순차전략에 직면한 경우에 그렇다. 하지만 참가국들에게 있어 동맹은 불필요하거나 값비싼 전쟁에 관한 연루entanglement의 위험을 내포한다. 이는 특히 미국과 같은 주춧돌 국가에 의한 동맹국의 방어가 효과적이고 믿을 수 있어야 하기 때문이며, 그와 같은 성과를 달성하기는 쉽지 않을 수 있기 때문이다. 그러나 가장 중요한 것은 일반적 의미에서의 미국에 대한 신뢰, 즉 경솔했을지라도 미국이 선언하고 약속한 모든 것을 지키는 것이 아니다. 그보다는 아시아에서 미국의 차별화된 신뢰를 얻어 해당 지역의 주요국가들이 미국은 중국으로부터 그들을 효과적으로 방어해줄 수 있다고 믿어야 한다. 이 차별화된 신뢰의 주된 중요성은 그 결과로써 미국이 아시아지역에서의 차별화된 신뢰성에 타격 없이 다른 지역에서도 어렵지만 중요한 선택을 할 수 있게 하는 데 있다.

　　4장은 미국 동맹 혹은 방어의 범위를 규정한다. 반패권연합의 성공이 미국의 차별화된 신뢰를 보호하고 관리하는 데 달려있기 때문에 미국은 신중히 어떤 국가를 포함하거나 하지 않을지 선택해야만 한다. 만약 미국이 너무 적게 포함하면, 연합은 너무 약할 것이고 너무 많이 포함하면 미국은 과대확장, 패배 그리고 차별화된 신뢰를 상실하기까지 할 것이다. 일본과 호주 같은 일부 국가들은 명백히 포함되어야 하지만, 타국들이 포함되어야 하는지는 자명하지 않다. 세력 균형이 미묘하고 경쟁적이기 때문에, 미국은 방어할 수 있는 최대한 많은 국가들을 포함하려고 노력해야 하고 동시에 방어가 불가능한 국가들은 제외하여야 한다. 하지만 이 방어가 가능한지의 여부는 최선의 미국 군사전략을 이해하지 않고 결정할 수 없다. 그러므로 우리는 최적의 방어선을 식별하기에 앞서 최선의 미국 군사전략이 무엇인지 이해하여야만 한다.

　　5장은 이런 광대한 지정학적 어려움의 시각에서 미국이 가질 최선의 군사전략을 논의하면서 시작한다. 이 장은 중국에 대항하여 제한전쟁을 수행하는 문제를 논의하는데, 이는 미중 양국이 모두 생존할 수 있는 핵무기를 소유하고 있음을 고려했기 때문이며, 왜 미국이 반드시 이런 맥락에서 제한전쟁을 수행할 준비를 해야 하는지 설명한다. 또한, 미국과 중국 간의 어떤 전쟁이라도 양국은 왜 분쟁을 제한전쟁 수준으로 유지하려는지 설명하며, 근본적으로 단계를 밟아가면서 대규모 핵전쟁을 피하는 것을 포함한다. 그 어떤 국가도 일부의 이권에 대한 전면전을 합리적으로 생각할 수 없기 때문에, 발생하는 제한사항 속에서도 더 효과적으로 싸우는 국가가 승리할 것이다. 즉 이 말은 승전국은 목표를 달성하는 국가가 되어 확전의 과중한 부담을 상대방에게 전가하여 그 국가가 제한된 패배만을 거두고 빠져나올 수 없고 절대 빠져나오지도 않게 만든다는 의미이다.

6장은 미국의 방위계획수립에 있어 단순히 모른다고 주장하면서 발생 가능한 모든 경우의 수에 대비하거나, 발생 가능성이 가장 높거나 가장 위험한 전략보다는 가장 최선의 군사전략에 초점을 맞출 필요가 있음을 주장한다.

7장은 중국의 최선의 군사전략이란 노출된 반패권연합국가에 대항한 기정사실화된 전략이며, 특히 워싱턴과 동맹 혹은 준동맹과 관련된 전략일 것이라고 주장한다. 그 이유는 중국이 지역패권을 달성하기 위해 필요하듯이, 자주성과 같은 핵심 재화를 포기해야 성립하는 전략은 실패하기 쉽기 때문이다. 대신, 중국은 주로 거친 무력에 의존하여 국가들을 복속시킬 것이며, 동시에 그 국가들을 방어하기 위해 접근하는 동맹을 막는 설득에 의존할 것이다. 이 전략의 최적의 형태는 기정사실화 전략으로서 중국이 대만, 필리핀과 같은 취약한 미국의 연합국가를 장악하고 동시에 미국이나 기타 잠재적 연합가입국이 취약국가에 제공할 강력한 방어를 저지하는 것이다. 순차적으로 적용했을 때, 이 전략은 미국의 차별화된 신뢰성을 저해하고 연합이 붕괴될 때까지 약화시킬 수 있으며, 이로써 중국은 지역패권국가가 될 여지가 생긴다. 중국 전략의 첫 표적은 중국과의 접근성과 미국의 준동맹의 지위를 고려할 때, 대만이 될 것이다.

8장은 중국의 최선의 전략에 대한 미국의 최적의 대응방안을 그린다. 중국의 규모와 성장추이를 고려했을 때, 중국에 대한 군사적 제압상태를 복구하는 것은 불가능하다. 수평적 혹은 수직적으로 확전시키는 것은 실패하기 쉬우며, 그로 인해 달성될 이익보다 훨씬 큰 손실을 초래할 것이다. 따라서 미국의 최선의 군사전략은 거부방어denial defense이며, 이는 중국이 군사력을 사용하여 정치적 목표를 달성하는 것을 거부하는 전략이다. 중국이 기정사실화 전략을 통하여 표적국가에 대한 복속을 달성하는 전략은 국가의 주변영토를 점령하는 것 이상을 요구한다. 중국은 표적국가의 중요영토를 점령하고 유지하여야만 한다. 이로써 획득한 영향력을 갖고 베이징은 조건을 강요할 수 있다. 이런 영향력 없이 베이징은 온건히 단결된 국가로부터도 자주성을 포기하게 할 수 없다. 따라서 미국과 타 연합국들은 중국이 이러한 기준을 충족하는 것을 거부하려고 하여야만 한다. 이 국가들은 중국이 표적국가의 중요영토 점령을 애초에 방지하거나 침공을 이미 저지를 중국이 점령상태를 유지하기 전에 방출시킴으로써 거부할 수 있다.

9장은 만약 중국의 대만이나 필리핀 침략이 위와 같은 방법으로 격퇴될 수 있다면 중국이 고조의 막중한 부담을 진다고 주장한다. 중국은 이와 같이 격퇴된 상태에서 분쟁고조를 통해 승리를 달성하기가 굉장히 어려운데, 그 이유는 이와 같은 노력이 연합국들의 효과적인 대응을 초래하기 쉽기 때문이다. 이런 상황에서 방자인 연합국은 유리한 입장에서 지구전에 안착하거나 거부와 비용부과의 전략을 배합하여 효과적으로 중국이 패배를 인정하도록 강요해볼 수 있다. 심지어 대만의 사례에 있어서도, 만약 방자가 중국의 최선의 군사전략을 격퇴할 수 있다면, 반패권연합국들은 베이징의 지역패권 달성을 성공적으로 저지할 수 있을 것이다.

10장은 대만에 대한 효과적인 방어를 수행하는 것은 가능하지만 쉽지 않음을 강조하면서 시작한다. 왜냐하면 중국이 너무 강력하거나 연합국들의 준비상태가 너무 갖춰지지 않아 효과적인 저항을 할 수 없을 수 있기 때문이다. 이런 경우에, 방자는 획기적으로 전쟁을 고조하고 그 결과로 고조의 무거운 부담을 감수하면서 효과적으로 거부방어를 수행해야만 한다. 그렇지 않고 만약 방자가 중국의 침략을 방지할 수 없다면, 연합국은 상실된 동맹국을 재탈환해야만 할 수도 있다. 이 경우, 중요한 문제는 과연 어떻게 소기의 목적을 위해 중국과 그 연합의 총력보다 힘이 더 세도록 조직화된 반패권연합국가들이 중국과의 분쟁에서 승리하기 위해 치르는 값비싸고 위험한 요건들을 충족시키도록 의지를 모을 수 있는가이다. 이 문제에 관한 답은 결부전략binding strategy이다. 이는 미국을 포함한 연합국들을 의도적으로 배치시키는 접근으로서, 중국의 최선의 군사전략을 운용하는 능력이 곧 연합국의 격퇴의지를 형성하게 한다. 이는 중국 자신이 최선의 전략을 구사함으로써 연합국들에게 지금 중국을 격퇴하는 것이 나중에 하는 것보다 낫다고 확신시키기 때문이다. 이와 같은 논리는 만약 중국의 행위가 연합국이 생각했던 것보다 더 공격적이거나, 야심차거나, 잔인하거나, 의존할 수 없다거나, 강력하거나 또는 자신의 명예를 존중하지 않다고 여겨질 때 성립할 수 있다.

11장은 이 책에서 개진하는 미국의 방위전략을 전개하는 데에 따른 예상 문제점을 풀어낸다. 미국 국방기관에 있어 주된 우선순위는 중국이 아시아의 미 동맹 혹은 미 준동맹국을 복속시킬 수 없게 하는 데 있으며, 최우선순위는 대만에 대한 대중거부전략을 수행할 수 있는 능력을 개발하고 유지하는 데 있다. 이런 관점에서, 미국은 아시아에서 현존하는 방어선을 유지하여야 한다. 미국은 대체적으로 특히 아시아 내륙지역에 대하여 추가로 동맹국을 형성하려고 하지 말아야 하지만, 만약 조건이 요구한다면 적은 수의 아시아 국가들을 동맹으로 선별적으로 추가할 것을 고려해야 한다. 또한 미국은 강력한 핵 억지력을 유지해야 하고 선택과 집중하에 효과적인 대테러태세를 유지하여야 한다. 미국은 비용이 과도하지 않다면 대북 및 대이란 미사일 방어체계를 유지해야 한다. 반면에, 제한된 자원을 집중하기 위해서 미국은 대만에 대한 중국과의 전쟁과 동시에 다른 시나리오를 갖고 군을 키우거나, 변형하거나, 태세를 갖춰서는 안 된다. 다른 우선순위를 앞지르는 첫 번째 우선순위는 중국에 대항하여 아시아 내 동맹국에 대하여 효과적으로 방어하는 것이어야 한다. 그러나 만약 미국이 추가 대비책을 원한다면, 미국이 아시아 내 동맹국에 대한 중국의 공격을 격퇴한 후 적의 승리에 대한 이론을 현실적으로 격퇴할 수 없는 경우에 한해 일부 사항을 변경할 수 있다. 이와 같은 상황은 동부 NATO 동맹국에 대항하여 러시아의 기정사실화 시도를 격퇴할 때이다. 이것이 유일한 상황인 이유는 바로 이 상황에만 미국이 제2격이 가능한 핵무기고로 무장되고 동맹국의 영토를 점령 및 유지할 수 있는 강대국을 마주하는 유일한 경우이기 때문이다. 따라서 미국은 유럽국가들이 NATO에서 더 큰 역할을 담당하도록 노력해야 한다. 마지막으로, 이 장은 거부방어와 결부전략이 모두 실패하였을 때 무엇을 해야 하는가를 고려한다. 이 경우에 선별적인 우방국의 핵 확산이 차악의 선택지가 될 것이지만, 이는 위험하고 만병통치약이 될 수 없다.

12장에서 이 전략의 궁극적인 목표는 중국과 정상적 평화와 용납할 수 있는 데탕트(긴장완화)에 다다르는 데 있다는 점을 강조하면서 끝을 맺는다. 하지만 이를 달성하기 위해서는 완강하고 집중된 행위를 요구하며, 중국과 전쟁을 벌일 수 있는 각별한 가능성을 인정하여야 한다.

감사의 말

나는 이 책을 출간할 수 있도록 지원하고 조명해주고 동료애를 나눠준 많은 사람들에게 감사의 빚을 진다. 당연히 주장과 연구결과물들은 나의 산물이며, 그 어떤 타인도 책임지거나 잘못한 것이 없다. 하지만 많은 친구들, 후견인, 동료들의 지원 없이는 그런 산물들에 절대 다다르지 못했을 것이다.

그런 의미에서 나는 다음의 사람들에게 특별히 고마움을 표한다. James Acton, Michael Albertson, Michael Allen, Ross Babbage, JR Backschies, Dennis Blair, Susanna Blume, Arnaud de Borchgrave, Shawn Brimley, Linton Brooks, Christian Brose, Curtis Buckles, Christopher Burnham, Tucker Carlson, Amy Chua, Ralph Cossa, Patrick Cronin, Abraham Denmark, Chris Dougherty, Ross Douthat, Thomas Ehrhard, Andrew Erdmann, Chris Estafanous, Ryan Evans, David Feith, Joe Felter, Thomas Fingar, Juie Finley, Ben Fitzerald, Michele Flournoy, Richard Fontaine, Aaron Friedberg, Mike Gallagher, Frank Gavin, Brett Gerry, Michael Gerson, Paul Gewirtz, Brad Glosserman, David Goldman, Michael Gordon, Alexander Gray, Boyden Gray, chris Griffin, Jakub Grygiel, David Halberstam, david Hale, Rylan Hamilton, Jacob Heilbrunn, Kate Heinzelman, Jerry Hendrix, Larry Hirsch, Samuel Hornblower, Reuben Jeffery, David Johnson, Boleslaw Kabala, Andrew Krepinevich, James Kurth, Daniel Kurtz-Phelan, Burgess Laird, John Langan, Jeffry Larson, Ronald Lehman, Thomas Lehrman, Austin Long, Kent Lucken, Edward Luttwak, John Lyons, Harvey Mansfield, Roman Martinez, William McCants, Michael McDevitt, Brent McIntosh, Renny McPherson, Bronwen McShea, Richard Mies, Frank Miller, Louis miller, Siddharth Mohandas, Mark Montgomery, Colin Moran, Grayson Murphy, Justin Muzinich, John Negroponte, Paul Nitze, William Odom, Steven Ozement, Jonathan Page, George Perkovich, Richard Posner, Matthew Pottinger,

Michael Reisman, Andres Reyes, Charles Robb, Carl Robihaud, Matthew Rojansky, Willaim Rosenau, Joel Rosenthal, Boris Ruge, Reihan Salam, Eric Sayers, Nadia Schadlow, Paul Scharre, Thomas Schelling, Randy Schriver, Paul Schulte, John Shea, David Shedd, Laurence Silberman, Kristen Silverberg, Peter Swartz, Sugio Takahashi, Ashley Tellis, Bruno Tertrais, Jim Thomas, Michael Thompson, Jessie Tisch, Ashley Townshend, Michael Urena, Dustin Walker, John Warden, Ted Warner, David Weiss, Reed Werner, Peter Wilson, Ted Wittenstein, Jeffrey Wolf, Shirley Woodward, Robert Work, Thomas Wright, Dov Zakheim, Roger Zakheim, and Robert Zarate.

또한, 특히 내 사고에 영향을 미쳤을 뿐만 아니라 이 책의 초안 일부나 전부를 검토하고 첨언했던 다음과 같은 분들께 감사하다. Jonathan Burks, Dale Copeland, Billy Fabian, Jonathan Finer, Josh Hawley, Larry Hirsch, Robert Jervis, Robert Kaplan, Adam Klein, Michael Leiter, Paul Lettow, Jim Miller, Wess Mitchell, Jim Mitre, Evan Montgomery, David Ochmanek, Ely Ratner, Kaleb Redden, Brad Roberts, Thomas Shugart, Walter Slocombe, Jonathan Solomon, Evan Thomas, and David Tobin.

특별히 내가 펜타곤에서 국방전략서를 작업할 때 내 생각을 형성하고 가능하게 만들어주신 분들, 무엇보다도 전 국방장관 James Mattis에게 감사하고 주지하고자 한다. 그를 위하여 이런 중요한 노력으로 일했던 경험은 일생에 있어서의 명예였으며, 그의 비전과 리더십은 그 노력을 가능하게 했다. 또한 이미 언급했던 분들에 더하여, David Allvin, Jack Arthaud, Krista Auchenbach, James Baker, Ahtony DeMartino, Michael Donofrio, Michael Duffey, John Ferrari, Dan Folliard, Tom Goffus, William Hix, Frank Hoffman, Justin Johnson, Paul Lyons, Stuart Munsch, David Norquist, Buzz Phillips, Patrick Shanahan, Cliff Trout, rob Weiler, Katie Wheelbarger 그리고 탁월한 NDS/SFD 팀에게도 감사하다.

예일대학교 출판부와 함께 이 책이 나올 수 있게 도와주신 분들께 특별한 감사를 보낸다. 특히 초고가 크게 개선될 수 있게 편집을 해주었고 너무나도 소중하게 지원해주었던 Bill Frucht, 뿐만 아니라 Laura Jones Dooley, Margaret Otzel 그리고 Karen Olson까지도 고맙다. 예일과 함께 작업했던 것은 큰 즐거움이었다.

훌륭한 상담자이자 지지자였던 내 직원 Henry Thayer에게도 감사하다.

또한 마라톤 이니셔티브, 특히 나의 파트너인 Wess Mitchell과 뉴 아메리칸 시큐리티 센터 Richard Fontaine과 Ely Ratner가 이 책에 대한 내 작업을 가능하게 하고 지원해준 것에 감사하다. Hirsch Family 및 Smith Richardson 재단이 내 저술 능력에 대한 중요한 지원을 해준 것에도 감사하다.

Andrew Rhodes가 매우 도움이 되고 창조적인 지도를 제공해주어 감사하다.

Yashar Parsie와 Carsten Schmiedl은 미주에 대하여 훌륭한 도움을 주었다. 또한 Yashar는 글을 마무리 짓는 데 있어서 발생했고 중대한 역할을 수행했던 수많은 어려운 질문에 대해 연구하며 탁월한 개념작업을 수행했다.

이 책은 헤아릴 수 없는 빚을 진 Alexander Velez-Green 없이는 결코 지금의 상태로 나오지 않았을 것이다. Alex의 명석함, 엄격함, 살핌 그리고 노력은 거칠고 두서없던 원고를 최종산물로 변모시키는 데 헤아릴 수 없이 소중한 도움을 주었다. 이 책이 가지는 훌륭한 많은 생각들, 구조, 논리구조 그리고 그들의 마음은 Alex의 깊숙한 흔적을 지닌다. 난 그에게 무한히 감사하다.

마지막으로 난 내 가족인 어머니 Susan, 누나 Emily, 형 George 그리고 확대 가족 특히 내 삼촌 Paul, Carl 그리고 John과 내 고모 Christine과 Amie, 내 사촌 Arthur, 내 조부모와 내 장모 Ana Maria에 엄청난 지원, 격려 그리고 다년간의 인내와 나의 괴이한 관심에 대해 버텨준 것에 감사하다.

나의 모든 것에 있어서 진정한 동반자인 아내 Susana에 대하여, 그녀의 사랑 넘치는 지원, 영감 그리고 상담에 대하여 나는 고갈되지 않는 감사를 전한다. 그녀는 이 소모적인 프로젝트에 대한 지원과 가치평가에 있어서 절대로 그녀의 지원을 거두지 않았다. 나의 아들 Orlando와 Thomas에게, 나는 이 책이 모종의 작은 도움이 되어 올바른 평화를 가져오는 데 기여하여 그들과 그들의 동시대인들이 그 평화를 만끽하고 잘 활용할 수 있게 되기를 바란다.

역자의 말

저자 앨브리지 콜비Elbridge Colby는 오늘날 동아시아 미국 안보정책의 근간인 2018년 미 국방전략서의 저자이기도 하다. 이 국방전략서는 미국 전략서 최초로 중국을 적 개념으로 명시하여 작성되었으며, 그런 이 책이 제공하는 국방전략의 근간이 되는 그의 대중국 전략 인식은 독자로서의 의미와 실용적인 의미 이렇게 두 가지 측면에서 의미를 가져다준다고 보인다. 먼저 독자로서의 의미 측면에서, 다음과 같은 두 가지의 의미를 준다. 첫째, 2023년 현재 대중국 미국 전력의 개념적 근간인 2018년 국방전략서의 인식을 이해할 수 있다. 개념적인 근거 안에서 미국이 상정한 대중국전략을 이해한 후에 그 맥락 안에서 군조직과 전력의 역할과 요망효과를 이해한다면, 우리의 전략적 목표와 태세를 현실적으로 고려하여 한미 호혜적인 연합방위를 구상할 수 있을 것이다. 둘째, 당면한 현상인 중국의 패권추구를 넘어서 건국 이후부터 관류하는 미국 대전략의 본질을 이해할 수 있다. 따라서, 실용서 수준의 단편적인 지식의 나열이 아닌, 미국전략의 원론에 해당하는 내용을 실사례와 학문적 기반 양자의 토대 위에서 이해할 수 있다.

한편, 실용적인 의미에서 미국의 전략에 대한 이해를 기반으로 우리의 국방전략과 정책을 입안하는 데 도움이 된다. 대한민국의 국방은 단순히 명분만으로도, 그리고 실리만으로도 효과적으로 달성할 수 없다. 다시 말해, 자주국방만으로도, 혹은 수동적인 태도를 갖고 미국의 전력에만 의존하여서도 국가 안보를 달성할 수 없다. 따라서 미국의 실리와 명분의 배경을 알고 우리의 명분과 실리를 찾아야 마땅하다. 그런 의미에서 미국이 동아시아에 갖는 관심이 어디에서 비롯하는지에 대한 근원적인 진단과 방법을 제시하는 이 책은 의미가 있다고 본다.

그런 의미에서 역자이자 독자로서 내 인상은 다음과 같다. 이 책의 압권은 미국의 대전략에 대한 사고의 틀을 지역패권 형성 방지라고 제시한 점이다. 그 이유는 흔히 말해 경찰국가니, 팍스로마나로 대표되는 미국의 세계패권이니, 제1차 세계대전의 전후의 국가전략의 변화를 막론하고 일관되게 적용될 수 있는 대전략 개넘이기 때문이다. 이런 시각은 미국이 무엇을 할 것인가가 아니라 무엇을 하지 않을 것인가에 초점을 맞추면서 압력보다는 인력적인 접근으로 미국의 행동을 주시한다. 비록 이런 관점은 행동을 예측하거나 대응방안을 고려하는 데 있어 그 시사점을 단순화시키지는 못한다는 단점이 있지만, 논리의 일관성 측면에서 나는 독자로서 저자의 이런 일목요연한 미국의 성향에 대한 분석에 감탄했다.

번역 간에 나의 부족으로 어려웠던 내용도 있었다. 그 중 하나는 역외균형 off-shore balancing에 대별되게 저자가 새롭게 개진한 균형전략인 외부초석균형 external cornerstone balancing 개념이다. 국내외 논문이나 단행본을 찾아봐도 찾아볼 수 없는 새로운 개념이어서 역자가 저자에게 문의했지만, 저자는 국문번역 일체를 나에게 믿고 일임했다. 또 다른 하나는 내가 동의할 수 없었던 한 대목이다. 내적 동기와 강제력을 설명하면서 아이를 비유하면서 아이를 들어서 욕조에 옮기는 것이 아이를 설득하는 것보다 더 쉽다는 대목이다. 나는 개인적으로 국제관계론에서는 국가를 단일 정체성으로 보는 것이 아니며, 국가를 인격에 비유하는 것은 국가 행동과 인간발달과정을 동일시하는 오류가 있는 것이므로 강제력이 국가에 미치는 영향이 아이에게 강압을 행사하는 것과 비유될 수 없다고 생각했다. 그 외에도 독자들은 다른 부분에서 의견이 맞질 않는 것을 느낄 수도 있다. 논증과 주장은 반박될 수 있어야 한다는 금언을 생각해보면, 어떤 주장에 대한 비판적 생각은 늘 장려할 만하며, 더욱 돋우고자 한다. 다만 모쪼록 독자가 이 책을 읽으며 내가 번역한 원저자의 뜻이 곡해되지 않길 바랄 뿐이며, 모든 오해는 역자의 능력부족에 기인하므로 많은 질정을 바란다.

그런 의미에서도 역자는 원저의 서술방식이나 원문의 느낌을 살리기 위해서 부단히 노력했다. 저자는 전문성과 학식, 그리고 언변으로 외국어와 격언, 역사적 사례와 구어체를 매우 긴 문장의 호흡으로 자세하게 설명하고 있다. 따라서 원문을 살려 그의 기량을 문제없이 전혀 다른 정서로도 이해할 수 있도록 우리말로 표현해내는 것이 생각보다 쉽지 않았다. 단순히 읽고 이해하고 넘어갈 문장과 문단들도 막상 한글을 사용하여 우리말 문장으로 풀어내려고 하니 긴 문장의 호흡상 배치해야 하는 문장성분이 의미를 변형시키거나 원작의 멋을 훼손하는 것은 아닐까 하여 고심해서 썼다. 고백하건대, 구어체적인 어투들도 여과 없이 쓰여진 대목에 맞닥뜨릴 때면 수차례 문장을 되돌려 읽거나 전체 문단을 읽고 전후 맥락을 판단하여 말끔히 번역을 해내려고 머리를 싸매고는 했다. 어쩌면 그런 노력과 고민 덕에 내 독서능력, 통역능력, 그리고 글짓기 능력도 덩달아 영향을 받지 않았을까 생각해본다. 그리고 그런 노력에 연관된 시간 덕에 번역에 드는 시간이 생각보다 훨씬 더 많이 소요되었다고 생각하며 부족한 나에게 기회를 준 출판사의 양해에 감사드리고 특히 편집부 사윤지 선생님께 미안하며 고맙다.

아울러, 내가 현역 복무를 하면서 쏟았던 여가시간에 소용된 번역활동을 양해해준 박기진 중령님과 육군본부 인사사령부에 감사하다. 무엇보다도 존경하고 사랑하는 나의 아내 송수아, 같이 책 만들겠다면서 옆에 앉아서 작업한 딸 오로라, 비좁은 틈을 파고들며 무릎 위에 앉고는 했던 오리라, 그리고 자기도 앉아야 한다며 아장아장 걸어와서는 내 옷깃을 당기곤 했던 오리온에게 모두 감사하다. 그리고 마지막으로 늘 음지·양지에서 후학 양성과 학술활동의 살인적인 일정에도 지도 및 코치해주신 주은식 장군님께 감사하다. 부디 이 책에 우리 국방에 조금이나마 도움이 되길 간절히 바라며 여러분들께 이 책을 바친다.

차례

제 1 장

미국 전략의 목적

제 1 장

미국 전략의 목적

방위전략은 보다 넓은 정치적 목표에서 비롯되고 이를 달성하기 위해 고안된 군 자산, 부대 그리고 군 간 관계를 사용하고 자세를 취하고 개발하는 방법이다. 이 책에서의 목적은 미국의 방위전략이 무엇이어야 하는지를 고려하는 것이다.

미국전략의 근본적인 목적

그와 같은 전략의 구상은 미국의 전반적 국가목표가 무엇인지를 식별하는 것에서부터 시작해야 한다. 이런 목표는 당연히 논쟁이 뒤따르며 정확하게 정의할 수 없다. 자유 사회의 속성상 이런 핵심 문제들은 절대로 완전히 해결될 수 없게 되어 있다. 하지만 특정한 근본적인 정치 목표는 미국인들에게 있어 폭넓은 동의를 끌어내기 용이하다. 그와 같은 목표들은 다음과 같다. 국가 영토의 통합성을 유지하고 영토 내에서 타국의 공격으로부터 안전보장을 달성하는 것, 자유롭고 자주적이며 활발한 민주공화제 정치질서를 지속하는 것, 경제적 번영과 성장을 가능케 하는 것. 간단히 말하자면, 우리의 기본적 국가목표는 미국인들에게 물리적 안전보장, 자유 그리고 번영을 제공하는 것이다.[1]

물리적 안전보장은 여타의 이익과 가치들의 주춧돌이다. 이것 없이 사람들은 자유와 번영의 이점을 누릴 수 없으며, 이들을 모두 상실할 수 있다. 그러나 물리적 안전보장만으로는 충분하지 않다. 미국인의 정치적 목적에 대한 가장 기본적인 이해를 달성하기 위해서 미국인들은 국가적 삶을 결정할 수 있을 만큼 자유로워야 하며, 자기 자신의 운명을 결정할 수 있어야 한다. 마지막으로 미국인들은 충분히 번영해야 하는데, 자기 자신만을 위한 것뿐만 아니라 사회의 공평성에 대한 신뢰를 뒷받침하기 위함이다. 미국인들은 이 세 가지 사항들 외에도 추구할 수 있지만, 이런 그들의 선택은 일단 자신이 충분히 안전하고 자유로우며 번영한 경우에 타당해진다.

세력균형의 중심역할

이와 같은 목표를 추구하는 미국의 국제무대는 무정부체제로 남아있고, 이는 분쟁에 임하여 판결을 내리고 이를 강요할 범세계적 주권국sovereign이 없음을 의미한다. 이런 맥락에서 안보, 자유 그리고 번영은 당연하지 않다.[2] 이런 가치들은 자생적으로 발생하지 않는다. 이는 두 가지 이유 때문이다. 첫째, 지배구조가 없는 상황에서 행위자들은 무력을 사용하여 타국을 갈취하거나 약화시켜 합리적으로 이점과 이윤을 추구할 수 있다. 둘째, 내재적으로 취약한 행위자들은 잠재적 위협에 대하여 예방조치를 취하는 것을 신중하다고 여길 수 있다. 최선의 방어는 좋은 공격일 수 있기 때문이다. 이런 요소들이 주는 의미는 무력사용의 가능성으로 인해 앞서 말한 목표들을 미국이 추구하는 데 방해받는다는 것이다.

미국을 포함한 그 어떤 국가도 자국의 안보, 자유 그리고 번영을 보장하기 위하여 자국에 주요 국익에 대한 우호적인 세력균형을 확립하려는 강력한 관심을 가진다. 그 말은 간단히 말해 타국이 저지르지 않았으면 하는 행동을 저지하게 만들기 위해서는 그 국가보다 더 강력해져야 한다는 말이다. 만약 어느 국가가 우호적 세력균형을 유지하는 데 실패한다면 어떤 국가가 이런 재화를 향유하게 되는 것은 이점을 향유했던 국가의 피해로써 가능하게 될 것이다.

그러므로 미국의 안보, 자유 그리고 번영을 확실시하기 위해서는 토대가 되는 권력의 역할을 다루어야 한다. 핵심목표를 달성하기 위해서, 미국은 세계 주요지역에 대하여 지속적으로 우호적인 군사－경제 세력균형을 추구해야 한다. 이번 장에서는 다음과 같은 주요 원칙을 그린다:

- 이런 맥락에서의 권력은 군사－경제력으로 구성된다.
- 가장 중요한 행위자는 국가다.
- 세력균형은 군사－경제력이 군집된 세계의 주요 지역에서 특히 중요하다.
- 균형의 목적은 세계의 주요지역에 대한 타국의 패권을 거부하기 위함이다.
- 바람직한 균형은 긴 시간 동안 지속될 수 있어야 한다.

세력균형이란 무엇인가?

물리적 힘, 특히 살생능력은 강제적 영향력의 궁극적인 형태이다. 부, 설득력, 카리스마와 같은 다른 영향력의 원천이 있지만, 이들은 모두 살생력에 압도된다. 살생할 수 있는 능력을 가진 자는, 원하는 경우 그 어떤 논쟁이든 그 수준으로 고조시킬 수 있으며 결국 승리한다. 비록 경성권력hard power이 유일한 권력의 형태는 아니지만, 효과적으로 활용될 경우 지배적이다. 경성권력은 항상 연성권력soft power을 압도할 역량을 가진다. 통제 없이는, 무력은 옳고 그름을 뒤엎는다. 그러므로 국익을 보호하기 위해 미국은 반드시 물리적 힘의 사용을 우려해야 한다.

안정된 사회에서 국가는 폭력사용의 정당성을 독점하며, 바로 이것이 법과 질서이다. 하지만 범세계적 권력자가 없기 때문에, (대규모 조직화된 폭력인) 전쟁은 세계무대에서 항소법원과 같다. 만약 분쟁국가가 무력을 사용한다면 이해관계는 충분한 군사력을 보다 효과적으로 결집한 국가에 유리하게 해결될 것이다. 그러므로 국제적 관계 속에서 각국의 이익을 보호하기 위해, 미국과 같은 국가는 폭력적 무력으로 인한 위협을 능동적으로 조치해야 한다.

폭력이 언제나 가장 가시적인 권력의 요소인 것은 아니다. 그 반대로 종종 정치, 상업적, 지식적, 이념적, 영성적인 권력의 요소들이 더욱 드러나며, 상호 호혜적인 협동은 일반적이고 자연스럽다. 하지만 이 사실은 폭력의 위협이 제한되고 규제될 때에만 사실이며, 자신이 압도하는 역량 때문에 폭력의 위협은 또 요구된다. 다시 말해 이런 연성 권력기구가 더 영향력을 갖게 하기 위해서는, 폭력의 위협이 제한되어야 한다. 그리고 폭력이 가장 중요한 권력의 요소이기 때문에, 군사력은 폭력을 제한하기 위해 궁극적으로 필요하다.

세력균형은 누구에게 중요한가?

이러한 현실은 무엇보다도 미국의 세계전략이 대규모 폭력을 행사할 수 있는 권력을 가진 국가들을 고려해야 한다는 것을 의미하며, 이는 이들이 군사력을 결집시킬 수 있음을 의미한다. 보다 세력이 덜한 행위자들, 특히 대량살상무기와 같은 재앙적 폭력을 행사할 수 있는 수단을 가진 국가들은 심각한 위협을 가할 수 있지만, 본질적으로 그들이 약하다는 점은 그들보다 더욱 강한 행위자들이 언제나 그들을 처리할 수 있음을 의미한다. 구체적으로 미국이 그럴 수 있다는 내용이 이 책의 후반부에 다뤄져 있다.

현대사회에서 군사력은 능력을 갖춘 군을 일으키고 지휘할 수 있는 능력에서 비롯된다. 현대 군, 특히 보다 앞서고 효과적인 군의 경우, 고도로 정교화됐으며, 복잡하고, 주로 거대하다. 그러므로 그들은 값비싸며 반드시 발전되고 활발한 경제 및 기술적 토대가 지지해야 한다. 또한, 그런 군은 행정적 및 군수적으로 큰 요구사항이 소요되며, 효과적으로 전쟁을 수행하는 데 필요한 결속력을 강제하고 복종을 강요하기 위한 고도로 역량을 갖춘 행정적 구조가 요구된다. 실질적으로 가장 강력한 군사력을 가진 국가들은 강력한 경제적 자원을 가진 국가들이다.

만약 미국이 이런 의미에서 다른 국가들의 조합보다 더 강력했다면, 미국은 그 어떤 헤아릴 수 있는 상황에서도 유리한 세력의 우위를 누렸을 것이다. 그런 상황에서, 어떤 국가도 그 우위를 의미있게 강요할 수 없을 것이다. 이와 같은 유리한 힘의 분산을 유지하기 위해 미국은 자신의 세력의 기반을 관리하여 타국의 성장보조에만 맞추면 될 것이다.

그러나 미국은 이러한 힘의 우위를 누리고 있지 않고, 앞으로도 그렇지 못할 것이다. 미국은 아주 강력하지만, 힘의 우위를 갖기보다는 미국을 제외한 세계의 세력에 지대하게 열세를 맞이하고 있다.[3] 만약 타국의 세력이 미국에 대항하여 결집한다면, 미국은 자국의 안보, 자유 그리고 번영에 대해 억압받을 수 있다. 타국은 미국이 견딜 수 없는 것들을 받아들여야만 하도록 강제할 수도 있는 것이다. 따라서 미국은 자국에 반하는 불리한 세력균형이 형성되는 것을 허용해서는 안 된다.

어디서 세력균형이 문제가 되는가?

가장 문제가 되는, 즉 상당한 군사력을 상당 시간 뒷받침할 수 있는 경제력을 가진 국가들은 임의로 분산되어 있지 않고 특정 지역에 뭉쳐져 있다. 이런 주요 지역들에서 가장 강압적인 형태의 영향력을 구성하는 군사력이 나타나며, 이들은 대부분이 활동하거나 잠복하고 있다. 북아메리카뿐만 아니라, 주목할 만한 두 지역으로서 아시아와 유럽지역 또한 미국과 페르시아 만Persian Gulf 이상의 군사력으로 환원될 수 있는 경제력을 가졌다. 지정학적 중요성에 따른 세계의 주요지역은 다음과 같다:

- **아시아** 아시아는 대략 세계 GDP의 40퍼센트를 구성하며, 세계 성장의 3분의 2를 차지한다는 사실을 고려했을 때, 이 지역의 세계 경제활동의 점유율은 상승하고 있다.[4] 전체를 고려했을 때, 아시아의 경제규모는 미국의 경제규모보다 훨씬 더 크며 경제적 및 기술적으로 점점 더 앞서고 있다. 따라서 지정학적 관점에서 아시아는 세계의 가장 중요한 지역이다.
- **유럽** 유럽은 대략 세계 GDP의 4분의 1을 구성하며, 그 경제는 총체적으로 대부분의 아시아보다 상당히 앞서고 있다.[5] 따라서 미국은 아시아에 이어 두 번째로 중요한 지역이다.
- **북아메리카** 북아메리카는 미국 때문에 지정학적으로 중요하다. 널리 사용되는 자료에 따르면, 구매력평가지수(PPP)의 측면에서 미국은 세계 GDP의 5분의 1에 다소 미치지 못한다. 이러한 이유로, 비록 일부는 중국이 미국을 초월했다고 보지만, 대부분의 평가자료들은 미국을 세계 국력 1위로 평가한다.[6] 북아메리카의 타국들은 보통의 국력 및 보통의 세계 경제활동을 가지며, 그 이유로 이 지역은 단일국이 압도하는 독특한 지역이다.
- **페르시아 만** 페르시아 만은 타 지역에 비해 절대적으로 작고 덜 중요한 지역이며, 세계 GDP의 5퍼센트 미만을 구성한다.[7] 그러나 페르시아 만은 세계 석유 및 천연가스의 고향으로서 40퍼센트를 보유하고 있다.[8] 석유기반

의 세계경제를 고려했을 때, 이런 자원을 통제한다면 손쉽게 영향력을 발휘할 수 있는 거대한 세력의 원천이 될 것이다. 그러나 이런 전략적 우려가 여타 중동과 북아프리카에까지 확산되지는 못하며, 이 지역의 힘은 미국의 안보, 자유 그리고 번영에 실질적 차이를 낳지 못한다.[9] 미국은 자국이나 동맹국에 대항한 국제 테러리즘을 방지하는 데 직접적 관심이 있으나, 이 사항은 보다 좁게 다뤄질 수 있는 국한된 우려사항이다.

기타 세계의 지역은 군사경제력의 측면에서 훨씬 덜 중요하다. 만약 라틴아메리카 전체가 통합한다고 해도, 그 세력은 대략 미국 국력의 2분의 1 정도가 될 것이다.[10] 이는 상당한 정도이긴 하지만, 단일지역만 고려한다면 감당할 수 있다. 미국은 국력의 반 정도 되는 힘을 가진 집단으로부터 유의미하게 강압받을 수 없을 것이다. 세계의 여타지역인 아프리카는 가장 발달되어 있지 않다. 사하라 이남의 아프리카는 어림잡아 세계 GDP의 3퍼센트를 차지하는데, 그렇기 때문에 그 국력을 합친다고 해도 미국에 주요한 결과를 가져오지 않을 것이다.[11] 중앙아시아는 부와 천연자원을 가졌으나, 미국의 핵심목적에 경쟁할 수 있을 정도가 되지 못한다.[12] 그 외의 세계는 거의 세력이 없다. 오세아니아는 인구와 경제력이 특출나게 작으며, 극지방은 비어 있다. 이 지역들의 운명은 다른 곳에서 완전히 결정된다. 예측 가능한 미래까지는 우주영역도 마찬가지로 판단된다.

특히 아시아와 유럽 및 북아메리카는 세계 정치무대에서 결정적이다. 아시아만 보아도 아프리카, 라틴아메리카, 중앙아시아 그리고 오세아니아를 합친 것보다 더 큰 경제력을 갖는다.[13] 만약 한 국가가 앞서 말한 결정적인 무대로부터 부에 의한 영향력을 행사한다면, 그 국가는 그 외 지역에서 우세한 국가를 압도할 수 있을 것이다. 이런 인식 때문에 윈스턴 처칠Winston Churchill은 다음과 같이 말했다. "만일 결정적인 무대에서 큰 전투를 이길 수 있다면, 그 이후로 모든 게 잘 풀릴 것이다."[14] 이런 이유로, 미국은 널리 알려진 '군사 및 산업 능력의 중심'이라고 냉전 초 조지 케넌George Kennan이 부른 지역에 오랫동안 집중해왔다.[15]

균형은 무엇을 하는가?

주요 지역에서의 세력 자체는 미국이 두려워해야 하는 것이 아니다. 대신에, 미국은 이 지역이 미국의 안보, 자유 그리고 번영을 실질적으로 손상시키는 데 세력이 활용되는 것에 주의를 기울여야 한다.

그러므로 미국은 이런 주요 지역의 세력을 이끌거나 결집할 수 있는 국가(들)에 대하여 집중해야 한다. 왜냐하면 현 환경에서는 중국같이 세계 여타의 가장 강력한 국가마저도 단독으로 미국의 근본목적에 대하여 압박을 강요할 수는 없기 때문이다. 여타 국가들의 모종의 집합이 있어야 이를 달성할 수 있는 세력을 모을 수 있다. 그러므로 미국이 대적하는 국가가 미국보다 상당히 강력한 상황을 만들 수 있는 유일한 방법은 한 지역 혹은 여러 지역들이 뭉치는 경우이다.

국가가 이와 같은 힘을 축적할 수 있는 가장 타당한 모양은 *패권*hegemony이며, 이는 곧 한 국가가 타국에 권한을 행사하며 이익을 염출하지만, 직접 통제해야 하는 책임이나 위험은 없는 것을 말한다. 이 책에서는 세력우위predominance를 패권과 교대하여 사용할 것이다.[16] (국가가 타국에 통제력을 행사하는 다른 방법인 제국은 더욱 고비용인데, 그 이유는 제국 중앙부로부터의 직결된 행정적 통제력을 요구하기 때문이다. 제국의 직접통제는 현대사회에서 더 드문 경향을 보인다.)

한 지역에 대하여 패권을 형성하고자 하는 국가들은 거의 단일국가이다. 이론상 군집하거나 연합된 국가들이 지역패권을 형성할 수 있지만, 이런 집단은 합동하여 형성된 세력우위를 점유하고 유지하는 데 있어서 막대한 집단행위의 문제들을 마주한다. 이는 일부 논쟁거리가 되는 사안들에 대해 의견이 일치하지 못할 때 누가 결정을 내릴 수 있는가에 대한 문제에서 비롯된다. 이 때문에, 공유된 국가권력을 포함한 안정된 제국이나 패권체계를 찾기는 아주 어렵다. 그러므로 유망 패권국은 일반적으로 패권통치에 유리한 지역에 위치하거나 그 지역에서 활동적인 국가이다. 보다 특별하게도, 그 국가는 대체로 해당 지역에서 가장 강력한 힘을 상당한 차이로 보유하고 있는 국가이다. 근소한 차이로 앞서는 국가는 인접국가들에 대하여 힘의 우위력을 부과하는 데 더 어려움을 겪으며, 그 이유에 대해서는 차후에 논의할 것이다.

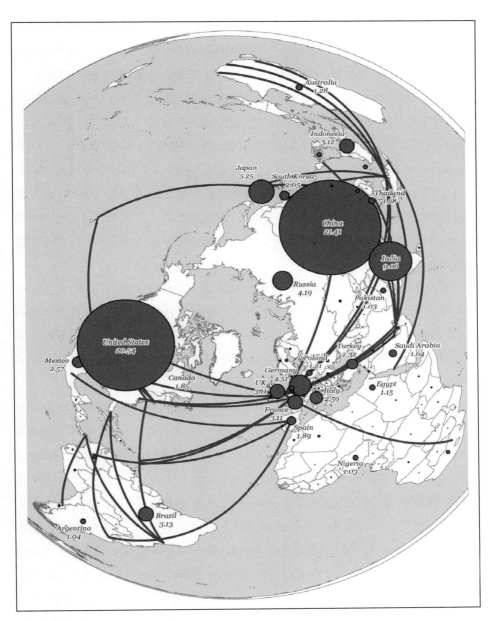

경제력의 지구적 분포. 크기별 원은 2018년 구매력평가지수(PPP) 기준 미 1조 달러 단위로 환산한 GDP를 나타낸다. 1조 달러 이상의 경제규모는 총 GDP값으로 표기되었다. 선은 장거리 직항로를 표현한다. 램버트 등면적 투영법에 의한다. 출처: 앤드로 로즈 미국은 세계의 주요지역에 대한 타 국가의 패권추구를 염려해야 할 이유가 있는데, 지역패권은 고도로 매혹적이기 때문이다. 국가가 추구하기에 강력한 유인요인이 있는데, 특히 충분한 반발력을 마주하고 있지 않은 경우에 그렇다. 이러한 이점 때문에, 지역의 최강국은 항상 언젠가는 세력우위를 추구한다. 현대 유럽의 역사는 지역패권을 획득하기 위한 다음과 같은 강대국들의 시도로 점철되어 있다. 16세기 합스부르크 왕조, 루이 14세의 프랑스와 나폴레옹, 독일 제2 및 제3제국 Second and Third Reich Germany 그리고 소비에트 연방이 그것이다. 중국은 기록된 역사상 대부분을 동아시아에서 지역적 영향력을 만끽했고, 일본은 19세기 말과 20세기 초에 중국 앞으로 도약하여 영향력을 추구했다. 미국은 19세기에 중앙아메리카 및 카리브해 일대에 효과적인 지역패권을 형성하였다. 우리는 현 환경이 다를 것이라고 기대해서는 안 된다.

아시아의 규모와 군사경제적 잠재력 때문에 패권에 복속되지 않게 하는 것은 미국에 있어 매우 중요하다. 수 세기가 지난 후에 아시아는 다시 한번 가장 부유하고 그 부를 군사력으로 전환할 수 있는 가장 큰 역량을 갖춘 지역이 되었다. 그러므로 또 다른 국가가 아시아의 중요한 지역에 대하여 패권을 형성할 수 있다는 사실은 미국에게 가장 우려되는 지역 시나리오이다.[17]

게다가 아시아는 세계의 주요지역에 대하여 세계에서 가장 패권국가가 되고자 할 법한 국가 중국이 포함되어 있다. 중화인민공화국은 미국을 제외한 국제체제에서 타의 추종을 불허하는 가장 강력한 국가이며, 아시아 지역에서 타국보다 훨씬 강력하다. 중국은 세계 전체의 5분의 1에 달하는 GDP를 보유한 부상하는 거인이다. 대부분의 평가들은 미국을 후속하는 세계 2위국으로서 중국을 평가하며, 일부 분야에서는 미국을 능가한다고 평가한다.[18] 중국은 역내 타국의 국력을 총합한 것과 비등하다. 타 아시아국가들과 비교한 중국의 국력평가는 어림잡아 중국이 아시아 잠재력의 반을 차지한다고 하며, 이로써 중국은 지역 내 세력우위를 추구할 주요한 위치에 있다.[19] 이에 더하여, 중국은 지역패권을 추구한다는 많은 증거가 있다.[20]

유럽은 아시아에 뒤따르는 미국에 대한 결정적인 무대이다. 유럽은 아시아보다 작은 규모의 경제력을 가졌지만 세계 GDP의 4분의 1을 점유한다.[21] 그러나 아시아와 다르게 유럽에서는 그 어떤 국가도 돋보이지 않는다. 가장 흔히 지역 내 세력우위에 관심을 두는 국가는 러시아로 생각되는데, 냉전시대에 소비에트 연방의 패권은 현실적인 관점을 제공한다. 그러나 러시아의 경제는 PPP의 측면에서 유럽에서 2위로 독일에 버금갈 뿐이고, 영국, 프랑스 혹은 이탈리아보다 근소하게 클 뿐이다.22) 어떤 유럽국가도 아시아의 중국처럼 주변국가보다 훨씬 강하거나 부유하지 않다.

페르시아 만은 우선순위에서 더 떨어져 있다. 이 지역 천연자원의 재력은 강압에 고도로 영향력을 발휘할 수 있지만, 주요지역의 경제에 있어 가장 작으며, 해당 지역 내 그 어떤 국가도 인접국가보다 압도적으로 강력하지 않다. 이란이 지역 패권을 노릴 수 있으나 이란은 지역 내에 있어서도 세력의 우위를 누리고 있지 않다.23)

미국은 북아메리카 및 중앙아메리카에서 효과적으로 패권을 차지하며, 그 지위를 지속하는 데 어떠한 어려움도 없을 것이다. 차후에 논의할 이유 때문에 이 지역에 있어서 미국의 패권은 타국의 국익과 양립할 수 있으며 진정 도움이 된다.

미국은 타국이 아시아, 유럽 혹은 페르시아 만에 대하여 패권을 형성하는 것을 우려할 두 가지 본질적이고 연관된 이유가 있다. 이러한 이유는 자명하지 않은데, 그 이유는 이 지역들이 대양을 건너 미국으로부터 멀리 떨어져 있기 때문이다.

가장 단도직입적인 이유는 일단 어느 국가가 그와 같은 패권을 획득하게 되면 국가는 그 패권을 결집 및 발휘하여 북아메리카를 포함한 타 지역에 폭력을 투사할 수 있게 되고, 미국을 점령하거나 복속시킬 수 있다는 것이다. 이는 미국식 삶의 대부분인 기본적인 재화와 목적을 직접적으로 침해할 것이다. 만약 독일이 유럽 제2차 세계대전에서 승전했다거나 소비에트 연방이 냉전에서 승리했다면, 이들은 곧이어 미국에 대항한 군사력을 투사하려 했었을 것이다.

원칙적으로 이런 심각한 우려는 다소 요원하다. 미국은 두 개의 대양 뒤편에 놓여있고, 대단히 부유하고 강력하다. 미국은 자국을 방어할 수 있으며 세계에서 가장 고도화된 대규모 경제력과 궁극적으로 생존력을 갖춘 핵무기에 의해 뒷받침되는 군사력을 갖고 행사하는 전략적 영향권은 침략자에 대해 굉장한 벌금을 부과할 수 있다. 그러므로 미국은 직접적 영향권을 방어하기 위한 거대한 자원을 갖는다.

뿐만 아니라, 수반되는 위험과 비용을 고려할 때 아시아와 유럽의 패권국가에

겐 북아메리카에 공격적으로 세력을 투사하거나 실제로 침공하는 데 따른 혜택은 설득력이 있어 보이지 않는다. 하나 또는 두 지역 모두에 대한 패권을 통해 형성하는 영향력이나 대표성을 고려했을 때, 북아메리카대륙에 공격을 감행하는 것은 비용을 상회하는 만큼의 충분한 이득을 가져오지 않을 것이다. 패권세력, 특히 보다 상업적인 성향을 보이는 행위자들의 경우, 점령지의 경계선을 선정하는 것의 가치를 주로 인식했다. 심지어 로마인들도 다뉴브Danube와 라인Rhine에서 자신의 세력이 미칠 한계점을 그렸다.

　　미국이 왜 지역패권국에 대해 무척 우려해야 하는지에 대한 보다 타당하고 설득력 있는 이유는 직접적이지 않음에도 불구하고 자유롭고 강제되지 않은 삶과 번영을 보장하기 때문이라는 근본적인 목적을 시사한다. 만일 중국과 같은 국가가 아시아와 같은 주요지역에 대하여 패권을 형성할 수 있다면 중국은 그 세력을 활용하여 미국을 적대하고 제외시켜 미국이 아시아와 같은 부유한 지역에 대해 합리적으로 접근 및 자유무역을 시행할 수 없게 만들고 이런 방식으로 미국의 근본목적을 침식시키고, 미국에 대항하여 세력의 균형을 전환하며, 궁극적으로 미국의 자유, 번영, 물리적 안보를 침해하는 방식으로 강압력을 유도하도록 국가를 허용할 수 있다.[24]

　　그 이유는 만약 중국이 아시아에 대해 패권을 형성할 수 있다면, 중국은 세계에서 가장 큰 시장에 근본을 둔 상업 및 무역 지구를 설치하여 자국 및 속국의 경제에 혜택을 주면서 미국의 경제에는 손해를 줄 수 있기 때문이다.[25] 그 결과로 나타나는 미국의 크고 작은 사업의 출혈은 이러한 사업이 가져다주는 직업, 재화, 용역 그리고 활발한 경제가 수반하는 여타 혜택에 의존하는 근로자, 가족들 및 각종 모임들에 의해서 가장 민감히 느껴질 수 있다. 미국 경제력에 대한 꾸준한 침식은 궁극적으로 미국의 사회적 생명력과 안정성을 약화시킨다.

　　이런 류로 배제하는 행태는 이론적인 문제만이 아니다. 오늘날 중국은 바로 이런 방식으로 경제적 지도를 재구성하고자 하는 것으로 보인다.[26] 그리고 이것이 특히 비범한 것도 아니다. 이런 정책은 강력한 호소력과 내적 논리를 가지며 이런 방식이 주로 신흥 및 기 패권국의 행동방식이다.[27] 근본적으로 역사상 모든 신흥 패권국은 부유해지고, 세력우위를 지속하고, 잠재적 경쟁국을 배제하기 위해 자국을 옹호하는 경제체계를 형성하려고 의도하거나 계획해 왔다. 이런 사례는 나폴레옹의 대륙체계로부터 독일의 관세조합Customs Union 그리고 일본의 대동아공영권28)에 이른다. 미국은 역사적으로 북아메리카와 중앙아메리카에서 경제권을 조성하려고 해왔는데, 이는 가장 최근의 북아메리카 자유무역협정NAFTA과 미-멕시코-캐나다협정과 같은 협정을 포함한다.

중국과 같은 신흥 패권국은 최소한 세 가지 이유로서 자국의 경제에 혜택을 주고, 미국경제에는 편파적인 경제권식 접근을 추구했을 것이다. 그 이유는 경제, 지리 그리고 지위이다.

먼저, 중국의 지도자들은 경제권과 같은 권역이 자국의 경제력을 기르는 데 있어 가장 신중한 방법이라고 생각하는 것으로 보인다.29) 그들은 아시아에 기반한 무역권역 혹은 규제권역을 두고 스스로 통제하거나 그들이 통제하지 않는 경쟁적 세계시장에서 유리하도록 상당한 영향력을 행사할 수 있다고 판단할 수 있다.30) 무역, 자본 그리고 노동의 내부 유입에 동반하여 경제권역을 압도하는 것은 베이징을 세계경제충격과 이와 연계된 지연성장의 위험으로부터 보호한다. 미국을 냉대하는 것은 중국 자체의 응집력 있는 세력권을 형성하고 지속하며, 베이징의 입장에서 미국의 방해라고 간주되는 것들에 저항하기 위해 필요해 보인다.

이와 같은 권역은 중국이 보다 효과적으로 자국의 사회적 및 정치적 미래를 조성할 수 있게 해준다. 국가의 경제정책은 단순히 성장과 삶의 질을 극대화하는 기술적인 문제가 아니다. 경제정책은 어떻게 사회가 진화하고 구성되는지에 대한 깊은 시사점들이 있다. 일부 사회는 불평등한 성장보다 정치적 안정성을 혹은 부의 형성보다 평등성을 선호할 수 있다.31) 그러나 그들의 목표를 달성하기 위해 국가들은 막강한 국제 경제력을 마주하여 사회를 형성할 수 있는 경제력을 가져야만 한다. 이런 관점에서 만약 대규모 경제권역을 압도한다면 중국은 자국의 사회정치적 운명을 형성하기에 훨씬 더 강력한 위치에 있게 될 것이다. 이런 사실은 중국이 강력한 위치에서 경쟁하게 해주고 보다 더 효과적으로 무역, 자본, 노동의 흐름을 규제하여 자국에 유리한 목표를 상향시킬 수 있도록 한다.

또한, 중국이 이와 같은 권역을 추구하는 데에는 보다 엄격히 경제적인 이유가 있다. 최상급의 경제활동은 임의적으로 분배되지 않고, 북아메리카, 유럽, 동아시아에 뭉쳐져 있다. 중국은 이런 경제활동을 자국의 회사와 노동자들에 집중시켜서 세계 경제의 최일선에 나서고 그에 따르는 혜택을 누리고 싶을 것이다.32) 중국

은 중요하게 생각하는 자국산업을 육성하고 국내시장을 살려서 자국회사들이 세계
경제의 일류의 반열에서 내려다보도록 할 것이다. 중국이 통제하는 경제권역은 이
런 산업을 개발하는 우호적인 기반을 제공할 것이다.[33]

이 논리 또한 이론에만 머물러있지 않다. 주요한 측면에서 이 논리는 지난 세
대에 걸쳐 보여 온 중국의 행동을 단순하게 묘사한다. 비록 일부 자유경제화되었
지만, 중화인민공화국의 경제는 국가의 일정 수준 개입이 이뤄지고 있는데, 이런
체제는 미국이 불공평하고 자국에 우호적이지 않다고 판단한다.[34] 경제활동의 수
준을 높이기 위해 노력하면서, 중국은 저임금 노동집약으로부터 보다 자본집약형
경제체제로 전환하면서 미국이 받아들이기에 차별적이거나 그 이하의 수준으로 여
길 만한 방식으로 행동해왔다. 중국은 명백하게도 자국에 유리한 지배모형을 보호
하고 진전시킬 지역환경을 조성하도록 고안된 정책을 추구하고 있는 것 같다.

베이징은 이런 접근법을 바꾸려 하지 않는 것 같다. 지난 십 년간 중국의 패
턴은 달콤한 말과 압력에 직면하여 중국의 모델에 관한 근본적 변화에 저항하는
것이었다.[35] 세계 경제활동의 적극적 침투와 부의 성장이 있음에도 중국이 행동을
변화하려 하지 않는지, 다시 말해 중국이 강해진 만큼 외압에 종속되지 않음에도
더 변화하려 하지 않는지 그 이유가 불분명하다. 미국의 경제모형과 근본적으로
다르고, 주요한 측면에 있어서는 정반대가 되는 경제모형을 깊숙히 내재한 중국과
같은 국가는, 부강함을 가져다준 이런 체제를 유지하기가 쉽다.

중국과 같은 국가가 미국에 불리한 경제권역을 개발하려고 하는지에 대한 두
번째 이유는 지정학에 있다. 정확히 말해서 중국의 세력우위에 주된 위협이 되는
존재를 약화시키고자 하기 때문이다.[36] 권력다툼에 있어서 그리고 분명히 타 국가
와 국민 위에 군림하는 데에 있어서 가장 중요한 어려움은 바로 어떻게 자신의 권
력과 그 권력이 동반하는 특권을 유지하느냐이다. 중국도 예외가 아니다.

그러므로 중국은 자국의 세력우위에 대하여 도전할 수 있는 국가의 국력을 쇠
퇴시키는 데 가장 강력한 관심이 있을 것이며, 국제체제에서 미국보다 더 강력한
국가는 없다. 베이징은 중국이 통제력 혹은 영향력을 행사하는 중요한 시장 내에
서 이뤄지는 활동에 불리하게 하거나 전체적 혹은 부분적으로 제외시킴으로써 미
국을 약화시킬 수 있다.[37] 세계 최대의 시장이며, 세계에서 가장 발달된 경제체제
를 다수 포함하는 아시아 지역과 교역할 수 있는 미국의 능력에 부담을 가하는 장

치는 미국의 상대적 부를 위축시킬 수 있다. 이는 순차적으로 미국의 국력을 약화시키며 그 결과로 미국이 사건들에 영향을 미칠 수 있는 능력 또한 약화시킬 수 있다.[38] 약화된 미국은 중국의 영향력을 와해시키거나 억제할 능력이 줄게 될 것이며, 베이징은 증대되는 세력의 우위와 그에 따른 영향력을 통해서 점진적으로 워싱턴의 정책들에 영향력을 행사할 수 있을 것이다.[39]

중국과 같은 패권국이 차별적 지역경제체제를 추구하는 세 번째이자 마지막 주요 이유는 바로 지위이다. 카이저 빌헬름 2세 통치하의 독일은 세계의 조명을 받고자 했으며, 20세기 중국은 다시 한번 세계의 강대국으로 발돋움하고자 했다. 중국이 세계적 지위에 등극하는 것은 자국입장에서 상당한 이점이라고 볼 수 있으며, 미국의 콧대를 납작하게 꺾는 것이 그런 지위를 얻는 데 자연스러운 부분일 수 있다. 자국의 경제정책을 구현하는 데 있어서 중국과 같은 패권국은 미국의 대중국 지위를 격하시키기 위해서 차별적 시장경제체제를 선호할 수 있다.

미국이 아시아의 광대한 시장경제체제에서 차별되고 제외되는 결과는 시간이 지남에 따라 매우 상당해질 것이다. 이와 같은 상황은 미국의 번영을 쇠퇴시키고 점진적으로 미국의 열위에 처하는 상황에 저항할 수 있는 능력을 저하시키는 결과를 초래하여 미국적 삶이 갖는 핵심목적에까지 영향을 미치게 될 것이다. 미국의 번영과 성장가능성에 대한 기대를 저하시킴으로써, 중국은 미국 사회를 악화시키고 침체된 경제 속의 제한된 파이를 놓고 서로 싸우게 만들 것이다.

심지어, 내부 논쟁으로 분열되어 약화된 미국은 외부 압력과 강제, 특히 점점 강력해지는 중국에 의해서 더욱 취약해질 것이다. 중국은 미국의 내무에 대하여 경제적 유인과 불이익, 정치집단에 대한 지원과 반대, 선전과 언론조성창구에 대한 지원 혹은 노골적인 소유를 통하여 더욱 큰 영향력을 가질 것이다. 중국은 이미 미국의 내부 정치문제에 개입하고자 하는 명백한 의도를 보였다. 만약 힘만 있다면, 중국이 이런 대우를 강화할 것으로 생각할 모든 이유가 있다.[40]

게다가 일단 형성이 된다면, 중국의 패권과 그 악영향은 미국이 되돌리기에 어렵고 값비쌀 것이다. 이미 자리를 잡은 패권국은, 정의에서 알 수 있듯 영향 내 국가들의 관련 정책들을 이끌 수 있으며, 패권을 잡으려 하는 국가보다 자리에서 퇴출시키기 어렵다.

이는 미국이 지역패권국이 앞서 말한 차별적 정책을 추구할 것이라는 가능성마저 우려해야 함을 의미한다. 비록 중국과 같은 국가가 이미 패권을 차지하고 나면 미국에 보다 개방적인 접근법을 행사할 수도 있지만, 그러지 않을 가능성도 높다. 그리할지 말지의 여부는 베이징의 선택이며, 베이징이 미국의 국익을 존중하지 않을 것이라고 생각할 수 있는 이유는 충분히 있다.

특히 바로 이 마지막 이유 때문에, 미국의 전략은 이미 패권국의 지위를 차지하는 국가는 물론이고, 패권국을 자처하거나 공공연히 패권국을 추구하는 국가뿐만 아니라, 잠재적 패권국에 대한 것이어야 한다. 이 조언은 몇 가지 이유에 근거한다. 먼저 의도는 변할 수 있다는 것이다. 진정으로 지역패권을 추구하는 국가마저도 추후에는 변할 수 있다. 새 지도부 때문일 수 있다. 예를 들어, 루이 16세의 프랑스는 현 상태를 유지하는 데 상대적으로 만족하고 있었지만, 몇 년 후 나폴레옹의 프랑스는 그렇지 않았다. 또는 국가의 전략적 환경에 대한 인식이 변할 수 있다. 1950년대 마오의 중국은 미국에 대하여 광적으로 적대적이었으며, 소비에트 연방과 동축에 있었지만 20년 후 베이징은 바뀌었다.

둘째, 국가는 지역패권을 추구할 수 있지만 허위, 속임수, 양동(陽動)을 통해서 그 의도를 은폐할 수 있으며, 이는 크로우 외교문서the Crowe Memorandum가 독일 제국에 대하여 지적하여 널리 알려진 사항이다. 지역패권의 유혹을 고려했을 때, 미국은 중국이 패권을 추구하지 않고 순수함을 선언한 것에 대하여 의심해야 한다. 오랜 위선의 역사를 가진 공산당에 의해 지배되고 있는 현대 중국은 바로 이런 조언에서 예외가 될 수 없다.[41]

셋째, 현대 중국과 같은 강국이 지역패권을 획득하는 것을 방지하는 것은 어려울 것이며 많은 시간을 요구할 것이다. 그러므로 위협이 아직 형성 중일 때 행동해야 한다. 뿐만 아니라, 일단 중국이 지역패권을 형성하고 나서 미국에 차별적인 노선을 추구하게 된다면, 그때에 이르러 미국이 중국의 지역패권을 되돌리기 위한 세력을 결집시키기는 어려울 것이다. 그러므로 미국은 오류의 여지를 갖고 세력우위를 점하려는 중국을 방해하는 것이 차라리 세력우위를 형성한 후 확신을 갖는 것보다 낫다.

이런 결정은 중요한데, 그 이유는 바로 중국이 지역패권을 추구하는 것이 점점 확실해 보임에도 불구하고 아직도 이런 분석이 논란이 되기 때문이다. 그러나 중국이 얼마나 강력하며 이후 더 강력해질지를 고려했을 때, 베이징이 현재 지역패권을 노리고 있지 않더라도 혹은 향후 지도부가 그와 같은 결정을 내리지 않았더라도, 미국은 중국이 추후 언젠가라도 지역패권을 달성할 수 없도록 해야 할 것이다.

물론 이런 접근법은 중국과의 안보딜레마를 악화시킬 수 있다는 위험을 갖는다. 하지만 미국의 노력이 중국을 분쇄하는 것이 아닌, 베이징의 패권을 거부하는 것에 명확하게 맞춰져 있는 한, 안보딜레마는 감당할 수 있을 것이다. 미국은 중국을 지배하는 데에는 관심이 없으며, 오직 중국이 지역패권을 획득하는 것을 막는 데에만 관심이 있다. 어떤 국가든지 패권을 추구하고 있지 않는다면, 그 국가는 명확히 지역패권을 방해하고자 하는 노력에 대하여 두려워하지 말아야 한다.[42] 동시에 지역패권에 관심이 없는 국가의 지역패권 방해를 위한 비용과 위험 또한 적을 수밖에 없다. 그러므로 과도한 대비에 따르는 위험은 적시적으로 행동하지 못함에 수반하는 위험에 비교했을 때 더 경미하다.

지역패권 가능성이라는 미국의 쟁점이 주로 구조적이라는 점을 강조하는 것은 중요하다. 모든 국가들에 있어 미국을 제외시키려는 유인요인이 존재하기 때문에, 근본적으로 미국은 주요 지역에 대한 패권의 지배조건에 대하여 우려한다. 미국은 정확히 어떤 종류의 국가가 그와 같은 지역패권을 형성하는지에 대하여 훨씬 덜 우려해야 한다. 물론 미국은 나치 독일이나 소비에트 러시아와 같은 국가의 정부가 미국이 추구하는 것과 가치에 대해 폭력, 공격성 그리고 적대심을 갖기 때문에 이런 국가가 지역패권을 획득하는지 보다 유의해야 한다. 하지만 그 어떤 정치체제를 가졌는지에 무관하게 어떤 국가의 패권은 중대한 문제가 될 것이다. 중국의 패권형성은 그 어떤 상황하에서도 미국의 국익에 대한 심각한 어려움을 초래할 것이다. 중국공산당이 지배하는 한 중국이 패권을 형성할 것이라는 사실은 이런 위협을 심각하게 만들고 있다.

얼마간의 시간 동안에?

시간 흐름에 따른 국가의 행위변화는 미국의 국익의 중대한 요소를 부각시킨다. 미국의 근본적인 전략적 목적은 지속적으로 세계 주요지역에 대한 타국의 패권을 방지하는 것이다. 오늘날 지역패권을 막는 것은 미국에 지역패권이 형성된다면 별로 도움이 되지 않는다.

요약하자면, 미국 전략의 근본적이고 주된 목표는 지속적으로 세계 주요지역에 대한 타국의 패권형성을 방지하는 것일 것이다. 아시아가 주요지역 중에서도 가장 대규모의 경제력을 가졌고 중국이 전 세계적으로 가장 규모가 큰 경제력을 가졌으므로, 중국이 아시아에 패권을 형성하지 않게 하는 것은 미국의 중심적 전략목표가 될 것이다.[43]

제 2 장

호의적 지역세력균형

제 2 장

호의적 지역세력균형

타국이 주요 지역에 대하여 패권을 형성하지 못하게 하는 데 미국이 취할 수 있는 방법은 바람직한 지역세력균형을 유지하는 것이다. 지역패권은 충분한 수의 국가들이 패권을 열망하는 국가보다 더 강한 세력을 발휘할 수 있는 연맹을 형성할 수 있다면 중국과 같은 국가에게서 거부될 수 있다. 만약 국가들이 충분히 강하다면, 이 국가들은 자국의 국익들에 대해 존중받을 수 있다. 이런 균형행동은 통상적이다. 각국이 독립과 자주성을 보호하려고 하는 것은 국가행동의 가장 기본적인 충동 중 하나이며, 어느 패권국이라도 타국의 자기결정권을 침해하거나 없애기 때문에 국가들은 자연적으로 패권국의 세력하에 복속되는 것을 피하려고 한다. 그러므로 국가들은 타국의 지역패권을 박탈하려는 역외국가들뿐만 아니라 역내국가 상호간에도 협동하고자 한다.

타국의 지역패권을 방지하고자 무리를 지은 연맹국들은 반패권연합anti-hegemonic coalition이다. 이런 연합은 역내국가와 역외국가 양자를 모두 포함할 수 있으며, 공식, 비공식, 공개, 비공개의 다양한 형태를 취할 수 있다. 이와 같은 연합의 가입국은 스스로 연맹의 일원이라고 생각하지 않아도 된다. 예를 들어, 초기 현대시대의 프랑스와 청교도 세력들은 합스부르크 제국에 대항하여 오토만 투르크와 공식 연맹관계에 있다고 여기지 않았다.[1] 간단히 말해서 이와 같은 단체화는 유망국이 패권형성을 위해 쏟는 노력을 거부하기에 충분한 지역세력균형을 유지하는 것에 도움이 된다.

이런 세력균형은 경제적 영향력과 연성권력soft power을 포함하는, 상용어구로 "국가권력의 제 요소"를 포함한다.[2] 그러나 대부분 국가들이 자연적으로 이와 같은 패권에 복속되는 것을 원하지 않고 자국의 독립과 자주성을 위하여 기꺼이 싸울 것이므로, 중국과 같은 국가가 패권국이 되고자 노력하는 것은 깊은 긴장을 낳고 이에 따른 갈등 잠재성을 초래한다. 달리 말해서, 유망국이 자국의 패권에 대해서 타국의 복속을 요구할 때, 강하게 주장한다면, 궁극적으로 싸움을 초래하기 쉬울 것이다. 그리고 무정부상태의 국제체제에서는 무력이 세력의 근본형태이고, 분쟁에 있어서 궁극적인 중재자이므로, 지역세력균형은 그 근원에 있어서군사력의 문제인 것이다. 국가들에게 보다 덜한 국익에 관한 문제들은 세력의 경미한 형태를 통해서 해결될 수 있지만, 국가들이 타 패권에 대하여 고개를 숙이느냐의 여부는 궁극적으로 군사력의 균형에 의해서 결정된다.

위와 같은 사실은 지역세력균형이 궁극적으로 무력의 경연에서 어떤 이의 군사력이 승리할 것이냐에 관한 것임을 의미한다. 세력균형에서 누가 더 무게가 나가느냐에 대한 물음은 갈등이 해소되었을 때 유망국이 해당지역에 대해서 세력우위를 형성할 수 있는지의 여부에 의해 결정될 것이다. 여기 언급한 중요한 갈등은 체제의 지역전쟁systemic regional war으로서, 유망국이 해당지역에 패권을 형성할 수 있는지를 결정짓는 결정적 전쟁이다.

이런 체제의 지역전쟁은 그 형태에 의하여 정의되지 않고 그 효과로써 정의되며, 체제의 지역전쟁은 유망 지역패권국이 패권을 달성할 수 있느냐에 대한 결정적인 갈등이다.[3] 체제의 지역전쟁은 다양한 형태를 취할 수 있는데, 각기 다른시기에 각기 다른 국가연합체를 통해 다양한 정도의 강도로 발생한다. 그러나 중대한 측면은 유망 지역패권국이 목표를 달성하느냐를 결정한다는 점이다. 유망국이 적대국들을 모두 격파하지 못하였다고 하더라도, 만약 유망국이 전쟁을 통해서 지역세력우위를 점하기에 충분한 세력을 획득하게 된다면 이 전쟁은 체제의 지역전쟁인 것이다.

즉, 효과를 발휘하기 위해 반패권연합은 이런 전쟁에서 승리할 수 있도록 충분한 국가들을 포함하여야 할 것이다. 이런 국가들은 각기 다른 방식에 직간접적으로, 단체로 혹은 개별로 기여할 것이지만 본 목적을 달성하기 위해서 이들은 함께 경쟁에서 승리해야 한다.

위험을 고려했을 때, 이런 갈등은 자연적으로 전투원이 많은 힘을 쏟는다. 하지만 비판적으로 봤을 때, 체제의 지역전쟁은 단순히 양측 힘의 절댓값을 도표화하는 것만으로는 해소되지 않을 것이다.

몇 가지 이유가 있다. 먼저, 어떤 외딴 국가가 연합에 중요하다고 할지라도, 지리 및 군사적 특이사항들은 지역 내에서 그 국가의 국력이 전쟁수행능력으로 전환되는 정도를 제한할 수 있다. 예를 들어, 미국 본토는 아시아로부터 아주 멀리 떨어져 있으며, 이런 상황은 미국이 아시아 지역에서 체제의 지역전쟁을 수행할 수 있는 능력에 상당한 부담을 가중한다.

둘째, 중국과 같은 유망국이 아시아와 같은 지역에서 압도하느냐의 문제를 푸는 전쟁은 국가 간 총력을 다 사용하지 않는 전쟁일 수 있다. 다시 말해, 그런 전쟁은 아무리 크더라도 각국의 국력투입의 측면에서 제한적으로 남을 수 있다. 이 사실은 간단하지만 극도로 중요한 다음의 이유 때문이다. 한 쪽 혹은 양 쪽은 총력전에서 승리하는 데 따르는 혜택이 비용과 위험에 견줄 바가 못 된다고 여길 수 있으며, 그렇기 때문에 상대방도 자제할 것으로 보면서 스스로 자제하는 것이다.

그러므로 체제의 지역전쟁의 결과는 단순히 양측의 절대적 힘의 균형에 따라 결정되지 않는다. 앞서 말한 제한사항을 갖고 목표 달성을 위한 군사력을 사용할 의지와 방편을 가진 편이 승리를 달성한다. 이런 이유로, 훨씬 더 큰 총 군사력을 가진 국가가 타국의 지역패권추구를 부정할 의지나 능력이 없을 상황이 있을 수 있다. 그러므로 미국이 중국보다 세계의 시각에서는 더 강력할 수 있지만, 만약 중국이 아시아에서 국력을 더 강력하게 투사할 수 있다면 혹은 워싱턴이 감당하거나 거부할 수 있는 것보다 더 강하게 싸우고 더 위험을 감내할 수 있다면, 중국은 해당지역에 세력우위를 형성할 수 있을 것이다. 그렇기 때문에 지역세력균형은 매우 중요하다.

이 체제의 지역전쟁의 미래가 어떻게 기능하는지 이해하는 것은 중요하다. 갈등의 위협은 통상 잠재해있거나 감춰져 있다. 국가 간 상호작용의 대부분에서 갈등은 의식적 고려사항이 아니다. 체제의 지역전쟁의 잠재적 영향력은 상상전쟁, 즉 국가에 의한 전쟁 발발 시 전쟁의 전개에 대한 계산을 통해서 주로 느껴진다. 이런 상상전쟁은 통상 암시되었거나 잠재되어 있는데, 그 결과가 종종 상대적으로 명확하기 때문이다. 예를 들어, 알제리나 스리랑카가 미국을 침공했을 때 어떻게 전쟁이 전개될지 의문을 제기하는 사람은 거의 없다.

보다 중요한 상상전쟁은 실제로 발발할 수 있거나 의미가 있는 것들이다. 국가들은 방책을 중요한 정치, 군사 그리고 경제에 관한 근본적 사안에 대한 방책을 전쟁의 양상이 어떻게 전개될지에 대한 판단에 근거하여 결정하며, 이런 결정은 국가의 여타 행동이 이뤄질 사고의 틀을 제공한다. 냉전의 역사는 NATO와 바르샤바조약기구Warsaw Pact 양자가 계속하여 양자 간의 전쟁양상을 평가하고 그에 따라 방어태세 및 정치·경제정책을 수정했었다는 사실을 이해하지 않고는 이해할 수 없다.[4]

체제의 지역전쟁의 영향력도 같은 방식으로 기능한다. 이와 같이 결정적인 전쟁의 독특한 중요성 때문에, 국가들은 전쟁이 어떻게 끝날지에 대한 평가에 기반하여 어떻게 행동할지 판단한다. 만약 유망한 패권국이 이와 같은 갈등에서 승리할 수 있을 것이라고 판단한다면, 그 국가는 해당지역이 자신의 패권을 수락하도록 강요할 요인이 있다. 통상적으로, 자국이 큰 비용을 지불해야 하고 그렇기에 이윤가치를 삭감시키기 때문에, 유망국은 전쟁을 도발하는 것에 있지 않고, 차라리 자국이 전쟁에서 승리할 것이라고 판단한 근거로 타국들이 행동을 바꾸도록 하는데 관심을 갖는다. 만약 타국들이 체제의 지역전쟁에서 유망국이 승리할 것이라고 인식한다면, 이 국가들은 유망국의 요구조건을 만족시켜 패배할 전쟁이 수반할 의미 없는 고난을 피하고자 할 것이다.

반패권연합의 형성과 지속의 어려움

반패권연합anti-hegemonic coalition의 목표는 체제의 지역전쟁에서 승리할 중요한 국가를 설득하여 중국과 같은 유망 패권국이 아시아와 같은 지역을 지배하는 것을 막는 것이다. 유망국의 목표는 긍정적이다. 즉, 세력우위를 점하는 것이다. 그와 반대로 연합의 목표는 부정적이다. 즉, 거부하는 것이다.

유망국의 목표 달성은 지역 내 타국이 통상적으로 국가의 이익에 중심이 되는 무역, 경제활동 그리고 군사력 운용에 관련된 결정을 내릴 수 있는 자주성을 포함하는 재화들을 상실하거나 제재를 당할 것을 의미한다. 그리고 일단 패권이 형성되면, 중국과 같은 패권국은 강제력을 갖고 타국들을 지도하여 타국 국익의 중심이 되는 국내정치적 자기결정권이나 심지어 독립과 같은 재화의 절감에 취약하게 만들 것이다.

역내 국가들은 패권행사를 거부하고자 하는 특출나게 강력한 유인 요인을 가지며, 반패권연합을 형성하고자 주의를 기울일 것이다. 이 연합은 유망 패권국의 세력우위 추구에 대한 공통된 반대로 결집되기만 하면 된다. 이 연합은 배타적이지 않다ecumenical. 이러한 요소들은 효과적인 반패권연합의 형성과 유지를 상대적으로 쉽고 신뢰할 수 있게 만들며, 역사는 풍부한 지역 내 효과적인 세력균형의 사례로 채워져 있다. 서기 2천 년의 유럽역사는 이런 사례의 긴 기록이다. 이런 관점에서 우리는 일본, 인도 그리고 동남아시아와 같은 국가들이 중국의 열망을 제지하기 위한 효과적인 연합을 결성할 것이라고 믿어서는 안 될까?

우리는 너무 낙관적이어서는 안 된다. 이와 같은 연합은 항상 형성되거나 형성되더라도 제대로 작동하지 않을 수 있다. 간혹 유망한 패권국은 이들을 방해한다. 그 이유는 지역 내 국가의 자주성 유지라는 공통된 국익에도 불구하고 이런 유인요인이 중국과 같은 유망국가의 패권을 거부하는 데 필요한 방식과 늘 일치하지는 않기 때문이다. 타국들은 강대국의 국력에 대하여 각각의 취약성을 가지며, 유망 패권국은 반패권연합을 잠식, 분리 그리고 균열시키기 위하여 이런 차이점을 공략할 수 있다.

지역 내 국가들이 중국과 같은 유망 지역패권국을 마주할 때, 그들의 기본적 결정은 반패권연합에 합류하여 유망국을 견제하려고 하거나 패권국을 인정하거나 최소한 세력우위의 추구에 저항하지 않는 것이다. 이 딜레마는 흔히 균형행동balancing 또는 편승bandwagoning이라고 불린다.[5]

관련된 국가들에 대한 균형의 장점은 균형행동이 유망국의 패권추구를 견제하고 유망국을 연합보다 더 포괄적인 방위력으로 둘러쌈으로써 연합을 강화한다는 점이다. 위험은 유망국의 진로를 막아섬으로써 균형국가가 유망국의 힘에 노출된다는 점이다. 베이징은 이와 같은 균형행동을 방지할 강력한 유인요인이 있으므로 균형행동을 취하는 국가들을 처벌하는 등 이와 같은 행동을 억제하려는 데 큰 관심을 갖는다. 그러므로 균형행동에 대한 선택은 중국의 손 안에서 균형행동을 취하는 국가에게 강력한 손상을 초래할 수 있다.

이에 반하여, 중국과 같은 국가에 편승하거나 두둔하는 것의 장점은 위와 같은 위험을 피할 수 있다는 점이다. 유망국에 합류하거나 단순히 대립하지 않음으로써, 편승국가는 유망국의 시야에서 자신을 제외시킬 수 있다. 편승하면 보상과 편의를 봐주는 대우를 받을 수 있다. 대규모의 경제력을 보유한 중국은 편승국가에 대하여 물질적 유인책을 제공할 수 있는 능력을 가진다. 또한 중국은 형성하려고 하는 지역의 질서 안에서 그들에게 특별한 곳을 제안한다. 편승의 비용은 유망국이 목표를 달성했을 때 추가로 손해 볼 것 없다는 보장도 없이 최소한 국가 자주성의 일부를 선제적으로 포기해야만 할 수도 있다는 점이다. 게다가 유망국은 편승국가를 거부라는 전략적 목표를 추구하기 위해 유인요인뿐만 아니라 폭력까지도 사용할 수 있는 반패권연합에 의한 처벌에 노출시킨다.

균형행동과 편승 간의 선택은 이분법적이지 않으며, 한 스펙트럼의 연속선상 위에 놓인다. 국가들은 공격적으로 균형행동을 취하거나 총체적으로 굴복할 수 있으나, 국가들은 연성균형행동을 취하거나 중립적일 수 있으며, 전면적 저항과 굴종의 양극 사이에서 다양한 정책을 취할 수 있다. 국가의 이상적인 정책은 종종 무임승차free ride하는 것이다. 이는 분쟁에 빠져있으면서 균형행동을 취하는 연합이 유망국의 패권추구를 견제하는 데 성공하기를 바라는 것을 의미한다.

아시아국가들은 이런 종류의 딜레마를 마주한다. 예를 들어, 동남아시아의 소규모 개발도상국들은 중국이 지배하는 지역이 겪을 자주성의 침해와 베이징의 위압을 걱정하지만, 또한 그들이 균형행동을 취할 때 초래할 중국의 분노에 노출될 것을 걱정한다. 대국인 중국과 인도도 이런 손익과 씨름한다.

미국 또한 그렇다. 미국의 근본적인 국익은 호의적 지역세력균형을 이루어서 주요지역에 대한 지역패권을 달성하려고 하는 타국의 능력을 거부하는 것이다. 비판적으로, 이런 국익은 반드시 미국의 개입을 강요하지는 않는다. 미국은 단지 충분한 힘과 결단력이 있어 어떤 국가나 연합이 중국과 같은 유망 패권국을 체제의 지역전쟁에서 격파할 수 있는 상황을 요구하다. 이런 전쟁이 수반할 엄청난 비용과 위험 때문에, 미국은 이와 같은 노력에 개입되기를 최소화하거나 완전히 피하고자 하는 데 매우 지대한 관심을 가진다.

첫 세기와 미 공화국 이후 서반구에 국력을 투사할 수 있는 유럽 내 패권국의 등장을 제지했던 유럽국가들, 그중 영국의 의지와 능력에 미국은 효과적으로 무임승차했다. 미국의 안보, 자유 그리고 번영의 주요 국가목표는 이런 목표들에 위협이 될 수 있는 서반구에 대한 외세의 개입을 거부하는 외교정책으로써 달성되었으며, 이 중 대표적인 것은 먼로 닥트린Monroe Doctrine이다. 하지만 19세기 미국이 국방에 할애했던 매우 적은 노력과 자원을 고려했을 때, 이 정책의 성공적인 시행은 유럽의 반패권연합과 영국이 유럽국가들을 방해하여 그들이 아메리카 대륙에 국력투사를 할 수 없었던 점에 크게 의존했다.[6] 이런 보호막 뒤에서 미국은 북아메리카와 결과적으로는 중앙아메리카와 카리브해에 대한 전략적 지배력을 형성하면서 대내개발과 확장에 집중할 수 있었다.

그러나 주요지역에 대한 타국의 패권을 거부하고자 하는 이런 기본적인 미국의 국익은 충분한 각개 국가들이 상충되는 국익, 편승이나 무임승차에 대한 유혹에도 불구하고 결집하여 균형행동을 취할 결정을 내릴 것을 요구한다. 어떤 근거로 그리고 어떤 조건하에서 충분한 국가들이 이런 선택을 내릴까? 자연적으로 많은 요소들이 이러한 점에 대하여 국가의 결정을 내릴 때 포함될 것이다. 그러나 그 핵심에는 국가가 비용과 위험을 상회하는 이익이 있다는 판단을 내릴 때 국가가 균형행동을 선택하기 쉽다는 사실이 있다. 보다 구체적으로 이야기하자면, 체제의 지역전쟁에서 유망 패권국에 맞서기에 충분한 수의 국가들은 타국의 패권을 방해하는 것의 이익뿐만 아니라 균형행동에 참여하는 것 또한 신중한 선택이라는 것을 알 필요가 있다.

이는 무엇보다 근본적으로 균형행동을 취할 연합이 역할을 수행할 것이라고 충분한 수의 국가들이 판단할 것을 요구한다. 국가들은 연합이 궁극적 상고법원, 즉 체제의 지역분쟁에서 승리할 수 있는 충분한 승산이 있을 것이라고 믿어야 한다. 만약 국가의 지도부가 이런 전쟁에서 패배할 것이라고 생각한다면, 이들은 연합에 합류하는 것이 헛될뿐더러 결국에는 승리하는 유망국의 질책에 자국을 노출시킬 것이라는 결론을 내릴 것이다. 중국은 일단 자신의 의지에 저항하는 국가들을 처벌함에 있어 명확히 염려하지 않는다. 중국은 1979년에 베트남을 공격했고, 2017년에 분쟁지역에서 인도와 충돌했으며, 처벌적 제재를 일본, 대한민국, 필리핀, 대만, 베트남 그리고 타국에 대하여 부과했다.[7] 그러므로 연합이 패배할 것이라는 인식은 편승에 더 끌리게 만들며, 잠재적 균형행동국들의 유인요인을 패권옹호의 방향으로 유도한다. 만약 충분한 국가들이 결집하여 체제의 지역전쟁에서 승리할 수 있게 된다면, 이 문제는 해결될 것이다.

하지만 체제의 지역전쟁이 어떻게 전개될지는 이를 결정할 국가에게만 작용하지 않는다. 국가는 어떻게 각자가 유망국의 전략에 비추어 살아남을 지에 대한 판단에 기반하고 감당할 비용과 획득할 이익을 고려하여 결정을 내려야 한다. 외교정책은 선교활동이 아니며, 국가 지도자들은 이런 사항을 고려할 때 국가의 자국이익이라는 프리즘을 통하여 대체적으로 바라본다. 그렇기 때문에 독립과 자주성을 강력히 중시하는 국가라고 할지라도 자국이 유망국에 대항하여 체제의 지역전쟁을 수행하는 비용과 위험이 너무 크다고 여긴다면 패권에 대한 동조를 보다 더 합리적인 방책으로 판단할 수도 있다.

이런 판단에는 몇 가지 이유가 있다. 첫째, 원칙적으로 지역 국가들은 그들의 독립과 자주성을 보호함으로써 이익이 되기 때문에 모두 저항에 대한 강력한 관심을 공유하지만, 실은 일부 국가들의 경우 타 국가들보다 독립이나 자립의 완전성을 더 중시한다. 이 사실은 일부 국가들이 패권국의 가능성 높은 지배가 타국에 의한 지배보다 덜 거부적임을 의미한다. 추가로 일부 국가들은 문화적, 인종적, 이념적 혹은 종교적인 이유로 유망국이 목표를 달성하는 것에 대해 덜 거부감이 들 수도 있다. 그들은 심지어 더 좋아할 수도 있다. 마치 중동지방의 그리스도교 국가가 그리스도교 유럽국가에 의한 개입을 환영했듯이, 공산정권이 구성된 국가는 또 다른 공산국가에 의한 패권을 환영할 것이다.

비용에 있어서 보다 중요한 요소가 있다. 한 국가가 자주성의 혜택을 누리기 위해 감내해야 할 고통은 무엇일까? 비록 모든 국가가 독립을 고귀하게 여기지만, 그들은 각자 다른 저항 비용을 가질 수 있기 때문에 다른 손익계산서를 마주하고 있는지도 모른다. 반패권연합은 진공상태에서 형성되거나 지속되지 않는다. 이들 연합은 주어진 지형 속에서 각기 다른 성질, 강점과 약점을 지닌 국가들 속에서 발생한다. 아시아의 경우, 이 사실은 이와 같은 연합의 잠재적 가입국가들이 그들의 위치, 힘, 경제 그리고 기술에 따라 더 많거나 적은 정도로 베이징의 군사력과 다른 형태의 강압력에 노출됨을 의미한다. 폭력은 궁극적이고 가장 효과적인 형태의 강압이기 때문에, 근본적으로 이 사실은 국가들이 유망국의 손상, 공격 혹은 정복할 수 있는 능력에 대해 각기 다른 수준의 취약성을 가짐을 의미한다. 단순히 거리 때문에 오스트레일리아는 중국의 군사적 공격에 대하여 베트남보다 훨씬 덜 취약하다. 심지어 두 국가가 그들의 독립을 보호하고자 하는 같은 수준의 결의를 가졌다고 하더라도, 그렇게 행동하는 데에 따른 오스트레일리아의 위험은 베트남의 위험보다 훨씬 덜 하다.

저항의 가치와 비용 모두 다 이렇게 차이나는 판단은 국가들이 상황을 완전 동일하게 인식시키는 엄밀하게 이성적인 강제력이 없음을 의미하며, 국가들이 중국과 같은 유망국의 행동과 도발에 대해서 대응하는 방법에 대한 공통된 판단을 내릴 것이라는 기대를 할 수 없음을 의미한다. 이는 협조에 있어서 발생할 문제를 발생하며, 연합을 구성하는 국가가 더 많아질수록 그 국가들의 전략적 상황은 더욱더 달라지며, 이러한 문제들을 더 어렵게 만들 것이다.[8]

집중 및 순차전략

여기 말한 협조의 문제는 중국과 같은 유망국이 자신의 세력에 대항하여 형성할 잠재적 동맹을 방지하는 데 구체적으로 쓸 강압력과 유인요인을 사용할 수 있는 전략적 행위자이기 때문에 더욱 첨예화된다. 요점적으로 중국은 비용과 그에 상응하는 위협을 하나 혹은 몇몇 잠재적 연합가입국에 부과하는 데 집중할 수 있으며, 동시에 표적으로 선정된 국가들을 방어하려는 타 국가들에게 막대한 해를 가할 것이라고 위협할 수 있다. 예를 들어, 중국은 이들을 돕지 않는다면 타 가입국에 해를 끼치지 않겠다고 제안하며 대만과 베트남을 고립하고자 할 수 있다. 유망국이 연합가입국들에 비해서 더 강력하면 할수록, 가해지는 위협과 미혹시키는 유인요인은 더 강해진다. 그러므로 유망국은 연합국 간의 이견을 더욱더 조장하며 연합의 형성과 지속을 더욱 어렵게 만든다.

중국과 같은 유망국은 고립된 연합국가들에 대한 집중된 전쟁의 위협 혹은 실행 그리고 이에 동반하여 중국이 질 수밖에 없는 체제의 지역전쟁이 발생하지 않게 여타 강압과 유인수단의 활용을 통하여 이런 상황을 매우 강도 높게 추구할 수 있다.[9] 중요하게도, 중국과 같은 유망국은 이런 활동을 순차적으로 시행하여 의도적으로 체제의 지역전쟁을 도발하거나 촉진하지 않고, 점진적으로 연합에 대항한 세력균형을 전환하며 선택적으로 연합국을 추려내고 제외시키면서 가능하도록 이들을 친패권연합pro-hegemonic coalition으로 불러들여 전개할 수 있다. 유망국의 최적의 전략은 자국이 전쟁에서 이길 수 있다고 확신할 때까지 체제의 지역전쟁에 대한 위협을 가하거나 도발하는 것을 피하는 것이다.[10] 그래서 애초부터 중국과 같은 국가가 지역세력균형이 자국에 호의적이지 않다고 평가하였을 때, 중국의 유인요인은 세력균형이 변화할 때까지 체제의 지역전쟁을 회피하는 것이다. 일단 유망국이 해당 지역 내에서 세력우위를 달성하였다면, 해당국은 이어서 유리하게 위협하거나 분명한 세력우위를 형성하기 위해서 필요할 경우 체제의 지역전쟁을 도발할 수 있다.

중국과 같은 유망국은 중국의 목표달성을 위해 스스로 자원을 투입할 정도로 복속된 국가들로 구성된 자체 연합을 형성할 수 있다. 또한 이 단체는 구조적 혹은 여타 이유들에 의해서 중국과 같은 국가의 패권을 환영할 국가들을 포함할 것이다. 이런 국가들은 문화, 인종, 이념 또는 종교적 이유에 의하여 동기가 부여될 수 있으나, 이들은 3세계 지역 국가들, 즉 유망 지역패권국을 바라보고 이 국가가 자신을 잠재적으로 지배력을 형성해가는 하위지역국가로부터 방어해주기를 바라는 국가들을 포함할 수 있다. 이런 상대적 약소국들은 지역패권을 획득하면 더 고통스럽거나 모욕적이게 될 가깝고 열세한 국가들에 비하여 보다 거리가 있고 이격된 지역패권국이 패권을 행사하는 것을 선호할 수 있다. 예를 들어, 캄보디아는 전통적으로 베트남의 지배를 두려워했으며 하노이를 구속하기 위해 중국을 바라보았다. 파키스탄은 인도를 제재하기 위해 중국을 바라보았다. 유망국으로서도 동조국들과 연계해야만 득을 보지는 않는다. 공공연하게 중국과의 동조를 선택하지 않은 국가들 또한 마치 제2차 세계대전에서 스웨덴이 독일에 했던 것과 태국이 일본에 했던 것처럼 중요한 자원을 공급함으로써 중국의 노력에 기여할 수 있었다.

우리는 이런 포괄적인 접근을 유망국의 "집중 및 순차전략"이라고 부를 수 있다. 만약 중국과 같은 국가가 연합가입국가 혹은 잠재적 가입국을 선별하거나 무력화시킬 수 있다면, 중국은 결국 체제의 지역전쟁에서 반패권연합에 대항하여 이기고 패권을 형성할 수 있는 연합세력을 결집시킬 수 있다. 그 결과로 심지어 지역 내의 대부분의 국가들이 독립과 자주성을 선호하더라도, 세력균형이 동맹에 호의적일지언정 유망국에 저항하는 데 필요한 비용을 감내할 수 있는 국가들이 충분하지 못할 경우에 이르게 되어 중국과 같은 유망국은 패권을 획득할 수 있다. 이는 비록 중국이 예외적으로 강력하다고 하더라도 여타 아시아국가, 미국 그리고 기타 관련된 국가의 총합만큼 강력하지는 않기 때문에 특히 적절하다. 만약 베이징이 체제의 전쟁을 앞서 언급한 포괄적 연합세력에 대항하여 도발한다면 패배하고말 것이다. 그러므로 베이징에게 있어 집중 및 순차전략은 크게 호소력을 갖는다.

이에 대한 희소식은 균형행동과 편승 중에서 결정하는 데 있어 어느 국가든지 근본적인 계산은 반패권연합이 체제의 지역전쟁에서 승리할지의 여부만 포함하지는 않을 것이라는 점이다. 이 결정은 살라미썰기salami-slicing와 같은 잠식적인 전략이 다뤄지지 않으면 궁극적으로 베이징이 승리할 것이기 때문에 이런 연합이 유망패권국의 집중 및 순차전략에 직면하여 효과적으로 운용될 수 있는지의 여부 또한 포함해야 할 것이다.

이 자리에서 비록 군사력이 집중 및 순차전력의 유일한 구성요소가 아니더라도 필수적임을 강조하는 것은 중요하다. 중국은 주로 경제 및 정치적 난관을 초래하지 군사적 난관은 초래하지 않는다고 알려져 있다.11) 하지만 중국과 같은 유망국은 특히 주변에 긴 독립의 역사를 가진 일본, 대한민국, 인도, 오스트레일리아, 베트남과 같은 주요국가들을 포섭해야 하기 때문에 유인요인과 정치 및 경제적 강압력만 갖고서는 지역패권을 형성할 수 있을 것이라고 예측할 수 없다. 이런 국가들은 자국의 자주성을 보호하기 위한 가장 강력한 유인요인을 가지며, 중국의 유인요인과 약속은 한정된 효과만을 갖는다. 너무 관대한 약속을 하면 주변국들은 베이징의 세력우위확보능력을 훼손할 것이다. 반대로, 이들은 상호간에 협력하고 여타 역외국가들과 협력하여 베이징의 정치 및 경제적 강압력에 의해 발생한 손실을 최소화할 수 있다. 베이징의 지역세력우위를 달성하기 위해 주변국들은 보다 강력한 회피요인disincentive을 보아야만 중국의 목표를 제한할 수 있으며, 비록 다양한 방법으로 비용이 부과될 수 있지만 물리적 폭력보다 더 효과적인 영향력을 가질 수는 없다. 그러므로 비록 평화적으로 패권을 형성하고자 한다고 하지만, 중국은 설득력 있는 군사력에 의한 위협을 행사하여 강력한 독립국가들이 자국의 세력우위를 받아들일 수 있게 해야 한다.12)

놀랍지 않게도, 중국 군대의 성장은 이 논리에 매우 면밀하게 대응된다. 베이징은 보다 거리가 있는 미국을 포함한 잠재적 동맹국에 대하여 효과적으로 타격할 수 있으면서 동시에 인접국가들을 공격하는 데 고도로 특화된 군사력을 개발해왔다.[13] 이런 사실은 점진적으로 중국이 집중되고 순차적인 전쟁을 수행할 수 있게 하고 그럼으로써 충분한 수의 지역국가들에 겁을 주어 반패권연합에 대항한 지역세력균형에서의 유리한 위치를 점할 수 있도록 한다.

연합 초석의 중요성

어떻게 이 전략에 직면하여 충분히 강한 반패권연합이 조직되고 유지될 수 있을까? 특히, 어떻게 현재 혹은 미래에 중국의 패권을 두려워할 일본, 인도, 오스트레일리아, 베트남, 필리핀, 대한민국, 인도네시아, 말레이시아 그리고 대만과 같은 많은 국가들이 이와 같은 연합에 가담하여 강력한 중국이 가입국들을 표적으로 삼을 때 외로이 버티고 서지 않을 것이라고 확신할 수 있을 것인가?

이들에게 필요한 것은 자신감이다. 그러므로 이런 맥락에서 매우 유용한 것 그리고 필요한 것은 초석 균형국가이다. 연합을 결집시킬 수 있는 매우 강력한 국가가 그것이다.[14] 이와 같은 초석국가는 중국과 같은 매우 강력한 유망국이 풍부한 수단을 갖고 여타 지역국가들에 대항하여 집중 및 순차전략을 추구할 수 있기 때문에 매우 중요하다. 그러므로 어떤 잠재적 연합국가도, 심지어 강대국이라 할지라도, 유망국이 고립시키고자 하는 고통스러운 시도에 종속될 수 있다. 만약 이런 연합의 가장 강한 국가마저 마치 모든 아시아의 국가들이 중국에 비해 약하듯 유망국에 비하여 약하다고 한다면, 이 국가들은 집중된 세력에 강한 결속력을 형성할 것이지만, 종국적으로 이 연합은 무너질 것이다.

이와 같은 상황에서 연합이 효과적으로 기능하기에는 오차의 범위가 너무 좁다. 어느 연합국가라도 중국의 집중압력에 종속될 수 있고 그런 위치에 처하면 종속된 국가는 다수의 타 연합국가들에 크게 의존할 수밖에 없게 될 것이며, 각 국가들 또한 베이징에 비해 약하지만 종속국가를 구하려고 할 것이다. 이와 같은 방어는 중요한 동맹국들을 유실시키기에 딱 좋을 것이다. 그러므로 많은 사항들이 이런 단체를 형성하는 데 있어 잘 맞물려 들어 가야 할 것이다. 이와 같은 지속가능성의 부족은 지역국가들이 연합에 동조하는 데 머뭇거리게 만들 것이다.

중국과 비교될 만큼 매우 강력한 국가가 연합에 포함되는 것은 몇 가지 이유로 매우 값지다. 첫째, 이와 같은 국가는 그 자체로 연합을 보다 강력하게 만들고 성공 가능성을 개선한다. 둘째, 강력한 국가의 포함은 연합의 형성과 지속을 보다 덜 복잡하게 만든다. 만약 단순히 연합을 개시하는 데에 셀 수 없이 많은 작은 구성원들을 결집시키기를 요구한다면, 그들의 자체적 계산과 동반하여 연합 개시 자체의 과업은 더더욱 복잡하고 불확실해질 것이다. 매우 강력한 국가의 포함은 각각 소국들이 포함되는 것을 덜 필요하게 만들 것이며, 연합의 오차의 범위를 넓혀 연합에 연계되는 것을 더 합리적인 것으로 만들게 될 것이다.

셋째, 이와 같은 강력한 국가는 유망국의 강압적 영향력에 덜 민감하기 쉽다. 그러므로 이런 국가는 연합으로 남기 쉬우며, 그 역할에 충실하게 남고 다른 연합 구성원을 방어하는 데 도움이 될 것이다. 이러한 요소들은 연합과 연계하는 것을 보다 더 매혹적인 것으로 만들며, 약소국들이 신중한 선택으로 여길 수 있게 만들어 연합의 전망을 더 개선시키게 된다.

이런 역학작용은 일상생활과 닮아있다. 어떤 회사를 위해 모금을 한 사람이나 운동을 전개한 사람은 대회나 행사를 조직해본 사람들이 유명한 연사를 일찍 섭외하는 것의 가치를 알듯, 초석 투자자나 기부자의 가치를 안다. 돈, 시간 그리고 노력은 유한하고, 사람들은 누가 이미 돈이나 시간을 투입했는지 살펴 자신의 돈과 시간을 낭비하지는 않았는지 확실히 하고자 한다. 큰 손이 포함되어 있다면, 사람들은 자신의 돈과 시간이 낭비되지 않을 것이라고 보다 확신하게 된다. 국제체제도 별반 다를 것 없다. 연합에서 초석국가를 갖는 것은 다른 국가들이 유망 패권국의 눈앞에 그냥 방치되고 무방비상태로 남겨지지 않을 것이라고 더 신뢰할 수 있게 되는 것이다.

이런 초석국가는 주요지역 내에 위치할 수 있으나, 꼭 그래야만 하는 것은 아니다. 초석국가는 외부의 초석 균형국가일 수도 있다. 이 국가는 단순히 해당 지역에 연합의 목적을 위한 충분한 국력을 투사할 능력을 가지면 된다. 이 개념은 특별히 미국에 적절하다.

외부 초석 균형국가로서의 미국

미국은 효과적인 반패권연합이 항상 세계의 주요지역에서 형성되고 응집하게 될 것이라고 간단히 가정할 수 없다. 그리고 잠재적인 연합이 파편화되고 잠재적 가입국들이 유망 패권국에 비해서 약해질수록 연합이 구성되고 운용되기는 더욱더 어렵게 된다. 비록 미국이 주요지역에서 타국이 패권을 형성하는 것을 막는 데 큰 관심이 있다고 하지만, 미국은 불필요하게 연루되는 것을 피하려는 강력한 유인을 갖는다.

이 사실은 거듭 중요한데 왜냐하면 미국은 주요 지역에 대한 호의적 세력균형을 만들고 지속하는 데 직접적으로 참여할 필요가 없기 때문이다. 물론, 모든 것이 동등하다면, 그와 같은 참여를 피하여 수반되는 상당한 비용과 위험을 피하는 것이 더 낫다. 그래서 일반적 원칙으로 미국은 주요 지역에서의 과중하고 위험한 개입에 대하여 특별한 회의감을 갖고 바라봐야 한다. 만약 유망 지역패권을 거부하는 호의적 세력균형이 미국의 개입 없이 유지될 수 있다면, 훨씬 더 좋다. 미국은 자신 없이 주요지역에서의 호의적 세력균형이 유지될 수 없을 때에만 직접적이고 상당하게 개입하여야 한다.

역사적으로 해외로 향한 미국의 전략적으로 종심 깊은 개입은 바로 이와 같은 평가에 의해서만 진행되었다. 미국은 개국 이래 제1차 세계대전 이후에도 유럽에서의 깊은 개입에 대하여 저항했는데, 제2차 세계대전 이후 영국과 프랑스 두 국가만으로 소비에트의 패권추구를 막아낼 수 없을 것이라는 사실이 명백해지자 헌신적으로 개입해왔다. 미국은 훨씬 전에 아시아에서 깊숙이 개입했으며, 이는 아시아 대부분에 반패권연합이 없었기 때문이었다. 미국은 일본의 지역패권을 거부하는 데에 있어 1930년대부터 주도적 역할을 수행했다. 미국은 1970년대 영국의 철수 이후 페르시아 만에서 보다 과중히 개입하기 시작했는데, 이때 소비에트 연방은 이 지역의 유전에 대한 세력우위를 추구하는 것으로 비춰졌다.[15]

이와 같은 여타 주요지역에서의 집중적으로 개입하는 접근은 유럽과 아시아의 국가들이 미국을 두려워할 이유가 더 적음을 의미햇다. 게다가 이런 주요 지역의 많은 국가들은 충분히 강력한 외부 초석 균형국가가 주변국의 패권으로부터 그들을 보호해주는 데 강한 관심이 있었기 때문에, 이들은 실제로 미국이 자신의 지역에 패권적 지위를 유지하는 데 관심이 있었다. 일본, 인도, 오스트레일리아 혹은 베트남이 북부 및 중앙아메리카 지역에서 미국의 패권을 줄이려고 갖는 어떤 종류의 국익이든, 이 국익은 강하고 능력있는 국가를 가지고, 미국이 역내의 패권적 지위에 있음으로써 대단히 수월해지는 중국의 패권을 거부하려는 국익에 훨씬 못미친다. 달리 말해, 많은 국가들은 미국이 패권을 거머쥐면 전력 투사능력이 증대되고 원거리 지역에 대한 타국의 패권형성을 거부하는 데 도움을 주기 때문에 자신의 지역에 대한 미국의 패권을 원한다.16)

또한 미국의 전략에 대한 이 기준은 제2차 세계대전 참전 및 국제적 리더십을 두고 고립주의에서 세계주의로의 국가 전환을 구현하는 것이라고 해석하는 미국 전략의 역사에서 통용되는 서사의 수수께끼를 설명하는 데 도움을 준다. 이와 같은 설명은 최소한 필리핀의 점령과 개방주의Open Door Policy 그리고 심지어 1850년대 일본의 개항까지 거슬러 올라갈 수 있는 아시아에서의 미국 활동성이 갖는 긴 역사를 간과한다. 보다 인색한 어떤 설명은 미국 행동의 원인을 미국 국익에 중요한 지역에 대한 타국의 지배를 방지하는 데 미국의 역할이 더 중요해졌기 때문이지, 세계에서의 미국의 역할에 대한 개념이 변해서 그와 같이 행동한 것이 아니라고 설명한다.

다시 말하면, 비록 역사는 직선적이지 않지만, 그 긴 공화정 역사상 미국의 행위는 미국의 개입이 해당지역에 대한 타국의 패권형성을 회피하는 데 필요했을 때 미국이 타 주요지역에 점점 더 깊숙이 관여해왔다는 주장에 적합하다. 적극적으로 타국의 지역패권을 거부하는 데 개입할 필요가 없는 한, 스스로 자구책이 남은 경우 단지 무임승차하는 것이 더 끌리는 방안이었기 때문에 미국은 개입하지 않았다. 개입이 필요했을 때, 미국의 행동은 변했으나 근본적인 전략목표는 여전히 변함이 없었다.

이 책의 접근, 즉 미국의 주요 외교정책목표는 세계 주요지역에서 타국의 패권형성을 방지하는 것이라는 주장은 미국이 독립된 공화국으로서 역사상 취해온 행동과 일맥 상통한다. 이런 입장을 취하는 것은 미국이 세계에서 어떻게 행동해야 하는지에 대한 미국인의 개념에 있어 근본적인 변화를 초래하지 않는다.

오늘날의 반패권연합에 대한 전망

그래서 미국의 전략은 미국의 상당한 개입이 없어도 주요지역에서 자체적으로 효과적인 반패권연합이 형성되고 지속될 것인지의 여부에 기반해야 한다. 이런 연합의 전망은 어떨까?

아시아

미국은 이미 양자동맹의 네트워크를 통해서 동아시아와 서태평양에 깊이 스며있다. 이런 위치에서 철수하기가 어렵다는 사실을 잠시 무시하고, 이 지역에서 미국이 철수한다고 가정한다면 반패권연합이 형성되고 작용할 수 있다고 보기는 매우 어렵다. 대략 아시아 국력의 총합의 반을 구성하는 중국의 거대한 국력을 고려했을 때, 미국을 제외한 채로 중국의 패권추구를 견제할 아시아의 연합은 반드시 다른 주요국가들의 대부분을 포함해야 한다. 일본과 인도뿐만 아니라 대한민국, 주요 동남아시아국가, 오스트레일리아 그리고 심지어 러시아까지 필요하다. 이와 같은 순수한 아시아 단체는 오늘날 존재하지 않는다. 아시아국가 간의 관계는 유럽 내 국가관계에 비해 상대적으로 약하며, 아세안ASEAN 동남아시아국가연합과 같은 결속력이 약한 다자기구는 이런 역할을 수행하기에 적합하지 않다.

이 지역에는 이런 문제들을 해결하는 초석의 역할수행을 시도하는 데 타당한 두 개의 국가가 있다. 바로 일본과 인도이다. 이 지역의 여타 국가들은 중국의 국력에 비해 완벽히 내리깔려 이런 역할을 수행할 법하지 않다. 미국을 제외하고, 다른 외부국가들은 초석의 역할을 수행하는 데 있어 충분한 국력을 투사할 만큼 충분히 강하지 못하기 때문이다.

타당한 국가 중 하나인 일본은 현대 대부분의 기간 동안 두 개의 주요 지역국가 중 하나였다(또 다른 국가는 중국). 일본은 오늘날 중국을 제외하고 해당지역에서 가장 발달된 경제국가이다. 하지만 여타 지역국가들이 일본을 두고 초석의 역할을 수행할 수 있을 것이라고 보기에는 망설여진다. 무엇보다도 중요한 것은, 일본이 충분히 강하지 않다는 점이다. 일본은 중국의 5분의 1에 못 미치는 것으로 추산된다.17) 비록 경제는 정교화했지만, 경제 규모는 중국의 4분의 1로 상대적으로 계속 축소될 것이며, 양국 간 기술적 격차 또한 계속 좁혀지고 있다. 비록 도쿄가 군사력을 발전시킨다고 해도, 중국과 일본 간의 세력 불균형은 계속 지대할 것이다. 게다가 1930년대와 1940년대의 일본의 지역패권추구를 고려했을 때, 지역의 정치군사분야를 선도하려는 노력은 인접국가로부터 강한 반대를 무릅써야 할 것이다.

이와 반대로, 인도는 매우 큰 규모의 경제를 가졌으며 언젠가 중국 총 국력에 필적할 것이다. 인도의 경제는 중국 경제의 40퍼센트 이상이며, 인도는 중국 국력의 3분의 1에 달한다고 추산된다. 그러나 향후 10년간 인도의 경제는 중국에 비해 훨씬 줄어들고 발달에서 뒤쳐질 것이다.18) 게다가 인도는 남아시아에 위치하며 중국의 반대에 맞서 동아시아 및 서태평양에 상당한 세력을 투사할 능력이 거의 없다. 인도는 그러므로 중국이 여타 일본, 대한민국, 대만과 같은 아시아의 선도 경제국가들에 대하여 구사하는 집중 및 순차전략에 대항한 유의미한 저항을 수행하기에 크게 어려움을 겪을 것이다.

일본과 인도는 반패권연합의 공동초석이 될 수 있다. 이 공동초석은 대한민국, 베트남, 인도네시아와 같은 국가들을 포함하는 강한 연합의 기반이 될 수 있다. 하지만 이와 같은 연합은 파키스탄과 캄보디아와 같은 국가들을 포함할 중국연합에 비해서 아주 잘 해도 동등하고 아마도 열세할 것이다.19) 심지어 이런 반패권연합이 중국에 대적한다고 하더라도 힘의 차이를 고려할 때, 연합가입국 중 어느 주요국가의 이탈은 상당하고 아마도 결정적인 손실이 될 것이다. 베이징의 힘의 우세와 주요국가 간의 이격된 거리는 중국의 집중 및 순차전략에 항거하기 어렵게 만들 것이다.

아시아에서 연합을 형성하고 지속하는 것은 미국의 중요한 역할 수행 없이는 불가능할 것이다. 비록 일부 국가들은 베이징의 지역패권추구를 거부하기 위해 연합할 것이지만, 이렇게 형성된 연합은 중국연합에 비해서 약할 것이며, 해체될 것이다. 그러므로 농후한 가능성으로 미국이 아시아에서 외부 초석으로 행동하게 될 것이다.

중요하게도, 비록 그 정확한 형상과 속성은 아직 명확하지 않지만, 이런 반패권연합은 아시아에서 형성되고 있는 것 같다. 연합은 진정 다양한 정치적 형태를 취할 수 있다. 연합은 이미 존재하는 쿼드(the Quad; 미국, 일본, 인도, 오스트레일리아로 구성됨)와 같은 기구에서 쌓아올려 정식으로 몸체를 형성하고 추가 참여국을 더할 수 있다.[20] 또한, 연합은 보다 덜 정형화된 형태를 포함한 다른 정치적 관계를 포함시키거나 통합할 수도 있다.[21]

얼마나 정확하게 반패권연합을 형성하느냐를 무시하고도, 미국은 이미 아시아에 깊이 몸담고 있어 이와 같은 연합에 아주 굳건한 기반을 제공한다.[22] 워싱턴은 지역의 일본, 대한민국, 오스트레일리아를 포함한 다수 주요국가들과 동맹이 형성되어 있으며, 인도와 깊이를 더해가는 동반자 관계를 가졌다. 비록 이런 동맹들은 다자 관계가 아닌 양자관계이지만, 효과적인 반패권연합에 상응하지 않는 것은 아니며, 이 내용은 차후에 논의하겠다.

유 럽

유럽은 이미 형성되고 통합된 실로 만개한 동맹인 반패권연합 NATO를 갖고 있으며, 이는 유럽대륙의 반패권 노력의 기반을 제공한다. 이 반패권연합은 이미 형성된 데 더하여 아시아에 비해 유럽에서 더욱 덜 첨예한 어려움에 놓여있다. 유럽에서는 아시아의 중국과 같이 세력의 우위를 점하는 국가가 없다. 비록 미국이 유럽의 외부 초석 균형국가로서 중요한 역할을 수행하지만, 이 역할은 아시아에 비하여 부담이 적다.

러시아는 한때 유럽에서 세력우위를 유망했지만, 오늘날은 거의 확실히 지역패권을 진지하게 추구할 능력이 없다. 비록 러시아가 역사적으로 출중하게 상대적으로 제한적인 경제기반을 군사력으로 전환시켜 왔지만, 아직 러시아는 여타 유럽국가와의 세력 열세에 놓여있어, 앞서 말한 전환을 아무리 높은 효율을 통해 달성한다고 할지라도 이 간극을 극복하지는 못할 것이다. 게다가 다른 강력한 유럽국가들의 지리적 및 군사적 위치는 일본 및 인도의 위치와 다르게 서로 강하게 맺어져 있다. 또한 러시아가 독일에 군사적 위협을 가하기 위해서는 프랑스와 이탈리아를 위협해야 할 것이며, 모스크바가 독일에 대하여 패권을 확보하기 위해서는 직접적으로 그 위협을 강화하여 파리와 로마에 가해야 할 것이다. 이런 연계성은 유럽에서의 연합을 조율하기에 더 쉽게 만든다.

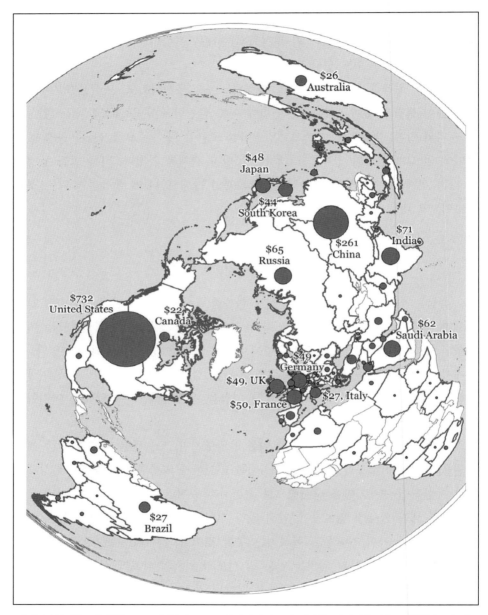

세계 방위지출. 각 원은 2019년 현재 SIPRI 데이터베이스에 기반한 방위지출액을 표현한다. 각 액수는 200억 달러 이상의 방위지출을 하는 국가들의 십억 달러 단위로 표기했다. SIPRI는 베트남과 북한을 포함하여 일부 국가에 대한 데이터를 제공하지 않는다. 햄버트 등면적 투영법에 의한다. 출처: 앤드류 로즈.

그렇다고 러시아가 위협을 가하고 있다는 것은 아니다. 러시아는 NATO의 효과와 유럽의 안정성을 궁지에 빠뜨리는 방식으로 동유럽을 위협한다. 이 문제는 차후에 논의할 중요한 사안이지만, 지역패권의 위협과 같은 내용으로 분류되지는 않는다.

유럽에 있어서 러시아를 제외하고도 지역패권을 추구하는 다른 국가가 등장할 수 있지만, 최소한 중기적인 기간을 두고는 등장하지 않을 것 같다. 게다가 미국은 상당한 전략적 경고를 가할 것이며, 어떤 타당한 국가가 등장하든지 간에 명확한 세력의 우위를 구가할 것이다.

실제 유럽에서 가장 강한 국가는 독일이다. 베를린이 NATO에 가입되어 있다는 것을 제외하더라도, 독일은 내다볼 수 있는 미래에 유럽에서 패권을 추구하지 않을 것으로 보이며, 설사 추구하더라도 관리가 가능할 것이다. 세 가지 이유가 이를 뒷받침한다. 첫째, 독일은 영국, 프랑스, 러시아와 같은 타 주요 유럽국가에 대하여 특별히 강력한 세력우위를 누리고 있지 않다. 독일은 다른 국가들보다 다소 강력하지만, 유럽국가들의 연합보다 강력하지는 않다. 둘째, 독일은 미국보다 훨씬 약하며, 이는 미국이 타 유럽국가들과 함께 독일의 지역패권에 대한 야망을 견제할 수 있고 패권연합을 형성하려는 시도를 잠식할 수 있음을 의미한다. 마지막으로, 독일은 역사 때문에 국력을 행사하는 데 있어 상당한 제한이 있다. 이런 요소들은 물론 변할 수 있지만, 그런 변화는 큰 경종을 울리기 쉽다.

유럽에 있어 러시아를 갈음할 가장 타당한 유망 패권국은 유럽연합 또는 유럽연합에서 파생된 보다 응집력 있는 개체가 될 것이다. 느슨한 국가연합은 비록 내재적 괴팍함 때문에 패권을 점유하고 유지할 수 없지만, 통일된 초국가superstate는 가능할 것이다. 미국은 그 시초가 느슨한 연방이었지만 통일된 전략적 행위자로 진화했다. 1860년대에 영국과 프랑스는 이와 같은 초강대국이 등장하는 것을 방지하기 위해서 미국의 남북전쟁the American Civil War에 개입하는 것을 고려했다.[23]

그러므로 범대서양의 맥락만을 고려한다면, 그 어느 주요지역에서든 응집력 있는 패권의 형성에 반대하는 것과 같은 이유로 미국은 유럽이 고도로 통일된 초국가가 되지 않는 것이 더 좋다. 그 사실은 미국이 유럽의 그 어떤 통합이든 반대해야 한다는 것을 의미하지는 않는다. 미국은 상호 관련된 사항에 대하여 합리적으로 안정되고 일관성 있게 행동하는 유럽에 관심이 있다. 단체행동의 어려움을 극복할 능력이 있고 분쟁을 해결하는 데 도울 수 있는 유럽이 미국의 관심사이다. 연방화된 유럽은 불안정성을 완화하고 유럽대륙 내부의 갈등을 해소하여 미국을 유입할 수 있다. 또한 유럽은 미국의 국익에 부합하게 효과적으로 행동할 수 있다. 하지만 이것은 유럽연합이나 그 후속기구가 진정 통일된 개체로서 지역패권을 형성하고 미국의 교역이나 참여에 대하여 부담을 부과하거나 제외시키는 경우에도 미국이 혜택을 입는다는 것을 의미하지는 않는다.

이러한 미국의 국익을 변형할 수 있는 최우선 변수는 중국이다. 왜냐하면 아시아가 세계의 가장 큰 경제구역이고 중국이 가장 심대한 잠재적 지역패권국이기 때문에, 유럽에서 미국의 국익은 중국이 아시아에서 세력우위를 점하지 못하게 하는 요구사항에 맞추어 조형되어야 한다. 만약 분열되거나 심지어 연방화된 유럽이 아시아에서의 중국 패권을 거부하는 데 지원하거나 간접적으로나마 도움이 될 수 없다고 판명되면, 미국의 국익은 통일된 유럽에 대한 미국의 영향력을 제한한다고 하더라도 중국의 열망을 견제하려고 하는 미국과 연계한 보다 응집력 있는 유럽을 만드는 쪽으로 기울게 될 것이다. 미국이 북아메리카를 지배하게 됨에 따라 일부 영국의 국익은 제한되었지만, 이런 손실은 독일과 소비에트 연방, 런던이 더 중요하게 생각했던 유럽지역에 대한 패권을 점유하는 것을 방지하는 응집력 있는 강대국이 주는 이익과 비교했을 때 궁극적으로 상쇄되었다.

미국과 러시아의 관계에 관하여도 비교할 만한 논리가 적용된다. 중국이 더 강해질수록, 미국이나 타 국가들은 러시아의 대중국 반패권연합에 대한 참가 혹은 무언의 지지에 관심을 더 갖게 된다. 러시아의 상당한 힘 및 중국 북부 국경과 남아시아 및 동북아시아와 같은 자국의 힘의 기반을 증대시킬 수 있는 지역을 아우르는 지리적 위치 이 둘을 고려했을 때, 모스크바는 자연스러운 잠재적 협력국가 혹은 대중국 반패권연합의 일원이다. 게다가 모스크바는 이런 국익을 공유한다. 러시아는 중국이 아시아에 대하여 패권을 점유할 때 자주성 및 영토의 독립성에 대하여 상당한 위험을 겪을 것이다. 러시아는 성장 예측을 고려했을 때, 중국에 비해 매우 약하고 더욱 약해질 것이기 때문에 견제 없는 중국은 러시아에게 있어 그 자주성과 독립성을 제한하는 존재라는 의미를 갖는다. 러시아가 반패권연합에 협력하지 않으면 보호받지 못할 것이므로, 그 어떠한 대중국 아시아연합으로부터 고립이 되면 될수록 러시아의 취약성은 더욱더 커질 것이다. 따라서 미국과 러시아는

중국의 아시아 패권을 방지하고자 하는 공통된 국익을 가지며, 이 국익은 시간이
경과할수록 협력을 지향한다.

페르시아 만

현재 걸프국가들에 대한 패권을 지역의 반대 그리고 최소한의 미국의 반대에
직면하여 타당하게 형성할 수 있는 지역의 세력국가는 없다. 가장 빈번히 언급되
는 국가인 이란은 지역 경제력의 5분의 1에 미치지 못한다. 사우디아라비아, 이집
트, 튀르키예 모두 이란을 국력에서 대적할 만하며, 이스라엘과 아랍에미리트연합
또한 중요한 행위자들이다.[24] 그러므로 이미 이란이 페르시아 만에 대하여 지역패
권을 형성하는 것을 방지할 역내 균형에 대한 구성성분이 존재한다. 게다가 그 막
대한 세력의 우위를 고려하였을 때, 미국은 상대적으로 적은 노력으로 그와 같은
연합을 조장하고 유지하는 데 도움을 줄 수 있다.

외부 국가가 페르시아 만에 대하여 패권을 형성하는 것은 더욱 타당하다. 냉
전의 후반에 있어서 미국은 소비에트 연방이 이를 실행에 옮길까 봐 특히 우려했
다. 그러나 오늘날, 러시아는 지역패권을 가장하기 위한 충분한 국력을 해당지역에
투사할 수 없다. 러시아는 지역세력과 협력하여 집중된 작전을 펼쳐 지역에서의
지위를 상승시킬 수 있지만, 미국의 반대에 직면하여 페르시아 만을 지배할 만큼
배치할 함대나 공군을 갖고 있지 못하다.[25]

결국에 중국은 보다 심각한 잠재적 패권국이 될 것이다. 그러나 만약 중국이
아시아에 대하여 지역패권을 형성하지 못하면, 그 자체적으로 중국은 페르시아 만
에 대한 세력우위를 형성하기 위한 충분한 힘을 투사할 수 없게 될 것이다. 힘을
투사하기 위해서 중국은 최소한 일부 해상을 통해 국력을 투사해야 할 것이며, 만
약 미국이나 다른 국가들이 중국을 서태평양에서 성공적으로 견제한다면, 이들은
중국의 해양력 투사를 아시아 밖에서도 견제할 수 있을 것이다.

중국은 해상 및 지상력의 투사를 조합하여 패권을 달성하려고 할 수 있으며,
예를 들어 일대일로One Belt, One Road 구상과 여타 노력에서 파생되는 전략적 이점
을 활용할 수 있다. 그러기 위해서 중국은 인도를 포함한 주요국가들의 지역을 직
접적으로 침해해야만 할 것이다. 만약 중국이 이미 아시아에 대한 세력우위를 점

하지 못하였다면, 인도와 이란과 같은 국가들은 중국의 페르시아 만에 대한 야망을 저지하는 데 기여할 수 있을 것이다.

그러므로 중국이 페르시아 만에 대해 패권을 형성하게끔 하는 것은 상대적으로 미국에 부담이 되지는 않으며, 해당 지역에 대한 중국의 패권을 거부하는 데 성공하는 것은 인도태평양지역에서의 전략적 경쟁에 의존하게 될 것이다.

세계 여타지역

세계 여타지역은 군사경제력의 측면에서 보았을 때 보다 덜 중요하다. 게다가 세계 여타지역에서는 지역패권에 대한 진지한 경쟁주자들이 없다. 이 두 가지 요소는 늘 동반되지 않는다. 북아메리카는 18세기와 19세기에 유럽보다 훨씬 더 중요하지 않았지만, 미국은 심대한 잠재적 패권국이었다. 이론상으로, 현재 중요하지 않은 지역은 나중에 중요해질 수 있다. 그러나 이런 경우는 예측할 수 있는 가까운 미래에는 일어나지 않을 것 같다.

라틴 아메리카의 어떤 국가도 지역패권을 향해 내달을 것 같지는 않다. 일부는 저조한 경제성장 때문에, 가장 큰 라틴 아메리카 국가인 브라질과 멕시코는 예측 가능한 조건하에서도 패권을 향해 위협을 전개할 능력이 없다.[26] 미국의 근거리와 결과에 대한 엄중한 반대를 고려했을 때, 서반구 외부의 국가가 라틴 아메리카에 대하여 패권을 형성하는 것 또한 타당하지 않다.

이와 같이 사하라 이남 아프리카의 어떤 국가도 해당 지역에 대한 패권에 대하여 경쟁할 수 없는데, 이는 나이지리아, 남아프리카, 케냐를 포함한 비등한 세력을 가진 많은 수의 대국이 존재하기 때문이다.[27] 보다 타당한 경우는 특히 지역의 풍부한 천연자원을 고려했을 때, 역외국가에 의한 아프리카 패권의 형성이다. 그러나 페르시아 만의 경우와 마찬가지로, 아프리카의 운명은 어떻게 여타지역의 경쟁이 전개되느냐에 의해 결정될 것이다. 만약 중국과 같은 국가가 아시아에서 패권을 형성할 수 있게 된다면, 중국은 같은 패권을 아프리카에 대하여 형성할 수 있는 세력과 우호적인 지위를 차지하게 될 것이다. 그러나 아시아에서 중국의 패권이 없다면, 미국과 다른 국가들은 당연하게 중국이 아프리카에 대하여 패권을 형성하기 위한 시도를 좌절시킬 세력과 지위를 갖게 될 것이다. 이 국가들은 아프리카로부터 떨어진 중국의 먼 거리와 그 둘 간의 저항을 활용하여 패권의 형성을 방지할 것이다.

만약 러시아 절대왕정과 소비에트 연방이 그랬듯이 어떤 국가가 중앙아시아에 대하여 패권을 형성하게 된다면, 그 국가는 자국의 세력은 키우겠지만 보통의 정도에 그칠 것이다. 그러므로 모든 것을 갖게 두더라도 제한적이나마 미국은 중국이나 러시아와 같은 아시아와 유럽에 대한 패권을 추구할 국가들의 지배로부터 중앙아시아를 보호하려고 한다. 그러나 라틴 아메리카와 아프리카와는 다르게 중앙아시아의 운명은 러시아와 중국과 같은 가장 타당한 유망 패권국이 있는 결정적 무대의 반대편에 놓여있지 않다는 이유로, 아시아나 유럽의 결정적 무대상의 경쟁에 의한 필연적 부산물이 아니다. 미국은 중국이나 러시아가 중앙아시아에 대한 패권을 추구하는 데 경쟁하기 위해 영토 혹은 영향력을 행사할 수 있는 지역을 가로질러 국력을 투사해야 할 것이다. 그러므로 미국이 할 수 있는 것은 상대적으로 적다. 미국은 지역 국가들을 지원할 수 있지만 직접적 개입은 제한된다.

오세아니아와 양극과 같은 여타 지역의 운명은 근본적으로 완전히 다른 곳에서 결정된다.

따라서 주요지역에서의 반패권연합의 전망은 중국의 지역세력우세를 추구하는 데 대항할 연합을 형성하고 유지하도록 미국이 외부의 초석균형국가가 되는 데 집중하도록 인도한다. 미국은 계속 유럽에 교류하여 우호적인 지역세력균형을 확보하여야 하지만, 아시아에서 그러는 것보다 더 협소하고 집중된 방법으로 교류하여야 하는데, 이는 유럽에서의 그럴듯한 지역패권국이 존재하지 않기 때문이다. 페르시아 만에서 미국은 부유한 페르시아 만의 국가들이 타국의 세력우위에 종속되지 않도록 보장하는 데 집중해야 하지만, 지역의 타당한 패권국이 부재하기 때문에 이는 어렵지 않을 것이다. 여타지역은 중대한 집중을 요구하지 않는다.

제 3 장

동맹과 그들의 효과적이고 신뢰성 있는 방위

제 3 장
동맹과 그들의 효과적이고 신뢰성 있는 방위

그러므로 미국의 최우선 전략 우선순위는 아시아에 대한 중국의 패권을 좌절시키도록 고안된 연합을 위한 외부 초석 균형국가the external cornerstone balancer가 되는 것이다. 그렇다면 이와 같은 연합은 어떻게 생겼으며, 어떤 국가가 참가해야 할까?

미국의 관점에서 이 역할을 수행하는 이상적인 방법은 미국의 위험, 노력 그리고 비용을 최소화하는 방법이다. 외부 초석 균형자로서도 미국은 중국의 아시아에 대한 지역패권을 거부하는 데 행동과 위험을 최소화하는 것에서 이익을 얻는다. 이는 자명하게 신중한 것으로서, 미국은 자국의 국익을 보호하는 데 최소한의 위험을 무릅씀으로써 형편이 더 나아진다. 직관적으로, 이를 자연스럽게 달성하는 방법은 이런 연합과의 관계를 소원하게 하고 재량을 부여하는 것이다. 이와 같은 연계성을 강제적보다는 선택적으로 유지함으로써, 미국은 해당 지역에 더 깊이 얽혀있을 때 발생할 수 있는 고비용, 불필요 혹은 위험성 높은 전쟁이나 위기로 연루되는 것을 회피할 수 있다.[1]

하지만 이런 소원한 관계는 충분히 응집력 있고 강력한 연합을 조성하기 어렵다. 중국과 같이 강력한 국가는 보다 취약한 이웃국가들에 대하여 첨예한 위협을 가하며, 미국과의 소원하고 독립적인 관계는 취약한 국가들의 우려를 완화시키지

못할 것이다. 이와 같은 미국의 약속이 소원하고 불확실하기 때문에, 취약한 국가
들은 연합의 균형 노력에 가담하려 하지 않을 것이다.

　　이런 국가들이 거부감을 주장할 때에는 예외적으로 값비싼 다음과 같은 사실
에 근거한다. 미국과 같은 강력한 외부 초석 균형자가 중국과 같은 유망 패권국의
지배를 주요지역에서 방지하려는 데 관심이 있지만, 그 관심은 아직 내재적으로
편파적이라는 것이다. 유망국의 지역패권 형성을 거부하는 것은 미국의 근본적인
국가 목적을 위해 중요하다. 하지만 중국이 아시아를 지배하느냐의 여부는 미국
생존의 문제는 아닐 것이다. 걸려있는 판돈은, 비록 매우 높은 값이지만, 진정으로
실존적이지는 않을 것이다. 달리 보면, 중국과 전쟁을 수행하는 비용은 충분히 실
존적일 수 있다. 중국은 미국에 대하여 막대한 해를 입힐 수 있다. 핵무기의 시대
에 중국은 높은 신뢰도와 막대한 효과로써 미국에 가장 과중한 비용을 부과할 수
있으며, 심지어 그 생존 자체도 위협할 수 있다.[2]

　　이 사실은 미국이 아시아에서의 분쟁이 이런 비용에 대한 값어치를 하지 못한
다고 결정할 수 있고, 미국이 스스로 잘 방어할 수 있는 서반구에 머물 동안 중국
이 아시아에 대한 지역패권을 형성하게 둘 수 있음을 의미한다. 게다가 미국은 자
국의 연합국가들을 휘청거리게 둔 채로 그 지역으로부터 위기나 전쟁을 포함한 언
제든지 이탈할 수 있다. 역외국가offshore state로서 이런 장점에 대한 영국의 자유로
운 활용은 많은 유럽의 대륙국가들이 "배신자 알비온Perfidious Albion"이라고 비난
한 이유이기도 하다.[3] 허풍전략bluffing strategy의 매력은 위기나 갈등순간이 역외국
가가 철수하기에 가장 호소력 있는 때라는 점에 있다.

　　유망 패권국에 보다 취약한 국가들에 대하여 어떻게 연합이 대적할 것이냐는
부수적이지 않은 중심 관심사이다. 이들의 판돈은 진정 실존적이다. 그들은 철수할
수 없다. 만약 그들이 중국 같은 유망국가에 저항했음에도 중국이 지배하게 되면,
그 국가들은 독립적 개체로서의 종말을 마주할 것이다. 공자들에게 공성을 강요하
다가 함락됐던 중세 도시들처럼, 그 국가들은 중국의 분노로부터 자신을 보호할
그 어떤 것도 가지지 못할 것이다. 중국과 같은 유망국은 이들을 처벌하고 타국에
대한 선례를 보이며, 불붙은 열정이 무엇인지 본보기를 보일 것이다.

　　미국과 아시아 지역의 국가들의 분할은 냉혹하게 다른 관점에 대한 가능성을
낳는다. 게다가 이런 분할의 잠재력은 이것이 장기간의 경제흐름, 인구, 지리의 산

물이기 때문에 전략적 결정에 의미가 있을 만큼의 시간이 지남에 따라 변하지 않는다.

반패권연합에 참가할지의 여부 그리고 얼마나 참가할지를 판단할 때 취약한 국가는 이런 방기abandonment의 가능성을 유심히 고려할 필요가 있다. 미국과 같은 외부 초석 균형자가 다른 연합국가들과 관계를 소원하고 독립적으로 유지하는 것은 이런 연결성을 느슨하고 독립적으로 유지함으로써 외부 균형자가 퇴출하기 쉽게 만드는 것이기 때문에 그 국가의 우려사항을 악화시킬 뿐이다. 그와 같은 행동은 외부 균형자가 실제로 유망국의 지역패권추구를 좌절시키는 데 수반되는 비용과 위험을 감수할 의향이 없다는 징후가 될 것이다.

반패권연합 내에서의 동맹의 역할

미국 그리고 필요에 의한 여타 연합 가입국들에게 있어서 열쇠는 연합의 성공에 중요한 타국들에게 연합에 가입하고 연합으로 남기에 충분한 신뢰를 제공하는 것이다. 완전히 정복되지 않고 점령국의 강요에 복속되지 않는다면, 역내 국가들은 그들의 국력을 연합에, 유망국에 혹은 그 중간쯤 어디에 할당할지를 스스로 결정한다. 이 사실은 잠재적 연합가입국이 연합에 가입해있는 것의 혜택이 연합 밖에 있거나 연합을 탈퇴할 때 얻는 혜택을 상회한다는 믿음에 연합의 중심이 있음을 의미한다.

이와 같은 결정은 물론 연합 외로 남는 것과는 반대로 이와 같은 연합과 연루되는 것에 의한 정치적 및 경제적 유인요인과 결과에 의해서 형성된다. 중국의 부와 정치적 영향력을 고려했을 때 이런 요소들은 중요할 것이다. 하지만 패권에 대한 중국의 식욕과 지역 국가들의 자주성에 대한 가치평가 사이의 근본적인 비호환성을 고려했을 때, 이 사안은 궁극적으로 무력의 사용에 대한 문제로 정리된다.

그러므로 연합은 필요한 만큼의 가입국들이 충분한 방어를 제공받을 것으로 판단할 때만 유효하다. 이런 방어를 제공할 자연스러운 방법은 중국이 가입국에 가하는 위협에 대한 대응으로 연합의 전 세력을 활용하는 것이다. 다시 말하면, 만약 유망국의 전략이 각개격파인 경우, 연합의 자연스러운 전략은 뭉쳐서 각개격파되는 것을 방지하는 것이다. 만약 취약한 연합가입국들이 이런 방식으로 충분히 방어된다고 예측하는 경우, 이런 기대는 그들이 연합에 가입하고 굳건히 버틸 수 있게 인도할 것이며, 중국과 같은 유망국이 집중 및 순차전략을 적용할 때 주의를 기울이도록 만들 것이다. 베이징의 승리의 이론을 이런 식으로 잠식하는 것은 중국을 덜 유리하게 만듦으로써 전쟁 가능성을 낮춰 연합을 강화한다.

반패권연합에게 이런 접근법은 동맹을 수반한다. 취약한 연합가입국들의 핵심 우려사항은 연합의 강력한 국가들이 실제로 그 세력을 사용하여 중국에 대항해서 충분히 방어를 해줄 것이냐의 여부이다. 동맹은 특별히 이런 맥락에서 연관되어 있는데, 그 이유는 동맹이 근본적으로 특히 "한 국가의 타국 방어의 이유가 자명하지 않을 때" 타국과 함께 혹은 타국을 대신해서 싸우기를 약속하기 때문이다.[4] 여기서 "동맹"이라는 용어는 한 국가가 타국을 방어하겠다고 약속한 관계를 의미한다. 이 약속은 공식 조약, 타 정부의 성명, 입법 그리고 행동방식을 포함한 다양한 방법을 통해서 맺어지고 소통될 수 있다.

달리 말하면, 동맹은 겉으로는 설득력 없는 이익에 대한 강하고 주로 값비싼 의지의 신호이다.[5] 그러므로 그들은 적이 동맹국을 위협할 때 액면으로는 대규모 대응이 불필요한 듯한 집중전쟁 등에서 효과적인 공동대응의 가능성을 증가시켜서 잠재적 적을 억제한다. 그리고 동맹은 취약국가들이 연합에 참여한다면 준비한 것 이상으로 고통받지 않을 것이라는 자신감을 심어줌으로써 연합국들에게 무임승차보다 균형을 조장한다. 이러한 이유로 미국은 아시아의 일본, 대한민국, 오스트레일리아 그리고 필리핀과의 동맹뿐만 아니라 대만과의 준동맹을 형성하며, 유럽(그리고 캐나다)에서는 NATO를 포함한 동맹의 그물망을 보유한다.[6] 또한 워싱턴은 공식적이지는 않지만 그럼에도 깊은 관계를 중동의 주요 페르시아 만의 국가, 이스라엘 그리고 요르단과 맺고 있다.

비록 중국과 같은 유망 패권국의 존재가 반패권연합의 형성을 향한 강한 추진력을 만들지만, 이런 추진력은 매우 멀리 있고 서반구에서 범접할 수 없는 방어를 취할 수 있는 미국이 과연 값비싼 비용을 치르더라도 아시아에서 중국의 패권을 거부하는 데 진정 뛰어들 것이냐의 여부에 대한 취약국가들의 의심을 동반한다.[7] 실제로, 중국의 열망을 견제할 일부 국가의 지도자들은 이미 과연 미국이 중국으로부터 피해를 견딜 준비가 되었는지 의문을 제기하기 시작했다. 필리핀의 로드리고 두테르테Rodrigo Duterte가 가장 직설적이었으나, 이런 의문은 오스트레일리아, 일본, 대한민국 그리고 그 외의 국가로부터도 들려왔다.[8]

　　한쪽은 미국 그리고 반대쪽은 지역 국가들 사이에서 동맹을 형성하고 유지하는 것은 이런 문제를 다루기에 자연스러운 방법이다. 이런 경향은 상호 연결된 다자 간의 형태나 하나로 전체적으로 통합된 동맹을 포함한 다수의 동맹을 형성하거나 유지하도록 유도할 수 있다. 하지만 동맹은 반드시 상호연결된 하나의 개체여야만 반패권연합으로서 성공하는 것은 아니다. 연합의 모든 국가들이 동맹이어야만 효과적인 것도 아니다. 연합인 동맹가입국들 모두가 상호 동맹이어야 할 필요도 없다. 이런 사항들은 몇 가지 이유를 근거로 아시아에서 특히 중요하다.

　　첫째, 효과적인 반패권연합은 동맹(준동맹, 즉 미국의 안보에 대한 노력의 수혜자들을 포함), 비동맹 그리고 양자 모두를 포함할 수 있다. 반패권연합과 동맹의 차이점을 강조하는 것은 필수적이다. 연합이란 중국과 같은 유망 패권국을 거부하기 위하여 능동적으로 힘을 모으는 국가들의 넓은 네트워크이다. 연합의 가입국들은 중국의 집중 및 순차전략에 복속될 경우 상호에 대하여 방어할 수 있지만, 단순히 가입국이 됨으로써 구체적 및 공식적으로 약속을 하지는 않았다.

　　이 사실에 기반하여 일부 연합 가입국들은 동맹을 형성하겠다고 선택할 수 있고, 그럼으로써 상호 방위에 대한 약속을 하게 된다. 그럴 경우, 초조한 연합 가입국에 확신감을 제공하여 유망국의 집중 및 순차전략에 직면하여 보호받을 것이라고 여기게 한다. 그러나 반대로, 연합 가입국은 그와 같은 약속을 하지 않고 연합의 동반자로 남을 수 있다. 동반자들은 중국이 공격하는 경우 아직 여타 동맹 가입국들을 지원할 수 있으나, 그들은 공식적 선언을 하지는 않은 상태이다.

　　그래서 궁극적으로 바로 연합이 중국의 지역패권을 거부하는 것이다. 효과적인 연합은 체제의 지역전쟁에서 승리하기 위해 국가들을 충분히 결집시킴으로써 이러한 목표를 달성한다. 그러므로 동맹은 연합의 효능과 의존성을 개선시키는 반면에 엄밀히 필수적이지는 않다. 만약 한 국가가 연합에 참가하기 위해 타국과의 동맹결성을 원하거나 필요하지 않다면, 반패권연합에 참가할 것이라고 믿을 수 있는 한 동맹이 될 필요는 없는 것이다. 1970년대와 1980년대에는 소비에트 연방에 대항하여 반패권연합의 효과를 발휘한 미국의 동맹인 일본과 NATO뿐만 아니라 중국과 같은 비공식 파트너들도 포함하여 구성했었다. 이는 동맹이 요긴하지 않거나 중요하지 않다는 것을 말하고자 함은 아니며, 단지 언제나 필수적이지는 않다는 의미이다.

둘째, 심지어 동맹관계인 연합국가들은 공공의 적에 대항하여 행동하기 위해 각각의 국가와 동맹관계일 필요가 없다. 양자 혹은 소규모 다자동맹의 분해된 네트워크는 그렇지 않지만, 다자동맹은 연결망으로 형성된 국가들의 총력을 이끌어 낼 수 있다는 이점이 있다. 그럼에도 불구하고, 보다 분해된 모형은 취약한 국가들이 같은 편에 남는 데 필요한 신뢰를 제공할 수 있다. 제2차 세계대전 이후 미국은 워싱턴이 아시아 내 다수의 국가들과 동맹을 맺었으나 그 국가들은 상호 동맹을 형성하지 않는 허브형 동맹hub and spoke alliance 네트워크를 만들었다. 이 네트워크는 냉전시대에는 충분했음이 증명되었다. 일본과 대한민국은 모두 미국 연합의 일부였으나 국가 상호간에는 동맹이 형성되지 않았으며 각국은 워싱턴과 개별적으로 동맹을 형성하였다.9)

이런 점들은 중국에 대항한 어느 반패권연합이든지 새로운 동맹을 형성하는 데 있어 상당한 반감이 있을 수 있어서 매우 중요하다. 한 예로, 미국은 동맹서약을 추가하는 것을 꺼릴 수 있다. 하지만 지역 연합국가들 또한 이미 존재하는 동맹에 새로 형성된 동맹을 더하기를 꺼릴 수 있다. 심지어 이미 중국 패권에 반대하는 국가들 간 형성되는 이런 거부감은 몇몇 근거에서 비롯된다.

먼저, 일부 연합 국가들은 자국의 안보를 위해서 동맹은 필요하지 않다고 믿을 수 있다. 그들은 중국의 집중 및 순차전략에 직면하여 스스로 충분히 안전하다고 생각할 수 있어 타 연합과 동맹을 맺는 것의 이익은 동맹이 강제할 자주성의 침해와 연루의 위험을 초과한다고 여길 수 있다. 예를 들면, 인도는 힘의 성장을 이유로 자국이 중국의 집중전략에 저항할 수 있다고 판단할 수 있으며, 워싱턴과의 동맹은 잠재적 이익보다 더 큰 위험을 동반한다고 여긴다. 다른 관점에서 볼 때, 뉴질랜드는 중국으로부터의 먼 거리와 국가의 소규모가 베이징이 자국을 표적으로 삼지 않을 것이라고 생각할 수 있으며, 동맹에 가입하는 것은 오히려 타격의 위험을 줄이지 않고 더 증대시킬 것이라고 생각할 수 있다. 각각의 사례에서 이들은 반패권연합에 기여할 것이지만, 동맹관계의 형성은 취하지 않을 것이다.

둘째, 이미 동맹에 속한 국가를 포함한 일부 연합국가들은 특히 취약한 국가들과 같은 추가 연합국가들에 대한 확장된 개입을 거부할 수 있다. 대한민국, 일본, 오스트레일리아와 같은 미국 동맹국들은 대만이나 필리핀의 방어에 대한 공식적 개입을 거부할 수 있다. 그들은 위와 같은 취약국가들을 같은 편으로 유지하는 데 있어 미국의 지원이면 충분하다고 보고, 예를 들면 특정 우발사태에 대한 대응을 위하여 형성한 연합을 통해서 차후에 참가할 수 있다고 판단할 수 있다. 이 경로를 통해 그 국가들은 융통성을 유지하며, 중국의 분노에 대한 노출로부터 그들의 모습을 감출 수 있다.

　　마지막으로, 정치적 요소들은 신규 동맹의 형성이나 기존 동맹 간의 연결을 방해할 수 있으며, 아시아에는 이러한 흐름이 살아 움직이고 있다. 예를 들어 일본과 대한민국은 종종 교착상태에 빠져있으며, 심지어 온건한 전략적 동반관계를 지속시키는 데에도 어려움을 겪고 있다.10) 인도와 베트남은 미국과의 불합치와 반대에 대한 강한 전통을 갖는다.11) 그러나 정치적 거리낌은 종종 설득력 있는 전략적 필요성에 의해 극복된다. 프랑스와 독일은 영국과 프랑스가 제1차 세계대전 이전에 그랬듯이 전후 유럽에서 동반자 관계가 될 수 있었다. 그러나 이와 같은 저항을 극복하는 것은 여타 비용을 부과하고 국내 주요 유권자들을 소외시킬 수가 있다.

　　전면 통합되고, 완전히 의존할 수 있는 다자동맹 네트워크는 이상적인 연합을 형성할 수 있다. 비록 과거에 존재하지 않았지만, 아시아의 NATO는 확실히 구성해볼 수 있다. 중국의 부상과 중국의 점증적 유세행동을 고려했을 때, 위와 같이 견실히 통합된 다자동맹은 가치가 보다 명백해지는 만큼 전망이 보다 좋아지고 있다. 냉전기간 동안 그리고 최근까지, 미국은 아시아의 해양에서 압도적으로 강했다. 게다가 각개 미국의 동맹국들은 타국의 방위에 크게 기여할 수 없었다. 그러므로 허브형 동맹은 합리적이다. 미국의 동맹국들은 미국과 연계하여 자국의 방위에 주된 집중을 하면 된다. 그러나 중국의 부상에 임하여 미국이 압도적이지 않지만, 일본, 대한민국, 오스트레일리아와 같은 미국의 동맹국은 집단 방위에 기여할 수 있다. 이에 더하여, 냉전기간 동안, 제1차 세계대전 간 일본의 행동에 대한 잔존하는 분노는 다자동맹에 있어 주된 방해요소였다. 오늘날, 이런 유산은 기억에서 사라져가고 있다.

　　이런 관점에서, 아시아의 반패권연합에 참가할 준비가 되어 있는 미국과 타국들은 아시아의 NATO와 같은 보다 견실하고 다자적 기구로부터 원칙적으로 혜택을 누릴 수 있다. 게다가 완벽한 기구의 형성만 추구할 필요는 없다. 비록 연합국가들이 완전히 NATO와 같은 구조로 재조직될 수 없다고 하더라도, 소규모 다자동맹을 포함한 추가적인 동맹을 형성하기만 하여도 혜택을 누릴 수 있다. 예를 들어, 일본과 오스트레일리아는 미국과의 동맹이나 조약에 더하거나 통합하여 양자 간 동맹을 형성할 수 있다. 미국은 이런 관계들을 장려하는 것이 국익에 보탬이 된다.[12]

그러나 보다 발전되고 통합된 동맹 네트워크가 혜택을 주지만, 이를 달성하는 것은 어려우며 위험을 동반할 수 있다. 어떤 장애요소들은 정치적이다. 위와 같은 전면적으로 응집력있는 동맹 네트워크를 형성하는 것은 일부 연합국가들을 소외시키거나 그 국가들의 유권자들 일부를 소외시킬 수 있으며, 연합에서의 참여가 위기를 초래할 수 있다. 또한 이런 노력은 군사분야 지출의 증대나 여타 연합국가들의 군사적 접근성 부여 등과 같은 연합을 지원할 다른 방법에 쓰일 정치적 자본을 소모할 수 있다.

또한 주의해야 할 깊은 전략적 이유가 존재한다. 이런 이유는 완고한 적을 직면하기 위해 새롭고 지속되는 동맹의 유산을 더하는 것은 비용과 위험이 없지 않다는 사실에 뿌리를 둔다. 동맹의 방위는 효과적이어야 하고 신뢰성이 있어야 하며, 이러한 요구사항을 만족시키는 데 실패하는 것은 개별의 동맹뿐만 아니라 연관된 동맹 그리고 심지어 큰 범위의 반패권 노력을 잠식하는 위험을 갖는다. 너무 많이 신장되어, 동맹 네트워크는 약화되고 붕괴될 수 있다. 이는 1950년대에 미국이 고통스러운 베트남전으로 끌어오고 냉전노력을 붕괴시키지는 않았지만 장애를 가할 위협을 가져온 팍토마니아the Pactomania의 문제였다.[13] 그러므로 만약 미국과 연합이 어떻게 아시아에서의 동맹 네트워크의 윤곽을 조정할지를 결정한다면, 그 전에 우리는 반드시 그와 같은 동맹이 요구하는 것이 무엇인지를 이해해야 한다.

효과적인 방위

유망한 지역패권이 직면하는 의미있는 동맹의 주요 요소는 동맹은 동맹국들에 대한 효과적인 방어를 약속한다는 것이다. 동맹의 목표는 동맹국이 같은 편에 남아있고 연합에 기여할 수 있도록 그들을 방어하는 것이다. 그러므로 이런 의미에서 "효과적"이라는 것은 간단히 말해 표적 국가가 동맹을 떠나거나 동맹에 기여하는 것을 중단시켜 연합으로부터 힘을 몰수시키는 조건을 "거부"하는 것을 의미한다. 물론 이런 조건들은 해당 동맹의 성격과 조건에 종속된다. 하지만 이 조건이란 취약국가가 동맹 그리고 연합에 대하여 계속해서 헌신하고자 하는 의지에 대한 것이기 때문에, 효과성은 크게 보면 상대적이고 조건부이며, 절대적이거나 표준적이지 않다.

이 사실은 대부분이 취약국가가 얼마나 많이 버틸 것인지 그리고 중국과 같은 유망국가가 작동해도 활동할 수 있느냐에 달린 것을 의미하기 때문에 중요하다. 이 기준에 있어서 오직 진정으로 필요한 부분은 특별히 주요 영토에 대한 전면적이고 지속적인 정복에 대항한 방어인데, 그 이유는 이 정복이 원칙적으로 유망국의 의지에 대한 국가의 지속적 복속과 궁극적으로 동맹이 제공할 수 있는 그 어떤 저항도 거두는 것을 수반하기 때문이다. 그 이외엔 효과적인 방위를 위해 얼마만큼 더 필요한 것이냐는 취약국가가 얼마나 기꺼이 고통을 감내하고 위험을 감수하며 동맹 및 연합이 제공하는 혜택으로 얻는 이익을 얻을 것이냐는 것의 산물이다.

이는 보다 취약한 국가가 저항하고 고통을 받을 것이냐에 따라 효과적인 방위의 기준이 점점 덜 까다로워지기 때문에 근본적으로 중요하다. 만약 어떤 국가가 큰 손해를 기꺼이 감수하려고 하거나 구원을 기다리는 데 참을성이 있다면, 그 국가를 방어하는 것은 동맹에 큰 스트레스를 가져다주지 않는다. 그런 국가는 그 국가가 구원을 받는다거나 자유롭게 된다는 것을 기대하는 한, 참담한 폭격, 봉쇄 혹은 심지어 일시적 정복을 견딜 수 있고 동맹의 노력에 기여도 할 수 있다. 그러나 만약 동맹이 미약한 손상을 입은 경우에 동맹을 속박하거나 동맹을 저버릴 수 있는 국가는 매우 활발한 방어를 필요로 하며, 동맹의 능력과 그 표적국가를 방어하는 데 도울 동맹의 의지를 강조한다. 1940년의 핀란드와 같은 탄탄하고 지속력이 있는 국가는 같은 해의 벨기에와 같은 취약한 국가보다 동맹으로부터 요구사항이 적다.

이런 이유로, 방어의 반대급부로서 동맹국이 요구하는 것은 어떤 국가를 공격하느냐 혹은 동맹으로 유지하느냐를 선택할 때 가장 중요한 파급효과를 갖는다. 그리고 방어의 반대급부로서 동맹국이 얼마나 요구하느냐는 그 국가가 연계됨으로써 얻는 이익과 고통과 희생이 어떻게 균형을 잡느냐의 결과에 달렸다. 만약 그 국가가 혜택이 더 높다고 본다면, 그 국가는 고통을 감내하고 더 견딜 준비가 되어 있을 것이며, 그 반대도 마찬가지이다. 혜택은 동맹이 제공하는 여타 유인책들 어떤 것이 되었든지에 관하여 그 국가의 독립과 자주성이다. 비용은 동맹이 제공하는 유인책들의 상실뿐만 아니라, 무엇보다도 가장 눈에 띄는 것은 중국과 같은 유망국이 부과할 수 있는 손상이다.

또한 취약한 동맹에 대한 요구사항도 다양할 것이다. 어떤 국가는 마치 NATO의 서독과 같이 견실하게 자체 방어하고 유망국이 자국의 영토와 자원을 사용하지 못하게 거부하도록 기대될 것이다. 또 다른 국가는 단순히 침공에 버티고 냉전의 아이슬란드와 같이 접근을 제공하도록 기대될 것이다.[14] 게다가 어떤 동맹은 점령을 당했더라도 유망국을 격파하는 동맹의 전략에 부합하는 한, 동맹의 의무를 수행할 수 있다. 이렇게 정복당한 동맹국은 제2차 세계대전의 필리핀과 같이 평화협정에서 해방되거나 복권될 수 있다.

취약한 국가들이 어떻게 이러한 비용과 혜택의 균형을 맞추는지는 규칙으로 일반화할 수 없다. 이는 특히 독립된 개체로서의 국가의 생존이 명백하게 혹은 전적으로 다른 재화에 우선하지는 않기 때문이다. 역사는 19세기의 스코틀랜드와 같이 자국의 자주성과 심지어 그 독립적 개체로서의 실존까지도 타협한 국가들의 충분한 사례로 넘친다.[15] 국가가 그런 고급 재화를 보호하기 위하여 얼마나 많이 기꺼이 희생하려고 하느냐는 많은 요소들에 의해서 형성되는 기호이지만 종국적으로 이것은 그 국가의 국민들, 특히 결정권자들이 얼마나 그들의 자유와 자주성을 가치있게 여기는지를 반영한다. 일부는 자리를 지키며 흘린 피를 머금은 자색의 가운을 숭고하게 여길 수도 있고, 다른 국가들은 생존이 자유보다 낫다고 여길 수 있다.

이것은 특히 중요한데 왜냐하면 유망국이 더 강하고 표적국가가 더 약해질수록, 표적국가가 얼마나 독립을 가치있게 여기느냐의 문제가 부각될 것이기 때문이다. 중국과 같은 강력한 유망국을 두고, 양자가 모두 상당한 당근을 제시할 수 있기 때문에 동맹의 유인책은 상쇄되기 마련이다. 동시에 중국과 같은 강력한 국가는 위험을 감내하고 표적국가가 제공할 수 있는 어떤 유인책이라도 중단시킬 수 있는데, 그럼으로써 그 유인책의 가치를 저하시킨다.

그러나 원칙적으로 "효과적인 방어의 기준은 적으로부터 그 어떤 것도 요구하지 않는데", 이는 비록 이와 같은 요구사항이 수단적으로 유용하거나 이익이 된다고 할지라도 마찬가지다. 이런 점은 미국의 방위전략에 대한 여타 접근법과는 상당한 차이를 만든다. 민주주의나 자유주의의 부상을 확실히 하는 것을 상정한 대전략은 중국정부의 형태에 변화를 낳을 수 있는 방위전략을 요구할 수 있는데, 이런 논리하에서는 중국이 자유민주주의가 된 후에만 미국이 진정 안전해질 수 있기 때문이다.16) 반면에, 아시아에서 중국의 패권을 거부한 것과는 반대로 미국의 실질적 패권을 요구하는 전략은 중국을 적극적으로 약화시키거나 발을 묶어두는 전략을 요구할 수 있다. 여기에 제시된 기준은 반대로 다른 형태의 정부가 이끄는 매우 강력한 중국과 공존할 수 있다. 하지만 이는 효과적인 동맹의 방어를 요구한다.

효과적인 방어를 펼치는 데에 대한 난관

이와 같은 방어는 이론적으로 효과적인 그 이상이어야만 한다. 또한 이는 "신뢰할 수 있어야" 한다.

또 다른 국가가 동맹의 약속을 이행할 것이냐의 여부는 내재적으로 불확실하다. 동맹은 취약국가가 이와 같은 불확실성하에 고립될 것을 두려워하여 만들어지는 것이다. 동맹은 타국들의 결과론적인 약속으로, 취약한 동맹국을 고립시키지 않고, 특히 도전받을 때 효과적으로 취약국가를 위해서 싸워주는 것이다. 하지만 모든 다른 약속과 마찬가지로, 그런 약속은 파기되거나 반신반의하게만 이행될 수 있다. 허풍전략은 보다 먼 동맹국에게는 흥미로운 전략일 수 있는데, 동맹의 억제 혜택은 유지하면서도 억제가 실패했을 때의 매우 중대한 비용은 피하기 때문이다. 이 사실을 알고 유망국 스스로뿐만 아니라 위와 같은 약속에 의존하는 취약한 동맹국가들은 동맹국들이 약속을 이행할 것인지를 면밀히 살피도록 강력히 유인되는데, 다시 말해서 얼마나 약속이 신뢰할 수 있는지를 판단한다. 이는 동맹국들이 약속을 이행할 것인지의 여부가 명백하지 않을 때 전적으로 사실이며, 바로 이런 조건에서 동맹은 가장 적절한 선택이다.

신뢰성은 특히 중국과 같은 강력한 유망국을 직면할 때 중요한데, 베이징의 집중 및 순차전략의 운용이 반패권연합 가입국의 근본적인 국익 및 관점의 불합치에 기반을 두며, 특히 미국과 같은 외부 초석 균형국과 지역 연합국가 간의 상충에 근거하기 때문이다. 예를 들면, 중국과 같이 매우 강력한 유망국은 주장의 불일치나 국내 자립성의 문제에 대한 분쟁을 대체로 지역만의 문제로 규정하여 미국의 국익이나 여타 아시아 국가들의 국익과 상관없도록 비치게 할 수 있다. 다수의 미국인들은 "남중국해의 암초"나 심지어 대만의 지위와 같은 "내부 문제"를 두고 중국과 전쟁을 벌이고 싶지 않다고 보통 발언한다. 동시에 중국은 소국들에 대해서뿐만 아니라 일본, 인도, 미국과 같은 대국들에 대해서도 커다란 해를 입힐 수 있다. 만약 베이징이 이런 관점에서 분쟁을 규정할 수 있다면, 일부 연합국가들의 결심은 이런 위험에 대한 두려움을 극복하기에는 불충분할 것이다.

이에 대한 결과는, 중국과 같은 유망국이 추구하는 집중전략에 직면하여 동맹의 가입국에 대해 명백히 지엽적인 사안에 대한 요구로써 겉으로 보이는 것보다 더 큰 대규모의 손실을 고려할 준비를 해야 한다. 동맹은 유망국이 세력우위를 점할 때까지 계속해서 각개격파할 것이며, 베트남에서 악명을 떨치게 된 표현을 빌리자면 국가들은 도미노는 아니지만 그들의 운명은 상호 연결되어 있기 때문에 함께 버티는 것이 각자 버티는 것보다 낫다는 논리에 근거한다.[17)

하지만 이 긴장은 중국과 같은 유망국을 타 동맹국에 대하여 "진정으로" 취약국가를 위해 희생할 준비가 되었는지를 시험할 수 있게 유도한다. 베이징은 타 동맹국들이 중국의 "진정한" 패권추구 혹은 그렇게 형성된 패권에 대항해 표적 동맹국을 방어하면서 겪을 고통을 감내할 만한 것인지의 여부에 대한 불확실성을 저울질하면서 시험할 수 있다.

이것은 아주 실제적이며 실로 근본적인 문제와 맞닿는다. 중국과 같은 강력한 국가를 다루도록 고안된 동맹은 동맹국들이 두려워하는 패권국을 저지하는 데 돕고자 하지만 패권이 형성될 수밖에 없는지 거의 확신하지 못하거나, 만약 형성되었다면 감내할 수 있는지 확신하지 못한다. 하지만 그 잠재성을 저지하는 데 드는 비용은 실제적이고, 확실하며, 상당하다. 달리 말해, 동맹은 취약국가를 지원한다고 보증하면서 거대 지역국가의 패권추구에 대한 저지를 돕는다고 약속할 수 있지만, 동맹은 가입국의 불필요한 혹은 불균형적으로 파괴적이며 값비싼 위험을 감수한다. 이는 얼마나 실질적이며, 만약 실질적이라면 집중전쟁에서 중국과 같은 유망국과 싸우는 것이 얼마나 중요하냐에 대한 의문을 부르는 세 가지 곤란함에 근거한다.

먼저, 부상하는 중국과 같이 잠재력 있는 유망국은 실제로 완숙한 패권을 추구하지는 않을 수도 있거나 그런 패권을 추구하는 데 성공할 만큼 전념하지 않을 수도 있다. 심지어 매우 강력한 국가들조차도 그들의 이익에 만족할 수 있다. 이런 사실은 유망국의 집중 및 순차전략과 같이 보이는 것을 좌절시키고자 벌이는 전쟁이 필요없을 수도 있음을 의미한다. 그리고 잠재적 유망국이 "실제로" 패권을 획득하고자 하는지를 두고 보고자 조금 더 기다리는 것은 대적하는 것에 비하여 매우 매력적인 선택지로 보일 것이다. 대중은 다음과 같이 물을 것이다. 동맹국을 지원하려 오는 국가들은 일관되게 거부되고 허황되어 보이는 패권욕을 가진 "잠재적" 유망국이 그 이익에 만족하지 않는지 지켜보기 위해 기다릴 수 없는가? 북아메리카에서 미국의 영토 확장은 멕시코전쟁the Mexican–American War으로써 효과적으로 종결되었으며, 캐나다와 멕시코를 독립국으로 유지하였다. 소비에트는 서유럽에 대항하여 군사력을 절대 사용하지 않았으며, 1961~1962년 베를린과 쿠바 미사일위기사태 후의 유럽 협의사항을 직접적으로 시험하며 효과적으로 중지시켰다. 정말로 소비에트 연방이 지역패권을 추구했는지 혹은 단순히 자국을 위한 충분한 완충지역을 추구했는지의 여부는 아직도 역사분야의 논쟁거리이다.[18] 심지어 알려진 바와 같이 로마제국은 2세기 및 3세기에 확장을 중지했으며 정복지의 일부에서 후퇴하기도 했다. 이런 사례들은 동맹의 약속을 이행하고 막대한 손실을 가져올 전쟁에서 싸울지의 여부를 결정하는 이들의 생각 전면에 있기 쉽다.

특히 이런 질의는 유망국이 전쟁목표가 갖는 야망을 제한하는 근거로 보일 개연성 있는 역사적, 문화적, 언어적 또는 여타 이유를 가질 때 더욱 첨예해질 것인데, 이 사실은 앞서 말한 이유들이 자연스럽게 목표에 종점을 제공하는 듯 보이기 때문이다. 단순히 동족, 유사어를 사용하는 인접국 또는 호소하는 국가들common confessors을 통일하려고 한다고 주장하는 국가는 자국의 목표가 여기까지만이라고 지역 내 타국을 설득할 수 있다.

이와 같은 합리주의성은 비전략적 요소에만 국한시켜야 하는 것만은 아니다. 직접적 전략 및 안보요소는 고통스러운 전쟁비용을 감내할 필요가 진정으로 있느냐의 여부를 고려했을 때 동맹국에게 합리적이며 방어적으로 보일 수 있거나 보이도록 할 수 있다. 막대한 고통이 비용만큼 값어치를 하는지의 여부가 궁금한 국가들에게는 유망국이 주장하는 단순히 지속가능하거나 완충해주는 방어지대를 원하며, 주장을 더욱 관철하기 위한 전주곡으로서 전과를 확대하려는 어떠한 계획도 없다는 말이 안락한 매력을 준다. 나치독일의 공격을 흡수 및 격퇴하고 난 후 손에 쥔 동유럽의 소비에트 제국령은 완충지대였는가? 혹은 유럽 석권을 위한 교두보였는가? 이런 사안들은 냉전시대를 관통하여 서유럽과 미국에서 뜨거운 논쟁거리였다.19)

둘째, 적과 대치하는 전선을 긋기에 더 나은 이유가 있는지 언제나 궁금해하는 경향이 있다. 심지어 혹자가 동의한다고 하더라도, 정말 꼭 "이런" 방식으로 그리고 "이런" 이유로 싸워야만 하는 것일까? 이것은 특별히 어려운 물음인데, 왜냐하면 역사적으로 후회되는 야망있는 유망국에 대적하다가 실패한 사례들에는 다른 곳이나 다른 조건에서 싸웠었다면 불필요할 수도 있거나 덜 소모적일 수 있었던 값비싸고 고통스러운 전쟁인 경우들이 있기 때문이다. 1938년의 뮌헨Munich과 같은 사례에 대해서는 1914년의 사라예보Sarajevo와 같은 사례가 있고, 대한민국을 방어할지 말지에 대해 불명확했던 사례에는 베트남의 사례가 있다. 지금 보기에 제1차 세계대전과 베트남전은 불필요하지 않은 것이었다고 놓고 본다면, 최소한 독일 제국과 인도차이나에서의 공산주의를 각각 견제하는 이점의 비율을 훨씬 초과했다. 영국, 프랑스 그리고 러시아는 독일의 야망을 견제하기 위해 제1차 세계대전을 벌였으나, 이런 대화재를 불러일으킨 불씨는 오스트리아의 지배로부터 세르비아를 방어한다는 것이었다. 바로 그때 그곳에서 싸울 필요가 있었을까? 만약 필요했었다고 한다면 전쟁은 다른 곳에서 다른 때에 일어났다면 더 낫지 않았을까? 즉, 전쟁은 피하고 유럽에 대한 독일의 패권을 방지할 수 있지 않았을까? 한 세기가 지난 후에도, 이 물음에 대한 논쟁은 끊이지 않는다. 핵전쟁의 발치까지 다가갔던 것은 베를린의 위기와 서독의 운명을 긴밀하게 엮었던 쿠바 미사일 사태였다. 미국과 NATO의 결의의 상징으로서의 자유서독을 보호하는 것은 열핵전쟁을 벌일 만큼 값어치 있는 것이었을까?

어쩌지 못하는 진퇴양난인 것은 곧바로 유망국에 직면하려고 하기 전에 유망국이 자신의 야망과 공격성에 대한 명확하고 뻔뻔한 증거를 보일 때까지 기다리는 경우 그리고 더 유리한 정치 및 군사적 조건을 갖는 경우가 항상 존재한다는 점이다. 그러나 교활한 유망국은 이를 인식하며 이런 교착상태를 해소하기보다는 더욱 악화시키는 방법으로 자국의 집중전쟁을 제시할 모든 이유를 가지며, 유리해질 때까지 절대로 자신의 의도를 명확한 증거로써 제시하지 않는다. 그리고 반패권연합에 관하여, 사안들이 명확하지 않을 때 유망국의 야망을 견제하기 위한 최적의 시기가 2년 혹은 5년이나 그전이었다는 것을 알게 되면 위험하다.

셋째, 실현된다는 가정하에 국가들은 유망국의 세력우위가 정작 너무 안 좋은 것인가를 궁금해하며 저항에 따르는 비용을 정당화할 수 있다. 모든 국가들은 패권에서 자유로움으로써 제공받는 독립과 자주성에 대한 모종의 근본적인 이익을 갖는다. 하지만 모든 제국이나 우위가 용인되는 것은 아니다. 로마는 많은 부분에서 잔인하고 강압적이었으나, 팍스로마나(역주: 로마평화체제)를 형성했고, 교역을 촉진했으며, 지방에서 반란이 없으면 통상 관대했다. 안토니우스 통치하의 2세기 제국을 인류역사상 가장 행복한 시기였다고 기번Gibbon이 판단한 데에는 이유가 있다.[20] 보다 최근에 캐나다는 북아메리카에 대한 미국의 패권을 회피하고 싶어 했을 수 있지만, 그동안 정말 그렇게 나빴을까? 많은 국가들은 제1차 세계대전에서 동맹국Central Powers으로 초래된 독일의 부상이 참호에서의 손실만큼 지독하지는 않았을지의 여부에 대하여 비합리적으로 궁금해하지 않았었다. 그러므로 현대화된 인민해방군을 대면하는 국가에게 중국의 세력우위는 저항의 비용만큼 지독할 것인가?

하지만 이런 모든 논점에 대하여 설득력 있는 반론이 있다. 중국과 같은 유망국은 타국이 자국을 저지하기 위하여 위험을 감수하고 비용을 감당하려고 하는 의지를 희석시키기 위하여 야망의 범위를 감추려는 가장 강력한 이유가 있다. 그리고 만약 한 대국의 현 지도부가 진정 주로 고의적으로 패권을 추구하지는 않고 국가주의적이고 보복주의적인 이유에 집중한다고 해도 결국 자국 정책의 결과일 수 있다. 심지어 명백하게 제한된 요구조차도 의도되었든 되지 않았든 간에, 유망국이 패권을 형성하는 능력을 높일 수 있다. 확보된 영토는 전략적으로 귀중할 수 있으며, 주로 식욕은 음식을 먹을수록 더 생기기 마련이다. 다음 지도자들은 오늘날의 지도자들보다 더욱 야망을 품었을 수도 있다. 프러시아는 독일을 통일시키기 위하여 덴마크, 오스트리아 그리고 프랑스와 싸울 국가주의적 이유를 가졌으나, 이런 승리는 프러시아를 더욱 강력한 국가로 만들어 유럽 제패가 가능하도록 만들었고, 독일은 그런 패권을 쥐려고 했다. 중앙 및 서유럽의 게르만어 사용인구를 통일하려는 나치독일의 욕망은 당대의 시대정신에 호소된 국가주의적 논거에 기반하였으며, 중앙 유럽에서의 패권적인 위협을 부가하는 결과를 초래했기 때문에 전략적으로 타국들에 위협이 되었다.

이런 역동은 현대 중국에 대하여 특히 적절하다. 비록 일부는 중국의 진정한 야망이 대외분쟁을 종식시키고 국제문제의 장에서 올바른 자리를 차지하는 것에 불과하다고 주장하지만, 증가하는 증거들의 무게는 중국이 지역패권추구를 향해서 접근을 바꿨거나 이미 이런 열망을 오랫동안 추구해왔으며, 단지 최근에 와서 노골적인 태도를 보이는 것만 바뀌었음을 나타낸다.[21] 그러므로 중국은 대만을 청 제국의 일부였던 것 같이 내부 지역사회라고 오랫동안 정치적 주장을 펼쳐왔을 수 있다. 문화 및 인종적 이유를 들어서 동남아시아의 중국어 사용인구에 대하여 소위 보호를 확실하게 한다는 주장을 펼쳤을 수 있다. 그리고 남중국해, 일본, 인도, 러시아, 그 외 여타 국가들의 일부에 대하여는 역사적인 주장을 펼쳤을 수 있다. 그러나 심지어 베이징 지도자들의 마음속에조차 이러한 이권에 대한 중국의 추구가 유일하게 혹은 주로 아시아지역에 대한 세력우위에 다가가기 위한 의도가 아니라고 하더라도, 이와 같은 이익들을 달성하는 것은 이 목표를 획득할 능력을 더 갖추게 만든다. 결백한 의도가 결백한 정책을 만들지는 않는다.

이에 더하여, 더 나은 전장을 찾겠다며 방어선을 물려서는 안 될 이유가 있다. 그와 같은 행동은 유망국이 강력할수록 더 위험하다. 보다 약한 적에 대해서는 기다리며 살피는 것이 안전하지만 중국과 같은 강력한 유망국에 대항하여 반패권연합은 너무 큰 손실은 감당할 수 없다. 제2차 세계대전의 사례가 남용되는 경향이 있지만, 전간기 외교가 부상하는 패권국가에 대해 반격하기까지 너무 오래 기다리다가 큰 위기를 보여줬던 것은 사실이다. 독일은 1936년이나 1938년도에 보다 잘 정비된 서구 열강에 의해 대적될 수 있었을 것이다. 그리고 비록 한국에서의 전쟁이 아프고 값비쌌지만, 공산권이 목적 달성을 향해서 준비한 지속력에 대한 신호를 보냄으로써 아시아와 유럽 모두에서 있었던 반 소비에트 연합을 응집하는 데 중요한 역할을 수행했다.

그리고 지역패권이 그다지 나쁘지만은 않을 것이라는 주장은 유망국이 일단 이와 같은 세력우위를 형성하게 되면 세력하의 국가들은 전면적인 자비에 의존하게 되는 것과 같다는 반박 불가한 반론에 맞닥뜨릴 수 있다. 이런 주장은 패권국의 선의와 자기절제에 대한 막대한 신뢰를 부여하는 것이다. 로마의 역사는 대부분 로마인, 로마인의 호의를 좇는 자 혹은 로마인의 앙심을 두려워하는 자들에 의해 쓰여졌다는 사실은 기억할 만하다. 로마의 지배에 대항하여 반란한 많은 사람들은 분명히 로마의 지배가 유순하다고 여기지 않았으며, 반란하지 않은 피지배민족들은 반란한 자들보다 더 만족했었는지 궁금한 것은 합리적인 것 같다. 덧붙이자면, 강대국의 지역패권에 복종하는 것은 일부 다른 선택지에 비해서 더 나을 수 있다. 로마제국권은 훈족의 강탈에 노출되는 것보다 나았을 수 있고, 독일제국의 지배가 소비에트 연방의 지배보다 나았을 수 있다. 하지만 이런 상태는 짐작하건대 일반 원칙으로서 보면 평시 국가의 자주성보다 더 낫지 못하다.

그러나 근본적인 점은 이러한 의문들이 실제라는 것이다. 이익은 대체로 추측성이지만 전쟁을 수행하는 위험과 비용은 높기 쉬운데, 특히 전쟁에 일찍 직면하고 그리하여 통상 더 효과적으로 직면한다면 그렇다. 부상하는 강국이 만족하기란 불가능하지만은 않다. 그리고 더 유리한 전장에서 견제될 것 같다는 것 또한 생각해 볼 만하다. 패권이 정작 달성되면 그다지 처참하지 않을지도 모른다고 결론짓는 것 또한 생각해 볼 만하다. 동시에 저항의 비용은 임박하고 잠재적으로 막중하다.

그리하여 기본적 문제는 바로 동맹은 특히 아시아와 미국의 경우와 같이 원거리의 가입국들이 값비싸고 잠재적으로 매우 손해를 끼칠 전쟁, 수반하는 고통과 곤경의 값어치가 절대로 자명하지 않은 전쟁에서 싸우기를 요구한다는 것이다. 만약 전투 중인 동맹국이 이와 같은 선에서 강력하고 탄탄한 의문을 제기하게 된다면, 가장 눈에 띄는 미국을 포함한 가입국들은 유망국의 집중전략에 의해 희생되는 국가를 보호하기를 꺼리게 되거나 반신반의하거나 효과적이지 못하게 방어하게 될 것이다. 하지만 중요한 동맹국이 효과적으로 가입국을 방어하는 데 실패하는 것은 해당 동맹뿐만 아니라 반패권연합 전체에 대한 심각하고 가장 중장기적 결과를 초래할 수밖에 없을 것이다.

신뢰의 중요성

이와 같은 사실은 동맹에 있어서 신뢰가 수행하는 역할이 근본적이기 때문이다. 신뢰는 께름칙한 주제이며, 종종 전체적으로 동맹의 맥락에서 그 역할은 주로 과장되어 왔다. 미국이 가장 상처입은 경험 중 하나인 베트남전은 미국이 외교정책에 있어 신뢰의 중요성을 과대평가한 결과였다.[22] 부분적으로 그 경험에 대한 대응으로, 일부는 신뢰가 국제사회에서 큰 차이를 가져오지 않는다고 주장한다.[23]

그런 주장을 지속하기란 불가능하다. 신뢰는 인간의 삶에 있어 전위적인 요소이다. 신뢰는 한 당사자가 차후 행동을 서약할 때 사회적 상호작용의 근본적인 부분이며, 특히 그 약속이 자신이나 자신의 자원에 대한 노출이 손상이나 손실을 수반할 때 그렇다. 이런 사실은 사생활에서 받아들여지는 것과 마찬가지로 국제 무대에서도 통용된다.

이는 간단히 말해 혹자는 타인이 어떻게 행동할지 확실히 알 수 없기 때문이다. 어떤 국가도 타국의 차후 결심을 예측하려고 할 때 완벽한 확신을 가질 수 없다. 심지어 국가 내의 결정권자들도 개인이 미래에 어떤 결정을 내릴지 확실히 알 수 없는 것과 같이, 정확히 자기 국가가 어떻게 행동할지 알 수 없다. 이런 불확실성 때문에, 국가들은 크나큰 저당을 잡힐 위험을 감수하는 국가들은 추정된 값에만 온전히 의존하는 것을 피하기 위해 타국으로부터의 공식적 약속을 구한다.

하지만 국가들은 보통 액면 그대로 그런 약속을 취급하지는 않는다. 타국의 약속에 의존하며 자국이나 자국의 자산을 노출시키는 국가들은 상대방이 선의를 가졌다고만 간단히 간주할 수 없다. 그들은 상대방이 얼마나 의존할 만한지 판단하기 위한 최선의 증거를 찾아야 한다. 그리고 이에 대한 탄탄한 근거는 이전 행위에 기반한 의존가능성에 대한 서약자의 명성이다. 여기에서 신뢰는 개인 혹은 회사의 신용등급과 같다. 협의나 대출을 파기했던 이력을 가진 회사가 향후에 대출을 확보하기가 더 어려워지는 것과 같이, 특정 약속을 철회해왔던 국가는 타국들이 그 국가에 대해 향후에도 비슷하게 행동할 것이라고 생각하도록 만든다.

신뢰는 특히 중국의 패권에 대한 열망이 만들어낸 환경에서 두드러진다. 신뢰는 심지어 타인의 약속을 인정하는 것이 명확히 직접적으로 이익이 되지 않더라도 사람을 믿게 만든다. 그러므로 신뢰는 행동으로부터 나오는 이익이 비용을 명백히 상회하지 않을 때 가장 중요하다. 약속을 이행하는 데 드는 비용이 높거나 이익이 불명확할 때, 약속을 이행하지 않기보다는 약속을 인정하는 데에서 오는 고통이 더하거나 이익이 덜 것이며, 더 주춤하기 쉽게 만들 것이므로, 신뢰는 보다 적절하다. 그리고 중국은 매우 심대한 비용을 부과할 수 있다.

게다가 국가들은 그 중요성을 저감시키기 위한 조치들을 취하는 데 반해 다른 수시로 대체될 수 없는 비용을 발생시키지 않고는 제거될 수는 없기 때문에 신뢰는 가치 있다. 예를 들어, 국가는 자신의 성과에 대한 인질이나 저당을 제공할 수 있으나, 공공의 지배체제가 없는 국제환경에서 강제하기란 불가능하지는 않더라도 어렵다. 은행은 채무자의 주택을 저당으로써 수락할 수 있는데, 은행은 정부가 계약을 강제할 수 있다고 확신할 수 있기 때문이다. 하지만 약소국은 강대국의 소극적 태도에 반하여 동맹의 약속 이행을 강제할 수 없다. 약소국은 그럴 힘이 없기 때문이다. 만약 강대국이 취약국을 위한 약속으로부터 물러나고자 한다면, 강대국은 저당으로 제공하였던 중지된 채권과 몰수된 투자를 갖고 살 준비가 되어 있다. 그리고 비록 국가들은 포로를 교환할 수 있고 역사적으로 해왔지만, 이런 인질들은 말 그대로 비싼 화폐와 같다. 그러나 이들은 독립과 자주성의 펀드나 대규모 비용에 대한 면역만큼 값어치 있지는 않다. 역사는 인질을 통해 맺어진 서약들을 위반하는 국가들로 넘쳐난다.[24] 마지막으로 위험에 처하거나 피격된 동맹국은 만약 동맹 가입국들이 서약을 이행하지 않는다면 동맹을 위협할 수 있으나, 이런 위협은 힘의 비대칭을 고려했을 때 효과적이지 않기 쉬울 뿐만 아니라 잠재적 구호국들을 끌어들이기보다 더 소외시킬 수 있는 위험을 내포한다.

이러한 여타 방법이 갖는 제한사항 때문에 특별히 미국과 같이 세계 각지에 국익이 분포하는 외부초석균형국에게 신뢰가 중요하다. 신뢰는 약속을 이행하는 데 필요한 자원과 연루를 경감시키며, 신뢰가 없으면 반대로 증가시킨다. 좋은 신용등급을 가진 회사는 더 적은 저당으로 더 많은 돈을 대출할 수 있으며, 나쁜 신용등급을 가진 회사보다 더 적은 이자율이 적용되어 자산에 대해 더 큰 위험을 감수하고 대출을 위한 더 많은 이자를 지불한다. 이와 비슷하게 초조한 동맹과 가능성 있는 침공국가들은 신뢰도가 높은 국가에 대하여 요구사항이 적을 것이며 그렇지 않은 국가에 대해서는 더 많이 요구할 것이다.

신뢰에서의 적자는 약속을 이행해야 할 국가에게 몇몇 어려운 문제를 초래한다. 먼저, 동맹의 약속을 이행할 것이라고 타국들을 설득하기 위해 더 많은 것을 내려놓아야 하는 국가의 경우 다른 장소에서도 동일한 자원을 활용할 수 없게 될 것이다. 이런 상황은 국가의 융통성을 저하시킨다.

둘째, 이런 무력과 자원을 보다 융통성 있게 운용할 수 없기 때문에 약속을 이행해야 하는 국가는 융통성이 있을 때보다 동일한 약속에 대하여 더 많은 무력과 자원을 필요로 한다. 그러나 신뢰받는 국가는 약속을 이행하는 데 있어 같은 무력을 가지고 여러 곳의 동반자들에 대하여 확신을 줄 수 있다. 이런 사실은 전반적인 무력의 요구사항을 절감하며, 그러므로 국방의 비용도 절감하고 이행국가의 경제력을 더 경쟁력 있게 만들어 군사력에 필요한 경제적 활력으로 가득 채운다.

셋째, 통상 군사지출에 대하여 상한기준이 있으므로, 신뢰가 낮은 약속이행국가는 서약을 쳐내야만 하고 잠재적 영향력을 저하시킨다. 명확히 하자면, 이러한 가지치기는 다른 이유로 인해 타당하지만, 유용한 약속을 철회하거나 포기하지 않는 것이 더 나은데 왜냐면 믿을 수 없다는 명성을 고려할 때 이런 국가는 다시 신뢰받을 수 있게 만들 자원이 부족하기 때문이다.

마지막으로, 신뢰성 부족을 보충하기 위한 계약금은 약속이행국가가 궁극적으로 판단하여 자신을 철수하거나 탈출하는 것이 최선 혹은 차악의 선택일 때 이를 어렵거나 불가능하게 만든다. 이와 같은 계약금은 달리 말하면 약속이행국가가 필요하다거나 원하지 않는 전쟁을 수행할 수 있도록 강제할 수 있기 때문에 유용할 수도 있다. 예를 들어, 신뢰도에 문제가 있는 약속이행국가는 지역사령관에게 사전에 결정을 위임해야 할 수도 있으며, 자신의 부대를 동맹군사령부의 예하에 편성해야 할 수도 있다. 이것이 연루의 핵심이다. 그러므로 신뢰의 부족은 연루를 없애기보다는 증가시킬 수 있다.

이런 이유로 신뢰, 특히 동맹관계와 전쟁개시의 의지와 같이 근본적인 것에 대한 국가의 신뢰도는 귀중한 품목이다.

차별화된 신뢰

신뢰는 동맹관계에 매우 있어 중요하며, 특히 미국과 같은 외부초석균형국에게 중요하다. 하지만 어떤 종류의 신뢰가 중요한 것인지 세분화하는 것이 중요하다. 즉, 신뢰의 주요한 영향력은 일반화된 행동평가를 통해서 느껴지지는 않는다. 국가의 모든 행동을 받아들이고 국가가 어떻게 모든 상황하에 행동할 것인지를 고려하면서, 차별화되지 않은 신뢰의 모습은 동맹의 타 국가들을 방어하는 데 드는 막대한 비용과 같이 국가가 취할 구체적 행동의 여부와 그 행동의 정도를 예측하는 데 유용하지 않을 것이다.

그리고 바로 그것이 의문이다. 동맹의 취약한 국가들은 약속이행국가들이 의무를 이행할지의 여부에 대해 크게 상관하지 않는다. 취약국가들은 약속이행국가들이 그들을 방어한다는 서약을 이행할지의 여부와 얼마나 이행할지에 관심이 있으며, 이는 마치 채권자가 채무자가 채무를 이행할지에 관심이 있지 채무자의 전반적 윤리에 대한 평판에 관심없는 것과 비슷하다.[25]

물론, 일반화된 평가의 논리는 국가가 신의를 고려하는 방식이 타 영역들을 관통하여 연결성이 있다는 점이며 이 사실은 주로 옳다. 어떤 분야에서 기준을 포기할 의향이 있는 개인 혹은 법인은 주로 다른 분야에서도 같은 방식으로 포기할 것이라고 생각된다. 그러므로 일반적 신뢰에 대한 평판은 중요하며, 완벽한 기록은 상당한 자산이 될 것이다. 이상적으로, 개인이나 국가는 서약에 맞게 전면적이고 완전하게 자신의 행동을 대응한다면 가장 좋을 것이다.

두 가지 근거에 기반하여 일반화된 신뢰도의 평가보다 차별화된 신뢰도의 평가의 적절성이 도출된다. 첫째, 국가는 일부 분야에 대해 타 분야보다 더 신뢰받을 수 있다. 말하자면, 국가는 인권에 관해 맺은 서약을 달성하는 데 변덕이 있을 수 있지만 자국의 핵심적인 안보서약에 관하여는 훨씬 더 진지하게 대할 수 있다. 둘째, 보다 근본적으로 이런 완벽한 기준에 대한 호소는 현실을 고려해야 한다. 국가들은 만약 모든 서약을 이행할 수 있다는 것을 확신시키고자 하는 것을 최고의 목표로 삼는다면 막대한 판돈을 잃을 것이며 중요한 기회들을 잃을 것이다. 이익이 되는 약속들은 주로 한 국가가 달성할 수 있거나 감당할 수 있다고 절대적으로 확신하는 바를 초과한다.[26] 과도히 보수적인 국가는 더 많은 위험을 기꺼이 감당할 국가들에 압도당할 위험을 무릅쓴다. 그러므로 세계 전역에 대한 국익을 달성하기 위하여 국가, 특히 미국과 같이 중요한 국가는 지속할 수 있다고 절대적으로 확신할 수 있지는 않은 약속들을 맺어야 할 수도 있다. 진정으로, 미국은 방위계획수립에 있어서 의식적으로 "위험을 감수한다고" 공식적으로 인정한다. 미국은 항상 전 지역에 대하여 완전히 준비되거나 갖춰지지 않았다.[27]

게다가 국가들은 심층적인 불확실성의 조건에서 이런 약속을 맺어야만 한다.

위험을 무릅쓰고 비용을 감당하려는 타국의 의지뿐만 아니라 자국 내의 권력의 변동은 예측하기 어렵다. 하지만 이런 변동은 한때 약속의 이행을 정당화하거나 가능케 했던 논리가 더 이상 없을 수 있다는 것을 의미할 수 있다. 연금을 보장하려 했던 다수의 회사들과 지방정부가 실현되지 않았던 예측 성장률에 직면하여 약속을 전면적으로 이행할 수 없게 되는 것처럼, 한 상황에서 가능하고 조언할 만하게 보였던 약속은 흐름이 예측과 다르게 전개되었을 때 타당하지 않게 보일 수 있다.[28]

보다 밋밋하게도, 국가들은 과오적이고 단순히 어리석은 약속을 맺을 수 있다. 전반적으로 손익에 관한 결심을 수립하고 특히 그들이 인식하기에 중요한 사안에 대해서는 더욱 그러한 경향이 있지만, 정부들은 완벽히 합리적이지 않다. 그들은 종종 그르친 결정 혹은 최소한 향후 정부들이 이익대비 과중한 비용이라고 여길 만한 결정을 내리는 개인들의 집단으로 구성되어 있다. 그들은 중대한 결과를 수반하는 사안에 대해서도 이와 같이 결정을 내린다. 예를 들어, 결정에 연루된 많은 이들을 포함하는 대부분의 미국인들은 이라크를 침공하고 점령하는 미국의 결정이 주요한 과오였으며, 심지어 당시 가용했던 정보에 기반해서도 명백한 실수였음에 오늘날 동의한다.[29] 게다가 사전의 약속을 변경하는 것에 대한 필요성은 직접적인 이익을 약속을 맺고 이후 정부(주로 상대정당이나 파벌)에 약속을 수정하거나 철회하도록 맡겨야 할 현 정부의 강력한 이유가 있기 때문에 특별히 지목된다. 그 어떤 타당한 성장곡선이라도 상회하는 연금지급에 대한 약속은 이전 정부가 선언했을 때 환호를 받았고, 이를 승계할 정부에 그 뒤처리를 감당하도록 넘겼다.

비판적으로 이런 현실은 주로 국가들이 과거에 맺어진 약속 중 선택을 내려야 하는 상황으로 유도한다. 이는 국가들이 과거의 환경에서 맺은 모든 약속들을 이행할 수 있는 힘, 부 혹은 의지가 없을 수도 있기 때문이다. 이는 만약 국가가 새로운 약속을 맺어야 한다고 믿거나 예측했던 것보다 기존의 특정 약속을 이행하기 위해 더 많은 자원을 할당할 필요가 있다고 믿는 경우에 특별히 그렇다. 이런 상황에서, 모든 약속을 이행하고 결점 없는 기록을 세울 국가는 스스로 어떤 약속을 이행할 자원과 국민의 지지가 부족할 것이라고 깨닫기 쉽고, 아마 불길하게도 중요한 신규 약속을 체결하지 못할 수도 있다.

이와 같은 미국의 완벽주의의 접근법은 국가의 핵심 목적에 반하는 것일 수 있다. 현명하지 못한 약속을, 특히 국민의 이익을 옹호해야 하는 국가가 지지하는 것은 이와 같이 하는 것이 일부 약속에 대하여는 불이행할지라도 궁극적인 가치척도가 아니다. 모든 채무를 이행하여 파산하는 법인은 투자자와 직원 그 누구도 만족시키지 못한다. 이와 마찬가지로, 자국의 국력 혹은 국민의 의지를 고갈하며 모든 약속을 이행하려는 국가는 자국의 국익에 얼마만큼 벗어났든지와 무관하게 자국의 근본적인 목표를 달성하지 않는다. 존 F. 케네디의 끓어 넘치는 표현에도 불구하고, 그 어떤 국가도 실제로 수반하는 고통에 비하여 이익이 평이한 약속을 이행하기 위하여 "그 어떤 부담"이라도 부담하려고 하지는 않으며, 이는 베트남에서 결국 철수한 미국으로 증명된다.[30]

이 사실은 과거의 약속에 대한 흔들리지 않는 믿음을 요구하는 것은 고갈과 실패의 결과가 각기의 약속에 파급됨에 따라 모든 약속의 기반을 무너뜨리는 위험을 감수하기 때문에 특별히 중요하다. 국가가 감당할 수 있는 범위는 한계가 있다. 만약 국가가 한 사안에 대하여 너무 많은 자원을 소모한다면, 베트남 이후 미국이 보인 모습과 같이, 다른 사안을 진행할 수 없게 되거나 전반적 경영을 포기해야 한다.

한 국가가 자국의 약속을 이행할 수 없을 때, 그 국가는 국력을 모으고 결심하여 어려운 결정들을 내려야만 한다. 이런 조건하에서 보다 중요한 약속을 위해 덜 중요한 약속을 희생하는 것은 중요한 약속에 관하여 실제로 국가의 신뢰도를 증대시킨다. 이런 사실은 오롯이 논리적이다. 만약 어떤 국가가 자국의 국력과 의지를 보존할 필요가 있다면 그 국가는 덜 중요한 의무를 줄여야만 한다. 이렇게 하는 것은 그 국가가 가장 중요하고 부담이 되는 약속을 이행할 것이라는 결심에 대한 증표이다. 그러므로 일부 방향에 대한 이행의 부족함은 다른 방향에 대한 더 큰 신뢰를 가져올 수 있다. 그래서 일부 조건에서 특정 약속을 이행하는 데 실패하는 것은 실제로 여타보다 상위의 우선순위를 차지하는 약속을 이행하려는 결심의 증거이다.

중국의 아시아 패권추구에 대항하는 것에 관해서 미국은 이런 상황을 맞이하기 쉽다. 중국과 같은 패권유망국은 국제무대에 등장하면 타국의 이해관계를 변화시킬 수 있는 부상하는 권력이다. 만약 미국 같은 타 국가들이 정확히 예측하고 전면적으로 내재화시키며 유망국의 부상에 따르는 결과와 유망국이 어떻게 행동하고 얼마나 빠르게 부상할지 적응한다면, 이들은 국가정책에 변화를 가할 필요가 없을 것이다. 하지만 이럴 가능성은 낮다. 타 국가들이 근본적으로 자국의 정책과 규약의 변경을 요구하는 방식으로 국제질서를 어지럽히는 이런 국가의 부상에 따르는 제한사항은 제대로 예측되지 못하고 상응하는 대책들은 거의 제때 시행되지 못한다.

그리고 미국은 거의 확실하게도 중국의 부상에 대한 전체적인 정확한 예측 없이 맺은 약속에 대하여 과부하 상태이다. 미국은 과거 75년간 막대한 수의 약속을 맺어왔다. 일례로, 50여 개국이 미국의 안보서약의 수혜자이다.[31] 대부분 냉전기간 동안 이런 약속들은 대체적으로 서유럽과 동아시아의 핵심산업지역으로 한정되어 왔으나, 90년대 이후 약속들은 상당히 성장했다.[32] 미국은 NATO 확장을 주도하여 유럽의 거의 대부분을 포함하도록 했다. 또한 워싱턴은 중동까지 달하는 큰 범위의 약속을 체결했다. 이런 정책들의 일부보다 야망있는 요소들은 불확실한 미래를 그리는 데 있어서 어려움 때문인 것으로 이해될 수 있으나, 다른 일부는 중국의 부상이 일축했던 미국 제패의 지속성에 대한 자신감, 힘의 각축의 종언을 보여주는 것 같다. 소비에트 연방의 붕괴는 미국의 정책입안자들과 그 영향권자들에게 지속적인 일극화와 심지어 "역사의 종언"을 입증하는 것으로 보였다.[33] 후에 2001년 9월 11일의 공격은 많은 이들에게 미국 안보의 주된 장애물은 국제적이고 비국가적 위협임을 나타내었으며, 이를 다루기 위해서는 중동에서 근본적으로 사회를 재구성하는 공격적인 노력이 요구되었다.[34]

국제 약속에 대한 미국의 결정은 지역의 세력우위를 열망하는 막대하게 강력한 국가로서의 중국을 전면적으로 내포하지 않는다고 말하는 것은 타당해 보인다. 그보다 중국을 심각하게 고려하는 선에서 이 기간은 대체로 중국의 부상이 변혁적이지 않을 것이라는 사실을 반영하였다.[35]

현재 시점에서 바라보았을 때, 최근 일부 워싱턴의 국제 약속은 중국 부상의 측면에서 보아도 정당화될 수 있으나, 다른 약속들은 그렇지 않다. 일부는 약속이 맺어졌을 때 구조적인 환경에 적합했으나 지금 중국과 같이 강력한 국가에 의해 그늘지어지는 세계에는 맞지 않는다. 다른 약속들은 미국의 일극체제를 유지하기 위한 필요에 의해 자유민주주의의 우위를 확실시하거나 국제규범의 원대한 개념을 지키기거나 중동을 변혁하려고 하는 등 심지어 그때 당시에도 야망이 지나치거나 현명하지 않았다.

또한 미국은 계승한 모든 약속들을 전체적으로 지지하고 아시아의 반패권연합에서 외부초석균형국가로서 행동하는 것은 불가능하다고 여기기 매우 쉬울 것이다. 이런 약속들을 지지하기 위해 노력하는 것은 매우 부담이 되며, 상당한 자원과 정치적 의지를 소모한다. 예를 들어, 아프가니스탄을 안정화하기 위한 워싱턴의 개방적인 약속을 이행하려고 노력하는 것은 돈, 시간, 미 군대의 주의력 그리고 생명과 같은 직접적 자원과 특히 원거리의 전쟁을 실시하고 지속하기 위해 필요한 국내 정치적 지지와 같은 보다 간접적이지만 필수적인 자산 모두를 고갈시킬 것이다.36) 중동에서 사용된 것들은 아시아에선 가용하지 않게 될 것이다.

이런 사실은 일극체제의 세계에서는 문제가 되지 않았다. 불거졌을 때, 미국은 모든 곳을 만회할 수 있었으며, 소모할 자원이 있었다. 그러나 오늘날 이것이 문제이다. 베트남에서 미국의 전쟁노력은 유럽에서의 미국의 방어진지에서의 힘을 앗아갔으며, 미국인들의 정치적인 지지를 저하시켰다. 전자는 1970년대까지 유럽에서의 군사예산을 적자로 내몰았으며, 후자는 소비에트 연방에 대항하는 굳센 자세에 대한 지지를 감소시켰다.37) 미국인들은 만약 이 전쟁들이 장기화되고 특히 후자가 전자와 별반 다르지 않을 때 아시아에서 미국의 입지를 약화시킬 수 있는 정서인 중동의 "영원한 전쟁"에 대해 이미 뿌리 깊은 반대가 있었다.38) 미국인들의 부, 고통 그리고 의지는 반드시 부러움을 사며 보호되어야 하며, 자유롭게 소모되어서는 안 된다.

그러므로 이와 같은 덜 중요한 약속을 이행하려는 것은 미국이 아시아에서 효과적인 외부초석균형국으로서 능력을 갖췄고 결의에 차있느냐에 대해 의문을 덜 갖기보다는 더 큰 의문을 제기하도록 하는데, 그 이유는 이와 같은 미국의 행동이 주요 무대에서 현재 주요 장애요소로 식별된 사항에 대해서 충분한 국력을 할당할 수 있을지 의심을 품도록 만들기 때문이다. 미국이 맺은 약속의 완고함에 대하여 평가하는 아시아 국가들은 과거의 모든 약속에 대한 의심의 여지가 없는 미국의 충실함이 아시아에서의 반패권연합에 대한 미국의 약속을 이행할 결의나 능력을 저하시킬 수 있다는 사실을 고려해야만 할 것이다.

그렇다면 어떻게 국가들은 일부 약속에서 워싱턴이 물러남과 다른 약속에서의 이행을 구분할 것인가? 그리고 그들은 미국의 향후 행동을 예측하기 위하여 이와 같은 결정들을 해석할 것인가? 앞서 말했듯, 국가들이 타국을 예측할 수 있는 최선의 안은 타국의 행동 패턴을 보는 것이다. 그리고 예측의 가장 의지할 수 있는 근거는 의심의 여지가 있는 약속과 관련된 행동패턴이다.[39] 즉, 타국들은 가장 관련된 가용정보를 살펴보아야 한다.[40]

　이와 같은 평가는 부분적으로 문제가 되는 사안과 관련있다고 판단된 이해관계와 약속을 이행해야 하는 국가에게 가용한 국력에 근거한다.[41] 물론 미국은 아프가니스탄보다는 캘리포니아를 위해서 더 열심히 싸울 것이지만, 이런 사실은 보다 미묘한 사안에 대하여 어떻게 미국이 행동할지에 대해서는 도움이 되지 않는다. 국가들이 씨름해야 할 사안들은 다음과 같은 사안일 것이다. 미국은 일본, 필리핀, 대만을 방어하기 위해 얼마나 깊이 관여할 것인가? 이 물음에 대한 답은 이런 국가들의 중요성은 관계적이며 해석의 여지가 있다는 간단한 이유 때문에 명백하기에는 거리가 멀다. 이 국가들을 방어하고자 하는 의지는 수반하는 예상비용, 위험 그리고 이익에 의존한다. 이는 미국이 자국 내 다른 지방에 대한 방어를 이야기할 때도 사실로 적용된다. 매사추세츠는 캘리포니아를 방어하고자 하기보다는 코네티컷을 방어하고자 할 것이며, 이런 상대성은 위험과 비용이 충분히 높을 때 문제가 될 수 있다.

　요컨대, 이익은 추상에서 연역적일 수 있으며 국가의 행동을 예측할 수 있는 플라톤식 양식과 같이 고정되어 있지 않다. 국가의 이익은 포괄적으로 정의될 수 있으나, 국가들이 어떻게 그리고 얼마나 결연하게 그런 이익을 좇을 수 있는가는 맥락에 따라 다를 수 있다. 이익이 명확히 위험과 비용을 상회하는 결정들은 주로 합리적으로 예측될 수 있지만, 불확실한 손익에 대한 억센 결정사항은 예측하기 어렵다. 그리고 베이징이 미국에 제시하고자 하는 그런 선택지는 바로 이러한 어렵고 고통스러운 선택지들이다.

　이런 사실은 특히 중요한데, 왜냐하면 비록 미국이 타 강대국의 제해권 장악을 막고자 전쟁과 비용을 오랫동안 감내해왔음에도 불구하고 그런 이력 자체가 지역 내 국가들이 중국의 집중 및 순차전략에 어떻게 대응해야 하는지를 규정하는 것은 아니었기 때문이다. 아시아에서 미국의 국익을 입증하기 위해 위험과 고통을 감내하고자 하는 일관성은 중요한데, 왜냐하면 이는 이와 관련된 어떤 약속이든 확고한 기반에 근거하기 쉽기 때문이다. 하지만 취약국가들은 구체적으로 자국이 중국과 같은 강대국으로부터 효과적으로 방어될 것이라는 사실을 확신하기 위해서 무엇인가를 더 찾아보려고 할 것이다. 그 국가들은 굳건하고 믿을 수 있는 미국(그리고 잠재적으로 타국 또한)으로부터 그들을 한데 방치하지 않을 것이며, "앞서 말한 어려운 상황"에서도 그들을 효과적으로 방어할 것이라는 약속을 원할 것이다.

그러므로 이런 국가들은 미국의 "차별적 신뢰"를 바라볼 것이다. 그들은 미국이 어떻게 특정 약속이나 비슷한 상황에 처했던 국가들을 다루었는지를 볼 것이다. 만약 미국이 과거에 이런 혹은 비슷한 약속을 이행하기 위해 상당부분 희생하고 위험을 감내했다면, 이 사실은 미국은 "이런 종류의" 약속을 이행하는 것이 상당한 희생과 위험의 값어치가 있다고 판단함을 암시한다. 이에 반대되는 진술 또한 사실이다. 즉, 만약 미국이 "이런" 혹은 비슷한 약속을 위해서 희생하려고 하지 않거나 위험을 감수하려고 하지 않는다면, 이 사실은 미국이 억세고 고통스러운 상황에서 이런 약속을 이행하는 데 이익이 있다고 평가하지 않음을 암시한다.

그렇다면 동맹에서 동맹의 신뢰도에 있어서 가장 중요한 것은 특정 동맹관계에서 해당 국가가 얼마나 기꺼이 이행하고 위험을 감수할지를 직접적으로 설명할 수 있는 상황에서 어떻게 행동해왔는지의 기록이다. 그러므로 중국의 세력하의 아시아에 대해서 미국은 특히 베이징에 대항하겠다는 아시아에서의 약속을 이행한다면 지역 동맹국들과 중국에게 있어 가장 믿을 만한 존재이다. 간단히 말하면, 아시아에서 중국의 패권을 거부하는 데 기여하도록 고안된 동맹의 신뢰성을 유지하기 위해서 미국은 가장 최우선적으로 "거부를 위한" 동맹에 관한 약속을 확실히 이행해야 한다.

이는 한 국가가 어떤 종류의 약속에 대해서는 고도의 차별적인 신뢰도를 가지며, 다른 약속에 대해서는 낮은 신뢰도를 가질 수 있다는 것을 의미한다. 이 사실은 그 국가가 후자의 비용을 감내하지만 전자의 이익을 얻을 수 있음을 의미한다. 따라서 미국은 중국에 대항해서 아시아에서 고도로 신뢰받을 수 있지만, 특히 페르시아 만을 너머 중동과 같은 덜 중요한 지역과 목적에 대한 약속은 경시하거나 철회하거나 무시할 수 있다. 미국은 NATO와 리우협약에 있어서 모두 상징적인 존재이지만, 미국이 전자를 훨씬 중시한다는 것은 모두가 아는 사실이다.[42] 미국은 베트남에서 철수했지만 유럽에서의 동맹은 유지했으며, 1970년대와 1980년대에는 심지어 이 동맹을 증강시켰다.[43] 그래서 워싱턴은 아시아에서의 약속을 도려내지 않고도 아프가니스탄, 이라크 그리고 시리아에서 체결한 약속을 철회할 수 있다.

만약 아시아에서의 약속을 이행한다면 그렇다는 말이다. 보다 연관성이 없는 사실은 부수적인 약속을 이행하는 경우들이며, 보다 중요한 사실은 관련성이 있는 상황에서의 행동이다. 만약 미국이 중동과 같이 부수적인 무대에서의 약속을 철회할 수 있고 아시아에서의 차별화된 신뢰성에 손상을 입지 않을 (혹은 심지어 도움이 될) 수 있다면, 같은 논리로 아시아에서의 약속을 이행하지 않는 결과는 훨씬 더 막중하게 될 것이다. 이 사실은 특히 중요한데, 왜냐하면 비록 약속들은 상호 필수적으로 연결되어 있지는 않지만, 일부는 다른 약속보다 더 연관되어 있으며, 굉장히 밀접할 수도 있기 때문이다. 만약 미국과 같이 약속을 이행해야 하는 국가가 아시아에서의 어떤 동맹국을 위해서 중국과 싸움을 벌이기에는 비용과 위험이 너무 크다고 판단한다면, 다른 비슷한 상황에 처한 국가들은 다음과 같이 물을 것이다. 이런 논리는 우리에게 어떻게 적용될 것인가? 특히 방치했던 국가들이 직면했었던 상황과 비슷한 상황을 맞이하였을 때, 미국은 우리에게도 똑같은 손익계산을 할 것인가?

이 경우 상당부분은 국가들이 무엇을 두고 비슷한 상황으로 볼 것인가에 달려 있다. 이 사실은 물론 판단의 문제이지만, 그렇다고 이 문제를 완전히 주관적으로 볼 수는 없다. 인간의 사회생활은 이와 같은 판단을 체계화하는 것으로 형성되어 있다. 실제로 법원이 하는 일의 대부분은 분류하고 규제하며, "사실의 패턴", 선례, "이성적 인간"의 기준, 기타 등을 통한 기준을 적용하는 것이다.[44] 국가들은 같은 종류의 실용적인 판단을 적용한다. 국가들은 그들이 같은 동맹 일부인지의 여부, 같은 지역에 위치했는지의 여부, 같은 적에 대항하며 비슷한 군사적 위기에 직면하고 있는지의 여부, 타 수혜국들과 비슷한 혜택을 제공하는지의 여부 등과 같은 고려사항을 저울질한다.

이해를 돕기 위해 구체화한다. 만약 미국이 아프가니스탄에서 철수한다면, 이런 결정은 일본, 대만, 인도네시아 혹은 인도에게 미국이 중국에 직면하여 그들을 어떻게 대할지를 명확히 구별할 수 있게 해준다. 아프가니스탄은 아시아의 부유한 지역과는 동떨어져 있으며 해당지역의 세력균형에 미치는 영향이 미미하다. 하지만 만약 대만에 대한 중국의 공격이나 강압을 미국이 허락한 경우, 이 사실은 앞서 말한 국가들에게 매우 상이한 그림을 보여주는 것과 같다. 차후에 더 설명하겠지만, 미국은 대만의 방어에 대한 공식적 동맹은 아니지만 아시아에서 널리 보기에 실질적이며 매우 중요한 협약이 있다. 만약 미국이 공개여부를 떠나서 이익이 비용에 미치지 못한다는 판단하에 대만에 대한 인민해방군으로부터의 공격을 방어하겠다는 약속을 이행하는 데 실패한다면, 이 사실은 명확한 사실패턴을 보이게 될 것이다. 예컨대, 이런 행동패턴은 필리핀(베트남이나 인도네시아 같은 비동맹국가는 차치하더라도)의 대중국 군사력의 취약성이 대만과 점점 더 비슷해짐에 따라 과연 얼마나 상이할 것일지를 묻도록 한다. 굳이 미국은 인민해방군의 위협이 상대적으로 더 심해질 때 필리핀, 베트남 혹은 인도네시아에 대한 손익계산을 달리할 이유가 있을 것인가? 과연 이들은 미국이 대만에 대해서는 감내하지 않았던 방어에 따르는 위험을 그들을 위해서 기꺼이 감내할 것이라고 기대할 수 있을 것인가?

그러므로 만약 미국이 중국의 집중 및 순차전략의 그늘하에서 베이징에 대항하여 제공하겠다는 안보를 약속했던 아시아의 한 국가를 방어하는 데 주저한다면, 이 결정은 다른 동맹국가들에 대해서는 물론 반패권연합 전체에 대한 치명적인 부정적 파급효과를 초래할 것이다. 이 결정은 중국의 군사력이라는 어두운 그림자가 깔린 서태평양의 동맹국을 방어하는 데 기꺼워하지 않는다는 직접적 증거를 제공한다. 또한 이 증거는 서울, 마닐라, 하노이, 자카르타, 쿠알라룸푸르, 방콕, 캔버라, 도쿄, 뉴델리의 정부들에게도 적용되지 않을 수 없는 증거이다. 이 행동은 아프가니스탄이나 시리아에서와 같은 명확히 분별이 용이한 상황에서의 행동보다 더욱 강력하게 중국과 아시아에 대한 미국의 손익계산을 피력하게 될 것이다.

그러므로 차별적 신뢰성은 반패권연합에 있어서 막대하게 중요하다. 중국의 집중 및 순차전략의 첨예한 위협하에 있는 대한민국, 필리핀, 베트남, 인도네시아, 말레이시아, 태국, 오스트레일리아 그리고 심지어 일본과 인도 같은 아시아의 국가들은 만일 반패권연합과 연계하려한다면, 비공식 파트너, 허브형 동맹 혹은 다자동맹의 여부에 대해 큰 판돈을 걸어야 할 것이다. 잘못된 선택을 하는 데에 따르는 손해가 크기 때문에, 연계할지 그리고 연계를 지속할지의 여부는 매우 민감한 판단이 될 것이다.

그러므로 미국은 중국의 지역패권을 거부하는 데 관한 차별적 신뢰를 보존하는 데 가장 큰 이유가 있다. 만약 그런 평판이 몰수되거나 훼손된다면, 반패권연합에 필수불가결한 국가들은 해로운 결과를 감내하고 중국의 지역패권에 대한 견제를 이행하는 데 인색하게 되기 쉬울 것이다. 그러므로 미국은 심지어 이 국가들을 방어하는 약속을 이행하는 것이 값비싸며, 위험천만하고 기껍지 않더라도 이 약속을 이행하는 데 매진해야 한다. 동시에, 질투를 사거나 타지에서의 약속을 포기하고서라도 이런 약속들을 이행하기 용이한 능력을 보호해야만 한다.

제 4 장

방어범위의 규정

방어범위의 규정

  그러나 차별적 신뢰도마저 수단적 재화에 불과하다. 자국의 평판을 유지하는 것은 미국 국가 행동의 궁극적인 목표가 아니다. 궁극적인 목표는 자국민의 안보, 자유 그리고 번영이다. 높은 신뢰도는 혜택이지만, 상대적으로 국가의 생존은 물론이고 큰 손실에 비교하여는 중요성이 떨어진다. 신뢰도를 보존하는 것이 이와 같은 핵심 국가재화들과 마찰을 빚을 때, 국가의 시각에서 수반되는 이익을 훨씬 상회하는 비용을 초래하는 약속을 이행하는 것은 어리석기 때문에 후자가 우선하여야 한다. 이는 심지어 세계 중요지역에서의 반패권연합의 맥락에서도 사실이다.

  그러므로 미국은 이런 재화들에 대한 갈등을 피해야 한다. 미국은 비용과 이익 사이에서 합리적인 상관성을 반영하는 방식으로 다뤄질 수 있는 약속을 체결하고 유지하려고 해야 한다. 이 사실은 특히 미국에게 중요하다. 미국은 반패권연합에게 충분한 물질과 힘을 제공할 수 있는 약속을 체결해야 하지만, 약속의 소진과 취하로부터 초래될 결과 때문에 그 약속을 체결하는 데 분별력을 가져야 한다.

차별적 신뢰도를 지지하기 위한 미국 약속의 조율

미국이 약속이 가져다주는 부담과 약속의 이행에 따라 희생할 것 두 가지 사이에서 적절한 균형을 확실히 잡을 수 있는 데에는 세 가지 주요한 방법이 있다. 첫째, 미국은 경제성장을 확실히 하고 부수적인 무대로의 연루를 확실히 제한함으로써 아시아의 동맹에 쓰일 자국의 국력을 극대화할 수 있다. 더 큰 자국력은 주된 무대에서 발생할 기회비용의 부담을 줄여준다.

둘째, 미국은 약속을 이행하는 데 필요한 비용과 위험에 더 적절한 혜택이 연계되어 싸우도록 준비할 수 있다. 이 내용은 바로 이 책 잔여 분량의 대부분을 할애할 중점이 될 것이다.

셋째, 미국은 동맹의 어떤 국가가 포함되고 제외되어야 하는지 주의 깊게 선정할 수 있다. 이 사실은 시대착오적으로 들리지만 많은 사람들이 깨닫는 사실보다 더 현재의 문제인 방어범위를 그리는 고전적인 문제로 유도한다. 방어범위는 어떤 국가가 싸움을 약속한 지역을 정의한다. 방어범위는 자국의 영토와 국가가 조약이나 그 외의 비공식적 수단에 의해 동맹협약을 맺은 국가를 아우른다.[1]

되풀이하자면, 동맹은 걱정에 사로잡힌 국가들이 반패권연합의 성공에 효과적으로 기여하는 데 필요한 확신을 제공하기 위해서 존재한다. 중국에 대항한 반패권연합의 경우, 모든 가입국들이 공식적으로 미국의 동맹일 필요는 없다. 동맹들이 모두 미국을 포함할 필요도 없다. 오스트레일리아와 뉴질랜드는 가까이 맺어져 있고, 인도와 베트남도 협약을 형성할 수 있다. 하지만 미국이 연합을 정립하는 데 있어 중요한 강대국이기 때문에, 미국 동맹 네트워크(그 방어범위)는 동맹에게 특유하게 중요하다.

방어선을 선정하는 데 있어 미국은 과소투입과 과잉투입의 극단의 위험에 직면해 있으며, 이는 곧 과소한 동맹국을 끌어들이거나 특히 너무 많은 잘못된 종류의 동맹국을 끌어들이는 것을 의미한다.

만약 충분히 이 유대에 의해서 확신을 가지면 과소투입은 연합에 물질적 힘을 더하지만, 만약 동맹의 보증이 없이 노출될 경우 세력균형balancing을 잡아주기 보다는 세력에 편승bandwagoning할 것을 선택할 국가들을 제외시키는 위험이 있다.

만약 이와 같은 국가가 유망국에 합병되거나 복속된다면, 이들은 유망국에 힘을 보태게 되어 연합에 대항하여 상대적 중국의 세력 우위를 증가시킬 것이다. 그러므로 만약 미국이 동맹을 선택하는 데 너무 까다롭다면, 연합은 베이징을 견제하기에 너무 약해질 수 있는 위험을 무릅쓴다. 그러므로 원론적으로 동맹을 더 갖는 것은 연합을 더 강력하게 만든다.

하지만 과도투입 또한 큰 위험을 동반한다. 그 방어범위 내에 어떤 국가를 포함함으로써 미국은 자국의 차별적 신뢰도를 직접 동맹의 운명과 연계한다. 하지만 취약국가는 중국과 같은 유망국에 집중전쟁을 수행하는 데 유리한 표적을 제안할 수 있다. 만약 미국이 이런 전쟁을 수행한다면, 미국은 손실에 의해 약화될 수 있으며, 약속을 이행할 수 있는 능력의 여부를 타국으로부터 살 수 있다. 반대로, 만약 미국이 취약한 동맹국을 위한 싸움 자체 혹은 그 싸움에서 효과적이지 못하고 주춤거린다면, 미국의 차별적 신뢰도는 저리도록 손상될 것이다. 확장하건대, 과도투입은 고통스러운 동맹의 연루entanglement가 되어 원거리 분쟁에 지치고 소진된 미국인들에게 아무리 값비싸더라도 철수하는 것이 더 나아 보이게 한다.

그러므로 미국에게 그리고 반패권연합 전부에게, 누가 미국 방어범위의 안팎에 있느냐의 문제는 필수적이다. 방어범위 내에 있는 국가들은 미국이 전쟁에 나서겠다고 약속하는 국가들이며, 그냥 단순히 전쟁에 참가한다는 것이 아니라 취약국가가 동맹과 함께하겠고, 나아가서는 반패권연합에 함께하겠다고 선택하게 만들 정도로 전쟁을 벌이겠다는 것이다. 워싱턴은 그 약속에 대한 담보로서 차별적 신뢰도를 제안한다. 그래서 비판하건대, 어떤 국가를 정당하게 동맹에 포함하거나 유지하기 위해서 미국은 자국의 결의의 수준에 비등한 분쟁에서 싸워 제패할 수 있는 타당한 방법을 가져야 한다.

이는 중국과 같이 강력한 유망국에 직면하여 극도로 어려울 수 있다. 그래서 그 열쇠는 아시아에서의 중국의 패권을 거부할 수 있게 미국과 동맹국이 함께 연합을 특히 체제의 지역전쟁을 제패할 만큼 충분히 강력하게 만들지만, 자국을 과도히 신장시키지 않도록 충분히 차별적인 선에서 방어범위 내에 충분한 국가들을 포함하는 것이다.

중요하게도 미국의 선택은 근원적으로 이분법적이다. 즉 국가들은 방어범위 안이거나 밖에 있다. 편파적이거나 애매한 약속을 맺음으로써 엮어볼 만하지만, 이런 행동은 중국과 같이 강력한 유망국의 앞에서 신중하지 못한 것이다. 애매함은 잠재적 공자가 약할 때는 가능성이 있다. 약한 상대에 대해 상대적으로 값싼 비용에도 효과적으로 저항할 수 있을 때, 유망국은 너무 결정적인 행동을 취할 수 없고 애매함이 취약국가의 행동에 가하는 압박효과를 내포하기 때문에 방어범위에 있는 애매함은 용인될 수 있으며, 심지어 매력적일 수 있다. 이런 상황은 중동 대 이란의 경우에 해당한다. 미국은 사우디아라비아 혹은 아랍에미리트 연합에 대한 이란의 침공을 즉각적으로 패퇴시킬 수 있었다.[2] 이란은 이와 같은 침공을 감행할 능력이 거의 없었으며, 리야드Riyadh와 아부다비Abu Dhabi는 이를 방지하기 위해 이슬람 공화국에 편승할 이유가 없었다. 그러던 중에 이들에 대한 미국의 약속의 정확한 범위와 속성에 대한 애매함은 워싱턴에게 영향력을 주었다. 미국은 오랫동안 대만에 대해서도 이런 정책을 구사해왔다.[3]

그러나 애매함은 효과적으로 동맹국을 방어하는 비용과 위험이 증가하고 방어의 실패가 가져오는 결과가 막중해질수록 더욱 문제가 된다. 이런 상황에서 취약국가는 자연적스럽게 효과적으로 방어된다고 신뢰할 수 있는 확신을 찾게 되며, 유망국이 그렇듯 애매함을 결의의 부족에 대한 증거라고 자연스럽게 생각하려고 한다. 이런 생각은 합리적이다. 애매한 약속을 철회하는 데 따르는 비용은 명확한 약속을 철회하는 것보다 덜하다. 그러므로 철회의 비용을 낮게 유지하고자 하는 욕망은 취약국가가 약속에 대해 의심해야 할 타당한 지표이며, 취약국가는 편승에 설득되기 쉽다. 같은 이유로, 애매함은 중국과 같은 유망국이 약속을 더 어렵게 만들고 싶게 유도한다.

그러므로 반신반의한 약속들은 중국과 같은 유망국의 면전에서는 추천하지 않는다. 미국은 확실히 동맹국이 아닌 국가들을 조력하고 지원할 수 있다. 심지어 그들과 어깨를 나란히 하여 전쟁을 수행하는 데에도 거칠 것이 없다. 하지만 애매함은 추천하지 않는데, 왜냐하면 보증인의 신뢰도에 제한사항을 제공하기 때문이다. 방어범위는 궁극적으로 약속이행국가가 효과적으로 방어할 국가와 영토에 대한 선포이다. 약속이행국가는 필요한 전쟁을 수행하고, 고통을 감내하며, 위험을 감수하여 동맹국들을 같은 편 위에 유지하려고 할 것이다. 애매함은 이런 메세지를 감추기 때문에, 유망국이 강하고 취약국이 불안할 때와 같이 가장 약속이 요구될 때 약속이 무시될 수 있는 위험을 키운다. 애매함은 위험이 적을 때 영향력을 제공하지만, 심각한 위협이 있을 때 심지어 그 약속이 제한사항을 부과하고 약속 이행국가의 차별적 신뢰도에 위험을 수반함에도 불구하고, 약속을 불확실하게 보이도록 만든다. 이런 환경에서의 효과적이고 신중한 동맹은 분명한 선을 고르고 유지하는 것을 수반한다.

　　이런 사실은 아시아에서의 반패권연합에게 특별히 중요한데, 특히 이 사실이 대만에 대한 미국의 약속과 관련되기 때문이다. 중국 세력의 규모는 반신반의한 약속을 구미가 당기게 만들 수도 있지만, 이것은 동시에 사이렌의 노래와 같이 위험을 수반한다. 미국은 반만 임신하고자 하면 안 된다. 그러므로 미국은 대만의 방어에 대하여 약속을 하든가 혹은 약속을 철회하여 대만의 운명으로부터 자국의 차별적 신뢰도를 분리시켜야 한다. 강조하건대, 전자는 공식 조약을 요구하지 않으며, 중국으로부터 대만을 방어하겠다는 명확히 전달된 약속만으로 충분할 것이다.

　　일반적으로, 미국은 만약 국가들이 중국의 지역패권추구를 거부하는 데 반패권연합의 효과에 도움이 된다면, 동맹으로 국가들을 기꺼이 추가하고자 해야 한다. 달리 말하면, 만약 어떤 국가를 추가하는 데 따르는 혜택이 그 국가의 취약성이 부과하는 위험과 비용을 상회한다면, 이 국가는 미국의 방어범위에 포함되어야 한다.

　　이 사실은 먼저 가능성 있는 동맹국들은 지역을 석권하고자 하는 대규모 전쟁에서 중국을 격퇴하는 데 돕거나 또는 중국의 집중 및 순차전략을 격퇴하는 데 도와야 함을 의미한다. "또는"이라는 말이 중요하다. 예를 들어, 어떤 국가는 집중전쟁의 예상되는 범위 내에서 유리한 지형을 제공할 수 있지만 대규모 전쟁에서는 그렇지 않을 수 있다. 예를 들어, 어떤 국가는 주요전쟁에서 많은 이점을 제공할 수 있지만 타당한 제한전쟁에서는 별 이점을 제공하지 않을 수 있는데, 왜냐하면 이 국가가 능동적으로 전쟁에서 활동하는 데 높은 기준치를 가질 수도 있기 때문이다. 어떤 국가는 오늘날 아시아에서의 인도나 일본 혹은 냉전시대의 서독이나 영국과 같이 큰 세력을 가져올 수 있다. 하지만 어떤 국가는 냉전시대의 아이슬란드가 NATO에 그랬고 오늘날 필리핀이 그렇듯이 타당한 제한전쟁에서 매력적인 지리 혹은 다른 연관된 이점을 가져올 수도 있다.

　　하지만 어떤 국가를 동맹으로 포함하여 중국의 지역패권추구를 거부하는 연합의 능력을 개선하는지의 여부는 해당 국가가 연합에 가져오는 혜택에 관한 것만은 아니다. 또한 이것은 해당 국가를 미국과의 동맹으로 만드는 데에 따르는 비용

과 위험에 대한 것이기도 하다. 만약 이런 비용과 위험이 이 국가와 동맹을 형성하
는 데 따르는 혜택을 초과한다면, 미국은 동맹을 형성하지 말아야 한다.

그리하여 국가를 포함시키는 데 주된 제한요소는 "방어가능성"이다. 핵심에
서, 방어가능성에 대한 기준은 어떤 동맹국의 효과적인 방어도 약속을 이행하는
보장국가가 자국의 국익을 보호하기 위한 역량을 저하시키는 것은 고사하고 그 보
장국가의 국력과 의지부터 소진하여 반패권연합에 대한 약속과 책임을 이행할 수
없거나 이행하려고 하지 않게 될 수 없음을 의미한다. 간단히 말해, 동맹국을 추가
하는 것이 그 추가된 국가를 보호하기 위해 미국을 부수거나 고갈되도록 만들어서
는 안 된다.4)

이 사실은 미국이 반드시 효과적으로 취약한 동맹국을 방어할 수 있어야 하
며, 방어에 따르는 혜택과 비용, 위험 간의 상관성을 충분히 판단하는 방식으로 임
해야 한다는 것을 의미한다. 전쟁수행과 그 결과가 수반하는 비용은 미국인들의
의지에 비견할 수 있어야 한다. 이것이 국가를 "방어할 만하다"라는 말의 의미이
다. 태평양의 팔라우Palau나 NATO의 아일랜드와 같이 방어하기 용이한 약한 국가
는 최악의 경우라도 방해요소일 수 있지만, 그 자체가 동맹의 유지를 위협하지는
않을 것이다. 그러나 방어할 만하지 않은 심지어 강력한 국가라도, 만약 그 국가를
포함하는 것이 미국의 패배를 초래하거나 미국을 주춤거리게 만든다면 재앙적인
선택일 수 있다.

워싱턴은 한계효용의 원칙principle of marginal utility을 적용함으로써 이런 경합
요소들의 균형을 잡을 수 있다. 만약 어떤 국가를 추가함으로써 얻는 이익이 추가
된 국가의 취약성이 부과하는 위험과 비용을 상회한다면 이 국가는 미국의 방어범
위에 포함되어야 한다.5) 만약 국가가 강력하거나 충분히 중요하다면, 비록 방어하
기 어렵다고 하더라도 이 국가는 포함되어야 한다. 서독은 냉전시대에 취약했지만
매우 강력했으며, 그래서 미국과 그 동맹국들은 서독을 NATO에 남기려고 노력했
다. 이와 같이, 만약 어떤 국가가 동맹에 거의 기여하지 않지만 쉽게 방어된다면,
그 국가는 포함할 가치가 있다. 포르투갈은 냉전기에 NATO에 기여하는 바가 거의
없었으나 방어하기 쉬웠다. 하지만 어떤 국가가 NATO에 대한 그루지아Georgia나
아시아에 대한 몽고의 경우와 같이 방어하기 어렵고 기여하는 바가 적다면 그 국
가는 제외되어야 한다.

　방어가능성은 한 국가가 얼마나 기꺼이 모험하고 감수할 것이냐에 대한 것이며 고정되거나 기하학적 상수의 문제가 아니기 때문에 일부 주관적이다. 이런 기꺼움은 많은 요소들에 의존하며, 이런 가변성을 미국국방전략의 의식적 부분으로 만드는 것이 이 책의 논거의 핵심이다. 주요 논점은 동맹 가입국에 대한 방어가능성이 동맹을 형성하는 데에 대한 판단을 하는 데 있어 중심요소라는 것이다. 약속을 이행하는 국가가 얼마나 기꺼이 위험을 감내할 것이냐에는 한계가 있으며, 이런 한계는 상대가 억압적이거나 강력할수록 더 구속적이다.

　여기에 추가해야 할 중요한 단서조건이 하나 있다. 약속은 일단 체결되면 아직 체결되지 않은 약속과는 다른 빛깔을 띤다. 요컨대, 일단 약속을 체결했을 때와 같은 요소들이 약속을 유지하는 데에도 쓰여야 한다고 볼 수 있다. 하지만 마치 근로자를 해고하는 것이 고용하지 않는 것보다 더 막중한 것과 같이, 동맹을 저버리는 결정은 애초부터 동맹에 참가하지 않는 결정보다 더 우려스럽다. 동맹 약속은 껄끄럽도록 고안되어 있다.[6] 의도는 묶는 것이다. 그러므로 동맹을 철회하는 것은 제아무리 기성 절차를 따른다 하더라도, 유사한 약속들도 완고할 것인지에 대해 의심을 산다. 비록 철회하는 국가가 두려움 때문에 저지른 일이 아니라고 주장하더라도 이는 사실이다. 초조한 동맹국들은 주춤하는 국가가 부정적 결과를 격리시키기 위해 가식적일 이유를 갖는다는 사실을 고려하여 이런 항변을 안 믿을 수 있다. 그러므로 동맹으로부터의 철수가 실제로 두려움에 근거한 것이 아니더라도, 이런 행동은 아직 비슷한 상황에 처한 국가들에게 반향을 일으킬 수 있다.

　이런 두려움은 특히 강력한 유망국가의 그림자 안에 처한 노심초사한 취약국가들의 경우와 같이 확신이 요구되는 상황에서 발생할 것이다. 예를 들어, 1970년대의 남베트남을 버리고자 했던 미국의 의지 그리고 대만의 중국공화국의 인식으로부터 공산주의 중국으로의 전환은 비록 경고를 동반하고 외교적 경로를 통하기는 했지만, 그럼에도 불구하고 자국의 상황을 비슷하게 판단했던 대한민국에서 심각한 소요를 초래했다. 만약 미국이 기꺼이 남베트남과 대만에서 물러나겠다고 한다면, 이 행동은 서울에 대한 미국의 약속에 어떤 의미를 부여하는가?[7] 약속을 체결하는 것에 대한 머뭇거림은 두려움이나 걱정을 암시할 수 있지만, 이것이 여타 약속에 대하여 직접적인 의구심을 제기하지는 않는다. 무슨 일이 있어도, 이런 머뭇거림은 그 국가가 가볍게 약속을 체결하고자 하는 것에 대해 주춤하는 것을 보여주기 때문에, 그와 반대의 신호를 보낸다.

반패권연합과 이 연합의 근본이 되는 동맹은 유망국의 지역세력우위에 대한 공통의 반감에 의하여만 결속되어야 함을 강조하는 것 또한 중요하다. 이는 방어 가능성의 제한요소 안에서 연합은 전체적인 접근을 취함으로써 이익을 얻는다는 것을 의미하고 특히 유망국이 대단히 강력할 때 더더욱 그렇기에 중요하다. 이는 미국과 그 어떤 반패권연합이 세력과 방어가능성의 핵심기준과 무관한 이데올로 기, 종교 또는 인종과 같은 요소들을 중시해서는 안 된다는 것을 의미한다. 근본적 으로 다르고 상호 증오할 수도 있는 국가들도 반패권연합에서 고도로 효과적인 동 맹을 형성할 수 있는데, 이런 사실은 종교개혁 시대에 합스부르크가에 대항하여 카톨릭 프랑스, 프로테스탄트 세력 그리고 오토만투르크가 낯설지만 성공적인 동 반관계를 형성하고, 미국 독립전쟁 때 반항적인 미국인들과 절대주의 프랑스 그리 고 제국주의 스페인의 효과적인 연합을 보여 입증했다.

여기에서 비록 미국 정치의 목적이 미국인들의 자치 공화정부를 발전시키는 것을 포함한다고 해도 아시아에서 미국정책의 최선책은 타 민주주의 국가하고만 연계하고자 하거나 그런 중점조차도 두지 않고, 지역 내의 충분한 세력을 규합함 으로써 중국의 패권추구를 견제하는 것이라는 사실을 상기하는 것이 중요하다. 달 리 말하면, 미국의 공화주의 목표 실현이 타 공화주의자들만 관련된 것이 아니라 는 말이다. 비공화주의 정부와 연계하는 것이 반패권연합에게 유리하거나 심지어 필수적일 수 있다. 이 사실은 많은 국가가 민주주의가 아니거나 일관되지 못하게 혹은 불완전하게 민주주의적인 아시아에서 특히 중요하다.[8]

동맹 혹은 심지어 반패권연합에서 국가를 제외할 가장 중요한 비지정학적 이 유는, 바로 이 국가를 포함시키는 것이 어떻게 동맹을 지지할 미국인 혹은 다른 주 요 인구의 의지에 영향을 미칠 것이냐이다. 만약 한 국가의 행동 혹은 상황판단이 너무 불쾌하여 미국인 또는 타 동맹국가가 그 국가를 방어하지 않으려 하거나 반 신반의하게만 방어하려고 한다면 혹은 그 국가를 포함하는 것이 동맹의 힘을 약화 시켜 미국인들이 그 국가를 지지하려고 하지 않는다면, 이 국가가 매우 강력하거 나 그 국가의 행동이 순화되지 않는 한 동맹에 포함하는 것은 현명하지 못할 것 이다.

게다가 비호감적이거나 화합하지 못하는 국가가 동맹에 포함되어야 하는지의 여부에 대한 전망은 고정적이지 않다. 상황이 위급할수록 미국은 구미에 안 맞는 국가와 연계하는 데 더 온건해질 것이다. 미국은 다수의 미국인들이 전쟁 전에 격렬히 반대했음에도 제2차 세계대전에서 소비에트 연방과 나란히 싸웠으며 전후 소비에트 연방에 대항하여 긴 냉전을 치렀다. 미국과 서부동맹은 제3제국에 대항하여 인류 역사상 가장 큰 전쟁을 수행하고 나서 독일연방공화국을 불러오고 재무장시켰다. 미국은 6.25전쟁에서 권위주의적인 대한민국과 같은 편이 되었으며, 1950년대의 위기에서 독재적인 대만의 국가주의 정부와 나란히 섰다. 미국을 포함한 공화주의국가들은 정치성향이 상이한 국가들과 동맹을 형성할 수 있고 주로 유지하며 종종 이 국가들에게 공화주의정부의 방향으로 나아갈 것을 부추긴다.9)

시사점

아시아에서의 외부균형국가로서 수행하는 중요한 역할과 점점 더 긴장상태에 있는 미국의 경우 어떤 약속을 체결하고 이행해야 하며 어떤 약속을 포기하거나 철회할 것이냐의 문제는 특별히 첨예한 문제이다. 어떻게 이 긴장을 해소할 것인가?

이미 말했듯, 미국의 핵심국익은 여타 국가가 세계의 주요지역에 대한 패권을 형성하는 것을 방지하는 것에 있으며, 그 국익에 대한 주된 위협은 아시아의 중국이다. 중국은 그 어떤 지역에 대해서든 지역패권을 형성하는 데 있어 가장 큰 잠재력을 지녔으며, 아시아는 상당한 편차로 세계에서 가장 중요한 지역이다. 러시아는 상당하나 격차가 있는 이인자인데 유럽에서 상당한 미국의 국익을 위협할 수 있는 능력 때문이다. 중국세력의 규모와 이권의 중압감은 미국이 자국의 국력을 충분히 할당할 수 있으며, 아시아에서의 중국의 패권을 거부하기 위한 위험과 비용을 기꺼이 감내할 것임을 의미한다. 모든 동맹과 여타 방어 약정들은 이러한 우선순위에 따라 체결되고, 유지되고, 유보되고, 철회되어야 한다.

미국이 단독으로 또는 즉흥적인 연합과 연계하여 아시아와 유럽 외 어디에서든 그 어떤 지역패권의 도전자도 격퇴할 수 있기 때문에, 가장 부담되는 전구에 집중하기 위해 미국은 중동을 포함한 세계의 타 지역에서의 값비싸거나 지난한 약속

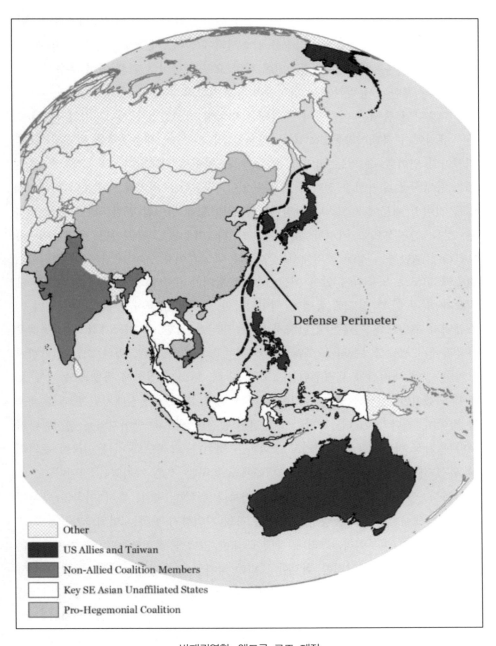

Defense Perimeter

Other
US Allies and Taiwan
Non-Allied Coalition Members
Key SE Asian Unaffiliated States
Pro-Hegemonial Coalition

반패권연합. 앤드류 로즈 제작

을 회피하거나 줄이거나, 제거하려고 해야 한다. 그러므로 미국은 아프가니스탄, 이라크, 그리고 시리아에서의 약속을 감소시켜야 한다. 이를 고려할 때, 미국은 부분적으로나마 자국의 노출과 자국민에 대한 요구를 줄이기 위해 이런 부수적인 지역에서 더 제한된 동반관계를 형성하거나 유지하려고 할 수 있다.

그렇다면 문제는 아시아와 유럽에서 미국의 방어범위가 어디까지인지이다.

유럽에서 북대서양동맹NATO은 러시아 및 지역 내 세력균형을 반전시키고자 러시아와 연합할 수 있는 비연합국가들을 큰 차이로 압도한다. 그러므로 이 동맹에는 동맹국을 추가시킬 전략적 필요가 없다. 워싱턴은 의미깊은 비용이 더해지지 않을 것이기 때문에 스위스나 아일랜드와 같이 쉽게 방어할 만한 국가들을 추가하는 것을 합리적으로 지지할 것이다. 그러나 미국은 그루지아나 우크라이나를 NATO에 포함하는 것에 동의해서는 안 되는데, 그 이유는 두 국가 모두 러시아의 침공에 고도로 노출되어 있어 이들에 대한 방어가 수반할 대단한 위험과 비용에 비교가 되지 않을 정도로 동맹에 의미심장한 이점을 제공하지 않기 때문이다.[10] 스웨덴과 핀란드의 경우는 간단하지 않다. 양국은 강한 군대를 가졌으며, 동맹은 북유럽에서 발틱국가들과 노르웨이로서 이미 노출되어 있다. 비록 스웨덴과 핀란드가 동맹의 대러시아 세력우위를 고려했을 때, 다소 온건하게 동맹의 능력에 보탬이 되겠지만, 이 국가들은 유리한 지리적 위치, 강하고 전진배치된 군대를 제공할 것이며, 게다가 이들을 포함한다는 것은 완전히 새로운 방어지역을 생성한다기보다는 기성 방어선을 전진시키고 강화하는 것이다. 그러므로 비록 미국이 주의해야 하겠지만, 스웨덴과 핀란드를 NATO에 포함하는 것은 가치있을 것이다.

보다 적절한 질문은 NATO가 동유럽보다 취약한 국가, 특히 미국의 군대에 부담을 발생시키면서도 동맹의 세력에는 거의 기여하지 못하는 발틱국가들을 퇴출시킬 것인지의 여부이다. 그러나 동맹에 대한 약속을 철회하는 것이 가져다주는 결과를 고려했을 때, 이러한 취약한 NATO 국가들을 추방하는 것은 만일 동맹이 미국이 아시아에 대한 집중을 흩뜨리지 않는 비용과 위험의 수준에서도 국가들을 효과적으로 방어할 수 있는 경우 생각보다 더 문제가 될 수도 있다. 이 사안에 대해서는 이와 같은 약속을 이행하는 데 효과적인 군사전략이 있는지 여부를 검증해 본 후에 다시 기술하겠다.

아시아야말로 미국이 의지와 국력을 집중하고 차별적 신뢰를 극대화하고자 할 곳이어야 한다. 이 사안에 대해서도 다시 기술하겠지만, 일단 미국뿐 아니라 다수의 타국을 포함한 중국의 패권을 두려워하는 국가들은 최대한 강한 반패권연합으로부터 혜택을 받는다고 말해도 충분한데, 그 이유는 강력한 연합이 베이징을 억제하고 견제하기 쉬울 것이기 때문이다. 얼마나 중국이 강력한지를 고려했을 때, 미국은 이 연합에 가능한 한 많은 국가가 참여하도록 독려하려고 해야 한다. 중국의 고립하려고 하는 시도에 대해 더 잘 저항할 수 있는 인도와 베트남과 같은 일부 강국들은 미국의 동맹 보증이 없더라도 연합에 참가할 수 있다. 이와 같은 보증을 확장하는 데 따르는 비용과 위험을 고려할 때, 만일 동맹관계가 효과적인 연합의 가입국가가 되는 데 필수적이지 않다면 워싱턴은 이러한 국가들을 동맹으로 영입하려고 강제하거나 종용하려고 하지 말아야 한다.

그러나 이와 같은 연합에 가입하거나 연합으로 남아야 할지를 고려하는 취약국가는 자신들이 무방비상태로 노출되지 않을 것이라는 확신을 하고자 할 것이다. 미국은 동맹의 형성과 유지의 주안점을 이러한 국가들에 맞추어야 한다. 연합이 강력한 중국을 압도하기 위해서는 강력하고 유리한 위치에 있는 국가들을 충분히 포함하는 것이 중요하기 때문에, 미국은 방어할 만하다면 최대한 이러한 국가들을 많이 유지하고 차지하려고 할 것이다. 같은 이유로, 미국은 어떤 국가라도 충분히 취약하다면 방어하지 못할 만한 국가들을 동맹에서 제외시키고 쳐내야 한다.

일부 국가들에 대해서 이 사안은 명백하다. 일본은 세계 3위의 경제국가이며, 중국에서 곧바로 동쪽에 있는 중요한 영토를 점유하며, 오랜 미국의 동맹이다. 일본 없이는 효과적인 반패권연합을 형성할 수 있다는 희망이 없으며, 일본과의 동맹을 저버리는 것은 아시아에서 미국이 타국들에 대해 약속을 이행하겠다는 결의를 설득하고자 하는 어떤 시도도 부숴버릴 것이다. 따라서 워싱턴은 명확하게 도쿄와 동맹을 유지해야 한다.

오스트레일리아는 중국과 멀리 떨어져 있으며 미국과 오랜 동맹이고 강하다. 만약 미국이 오스트레일리아를 효과적으로 방어하지 못한다면, 중국의 친밀한 이웃국가들이 어떻게 미국의 원조를 바랄 수 있을까? 그러므로 워싱턴은 캔버라와 동맹을 유지해야만 한다.

마지막으로, 워싱턴은 미국에서 서태평양으로 국력을 투사하는 데 중요한 다수의 작은 태평양 도서국가들과 준동맹을 맺었다. 만일 미국이 서태평양에서 효과적으로 활동할 수 있다면 이 국가들이 매우 방어할 만하다는 점을 고려했을 때, 이런 약속을 유지하고 강화한다는 것은 이치에 맞다.

인도는 아시아의 반패권연합에 매우 중요하다. 인도의 국력은 인도의 참여가 중요함을 의미하며, 아시아 지역에 대한 중국의 제패에 대한 반대는 인도가 의존할 만한 연합가입국이 되기 쉽다는 것을 의미한다. 더불어, 인도의 자율성과 자주방위력에 대한 오랜 강조는 인도가 연합에 참가하는 데 있어 미국의 동맹 서약이 필요하지 않을 수도 있음을 의미한다. 이 사안에 대해서는 추후에 다루겠다.

몽골과 키르기스스탄과 같은 중국의 다른 측면에 있는 국가들은 그들에 대한 베이징의 패권에 반대할 수 있으나, 국력이 거의 없고 이들을 방어하려는 노력은 값비쌀 것이며 거의 분명하게 헛될 것이다. 워싱턴은 이들에 대해서 동맹의 약속을 제안해서는 안 된다.

그러나 미국, 일본, 인도, 오스트레일리아만으로는 중국이 지역패권을 형성하는 것을 방지하기에 충분하지 않을 것이다. 만약 중국이 인도태평양지역의 나머지 국가들을 복속시키거나 끌어들일 수 있다면, 중국은 일본, 인도, 오스트레일리아를 고립할 수 있으며 그들로부터 중국의 세력우위에 대한 동의를 받아낼 수 있을 것이다. 이 지역의 나머지 국가들을 중국세력에 더하는 것은 베이징에 앞서 말한 국가들과 미국만으로 구성된 반패권연합에 대하여 큰 세력의 이점을 제공할 수 있다.[11] 또한 이와 같은 강력한 친패권 단체는 이들 몇몇으로 구성된 반패권연합국가들에 대항한 집중 및 순차전략을 활용할 수 있는 거대한 지리적 및 여타 이점을 가질 것이다. 그러므로 반패권연합은 거의 확실히 지역의 타 국가들이 연계하거나 협력할 필요가 있다. 그리고 이 국가들의 다수는 중국에 의해 고립될 경우 매우 취약해질 것이기 때문에, 미국은 이런 국가들이 동맹이나 동맹과 유사한 보장을 유지하거나 확장하여 이들이 연합에 충분히 신뢰하도록 할 필요가 있을 것이다.

중국의 위치를 고려했을 때, 유라시아의 중심지는 훨씬 방어할 만하지 않기 때문에 이 국가들은 거의 확실히 동아시아 연안이나 동남아시아로부터 와야 할 것이다. 이 지역의 일부 국가들은 상당하거나 성장하는 부와 그래서 세력을 지녀서 중국의 군사력에 대항하여 정도의 차이는 있겠지만 최소한 잠재적으로 방어할 만하다.[12] 남아시아 또한 비록 해당지역이 대부분의 발달된 아시아로부터 멀리 떨어져 있지만, 후보가 될 수 있으며, 인도와 훨씬 낮은 정도라고 해도 파키스탄을 제외하고, 남아시아 국가들은 더 부유하지도, 강하지도 않다.

　　방어범위에 대한 문제는 모두 미국의 동맹국인 대한민국과 필리핀의 경우에 특히 그리고 그뿐 아니라 미국과 특별한 준동맹을 맺은 대만에게도 중요하다. 이 국가들에 대한 약속을 철회하는 것은 미국의 차별적 신뢰도에 있어 엄청난 결과를 가져올 것이며, 이 국가들은 워싱턴이 이와 같은 급단적인 조치를 취하기 전에 본질적으로 방어할 만하지 않게 되어야 할 것이다. 게다가 이 국가들은 우연하게도 중요한 지리적 위치를 제공하며 자연적 군사분계선을 형성하는 제1열도선First Island Chain상에 위치한다. 대만 또는 필리핀을 미국의 방어범위로부터 제외하는 것은 제1열도선에서 주요한 간격을 벌리는 것이며, 중국이 더 넓은 태평양과 동남아시아에 대해 군사력을 투사할 수 있게 만드는 것이다. 그리고 대한민국을 방기하는 것은 연합으로부터 세계의 수준급의 규모와 발전된 경제국가를 제외하는 것을 의미하게 된다. 또한 그것은 아시아에서의 미국 방어진지의 핵심부위인 일본을 크게 노출시키게 된다. 그러므로 워싱턴은 대만과 필리핀을 가능한 한 방어범위 내에 보유해야 한다. 문제는 미국이 이들을 방어하기 위해 미국인들에게는 너무 큰 부담을 주지는 않는 군사전략을 개발할 수 있느냐이다.

　　또한 워싱턴은 미국이 이 지역 내 중요한 국가들, 특히 베트남, 태국, 인도네시아, 말레이시아, 싱가포르, 그리고 미얀마를 포함하도록 방어의 범위를 기꺼이 확장할 것인지의 여부를 결정해야 한다. 나중에 논의하겠지만, 이 사안은 성장하는 경제국가들이 가져다 줄 세력 때문만이 아니라 지리 때문에 중요하다. 서태평양의 미국의 동맹국가들은 일본으로부터 시작하여 해양을 통해 군사력을 투사하는 중국의 능력을 제한하는 필리핀(남쪽으로의 투사는 제외하지만)을 통과하여 남중국해를 통과하는 제1열도선을 되짚는다. 그 결과로, 제1열도선 국가들과 남중국해 일대의 동남아시아의 일부국가들은 미국주도의 반패권연합과 중국과 친패권연합 간의 전략적 경쟁의 중심이 될 것이다. 바로 여기에서 아시아의 우위확보를 위한 경합이 가장 격렬히 벌어지게 될 것이다.

　　이 지역의 뉴질랜드, 스리랑카 그리고 방글라데시와 같은 다른 국가들은 덜 강력한 국가들에 속하며, 경쟁의 중심에서부터 지리적으로 이격되어 있다. 이들이 양 연합의 어느 쪽에 연계되느냐는 주요한 변동을 초래하지 않을 것이다. 하지만 특히 반패권연합의 가입국가들을 두려워하는 다른 국가들, 특히 베트남을 경계하

는 캄보디아 그리고 인도를 두려워하는 파키스탄은 베이징의 친패권진영으로 향하는 것으로 보인다.13)

그래서 결론을 짓자면, 미국은 체제의 지역전쟁을 지배할 정도로 충분히 강할 뿐만 아니라 중국의 집중 및 순차전략에도 지속할 수 있는 효과적인 반패권연합에 대한 개발 및 지속을 주도해야 한다. 이를 위해 지역 내 주요국가들과 동맹을 유지하고 추가로 형성하는 것이 요구된다. 한 국가가 미국의 방어범위에 포함되어야 하는지의 여부를 가르는 주도적인 기준은 방어가능성(방어할 만한지의 여부)이다.

그러나 앞서 말했듯 방어가능성은 단순히 국력의 수치를 합한 것은 아니다. 그보다 방어가능성은 지극히 전략의 문제이다. 어떻게 그리고 얼마나 잘 미국과 타국들이 중국에 대항하여 취약한 동맹국을 방어할 것이냐는 어떤 국가가 방어할 만한지를 따지는 데 중심적인 요소이다. 그래서 미국의 올바른 방어범위를 결정하기 전에 우리는 먼저 미국의 최선의 방어전략을, 중국에 대비해 미국인들이 방어에서 오는 혜택에 상응하여 기꺼이 감당할 수 있는 위험과 비용을 감내하는 방식으로 취약국가를 방어하는 전략을 결정해야 한다. 이 노력은 우리에게 가능한 것의 한계를 명확하게 느끼게 한다. 무엇이 방어될 수 있는지 알게 되면, 우리는 무엇이 방어되어야 하는지 더 잘 알게 될 것이다.

제 5 장

제한전쟁에서의 군사전략

제 5 장
제한전쟁에서의 군사전략

중국의 지역패권추구를 거부하는 미국의 능력은 특히 체제의 지역전쟁에서의 중국과 그 연합의 세력을 능가할 정도로 충분히 강한 반패권연합을 조직하고 지속할 수 있는 능력에 달려있다. 그러나 그와 같은 연합이 성공하고자 한다면, 미국은 중국이 복속시키려는 노력으로부터 미국과 연합이나 준연합관계로 묶여있는 가입국가들을 효과적으로 방어할 수 있는 방어전략을 고안하고 시행해야 한다. 그와 같은 전략이 승리하는 데 필요한 조건은 충분한 지역국가들에게 미국의 방호에 대한 충분한 신뢰를 제공하여 그들이 반패권연합과 안전하게 연계할 수 있다고 믿게 만드는 것이며, 연합이 중국의 지역세력우위를 획득하는 것을 방지할 정도로 충분히 강하게 만드는 것이다.

하지만 이는 달성하기 어려운데, 왜냐하면 오직 미국, 일본, 인도, 오스트레일리아와 같이 안정적인 국가들로 구성된 연합은 중국의 패권추구를 거부할 정도로 충분히 강력하기가 쉽지 않기 때문이다. 베이징은 아시아에서 강제, 유인, 순수 무력의 조합을 통해서 더 강한 친패권연합을 조직할 수 있을 것이다. 그러므로 효과적인 반패권연합은 최소한 대만, 필리핀, 베트남과 같이 중국의 행동에 대해 보다 취약한 몇몇 국가를 포함해야만 한다. 충분히 보호되지 않을 경우, 이 국가들은 자국의 지배하에 둘 수 있는 베이징의 능력에 노출될 것이며, 반패권연합을 약화시키고 아시아에 중국의 패권을 형성하도록 만들 것이다.

그래서 미국의 당면과업은 반패권연합이 중국의 지역패권추구를 거부하는 임무에 필수불가결한 이 국가들을 방어하도록 하는 방어전략을 시행하는 것이다. 이 목표는 이런 전략이 추상적으로만 작동할 뿐만 아니라 연합의 가입국가들이 감당할 수 있는 비용과 위험의 선상에서 작동할 것을 요구한다. 이 사실은 미국의 외부 초석균형국가로서의 본질적인 역할을 고려할 때 특히 미국에 중요하다. 만약 중국과의 전쟁이 미국인이 감당할 수 있을 만큼 이상의 비용과 위험을 동반한다고 보일 경우 미국의 정책입안자들은 필요한 전쟁의 초입이나 와중에 휘말린 자신을 인식하고 미국의 대중은 전쟁을 원하지 않는다거나 충분히 싸우려 하지 않는다는 것을 깨달을 것이다.

그리고 어떤 국가도 자국의 필수 국익이 임박하여 위협받지 않을 때 총력전 total war에 임하여 타국을 위해 교전할 것으로 기대되지 않기 때문에, 이와 같은 방어전략은 미국과 동맹국 그리고 그 동반국이 중국과의 "제한전쟁"에서 싸우고 목표를 달성할 수 있도록 준비시켜야만 한다.

제한전쟁에서의 군사전략

이와 같은 준비에 중요한 것은 올바른 "군사전략"을 선택하는 것이다.

앞서 정의했듯이, "국방전략"이란 더 넓게 정의된 정치적 목표로부터 비롯되고 그런 목표에 기여하는 목표와 요구사항을 달성하도록 군사 자산, 병력 그리고 군사관계를 운용하고, 태세를 갖추며 발전시키는 방법이다.[1] 군사전략은 국방전략의 하위요소이다. 이것은 특히 어떻게 전쟁에서 싸울지에 대한 것이다. 즉, 이것은 실제 분쟁에서 국가목표를 달성하기 위해 보다 큰 범위의 국방전략이 개발, 훈련, 배치되고 동맹관계를 만든 군사력의 운용에 대한 것이다. 전체적 국방전략과 같이 한 국가의 군사전략은 논리적으로 정치적 상황과 목표로부터 결별될 수 없다. 그보다 군사전략 또한 정치적 목표에 기여하고 순응해야 한다.

이런 관점에서, 미국은 반패권연합 내 아시아의 취약한 동맹국을 방어할 수 있도록 하는 군사전략을 마련해야 한다. 그와 같은 신뢰받는 능력 없이는, 미국은 중국의 지역패권을 향한 노력을 거부할 수 있는 연합을 구성하고 지속할 수 없을 것이다.

미국이 직면한 근본적인 문제는 미국이 그와 같은 목표를 추구하는 데 사용할 국력과 의지에 한계가 있다는 점이다. 아시아에서의 중국의 힘과 지리적 위치를 고려했을 때, 미국은 중국을 간단히 제압할 수 없다. 그러므로 미국은 특히 미국의 국력과 의지가 상호의존성을 가짐을 고려할 때 이들을 어떻게 사용할지에 대하여 특별히 주의를 기울여야 한다. 국민들이 더 확고한 의지를 가질수록 미국은 더 기꺼이 국력을 할당하고자 할 것이며, 미국과 그 동맹이 강하면 강할수록 그들의 부분적인 의지를 더욱더 관철하고자 할 것이다.

그러므로 올바른 군사전략은 미국의 국력과 의지를 중국에 호의적으로 사용할 것이다. 이것은 중국은 스스로 효과적으로 군사력을 운용하지 못하지만, 미국의 군사력은 그와 같이 운용할 수 있는 가장 효과적인 방법을 찾는 것을 의미한다. 또한 이것은 중국은 자국의 의지를 지탱하기 위한 국력을 사용할 수 있는 방법을 찾지 못하지만, 미국은 그 방법을 찾는 것을 의미한다.

군사전략은 비록 모든 분쟁의 주요 요소임에도 불구하고, 한 전투원이 다른 상대방보다 훨씬 더 강력할 경우 중요하지 않다. 그와 같은 분쟁에서 양측이 합리적으로 의지가 있는 한, 더 강력한 국가가 통상 승리한다. 인디언 앉은 황소Sitting Bull 추장은 리틀빅혼Little Bighorn에서 조지 커스터보다 더 꾀에 밝았지만, 인디언들의 군사전략이 얼마나 더 효과적이었는지와 무관하게도, 쑤Sioux 부족이 버티기에는 궁극적으로 미국이 너무나도 강력했다. 하지만 전투원들이 보다 대등할 때, 한 쪽이 어떻게 자신의 힘을 개발하고 운용하느냐의 차이는 승리와 패배를 가를 수 있다. 나폴레옹은 프랑스 군사력의 효과적인 운용을 통하여 다수의 강력한 적들을 짓밟을 수 있었다. 독일은 자국의 전격전이 더 나은 군사전략이었기 때문에 1940년에 영프 연합군을 결정적으로 패퇴시킬 수 있었다.[2]

군사전략은 무력의 사용에 대한 제한조건이 전투원이 운용할 수 있는 범위에 영향을 미치는 제한전쟁에 있어 특히 중요한 경향이 있다. 이러한 제한조건은 전투원 간의 커다란 불균형을 줄이거나 무효화시킬 수 있다. 예를 들어, 강대국 미국은 일본제국에 대항하여 수행했던 총력전 전략을 북베트남과 베트콩에 대하여 적용하는 것에 비해서 베트남에서의 군사력의 사용을 첨예하게 제한하여 현저히 군

사전략을 적절하게 갖추었다. 이번 세기에도 아프가니스탄에서의 미국은 이와 유
사하게 역동했다.

아시아 전구에서의 미국과 중국 간의 군사력 균형은 고도로 경합한다. 게다가
미국과 중국 간의 전쟁은 그 어떤 전쟁이든 거의 확실하게 제한적일 것이며, 그 이
유는 나중에 설명하겠다. 그 결과로 그와 같은 전쟁의 결과는 각 측의 군사전략이
좌우하기 쉽고, 특히 어떻게 제한전쟁의 제한조건이 변화했으며 어떤 국가가 자국
의 국력과 의지를 그와 같은 제한조건 안에서 더 잘 발휘할 수 있냐는 사실에 달
려있다. 아시아에서 미국의 성공 그리고 세계에서 미국의 국익은 미국이 제한전쟁
에서 옳은 군사전략을 구상하고 시행하는 능력에 달려있다.

제한전쟁에 대한 생각

많은 이들은 제한전쟁이라는 용어의 상충됨을 본다. 하지만 전쟁의 제한은 인
간의 행동과 역사에 깊이 뿌리내리고 있다. 그 이유는 근본적으로 전쟁이 동반하
는 열정에도 불구하고 인간사회에서의 분쟁이 생존과 소유물의 보존에 대한 매우
강력한 동기를 가지며, 이성적으로 가능성 있는 이익에 상당한 위험을 감내할 동
기도 지니기 때문이다. 달리 말하면, 전쟁은 인간을 평시라면 취하지 않을 행동을
종용하는 데 반해, 인간사회를 자동적으로 광전사의 집단으로 변모시키지는 않는다.

핵무기의 등장이 있기 전 문명화된 삶의 기간에 대다수의 전쟁은 제한적이었
다.[3] 산업기 이전 섬멸전쟁을 수행해야 하는 어려움 때문은 결코 아니었다. 전쟁
은 주로 선택에 의해서만큼이나 능력 부족에 의해 제한적으로 수행되었다. 그러나
20세기의 산업화된 전쟁수행은 전례없는 규모의 파괴를 가능케 했다. 그리고 핵무
기의 등장은 재래식 무기를 사용했을 때보다 극적으로 저렴한 비용을 사용하여 사
회에 대하여 빠르고 확실하게 전멸시킬 타격을 수행할 수 있는 능력을 들여왔다.
이 두 가지 요소들은 얼마나 일순간에 전쟁이 총력전쟁화할 수 있는지에 대한 국
가들의 판단을 급격히 바꾸었다.

또한 국가들은 예측을 바꾸어 전쟁은 총력전쟁이 되지 않을 것이라고 판단했
던 것이 이제는 특히 핵무장이 된 국가 간에는 높은 확률로 총력전쟁이 될 것이며

빠르게 총력전쟁화할 것이라고 걱정하게 되었다. 이제는 적국의 영토에 대해 광대한 파괴를 강요하는 데 있어 물질 혹은 기술적인 장벽이 존재하지 않았다. 핵무장국가는 이제 상시 가용한 "옷장 안의 대(大) 몽둥이" 혹은 "원자 여왕atomic queen"을 사용하여 앞서 말한 신속한 절멸을 가할 것인지의 여부에 대한 선택권을 가졌다.[4] 냉전시대에 미국 그리고 부분적으로 소비에트 연방은 점진적으로 전쟁의 한계는 간주될 수 없고, 능동적으로 추구되고 조성되어야 함을 인식했다.

미중 분쟁에 있어서도 이와 동일한 역동이 중심이 된다. 미국과 중국은 각각 생존가능한 핵무기고를 보유하고 있으며, 이 사실은 각국이 서로 무엇을 하든 각각에 대해 막중한 해를 끼칠 수 있음을 의미한다.[5] 그러므로 각국에게 있어 총력전쟁에 참가하거나 심지어 총력전쟁의 위험을 진지하게 감수하는 것은 상호 가장 파괴적인 대응을 취하는 것과 마찬가지다.

어떤 국가든 이와 같은 재앙적인 고통을 감내하는 것을 정당화할 수 있는 유일한 재화는 국가의 생존밖에 없다. 하지만 미국의 국가로서의 생존은 베이징의 집중 및 순차전략의 결과로서 빚어지는 소규모 전쟁은 물론, 중국과의 체제의 지역전쟁 중에는 주요사안이 되지 못한다. 그러므로 이해를 돕자면, 미국이 고려하는 대중국 전쟁은 그 어떤 전쟁이든 제한되어야만 할 것이다. 미국 국가생존의 문제에 못 미치는 이익에 대하여 한도없이 중국과의 전쟁을 택하는 것은 터무니없이 비이성적이고 어리석을 것인데, 왜냐하면 그러한 접근은 이익을 훨씬 넘는 손상을 가져다주기 때문이다.

미국에게 있어 이 사실은 예방전쟁의 여지를 없앤다. 이는 비록 예방전쟁이라는 말이 반감을 주지만 이 개념은 유구한 역사를 갖고 부상국가를 다루는 기성 세력에게 매력적으로 보일 수 있기 때문에 중요하다. 실제로, 타국의 부상을 방지하는 것은 과거 주요전쟁의 근본적인 동력이었다. 1914년 여름 독일이 전쟁으로 뛰어들었던 주된 이유 중 하나는 너무 막대해지기 이전에 러시아의 힘에 대적하고 약화시키는 것이었다. 1914년의 러시아는 유럽의 부상세력이었다. 미국의 결정권자들은 냉전 초기 소비에트 연방에 대항한 예방전쟁을 개시하는 것을 고려했다.[6] 그러나 중국의 계속된 부상을 예방하고자 미국이 취해야 할 조치(분리, 점령, 격파)들은 예외적으로 어렵고 도덕적으로 나무랄 수 있을 뿐만 아니라 의심의 여지없이 격변적인 대응을 불러일으킬 것이다.

하지만 중국 또한 미국과 싸울 그 어떤 전쟁이든 제한해야만 하는 가능한 한 가장 강력한 동기가 부여되어 있다. 국가의 생존은 중국의 가장 고귀한 재화일 뿐만 아니라 물론 자국의 여타 모든 목표를 달성하는 데 있어 필수불가결한 요소이다. 그러면 앞서 미국의 상황과 같이 미국에 막대한 핵공격을 촉발하는 베이징을 타당하게 정당화할 유일한 시나리오는 중국의 국가생존이 위험에 처해있을 때 뿐이다. 미국이 중국의 격멸이나 붕괴를 추구하는 것으로부터 자제하는 한, 베이징 또한 미국이 가공할 만한 핵공격을 취하도록 강요하는 것을 피해야 하는 가장 강력한 동기를 맞이할 것이다.[7]

요약하자면, 그 어떤 타당한 미중분쟁 중인 양국 모두는 전쟁을 제한하고자 하는 가능한 가장 막강한 동기를 갖는다. 그러나 동시에 이와 같은 전쟁은 무제한적인 폭력의 순수한 실험이 될 가능성이 남아 있다. 그러므로 미국에게는 이런 전쟁을 제한하기 위해 능동적으로 계획하고 준비해야 한다는 것이 중요하다.

그러나 일부는 핵무장 강대국 간의 제한전쟁은 없고, 이런 전쟁은 불가능하며, 곱씹어 생각해보기가 너무 위험하다고 한다. 하지만 핵무장 강대국들이 주요 제한전쟁에서 싸우지 못했다고 하더라도, 인간의 본성, 역사 그리고 논리 모두 강력히 제안하건대 참전국들은 모종의 방법으로 양국 간의 전쟁을 제한하고자 하며, 그래야만 한다고 말한다. 게다가 냉전의 역사가 말하길, 핵전멸 위협하의 자국 국익을 보호하고자 하는 국가들은 제한전쟁에 대하여 고려만 하지 않으며, 계획도 한다고 말한다. 예를 들자면, 총력전쟁에 대한 공포는 투쟁의 초창기 내내 미국과 소비에트 연방 지도부의 마음가짐을 지배했으나, 양측의 핵무기고가 더 생존가능하고 의존할 만하게 됨에 따라 양측은 점점 제한전쟁의 가능성에 집중하게 되었다. 게다가 그들이 핵무기가 서유럽의 운명을 결정할 수 있을 것이라며 그와 같은 제한전쟁은 막대한 결과를 초래한다는 것을 인식하게 됨에 따라, 양측은 자국에 유리한 조건으로 전쟁을 제한할 수 있는 방법들에 대하여 상당히 주목하게 되었다.[8]

제한전쟁에 대하여 생각하는 것은 오늘날 더욱더 중요한데, 왜냐하면 미국과 중국 사이의 전쟁은 제한전쟁일 것이라는 가능성이 서부동맹Western Alliance과 소비에트 권역 간의 가능성보다 아마도 더 높기 때문일 것이다. 먼저, 이 사실은 인식된 국익 때문이다. 초기를 제외하고 냉전 내내, 미국과 소련 간 전쟁에서 이권은 전면적인 것이었다. 때문에 현명하지 못할지언정 자주 회자된 다음과 같은 후렴구가 있다. "죽어도 빨간 것은 싫다Better dead than red." 그리고 미국과 소련 간 어떤 전쟁이든 종말은 가능성 있는 결과로 보였고, 다수에게 예상되는 결과였으므로, 양측은 제한전쟁을 포함한 의미심장한 위험을 감수하는 것들을 피해야만 한다고 느꼈다.

하지만 그렇다고 총력전이 교착상태를 초래했다고 말할 수는 없다. 실제로, 미국과 소비에트 연방은 모두 냉전기간 동안 핵의 그림자 밑에서 벼랑끝 전략brinkmanship을 수행했다. 하지만 양자는 모두 전쟁을 한정시켰는데, 그 이유는 전쟁이 발발한다면 종말적인 전쟁이 될 가능성이 매우 높아 보였기 때문이다.9) 소비에트 공산주의에 모든 것을 잃는 전망과 비교하여, 아시아에서 중국의 패권을 방지하는 데 있어 미국의 이권은 그리 커보이지 않았을 것이다. 그런 이권을 위해 격동적인 전쟁을 맞이할 나라는 거의 없을 것이다. 그 결과로, 무한전의 전략은 오늘날의 중국−미국 경쟁에 있어 냉전 때의 두 국가와 비교했을 때 무척 솔깃하거나 믿을 만하지 않다. 이 사실은 제한전쟁을 보다 타당하게 하며, 제한전쟁의 전략이 필요하게 한다.

둘째, 냉전기간 동안 미국과 소비에트 연방 양국은 모두 핵전력에 크게 의존했다. 그들은 유럽의 전진배치한 군을 포함하여 수천기의 핵무기를 배치했다. 예를 들어, 미국은 초기 냉전시기에 핵무기를 전술항공전력과 해군전력에 면밀하게 통합시켜서 사실상 1950년대의 대만해협위기 때 재래식 무기를 갖고 대만을 본질적으로 방어할 수 없었다.10) 그 결과로, 특히 유럽에서의 진영the blocs 간 전쟁은 전면적인 열핵무기의 상호사격thermo−nuclear exchange으로 치닫는 것을 방지하기가 불가능하지는 않지만 매우 어려워 보였다.

하지만 핵무기는 오늘날의 중국−미국경쟁에 있어 훨씬 덜 돋보이는 역할을 수행한다. 비록 미국과 중국 양국 모두 생존가능한 핵전력을 보유하고 있지만, 그 어느 국가도 냉전시대의 대부분의 기간 동안 미국과 소비에트 연방이 그랬던 정도로 군사작전에 대하여 핵전력에 의존하지 않는다. 이 사실은 미국과 중국 간의 전쟁이 대규모 핵전쟁에 못 미치기가 더 타당함을 의미한다.

그러나 이런 명백히 안도할 만한 현실은 사실 벼랑끝 전략, 위기 그리고 미국과 중국 간의 전쟁을 보다 가능하게 만들 수 있다. 냉전시대 강대국 간의 이권보다 지금의 중국－미국 관계에서 이권이 적을 것이라는 느낌은 전쟁이 발발했을 때 지도자들이 재앙적으로 전쟁이 고조될 가능성을 감소시키도록 할 것이며, 그럼으로써 이 국가들이 위험을 맞이하거나 분쟁에 접어드는 경향을 강화할 것이다. 이같이, 핵무기가 양국의 군사태세에 중심적이지 않다는 사실은 재래전쟁이나 제한적 핵전쟁이 더 가능성이 있도록 한다. 제아무리 구미가 당기지 않는다고 하더라도, 미국은 효과적으로 억제 혹은 필요에 따라 자국의 목표를 달성하기 위해 이런 분쟁에 대해 준비해야만 할 것이다.

국가가 전쟁을 제한하는 방법

그렇다면 미국의 과업은 아시아에서 미국의 동맹에 대하여 집중 및 순차전략을 적용하고자 시도하는 데에서 비롯될 중국과의 제한전쟁에서 어떻게 싸움을 준비하고 목표를 달성할 것인지를 알아내는 것이다. 이는 전쟁이 어떻게 제한될 수 있는지에 대한 명확한 이해를 요구한다.

제한전쟁은 근본적으로 규칙에 대한 것이다. 제한전쟁이란 참전국들이 전쟁 자체 그리고 분쟁의 종결에 관한 규칙을 형성, 인식, 동의하는 전쟁으로 생각될 수 있으며, 이와 같은 규칙들을 위반했음을 인정하는 것 혹은 인정하고자 하는 것이 분쟁을 고조시켜서 반격 또는 역확전을 초래하는 전쟁을 일컫는다.[11]

제한전쟁에서 참전국의 행동을 지배하는 규칙은 두 가지 형태를 띨 수 있다. 첫째로 사용되는 수단의 제한이다. 이러한 제한은 전투원들이 서로 다치게 하고 제압하려고 하지만 할퀴거나 타격하는 것은 금지되는 레슬링에서의 규칙과 비슷하다. 군사적 맥락에서 제한된 수단은 단순히 배치된 무기만을 일컫지 않으며, 그 무기들이 어떻게 사용되는지를 일컫는다. 예를 들어, 1인 이상의 전투원은 특정 지역을 접근금지 지역으로 지정하여 군사작전의 지리적 초점을 제한하려고 할 수 있다. 그들은 국가 지도부, 정치적 상징, 민간인, 중요기반시설 혹은 직접 분쟁에 포함되지 않은 군사력과 같은 특정 형태의 표적을 접근금지로 설정할 수도 있다. 따라서 전투원들은 군사력 운용의 속도, 강도 그리고 다른 측면을 제한하려고 할 수 있다. 또한 수단은 엄격한 전쟁의 군사적 수단을 벗어날 수 있다. 예를 들면, 참전국들은 도발적인 표현이나 국력의 경제 혹은 비군사적 형태의 행사를 제한하고자 할 수 있다.

제한전쟁에서의 두 번째 형태의 규칙은 참전국들이 추구하는 목표를 구속한다. 이러한 제한은 적의 정부를 전복시키고, 영토를 분할시키고, 군대를 해산하고, 전쟁비용을 부담시키거나, 국유자산을 압수하고자 하지 않아야 하는 것을 포함할 수 있다. 또한 이와 같은 제한은 더 상징적인 측면을 포함할 수 있다. 일방 혹은 양측 모두 상대편의 공식적으로 항복하거나, 죄를 자백하거나, 다른 모욕적인 행동을 취해야 한다고 요구하지 않게 할 수도 있다.

전쟁 간 목표에 대한 제한은 중요하다. 그 이유는 간단히 말해 제한전쟁은 패자에게 무엇인가를 남겨야 하는데, 그렇지 않으면 패자가 분쟁을 끝낼 이유가 없기 때문이다.12) 적은 전쟁을 지속하는 것보다 중지하는 것이 더 낫다고 생각해야만 한다. 국가는 적이 자국의 정부를 전복시키고자 하거나 자국영토의 대부분을 합병하고자 하거나, 자국의 존립 자체를 위협하고자 하면 더욱 전쟁을 종료하고자 하지 않는다. 이런 상황에서 심지어 뭉개진 국가도 전쟁을 지속하는 것이 항복보다 낫다고 판단할 수 있다. 예를 들어, 독일은 1944년에 패색이 짙은 상황에 직면했었지만, 히틀러와 그의 정부에게는 항복해야 할 설득력 있는 이유가 식별되지 않았기 때문에 완전히 격퇴될 때까지 싸웠다.13)

전쟁에서의 규칙은 참전국 자신들의 노력을 통해서 혹은 외부에서 비롯되어 직접적으로 발생할 수 있으며, 이런 규칙들은 분쟁 발생 전 혹은 분쟁 중에 발생할 수 있다. 참전국들은 미국이 북베트남에 대해 폭격전역의 제한사항을 공표한 것과 같이 특정 지역 혹은 표적이 접근금지라고 사적 혹은 공적으로 적에게 의사를 전달함으로써 노골적인 규칙을 설정할 수 있다.14) 예를 들면, 참전국들은 선호되는 규칙들이 이행될 때 특정 행동을 용인하고 규칙들이 위반될 때 이런 행동들을 취함으로써 우회적으로 규칙을 설정할 수도 있다. 6.25전쟁 동안, 미국은 압록강 이북에 대한 공중폭격을 제한했을 때, 베이징은 비슷한 이유로 일본 본토와 해상에서 미군을 타격하는 항공력의 사용을 제한했다. 양측은 소비에트 연방이 그랬던 것처럼 이런 제한사항들을 주의를 기울여서 확인했으며 조정했지만, 공식적으로 합의를 통하지는 않았다.15)

그러나 참전국들은 자체적으로 규칙을 설정할 필요는 없다. 준법 국가들을 구

속하는 공식적인 전쟁법은 다수의 국가를 포함하는 유구한 역사의 산물이다. 제3
자도 더 직접적인 방법으로 규칙을 정할 수 있다. 한국전쟁 기간 동안, 미국은 핵
무기 사용을 고려했으나 영국 수상 클레멘트 애틀리Clement Attlee의 강력한 반대를
포함한 국제적 반대를 주된 이유로 궁극적으로 이의를 제기했다.16) 베트남전 기간
에도 확전과 북베트남 폭격의 강화에 대한 미국의 고려사항이 강력한 국제적 반향
에 대한 우려에 의해 제한됨에 따라 유사한 역동이 작용했다.17)

누가 설정하는지와 무관하게, 제한전쟁에서의 규칙은 스스로 강제력을 발휘
하지 않으며, 강제력은 기본적으로 고려될 수 없다. 특정분류의 규칙이 준수되게
확실히 하자면, 행동 혹은 행동에 대한 믿을 만한 위협이 전투원 혹은 제3자로부터
요구된다. 이와 같은 규칙은 이런 규칙이 준수되는 것을 목격하고자 하는 자들이
전투원들에게 이런 규칙을 위반하는 비용 혹은 위험이 위반을 정당화하기에는 너
무 높다는 사실을 설득할 수 있을 때만 유효하다.

이 사실은 미국과 중국과 같이 주요 강대국 간의 전쟁에 있어서 특별히 날이
선 문제이다. 국가들 위에 서서 이들 간의 전쟁에서 규칙이 적용되도록 판정할 수
있는 전지전능한 심판은 없다. 이 사실은 강제력을 중대하고 특별히 폐쇄적으로
만들며, 특별히 전쟁을 제한하는 규칙은 분쟁이 진행되면서 변화할 수 있기 때문
이다.

전쟁에서 사용된 수단 또는 추구된 목표를 지배하는 어떤 규칙이든 전쟁 중에
변경될 수 있다. 예를 들어, 참전국은 규칙을 위반하는 것이 상대방의 반격을 흡수
할 정도로 충분히 정당화할 정도라면, 규칙을 위반할 수 있다. 혹은 참전국은 원
규칙이 자국의 이익에 배치된다고 인식할 경우에 규칙을 변경하고자 할 수 있다.
또한 전투원은 불거지는 상황이나 최신의 전략환경평가에 대한 대응으로서 규칙을
생성할 수 있다. 예를 들어, 미국과 북베트남 양국은 분쟁이 진행됨에 따라 인도차
이나에서의 전쟁의 경계선을 조정했다. 미국은 다년간 캄보디아에서의 자국과 사
이공의 활동을 제한했으나, 조치가 충분한 혜택을 수반한다고 판단했던 1970년에
그 두 동맹국은 해당 국가에서 주요 개입조치를 단행하였다. 한편 하노이는 최초
에 파리 평화협정Paris Peace Agreement을 준수하였지만 1974년 후기에 남베트남에
대한 주요 침공작전을 개시하는 위험을 감수할 만한 것으로 판단하였고 베트남공
화국의 쇠락으로 이어졌다.18)

마지막으로, 제한전쟁에서의 규칙은 대칭일 필요가 없다. 한 쪽은 반대급부를 예상하지 않고 특정한 것을 공격하지 않도록 동의하거나 전쟁목표를 하향조정 하고자 할 수 있다. 이런 사실 아래 더 일반화할 수 있고 설명이 가능할수록, 특히 비등한 국가 간에서는 그런 규칙이 더 존중되기 쉽다. 다분히 개인화된 제한규칙은 차별적으로 보이기 쉬우므로 적대국의 동의를 이끌거나 중요한 제3자의 지지를 얻어내기 더욱 어렵다.[19] 비대칭의 잠재력은 단지 이득을 가져다주는 규칙집단을 식별하고 강요하는 것의 가치를 강조할 뿐이다.

그러므로 어떻게 전쟁이 제한되어야 할지는 정해져 있지 않았다. 규칙은 내재적으로 가변적이며 어느 편이나 제3자도 영향을 줄 수 있다. 전쟁의 제한은 그러므로 자체적으로 협상의 산물이며, 토마스 셸링Thomas Schelling의 유명한 표현에서 보듯 폭력적 흥정이다.[20] 그러므로 전쟁 제한의 절차는 유연성, 주로 제한규정의 형성과 변경에 대한 큰 유연성을 제공한다. 그러므로 이 절차는 혹자의 목적달성을 위해 규칙에 대한 주도면밀한 조성과 이용의 장을 연다. 이 사실은 제한전쟁의 규칙을 각자의 전선(戰線)으로 만든다.

유리한 조건을 향한 전투

전쟁이 어떻게 제한되어야 하는지를 결정하는 것 그리고 이런 제약사항을 어떻게 잘 이용할 수 있는지로 전쟁의 결과를 결정지을 수 있다. 전쟁은 전투원들이 가진 것 중 얼마나 분쟁에서 적용할 것이며 잃을 것인지, 할애할 준비가 된 것들을 얼마나 사용할 것인지, 그들이 형성 혹은 승낙할 만큼의 한계치 등 이런 제요소가 적의 제요소와 어떻게 상호작용하는지에 따라 결말지어진다. 그래서 전쟁은 약소국도 승리를 쟁취할 수 있으며, 영국 제국에 대항하여 승리한 미국의 반란이나, 미국에 승리한 베트콩 혹은 소비에트를 이긴 아프간의 무자히딘 관련 사례가 있다.[21]

하지만 이런 역동은 특별히 미중관계의 맥락에서 중요한데, 그 이유는 양국 간의 세력균형이 특히 아시아에서 편중되어 있지 않고 고도로 경쟁적이기 때문이다. 어떻게 제약사항들이 전쟁에서 양 전투원들을 제한할지는 결과를 결정하는 데 매우 중요하다. 그러므로 미국과 동맹의 군사전략이 이런 제약사항들을 이용하여 분쟁에서 이점을 성취하느냐는 매우 중요하며, 결정적인 요소가 될 수 있다.

　　이러한 고려사항들은 전시뿐만 아니라 평시에도 미국, 중국 그리고 타 국가들의 행동을 조성하는 데 중요하다. 앞서 말했듯, 국가들은 잠재적 전투원들의 GDP나 잠재적 논란에 대한 추상화된 의지의 수준에 단순히 의지하여 국제정치를 형성하는 "상상된 전쟁"이 전개될지 판단하지 않는다. 그보다 국가들은 양국의 국력과 의지를 사용하는 전략이 전쟁을 제한하게 될 규칙 안에서 양국 간에 어떻게 펼쳐질지를 판단함으로써 상상된 전쟁이 어떻게 해결될지를 평가한다.

　　그래서 제한전쟁에서의 효과성은 전평 시의 전략적 우위와 동등하다. 그러므로 제한전쟁에 맞는 더 나은 전략을 마련하는 국가는 유리한 이점을 차지할 것이며, 이는 매우 결정적일 것이다. 이 사실은 비록 제한전쟁이 본래 정의에서부터 제한된 것이지만, 전쟁이기 때문이다. 제한된다는 사실은 전쟁에서 승부가 없는 것을 의미하지 않는다. 제한은 일방이 상대방보다 더 나은 결과를 거두는 것을 제외하지 않는다. 전쟁이 제한된다는 것은 일방 혹은 쌍방이 가하는 손상을 제한하고자 하는 것을 의미한다. 하지만 전쟁이 벌어진다는 것은 이들이 싸우고자 하며 무엇인가를 얻거나 보호하는 데 기꺼이 위험을 감수하겠다는 것을 의미한다. 그러므로 제한전쟁이란 것은 목표만 더 온건한 것이기 때문에, 완승은 아닐지언정, 일방이 더 완전히 목표를 달성하는 경쟁이 된다. 그래서 잠재적으로 취약하고 유연한 제한전쟁의 제약 속에서, 양측은 싸우고, 강요하고, 경쟁하고, 허식할 수 있고 실제로 그럴 것이다.

제한전쟁에서의 승리

　　미국과 어느 연관된 동맹이나 동반국가이든 중국과의 제한전쟁에서 승리하기 위해서는 다음의 세 가지 조건을 만족해야 한다. 첫째, 전쟁은 수단과 목표에 있어서 제한적이어야 한다. 둘째, 미국은 반드시 이런 제한사항 내에서 정치적인 목표를 달성해야 한다. 셋째, 베이징은 반드시 미국이 승낙할 조건에서 전쟁을 순화하거나 분쟁을 종결함에 동의해야 한다.

　　그래서 중요한 점은 중국과의 제한전쟁에서 미국이 승리하는 것이 중국의 전격적 패배가 아니라는 점이다. 차후에 설명하겠지만, 이 사실은 마치 예를 들어 1950~1953년 전쟁 중에 생성된 규칙의 내에서 미국이 대한민국을 공산주의의 지배로부터 해방했듯이 미국이 제약된 전쟁을 통해서 정치적 목표를 달성하는 것을 의미한다.

미국은 이런 의미에서 전쟁을 지배하는 규칙의 범위 내에서 중국을 능가하는 한 승리할 것이다. 마찰요소는 실력 있는 적대세력들 사이에서 상대방이 자국에 불리하게 규칙을 강요하려고 하는 시도에 대응하여 전쟁을 고조시킬 선지를 갖는다는 사실이다. 달리 말하면, 만약 모종의 규칙의 범위 안에서 지고 있는 일방이 생각했을 때 다른 규칙은 자국에 유리하다고 믿을 때 기존의 규칙을 새로운 규칙으로 바꾸고자 하는 강력한 동기를 갖는다.

그러므로 제한전쟁에서 승리하는 것은 기존의 규칙의 안에서 월등한 성과를 요구할 뿐만 아니라 상대방이 분쟁을 지속하지 않거나 고조시키지 않으며 제한적이지만 의미 있는 패배를 용인하도록 설득하는 것 또한 요구한다. 미국과 중국 그 누구도 타국에 대하여 간단히 의지를 강요할 수 없으므로, 제한전쟁에서 성공하는 것은 궁극적으로 전쟁을 지속하거나 전쟁을 고조시키는 데 드는 비용과 위험이 그 혜택을 웃돈다고 적국을 설득할 것을 요구한다.

제한전쟁은 양국(특히 패자)이 싸움을 지속하는 것보다 덜 불쾌한 타결점을 찾을 때 종결된다. 전쟁이 제한되었기 때문에, 양측은 반드시 무엇인가를 획득하고 물러서야 한다. 하지만 전쟁이기 때문에, 그 획득한 것은 같아야 할 필요가 없다. 근본적으로 일방은 만약 차선책이 더 좋지 않다고 생각했을 때는 협상하고자 패배라는 선택지를 '선택'하게 된다. 이 선택은 지는 쪽이 분쟁을 지속하거나 확대하는 능력이 없음을 의미하지 않으며, 단지 패자가 기존의 규칙 내에서 패배에도 싸움을 지속하거나 싸움을 확대해 패배에서 탈출한다거나, 전쟁을 확대해 새롭고 더 유리한 규칙을 찾고자 하는 것이 싸움에서 전망되는 비용과 위험을 뛰어넘는 이익을 약속한다고 생각하지 않음을 의미한다. 이런 비용은 군사 혹은 여타 가치품목에 대한 노골적인 물리적 손상뿐만 아니라 평판과 정치적 안정에 대한 경종을 울림을 비롯하여 여타 연성 비용과 위험을 포함할 수 있다. 전투원이 이런 비용을 더 고통스럽고 가능성 크게 예측할수록, 그 전투원은 이런 비용을 발생시킬 위험을 더욱 크게 판단하여 전쟁을 지속하거나 확전시키는 데 부담을 가질 수 있다.

그러므로 제한전쟁에서 이기는 전투원은 규칙의 범위 내에서 정치적 목표를 달성하는 데 적절한 결정적인 이점을 획득하기 위해 군사전략을 운용하는 자이며, 적국을 설득하여 예측되는 이익을 얻기에는 분쟁을 지속하거나 전쟁을 확대하는 것이 너무 값비싸고 위험하다는 사실을 믿게 만들 줄 아는 자이다. 패자는 관찰된 규칙 내에서 실패하는 자이며, 자국에 유리하도록 규칙을 이용하거나 변화시키기에 충분히 입맛에 맞는 방법을 찾지 못하는 자이다.

고조부담

능력있는 전투원에게 있어서 기성 규칙 속에서 일어나는 제한전쟁상의 패배에 대한 대안은 실패로부터 탈피하기 위해 분쟁을 고조시키는 것이다. 실패한 건에서 탈피하기 위해 상황을 고조시키는 것은 전쟁 수행에만 국한된 독특한 것은 아니다. 충분히 강력한 개체들 간의 그 어떤 상호작용에 있어서도, 불만족스러운 일방은 상대방에게 압력을 가하여 자신에게 유리한 조건으로 이끌 수 있다. 경매에서, 어떤 이는 경쟁자보다 높은 호가를 제시하여 상황을 고조시킬 수 있다. 차를 구매할 때, 다른 판매원에게 간다고 위협하며 상황을 고조시킬 수 있다. 전시국가는 무력의 사용의 강도를 높이거나 범위를 확대시켜 상황을 고조시킬 수 있다.

상황의 고조는 진공상태에서 발생하지 않는다. 상황의 고조는 항상 상대방이 행할 수 있거나 취할 행동에 따라 쉽거나 어렵고, 안전하거나 위험하다. 일상에서의 협상에서 로우볼(lowball; 역주: 기준 이하의 거래제안) 제안은 침착한 평정심을 갖고 거래를 지속할 수 있는 상대방에 맞닥뜨릴 수 있거나 기각될 수도 있다. 만약 제안자 생각에 상대방이 침착하게 협상을 지속하리라 판단한다면, 로우볼의 부담은 가벼워지며, 시도하는 데 드는 위험은 적을 것이다. 하지만 만약 제안자 생각에 상대방이 부정적으로 반응하리라 판단한다면, 협상을 결렬시키고 상대를 제안자와 거래하기 거북하게 만든 후에 상황을 고조시키는 데 따르는 위험은 막중해지며, 제안자는 로우볼 제안을 시도하는 데 더욱 조심스러워질 것이다.

따라서 어떤 거래 시나리오이든 간에, 이기는 쪽은 상대측이 상황을 고조시키는 데 따르는 비용과 위험을 높여 상대측이 판돈을 키우기보다는 차라리 패배를 인정하도록 만드는 쪽이다. 우리는 이런 비용과 위험을 "고조부담"이라고 부를 수 있다. 이 부담이 더 막중해질수록 고조시킬 가능성은 줄어든다. 그러면 군사적 맥락에서 볼 때 제한전쟁에서 승리하는 측에게 고조부담은 상대방에게 기성 규칙의 범위 내에서 이길 수 없다는 사실 그리고 분쟁을 더 유리한 규칙 쪽으로 이전시키는 데 따르는 고조부담은 감내하기에 너무 막중하다는 사실을 납득시켜야만 한다.

물론, 이 사실은 승전국이 기성규칙의 범위 내에서 승리한다는 점을 요구한다. 이런 요구조건은 일방이 훨씬 더 강력하며 기성규칙의 범위 내에서 자국의 우위를 활용할 수 있을 때 어렵지 않다. 예를 들어, 1차 걸프전쟁에서 미국과 그 연합국들은 쿠웨이트로부터 이라크를 추방하고 바그다드가 추방을 당했음을 인정하든가 그렇지 않으면 국가를 점령당하거나 정부를 해체시킨다는 선택지를 제시하는 그런 기성규칙을 손쉽게 식별하고 공략할 수 있었다. 이라크는 연합군이 쿠웨이트를 재탈환하는 것을 막을 수 없었으며, 비록 자국이 스커드 미사일을 발사하는 것과 같이 연합군에 상해를 끼칠 선택지가 있었지만, 이런 선택은 근본적인 역동을 변화시킬 수 없었고 지나칠 경우 이라크로 미국군과 동맹 군사력의 총력을 끌어들일 위험이 있었다.

그러나 승리하는 것은, 전투원이 더 잘 배치되어 적이 기성규칙 내에서 목표를 달성하는 것을 방해할 수 있을 때도 상당히 어렵다. 예를 들어, 베트남전쟁에서 미국은 북베트남보다 단위불문의 정도로 더 강력했지만, 남과 북의 공산주의자들은 이라크가 쿠웨이트에 대하여 행사한 것보다 더 유리한 위치에서 미국의 능력에 도전하여 베트남공화국을 방어할 수 있었다. 동시에 다른 요소 중에서도, 국내 및 국제반대여론은 워싱턴이 남베트남을 지원할 수 있는 기간을 제한했다. 비록 미국이 베트콩 반군을 제압하는 데 일부 성공을 거두기는 했으며, 결국 전쟁을 캄보디아와 라오스로 확장했고, 북베트남에 대하여 첨예한 폭격전역을 개시했지만, 공산주의자들은 궁극적으로 미국이 기꺼이 대적할 수 없는 방법으로 버티고 고조시킬 수 있었다.

결의에 찬 경쟁

이 문제는 미국과 중국 간의 전쟁이 그리될 것 같듯, 더 비등하게 대립하는 경쟁에서 가장 첨예하다. 미국은 기성규칙 내에서만 중국을 격퇴해야 하지 않으며,

다만 고조를 위한 풍부한 선택지를 가진 나라인 중국을 설득하여 미국에 유리한 조건으로 전쟁을 종결하는 데 동의하도록 만들어야 한다. 특히 미국은 중국이 생각했을 때 필수적이라고 여기는 국익을 끼고 있는 전쟁에서 베이징이 수긍하도록 설득할 수 있을까?

이 물음은 대만의 경우와 같이, 중국과 같은 강력한 패배자가 경합하는 국익에 대해서 미국보다 더 요구하는 것처럼 보일 때 특별히 폐쇄되어 있다. 중국은 목표를 달성하기 위해 더 많은 고통과 위험을 감내하려 할 것이며, 기성규칙 안에서 자국이 패배하여도 예측된 위험을 무릅쓰고 상황을 고조시켜 더 유리한 규칙을 세우려 할 것이다.

이 교착상태는 경쟁에 있어 생존 가능한 핵무기고가 존재할 때 특히 중요하다. 그와 같은 상황에서, 기성규칙 안에서 패배하는 측은 고조를 통한 이점을 도모하기 위해서 언제나 핵운용을 선택할 것이다. 이 시점에서, 만약 상대측이 자국의 핵공격이라는 대응을 할 정도로 충분히 결심에 차 있다면, 이 분쟁은 상대방에게 가하는 고통을 더 잘 그리고 더 오래 버틸 수 있는가를 가르는 순수한 경쟁으로 흐르기 쉽다. 그러므로 참가자들이 서로에게 거대한 고통을 안겨주는 것을 막지 못하고 만약 논리의 극단으로 간다면, 이런 전쟁은 칼자국과 궁극적으로 날카로운 자상과 깊은 창상으로 치닫는 칼싸움과 같이 순수한 결의의 경쟁이 될 것이다.[22]

겉보기에 이 사실은 더 큰 결의에 찬 일방이 항상 경쟁에서 승리하는 것을 의미하는 것 같다. 극단적인 상황을 고려했을 때, 만약 일방이 핵공격으로의 고조에 대한 위험을 감당하려고 한다면, 그 국가는 결정적인 거래 이점을 갖는다. 만약 일방이 여타 굴복하는 국가들에 대해서 동의하지만 일부 국가는 굴복하지 않을 때, 그외 국가들은 굴복하는 것에 동의한다면, 이 국가는 결정적인 협상의 우위를 갖는다고 보인다.

하지만 꼭 그렇지만은 않다. 어떤 사안에 대하여 일방이 더 결의에 찼다는 사실은 그 국가가 비록 자국이 그럴 것이라고 상대가 여기기를 바랄지라도, 실제로 해당 사안을 두고 자살할 준비가 되었음을 의미하지 않는다. 자살을 실제로 행하는 것은 말할 것도 없거니와, 자살한다고 위협하는 것과 자살을 의미하는 것도 다른 것이다. 예를 들어 중국은 대만의 태세에 대하여 미국보다 더 신경을 쓰며, 베이징은 만약 워싱턴이 대만에 대하여 중국이 스스로 제한적 패배를 인정하는 것보다 차라리 동반자살할 것이라고 믿는다면 분명히 혜택을 볼 것이다. 하지만 중국에 있어 자멸은 자국이 가치있게 여기는 모든 것의 상실을 의미한다는 사실을 고려하고, 미국도 이를 볼 수 있다는 사실을 고려했을 때, 자멸을 자초할 가능성이 다분히 낮다.

이에 더하여, 평시와 같이 전시에도, 특히 쟁점이 되는 국익에 대한 국민의 인식이 변화할 때, 국가의 결의는 주로 변화한다. 베이징은 처음에 대만에 대한 분쟁에서 핵공격으로의 고조를 감당할 수 있다고 보일 수 있지만, 이런 사실이 유지될지의 여부는 이런 전쟁이 어떻게 전개되는 지와 무엇이 쟁점으로 보일지에 다분히 종속된다. 분쟁에서 국가가 고통을 감내하는 것은 일방이 싸우거나 거래하는지 (그래서 추상적이지 않고 사안에 대한 고립된 결의에 대한 문제인 것이 아닌) 그 이유에만 의존할 뿐만 아니라 분쟁 중에 불거지며 심지어 애초의 논란까지 뒤덮을 요소에도 의존한다.

한 국가의 결의에 영향을 미칠 요소는 적국의 의도와 야망에 대한 자국의 이해, 적국의 정상화 및 화해로의 개방성에 대한 자국의 믿음, 적국의 세력과 결의에 대한 자국의 평가, 자국이 이미 얼마나 고통을 받았는지, 국내외의 정서가 포함된다. 이 요소 및 여타 요소는 전쟁의 지속 혹은 전쟁의 고조가 이익이 되는지 아닌지에 대한 도구적 계산치를 알려준다. 게다가 전략적 계산뿐만 아니라 명예, 특권, 복수의 이유에 기반하여 국가가 전쟁을 벌이고 지속하는 만큼, 이런 요소들은 전쟁에 대한 국가의 의지에 큰 영향을 미칠 수 있다. 예를 들어, 제2차 세계대전 중에 일본과의 전쟁이 발발한 실제 논쟁에 대하여 자세히 설명할 수 있는 미국인들은 거의 없다. 하지만 모두가 진주만Pearl Harbor, 바탄 죽음의 행군Bataan Death March 그리고 아시아태평양을 관통한 그들의 광란에 대한 일본군의 행동을 기억하며, 이런 사건들이 바로 가공할 만한 비용에도 불구하고 미국이 싸우고자 하고 궁극적으로 태평양 전구에서 일본을 지배하고자 하는 의지를 진정으로 단단하게 만들었다.[23]

그리고 국가의 전쟁의지에 중요하게 영향을 미치는 많은 요소들은 "의도적으로 조성될 수 있다". 국가는 적이 스스로 약속을 강화하도록 유인할 수 있으며, 적국의 본래 지니고 있던 의지의 이점을 약화하거나 심지어 무력화시킬 수 있다. 또한 민족국가도 적의 의지를 깎아내리는 방식으로 행동할 수 있는데, 심지어 적국이 원래 전쟁을 더 결심한 것 같은 상황에서도 마찬가지이다. 달리 말하면, 분쟁의 이전에 취해진 행동 혹은 중간에 취해진 행동은 참전국의 전투의지와 승리의지 모두에 영향을 미친다. 에이브러햄 링컨Abraham Lincoln은 섬터기지Fort Sumter에서 먼저 발포하는 측이 남부연맹이 되도록 기동하였고, 이를 통해 북부연방이 선제공격을 취했었다면 거의 분명히 다다를 수 없을 정도까지 북부의 결의를 돋우었다.[24] 이 사실은 각 측이 자신의 결의는 다지면서 상대방의 결의는 감소시키는 행동을 취할 수 있음을 의미한다.

미국 그리고 미국과 연계된 동맹과 동반국가들에게 이 사실은 현재 중국이 표적으로 삼고 있는 미국뿐만 아니라 다른 가입국가들에게도 베이징이 막중한 위협임을 인식하도록 중국이 행동하게 만들 것이다. 핵공격은 물론이거니와 주요 전쟁의 막중한 손실을 감내하고, 미국을 외부균형국가로써 포함하면서 비록 연합에게는 분명히 비이성적이겠지만, 단지 한 취약한 동맹국만을 위한다는 명목을 갖고, 가입국가들은 중국이 자국의 중요한 국익에 중대한 위협을 가하며, 이런 위협을 제거하는 것이 그 취약국가를 방어하는 것이라면 이런 손실과 위험을 받아들일 수 있다.

긍정적인 점은 제한전쟁이 벼랑 끝 경쟁에 들어간 추상화된 이분법적인 결의의 수준에 의해 결정되지 않는다는 것이다. 그보다 양측의 투지는 경쟁을 통해서 변화하며, 전쟁이 진행됨에 따라 각각의 의지에 영향을 미치는 각각의 능력 또한 변화한다. 그러므로 전쟁이 어떻게 종결될지는 다분히 전쟁이 어떻게 펼쳐지는지, 그리고 애초에 전쟁이 발발한 이유가 각국이 최초부터 쟁점에 대하여 얼마나 의지를 내비쳤는지에 대한 것임에 따라 전쟁이 각각이 어떤 행동을 취하도록 종용하는지에 달려있다.

고조부담의 전가

이것이 바로 미국과 중국과 같은 두 강대국 간의 경쟁에서 고조부담이 너무 중요한 이유이다. 각국은 생존 가능한 핵전력으로 무장되어 있어서, 어떤 국가라도 상대방이 분쟁을 고조할 능력을 배제할 수 없다. 그러므로 결의가 중요하다. 궁극적으로 각국은 고조시킬 것인지의 여부에 대해서 결정한다. 하지만 고조로 가는 길이 더 입맛에 맞지 않아 보일수록, 고조시킬지의 여부를 두고 고심하는 참전국의 결의를 더 요구할 것이며, 그 참전국은 고조시킬 방안을 더욱 채택하지 않게 될 것이다. 미국은 남베트남을 도외시하지 않고 싶었지만, 사이공의 몰락을 방지하기 위한 상황의 고조가 수중의 국익에 비교하여 너무 값비쌌으며, 비록 철군이 황당할지라도 견딜만 했다고 결정했다. 1980년대에 소비에트 연방은 아프가니스탄에서의 패전에서 탈피하기 위해 상황을 고조시킬 수 있었다. 하지만 모스크바는 궁극적으로 그와 같은 행동은 어렵고 동시에 금지될 만큼 값비쌌다고, 고통스러운 철수보다 더 견딜 수 없다고 결론을 내렸다.

참전국은 두 가지 기본적인 방식으로 상대방의 고조부담을 가중시킨다. 먼저, 일방은 적국이 효과적으로 고조시키는 능력을 간단히 거부하거나 저하시킬 수 있다. 예를 들어, 양측 모두 현실적으로 상대방이 핵전력을 사용하기 전에 방지할 수 없다 하더라도, 양측 모두 종말적 수준의 이하에서 점진적으로 상황을 고조시킬 수 있는 동일하게 좋은 선택지를 가졌음을 뜻하지는 않는다. 이 사실은 중요한데, 왜냐하면 실존 이하의 그 어떤 국익에 대하여 국가들은 "자살과 항복" 사이에서 선택해야 하는 상황을 맞이하고 싶지 않기 때문이다.[25] 상호 열핵재앙수준으로만 상황을 고조시킬 수 있는 국가는 협상력을 거의 갖지 않는데, 이는 상대방이 진정 실존적 국익에 못 미치는 국익을 위해 자살하리라 믿지 않을 것이기 때문이다. 그러므로 상대방의 점진적 상황고조 능력을 줄일 수 있는 국가는 주요 이점을 얻는다.

둘째, 참전국은 적국이 전자의 결의를 촉진하는 방식으로 상황을 고조시킬 수 있다. 이것이 바로 링컨이 섬터기지에서 취한 행동이다. 동전의 반대 면에서, 일본은 진주만에 대한 기습공격을 감행했으며 아시아를 아울러 민간인과 죄수들에 대해 대학살을 벌였다. 이런 행동들은 미국이 기꺼이 참전하고 대단한 결의를 하고 수행하는 데 크게 이바지했다. 만약 일본이 아시아의 유럽 식민지만 공격했고 행동을 삼가면서 문명화된 규범에 입각한 군사행동을 취했다면, 미국인들은 일본을 격퇴시키는 데 필요한 종류의 전쟁을 지지하지 못했을 것이다.

최초에 쟁점상의 국익으로 보였던 것에 대한 결의는 이런 두 조치에 대하여 영향을 미치는 데 한계가 있다. 일방은 요원하거나 추상적인 의미에서 논쟁에 대하여 더 결의에 차 있을 수도 있다. 하지만 이런 사실은 만일 이 일방이 자국의 이익을 주장하려는 시도가 오직 자국뿐만 아니라 상대국을 전멸시킬 전면적인 핵전쟁을 벌인다거나 분쟁을 최초의 국익 이외의 것을 포함하는 것으로 만들어 적국의 전의를 고양시키는 방식뿐이라면, 자국에게 많은 이익을 가져다주지 않는다. 일본은 제2차 세계대전 이전에는 미국보다 더 자국의 정치적 독립을 원했었지만, 1945년에 일본의 전쟁행태에 의한 미국인의 전쟁열의가 강화되자 미국은 일본에 부과하기에는 가공할 만한 비용에도 불구하고 일본으로부터 무조건 항복을 고집하게 되었다.[26]

전쟁은 거의 항상 제한되며, 미국과 반패권연합과 중국의 어떤 참가국간의 그 어떤 전쟁이든지 거의 확실히 제한적일 것이다. 대략 비등한 강대국 간의 제한전쟁에서, 우위를 점하는 쪽은 자국이 유의미한 우위를 점할 수 있도록 하는 규칙을 활용하여 분쟁을 가장 잘 제한할 수 있고, 이렇게 제한된 범위를 목표달성을 위해서 이용할 수 있으며, 상황타개를 위하여 상황을 고조시킬 비용과 위험이 적게 엄두 낼 수 없도록 보이는 상황에 처하게 할 수 있는 국가가 될 것이다. 그러므로 미국과 반패권연합이 이런 전쟁을 규정하고 싸우는 데 얼마나 준비되었고 지위를 갖췄느냐는 전쟁에서 누가 이기는지를 결정하는 것뿐만 아니라 이런 전쟁이 어떻게 종결될지에 대한 판단에서 비롯되는 평시 정치적 영향력에 있어서도 매우 중요하다.

미국과 반패권연합은 중요하지만 부분적인 국익에 대한 중국과 제한전쟁을 규정하고 수행할 수 있어야 한다. 그들은 이런 전쟁을 베이징보다 더 효과적으로 수행할 수 있게 하는 군사전략을 운용해야 하며, 중국을 협상이 전쟁을 지속하거나 상황을 고조시키는 것에 비해 덜 께름칙한 상황에 처하게 만들어야 한다. 이 사실은 전쟁의 주안점과 폭력을 충분히 제한하여 쟁점이 되는 국익에 비례하게 설정해야 하며, 동시에 중국에게 고조부담을 전가시킴을 의미한다.

적의 최선의 전략에 대한
집중의 중요성

제 6 장

적의 최선의 전략에 대한 집중의 중요성

실제로 발생할 중국과 미국 그리고 반패권연합 사이에서의 전쟁 혹은 상상된 전쟁들이 국가의 선택지와 행동을 조성함에 따라, 거의 분명히 제한전쟁의 형태가 될 것인데, 왜냐하면 양측 모두 전쟁을 제한적으로 수행하는 데 강력한 이익이 있기 때문이다. 그렇지만 이러한 제한의 속성은 양측의 조작에 종속되며, 이 사실은 각 국가의 군사전략이 승리를 결정하는 데 매우 중요함을 의미한다.

어떤 군사전략이 미국과 그 동맹국 및 동반국가들을 활성화하여 중국이 반패권연합을 잠식하려는 노력을 거부할 수 있을까? 이에 대한 답은 먼저 베이징이 자국의 전략적 목표를 달성하도록 최적화하는 전략에 대한 우리의 이해에 달려있다.[1]

중국의 최선의 군사전략에 대한 이해가 중요한 이유

지전략적geostrategic 및 군사적 시점에서 볼 때, 아시아 전구에서 미국의 국익은 근본적으로 수세적이다. 미국은 내재적으로 중국을 해하거나 아시아에 대한 자국의 패권을 강요하는 데 관심이 없다. 미국의 목표는 베이징이 지역의 패권을 장

-116-

악하는 것을 방해하는 데 그치며, 그 이유는 중국의 패권이 미국의 중요한 국익에 위협을 가하기 때문이다. 달리 말하면, 미국은 중국과 그 동조세력이 베이징의 패권을 성취하는 데 돕는 것보다 더 강력할 정도로 충분한 국가들을 모아 배후에 포진할 차단선을 형성 및 유지하고자 한다. 일단 세력균형이 형성되면, 미국의 우선순위는 이 균형을 유지하는 데 돌려질 것이다.

그러나 미국이 이런 목표를 추구함에 따라, 중국은 예외적인 정도의 세력을 가진 독립된 행위자로 남는다. 그러므로 베이징은 미국과의 지정학적 상호작용 그리고 궁극적으로 모든 전쟁의 전개에 대한 상당한 발언력을 갖는다. 미국의 방어전선에 대하여 어떤 조치를 취할 것이냐는 중국에 달려있다. 베이징은 이 전선을 인정하거나 문제 삼을 수 있고, 여기저기 이런저런 방법으로 문제를 제기할 수 있다. 이 사실은 미국이 어떻게 반응하는지 그 여건을 조성하는 데 있어 중국에 많은 재량권을 부여한다. 중국이 무엇을 할 것인지 혹은 무엇을 할 수 있는지를 무시하는 것은 막강한 강대국이 우리에게 가장 유리한 방향으로 행동하는 것으로 생각하는 것과 마찬가지이며, 이는 현명하지 못한 처사이다.

그래서 효과적인 군사전략을 채택하기 위하여 미국은 반드시 중국이 어떻게 행동할 것인지 판단해야 한다. 이 사실은 특별히 중요한데, 그 이유는 지역패권을 추구하는 중국에 대항하여 미국과 동맹국 및 동반자국이 방어하기에 가용한 힘과 의지가 희소하기 때문이다. 중국과 같이 강력한 유망국에 대항하여 이런 자원은 세력균형의 근사한 균형점에서 희소하다.

이 희소성은 각기 다른 군사전략이 각기 다른 상황과 각기 다른 반대전략에 대응하여 더 효과가 크므로 중요하다. 예를 들어, 일방이 군사적으로는 더 강할 수 있으나, 그 국가가 긴 방어전선에 걸쳐 흩어져있다면, 군사력을 집중하고 방자의 산개한 부대를 추격하는 적에 의해 격퇴될 수 있다. 반면에, 전력을 예비로 보유하는 국가는 적의 침공에 대항한 적시적인 방어를 실시하는 데 실패하여 적이 전과를 공고히 하고 강화된 방어태세를 달성할 수 있게 한다. 만약 한 국가가 적국이 어떤 군사전략을 추구하는지 파악하고 그에 대해서 가장 효율적으로 대항할 수 있게 자신의 희소한 자원을 할당한다면 최선의 위치를 정할 수 있다.

적이 어떻게 행동할지 예측하는 것의 문제

　　그러나 중국이 어떻게 행동할지를 예측하는 것은 선천적으로 불완전하며 불확실한 과업이다. 인간은 자신들이 어떻게 행동할지 예측하는 것에 어려움을 겪는다. 타인이 무엇을 할 것인지 예고하는 것은 더 어렵다. 심지어 인간의 결정이 비용－이익의 합리성으로부터 대부분 진행된다고 하더라도, 상황이 어떻게 전개되고 결정권자들이 비용과 이익의 계산결과를 어떻게 판단할지를 예측하는 것은 어려울 수 있다. 그리고 인간의 결정은 감정과 정서에 의해 영향을 받기 때문에 예측하기에 더 어렵다.

　　국가의 의사결정은 비록 개인의 의사결정보다는 더 신중하며 합리주의적이지만, 자체적으로 별난 속성인 관료주의와 조직역동 같은 속성을 가진다. 예를 들면, 연구가 많이 이뤄지고 중요했던 제1차 세계대전으로 치달았던 결정들 그리고 쿠바 미사일 위기사태 간의 워싱턴과 모스크바에서의 결정과 같은 일부 역사의 결정들은 왜 그렇게 결정이 이뤄졌느냐에 대하여 아직도 논쟁이 되고 있다.[2] 1941년 12월 미국을 공격하고자 했던 일본의 결정 그리고 이를 따라 미국에 전쟁을 선포한 독일의 결정과 같은 다른 선택들은 곤란하게 만들지는 않더라도 아직 당황스러운 선택으로 남아있다.[3] 만약 우리가 과거에 왜 국가들이 그렇게 행동했는지에 대해서 설명하는 데 곤란하다면, 미래에 어떻게 행동할지를 예측하리라고 희망을 가질 수 있을까?

　　이런 사실 너머에는 또 다른 난관이 있다. 타 행위자들이 정보를 보호하고자 할 때 손에 잡히는 실질적인 정보를 획득하기 어려우며, 내비쳐진 정보가 맞다고 전적으로 확신할 기반을 가지는 경우는 매우 드물다. 예를 들어, 소비에트 집단에 대항하는 중앙정보국CIA의 공작은 1960년대 후반 KGB의 변절자 유리 노센코Yuri Nosenko의 저의가 진심이었는지에 대한 의심으로 악명높게 매듭지어졌다. 그리고 노센코가 진짜 변절자인지 혹은 소비에트가 투입시킨 간첩인지에 대한 논쟁은 오늘날까지 계속된다.[4] 이런 불확실성은 군사 및 민감한 정치 정보의 경우에 특히 첨예하며, 바로 이 분야가 현 쟁점이다. 이런 정보는 주로 밀접히 보호되며, 중국은 대부분의 주요 강대국들보다 훨씬 더 비밀스러운데, 그 이유는 부분적으로 중국공산당의 비밀성, 기만, 여타 방법으로 외국인, 특히 미국인이 당의 계획을 이해

할 수 있는 능력을 좌절시키고자 하는 특별한 성격 때문이다.[5]

하지만 거기에 더하여 국가는 적응적이다. 만약 국가가 중요한 정보가 유출되었음을 두려워한다면, 그 국가는 기존안을 바꾸어 이전에는 정확했던 정보를 무효로 만들 것이다. 1940년대 초 벨기에가 독일의 최초 보수적인 서유럽 침공계획에 대해 발생한 메헬렌Mechelen 사건을 예로 들어보자. 이 계획에 대한 유출은 궁극적으로 독일이 아르덴Ardennes 숲지대를 관통하도록 공세를 집중하여 더 과감하고 엄청나게 성공적이었던 만슈타인 계획을 채택하게 했다.[6] 하지만 심지어 이런 종류의 발견도 항상 단순 명확한 결과를 가져오지만은 않는다. 로버트 E. 리Robert E. Lee 장군의 미국 북부를 침공하는 전투세부계획은 1862년 연방군의 손에 떨어졌지만, 조지 매클렐런George McLellan과 헨리 할렉Henry Halleck 장군은 획득된 문서가 허식일 수도 있음을 두려워하여 이런 사전정보를 충분히 활용하는 데 실패했다. 이와 비슷하게, 비록 소비에트 연방이 1942년 독일의 동부전선공세에 대한 청색작전Fall Blau계획의 실제문서를 확보하였지만, 소비에트 지도부는 이를 속임수로 여기고 무시하였다. 이들은 계획이 말하는 바와 반대로 독일이 실제로 해당연도 주노력을 할당했던 남쪽으로 관심을 전환하기보다는 모스크바로 계속 진격할 것이라고 확신했다.[7]

이런 이유로 정보는 희소하고 종종 휘발성이 있으며, 전쟁에서는 더 심하기 때문에, 시장은 타 행위자들이 어떻게 행동할 것인지에 대한 신뢰할 만한 실질적 정보에 대해 높은 가격을 측정해주는 것이다. 클라우제비츠가 말했듯 "전시에 다수의 정보보고는 상충한다. 다수가 거짓이며, 대부분 불확실하다". 그러므로 그는 전쟁을 "불확실의 영역"으로 정의했다.[8] 따라서 중국의 군사전략에 대한 어떤 구체적이고 세분화된 평가라고 해도 분명히 고도로 제한적이며 유의사항들로 넘쳐날 것이다. 경험적 정보는 미국이 마치 어두운 안경을 통하여서만 중국을 볼 수 있게 할 것이다.

전략적 불확실성을 다루는 것

미국에게는 다행이게도 지정학적 목표를 달성하는 것은 중국을 거부하고 필요한 경우 중국에 대해 승리할 만큼 완벽한 혹은 아주 정확한 정보를 요구하지 않는다. 미국의 핵심 우려사항은 중국을 전면적으로 이해한다거나 중국의 모든 행동 거취를 예측하는 데 있지 않다. 미국은 미국의 중요한 국익에 반하는 베이징의 행동을 저지하고자 한다. 그러므로 워싱턴의 핵심 이익은 근본적으로 방어적이다. 워싱턴은 세계의 주요지역에 대한 어떤 국가의 패권형성도 부정하고자 한다. 본질적으로 미국의 우려사항은 중국이 이런 국익에 위험을 가할 것인지의 여부이다. 그러므로 미국은 이런 목표를 달성하는 데 필요한 만큼만 중국을 이해할 필요가 있다. 중국의 사고방식에 대한 깊이 있고 넓은 이해는 그런 이해의 바탕에서 효과적인 조치가 취해질 수 있다는 거짓된 자신감이나 기대감을 형성하지만 않는다면 도움이 될 수 있겠지만, 필수적이지는 않다.

물론, 미국은 자국의 국익을 중국 의도와 군사전략기획에 관한 보통의 이해를 갖고 달성할 수 있다. 국가들은 절대로 완벽한 적의 세부계획을 갖지 못하며, 단지 매우 좋은 정보조차도 드물다. 그러나 효과적인 억제와 방어는 통상적이다. 냉전기간 동안, 미국은 완전히 암실에 있지 않을 때 소비에트의 지도부, 군대 그리고 정보기관들의 활동과 계획에 대하여 정기적으로 당혹해했지만, 소비에트 연방은 NATO에 대하여 절대로 돌격을 감행한다거나 대규모 강압을 가하지 않았다. 사실 소비에트 연방은 서구에 대하여 상대보다 상당히 더 우월한 정보를 가졌으나, 서구는 결국 긴 분쟁에서 승리했다고 보인다.[9]

미국은 이런 불확실성에도 국익을 보호하면서 이런 불확실성을 고려할 수 있었기 때문에 냉전 간 서유럽을 보호할 수 있었다. 주택소유자는 보험을 구매할 수 있으며, 투자자와 도박꾼은 판돈을 퍼뜨릴 수 있다. 한편 국가는 불확실성을 다루기 위해 군사력, 대비태세, 동맹 그리고 경제적 조치들을 디자인하고 개발할 수 있다. 몰이해를 칭찬하고자 하는 것이 아니다. 덜 알수록 후에 치러야 할 값은 더 커지고 그만큼 더 무리하게 자본이 소요되어야 한다. 다만 불확실성과 일정 정도의 몰이해만으로 군사전략에 치명적이지 않다는 것이다. 이런 요소들은 전략이 다뤄야 하도록 디자인된 것 중 일부이다.

적의 최선의 군사전략에 대한 집중

미국과 같은 국가는 중국의 최선의 군사전략이 무엇인지 식별하고 주위에 대한 방어를 기획함으로써 중국이 무엇을 할지에 대한 내재적 불확실성을 다루어야 한다.

하지만 어떤 군사전략이 다른 군사전략보다 더 낫다고 말하는 것은 무엇을 의미하는 것인가? 그리고 어떻게 이런 군사전략을 식별할 수 있는가? 미국의 근본적인 우려는 중국이 반패권연합이 대항하는 것보다 더 큰 세력을 규합함으로써 지역패권을 획득할 수 있다는 사실이다. 그러므로 중국의 최선의 군사전략은 지역패권이라는 목표를 향해 가장 효과적으로 전진할 수 있게 하는 것이다. 이런 것들에 대하여 미국은 집중해야 한다.

우리는 "최선의 전략"이라는 용어의 "최선"을 두 가지 요소에 의해서 한정할 수 있다. 첫째, 이 말은 합리적으로 이익, 즉 중국의 국익을 증진하는 전략을 말하며 이런 전략들은 곧 비용을 초과하는 이익을 가져오는 것을 의미한다. 둘째, 이 전략들은 중국을 지역패권이라는 목표에 다가가게 한다. 이런 요소들은 미국과 그 연합국의 전략가들이 골몰해야 하는 일련의 전략들을 정의한다. 미국의 전략가는 베이징에게 실질적으로 값을 쳐주는 전략에 주목한다. 연합의 전략가는 어느 지역에서라도 지역패권을 방지한다는 미국의 핵심목표에 있어 중요한 전략에 주목한다.

만약 지역패권이 진정 그 목표라면, 중국은 반드시 지역 내에서 미국과 그 동반국가들보다 더 강해져야 하며, 이 사실은 중국이 미국과 그 연합을 체제의 지역전쟁에서 격퇴해야 함을 의미한다. 그러기 위해서 베이징은 반드시 자국의 지역패권추구를 좌절시키기 위해 고안된 그 어떤 연합이든 형성을 방지하거나 도려내거나 부숴야 한다. 이것은 미국이 관계되는 한 중국의 최선의 군사전략이란 집중 및 순차전략에 부합하거나, 반패권연합을 격파하거나 형성, 결집, 결속을 방지하는 전략이다.

전략의 대안모형

하지만 다수는 중국의 최선의 군사전략에 집중하는 것은 실제로 신중하지 못한 것이며, 미국의 기획관들은 스스로 미래를 알 수 없다고 인정하는 것이 적절히 겸손하고 지혜로운 것이라고 주장한다. 이들은 이 관점에서 가능한 앞으로 도래할 그 어떤 것에 대해서도 준비되어야 한다. 다른 이들은 미국이 적이 추구할 만한 가장 가능성 있는 전략을 바라봐야 한다고 문제를 제기한다. 또 다른 집단은 중국과 같은 국가가 활용할 가장 파괴적인 접근법에 미국이 집중해야 한다고 주장한다.

그렇다면 중국의 최선의 군사전략을 들여다보기 전에 우리는 먼저 반패권연합에 가하는 도전을 인식하는 이런 다른 방법들에 대하여 바라볼 필요가 있다. 이것은 특별히 중요한데, 왜냐하면 내가 주장하고자 하는바와는 다른 이런 다른 방법들은 미국과 그 동맹 및 동반국가들이 어떻게 자원과 노력을 안배하는지에 대하여 부정적 파급효과를 갖기 때문이다.

어떤 결과든 준비하기

첫째 집단은 우리는 미래를 알 수 없으며, 미국은 반드시 어떤 결과가 되었든 균등하게 준비되어야 한다고 주장한다. 이 접근법은 군사기획관들이 자원을 가능한 균등하게 분배하도록 이끈다. 미래를 알 수 없으므로, 판돈을 넓게 퍼뜨려야 한다.10)

문제는 희소한 자원을 위험과 사소한 것, 타당한 것과 이상적인 것에 균등하게 할당함으로써 중요한 전략들에 대하여 취약하게 만든다는 사실이다. 일부 위협은 다른 위협보다 더 위험하고 상당하며, 대응하기 위해 더 큰 노력이 있어야 한다. 위협의 중요성을 고려하지 않고 자원을 할당하는 것은 더 중요한 영역에 불충분한 관심을 두므로 자원의 낭비를 초래한다.

그래서 융통성과 균형을 추구함에 있어 이 시각은 가장 중요하고 중대한 위협에 대한 불충분한 준비라는 위험을 감수한다. 예를 들어, 1912년 프랑스는 폭넓은 제국적 국익뿐만 아니라 영국 및 이탈리아와 역사적인 적대관계를 가졌다. 파리는 아프리카에서 영국 그리고 지중해의 이탈리아와의 가능성 있는 분쟁을 준비함으로써 판돈을 분산하고자 결정했을 수 있었다. 하지만 그곳에 자국의 자원을 배치하는 것은 프랑스가 1914년의 독일과의 전쟁에 불충분하게 준비되도록 할 수 있었다. 프랑스는 신속히 격퇴되었을 수 있으며, 그로 인해 경원한 국익을 실질적으로 고려할 가치가 없어질 수 있었다. 비슷하게, 만약 미국이 1930년대 말 그리고 1940년대 초에 독일과 일본에서의 더 큰 위협만큼 중앙아메리카의 바나나 전쟁의 역사에 대하여 관심을 가졌더라면 미국은 궁극적으로 승리를 가능하게 했던 전쟁 전 군비증강을 개시할 수 없었을 것이다.

　이런 시점의 중요한 결점은 기습의 중요성을 과장하는 경향이다. 물론 기습은 중요하고 막중한 결과를 가져올 수 있다. 모스크바는 바바로사작전에 놀랐고, 미국 지도자들은 한국에서의 중국의 개입과 베트남에서의 텟Tet 공세 그리고 소비에트와 미국은 그 결과로 고통을 겪었다. 하지만 더 근본적인 요소 없이, 기습은 통상 결정적이지 않다. 비록 기습은 방자가 평정심과 균형을 회복하는 동안 공자에게 이점을 줄 수 있지만, 기습은 일반적으로 열등한 군사전략을 만회할 수 없다. 적의 어리석은 움직임은 놀랍지만 위협적이지는 않다. 실제로, 이런 움직임은 효과가 없는 것이 명백하기 때문에 놀랍다. 러시아인들은 아마도 경기병여단의 돌진Charge of the Light Brigade에 놀랐을 것이나, 그들은 어쨌거나 돌격하는 기마병단을 살육했다. 미국은 현재 러시아가 스페인을 침공할 것으로 예측하지 않는다. 만약 모스크바가 그와 같은 시도를 한다면, 미국과 NATO의 동맹국들은 놀랄 것이지만 러시아를 결정적으로 격퇴하는 데 충분한 시간과 힘을 가질 것이다.

　그러므로 기습 자체는 궁극적으로 문제가 아니다. 막중한 손상이나 정복을 당하는 것이 문제다. 그래서 중요한 것은 이런 기습이 좋은 군사전략, 즉 위험한 군사전략과 동반되었는지의 여부이다. 적이 이런 전략을 사용하는 기습은 통상적으로 그런 전략이 무엇인지 알지 못함에 의하기보다는 오해, 망상 혹은 상대방은 그런 전략을 쓰지 않을 것이라는 생각에 의해 초래된다. 1941년의 소비에트 연방의 군사 및 정보 지도부는 독일이 공격할 것임을 알았지만, 소비에트 연방은 이런 경고에 대응하는 데 실패했다.[11] 미국은 중국이 1950년의 한국에 개입할 수 있다는 조짐을 감지하였지만 무시하였다.[12]

　사실 현대세계에서 순수한 "전략적" 기습의 사례를 찾는 것은 흔치 않다. 비록 작전적 혹은 전술적 기습의 사례들은 많지만, 한 국가가 완전히 예측되지 못하게 공격을 한다거나 전반적으로 예측되지 않은 방법으로 공격을 하는 사례, 예를 들어 7세기 아랍 침공의 진지함과 능력에 의해 기습을 당한 것으로 보이는 동로마의 사례라든지, 860년 키에반 루스Kievan Rus에 의한 콘스탄티노플 침공과 같은 사례는 찾기 쉽지 않다.[13] 이제 더이상 침입자가 부지불식간에 등장할 미지의 지대terra incognita 같은 것은 없다. 1940년의 연합군은 독일이 프랑스와 베네룩스 국가the Low Countries들을 침공하리라는 알고 있었지만, 독일이 "어디를" 공격할 지에 대하여는 기습당했다.[14] 미국인들은 1941년 12월 7일 진주만Pearl Harbor에 서 기습을 당했지만 그들은 일본이 위협이었으며, 하와이가 취약한 표적이라는 점을 그전부터 알고 있었다.[15] 미국의 정보당사국들은 알카에다al-Qaeda가 위험 이라는 것을 알았으나 9월 11일에 정확하게 어떻게, 언제 그리고 어디에서 이 집단이 공격할지에 대해서는 기습을 당하였다.[16] 국가는 지상군과 해군의 이동 을 숨길 수 있으나, 그들의 존재와 기본적인 근거basic orientation를 숨기기란 거의 불가능하다.

그러므로 신중한 국가는 자국의 중요한 국익에 대한 주요한 위협을 식별할 수 있고 그래야 하며, 이는 (최소한 기민한) 적들이 같은 행동을 할 것이고 그들의 노력 을 그런 방향으로 최적화시킬 것이기 때문만은 아니다. 노력과 자원을 효율적으로 할당하지 않는 국가는 더 판단력 있는 국가들에 비해 스스로 약화시키며, 이는 중 국과 같은 강력한 국가를 다룰 때 결정적일 것이다. 이러한 이유로, 미국과 연합의 전략적 기획관들은 단순히 미래에 대한 무지를 인정하는 데 만족해서는 안 된다. 심각한 잠재적 적을 맞이하여, 무엇이 더 혹은 덜 중요한지에 대한 선택을 하는 것 이 필요하다. 바로 이것이 전략의 중심기능이다. 이를 수행하지 못하는 것은 겸손 함이 아니라 혼란에 빠지는 것이며 재앙을 초대하는 것이다.

가장 가능성 있는 시나리오

둘째 집단의 주장은 미국이 주요한 위협의 근원을 식별할 수 있는 동안, 미 국은 적의 최선의 것보다는 가능성 높은 군사전략에 집중해야 한다고 주장한다. 예를 들어, 많은 관찰자는 미국은 중국에 대항한 고도의 분쟁을 준비하는 데 과 잉투자해서는 안 된다고 주장하는데, 왜냐하면 베이징은 무장분쟁의 수준 이하의 전략을 추구하여 명분에 근접하지만 대규모 전쟁의 위험을 최소화하려고 할 것 이기 때문이다. 이는 많은 현대 국방의 담론이 회색지대에 집중하기 때문이며, 무장분쟁에 못 미칠 중국의 행동이 군사력의 공공연한 사용보다 더 가능성이 높기 때문에 중요하다. 이런 접근의 옹호자들은 미국의 국방기획은 주요전쟁을 준비하는 것보다는 주둔활동, 비군사임무 그리고 융통성에 초점을 두어야 한다고 주장한다.[17]

하지만 이런 가능성의 기준에 집중하면 두 가지 측면에서 실패한다. 첫째, 일상적 사건들은 항상 혹은 심지어 통상적으로 가장 중대한 결과를 낳지도 않으며, 중대한 결과를 낳는 사건들이야말로 미국이 특별히 주의해야 하는 사항이다. 일상적이지만 중요하지 않은 사건들은 일부 주의를 요하지만, 중요한 사건들이야말로 특별한 집중을 요구한다. 혹자는 소나기 때문에 우산과 신발 덮개를 살 수 있으며 많은 생각을 안 할 수도 있다. 반면 홍수는 훨씬 드물지만 사람들은 시간과 돈을 써서 홍수보험을 구매하고 침수의 위험에 대비하여 지하 방수처리를 한다. 이와 비슷하게, 일본의 전체 도시는 심각한 지진을 견딜 수 있도록 디자인되었는데, 이런 사건은 상대적으로 드물지만, 만약 대비되어 있지 않다면 심대한 결과를 초래할 수 있다. 이 사실은 덜 중요한 일상의 사건들에 대하여 주의를 기울여서는 안 된다는 것을 의미하지는 않으며, 비바람이 불면 창문을 닫아야 한다. 요컨대, 이러한 일상이 보험과 안전의 기획, 즉 방위기획에 있어 대부분을 제한해서는 안 된다는 것이다.

이런 점은 일상생활에서와 같이 국제정치에서도 사실이다. 전쟁은 흔치 않은 경향이 있으나, 전쟁은 막대한 결과를 가져올 수 있으며, 국가의 형태나 생존여부에 부정적인 영향을 미칠 수 있다. 정말로, 전쟁은 국제정치에서 가장 중요한 사건이다. 1945년 이래로 유럽에서는 주요한 전쟁이 없었으며, 그 지도는 제1차 세계대전과 제2차 세계대전에 의해 정의된 채로 남아있는 것과 같이 근동의 지도가 1967년의 6일 전쟁을 통해 극적으로 재구성되고 북아메리카의 지도 또한 7년 전쟁, 미국독립전쟁 그리고 멕시코 전쟁the Mexican—American War을 통해 재구성되었다.

이런 사실은 국제정치가 더 온건하게 형성되지 않음을 의미하지는 않는다. 하지만 이런 사실들은 마치 소나기와 같이, 약소하고 덜 부담스러운 단계들을 밟아서 관리될 수 있다. 미국과 중국 사이의 주요전쟁은, 심지어 제한적이고 집중화된 분쟁의 경우라도, 거의 분명하게도 아시아의 지정학에 있어 주요하다는 분류가 되지는 못하는 행위들에 대한 완곡한 표현인 회색지대에서 발생하는 그 어떠한 사건보다 더욱 큰 중요성을 갖는다. 게다가 그 어떤 국가라도 회색지대 내에서만 달성할 수 있는 것에 대한 근본적인 한계가 있다. 중국은 주변국이 주장하는 영토의 소규모 주변지역에 대한 통제력을 갖기 위하여 회색지대 전술을 사용할 수 있을 것이며, 예컨대 남중국해의 분쟁거리가 될 미거주 중인 지형요소를 점령할 수 있다. 그러나 차후 논의할 테지만, 지역패권을 달성하기 위한 선결조건으로서 적국의 영토를 충분히 점령하고 회색지대 이상으로 분쟁을 고조시키지 않고 해당국가에 지배력을 요구할 가능성은 상당히 낮다. 그래서 놀라울 것 없이, 현재까지 중국의 회색지대에 대한 최선의 활용은 비거주영토에 대한 것이었고, 주로 이들은 중국이 조성하기 전까지는 영토라고는 볼 수 없는 지형요소들이었다.

가능성이 어떤 국가의 군사전략을 가정할 기준이기에는 좋지 않다는 두 번째 이유는 바로 가능성이 역동적인 성질을 갖는다는 사실이다. 오늘날에는 가능할 것 같지 않은 사건들은 환경이 바뀌었을 때 더 가능성이 있을 수 있다. 전략적 행위자들은 행동의 비용과 이익에 대한 판단에 기반하여 행동하는 경향이 있다. 만약 어떤 행동에 대한 인식된 이익이 높고 비용이 낮다면, 행위자는 그 행동을 더욱 취하려 할 것이며, 반대의 경우에는 더 취하지 않으려 할 것이다.

그러므로 타당하다는 판단은 행위자가 맞닥뜨리는 비용과 이익이라는 조건에 종속한다. 행위자는 상호간의 행동에 적응한다. 전략적인 교류engagements에 있어서 행위자들은 의도적으로 유인요인을 변화시켜 자신과 타 행위자들이 사건의 타당성을 달리 마주하도록 한다. 인간 상호작용의 대부분에 있어 비용과 이익은 연루된 행위자들이 무엇을 하는지 혹은 그들이 무엇을 할 만한지에 대부분 의존하는데, 그들의 행동은 자연의 힘에 의한 산물이 아닌 인간 행동의 산물이기 때문이다. 만약 어떤 사법당국이 엄격히 단속되었던 속도제한구역에서 현재 과속이 드물게 발생하기 때문에 더 이상 과속행위가 발생하지 않을 것이라고 판단한다면, 그 사법당국은 단속을 경감시킬 것이며 그 결과로 과속을 더 조장할 것이다. 만약 더 온건한 사법당국이 단속을 강화한다면, 과속은 줄어들 것이다. 시장에서 이런 사실은 수요와 공급의 법칙이며, 즉 일부의 수요는 공급을 증가시키는 것이다.

실로 가장 가능성 높은 사건에 대하여 집중하는 것은 일단 타당하지 않다고 판단되고 나면 막중한 사건들이 발생할 가능성을 충분히 높일 수 있다. 무엇인가 발생하지 않을 것 같다는 인식은 그 타당하지 않음을 사실로 간주하는 행동을 초래할 수 있으며, 그 효과로서 애초부터 그 타당하지 않다는 논리 자체까지 압박할 수 있다. 예를 들면, 2000년대 초까지 경제정책공동체에서는 시장관리가 상당히 섬세한 수준에 다다랐다고 판단하여 경기침체는 더 이상 타당하지 않다고 보았다. 그 효과로 정책의 변화가 초래되었으며, 위험성 있는 행동이 활성화되었고, 그 결과로 경제난이 더 가능성 있어져 2008년 재정위기 발발에 영향을 주었다.[18] 1930년대에 다수의 서유럽국가의 전쟁은 더이상 고려될 수 없다는 믿음은 독일의 재무장과 적대행위의 기회를 열어주었으며, 이로써 제2차 세계대전의 발발에 기여했다.[19]

만약 한 국가가 참전함에 따라 발생하는 이익을 정당화하기에는 너무 많은 고통을 겪을 것이라고 생각한다면, 그 국가는 참전하지 않을 것이다. 그러나 만약 그 국가가 얻는 것이 잃는 것보다 많다고 생각한다면, 위험을 감수하거나 전쟁을 개시할 유인요인이 증가할 것이며, 호전적인 행동이 발생할 가능성을 더 키울 것이다. 중국은 미국과 대규모 전쟁을 수행할 위험을 감수하지 않을 것이라는 주장은 (주로 암시적으로) 베이징이 손해보다 더 큰 이익을 얻을 수 없다는 판단에 의존하며, 이것은 또 미국이 중국에 대하여 유의미한 군사적 우위를 가진다는 가정에 근거한 판단에 의존한다.

하지만 만약 주어진 분쟁의 형태에 대하여 군사적 적절성의 균형이 중국에 유리하게 기울게 된다면 (왜냐하면 결정권자들은 이와 같은 분쟁이 타당하지 않고 진지하게 준비할 값어치가 없다고 여겼기 때문에) 이런 가정은 더이상 유효하지 않게 되며, 한때 부당해 보였던 사건은 중국이 국익을 증진시키기 위해 전쟁을 시작하는 것을 포함하여 완전히 타당해질 수 있다. 타당한 군사적 우위를 유지하는 데 손해를 입힐 만한 가장 발생 가능성이 있는 사건에 집중하는 것은 더욱 재앙을 발생케 한다.

그러므로 미국은 그 어떤 경우에도 자국의 전략을 적의 가장 가능성이 있어 보이는 전략에 기반하여 선정해서는 안 된다. 이런 맥락에서의 확률은 대부분 잠재적 공격자가 어떻게 비용과 이익의 결괏값을 인식하는지에 대한 함수이다. 만약 적국이 유리한 방법을 개발하여 가능성이 없거나 심지어 충격적인 전략을 구현해낼 수 있다면, 그 전략은 타당한 전략이 될 것이며, 아마도 상대방이 예측하거나 심지어 적응하는 속도보다 더 신속할 것이다.[20]

이런 사실은 오늘날의 아시아에서 직접적 타당성을 갖는다. 제2차 세계대전에 이은 반세기를 넘은 기간 동안, 미국은 아시아의 해양과 서태평양 일대에서 본질적으로 거리낌 없는 군사적 지배력을 누려왔다. 하지만 1990년대 이후 인민해방군은 미국이 중국의 행위로부터 아시아지역의 동맹과 동반국을 효과적으로 방지하는 것을 막기 위해 주도면밀하게 군사력을 개발해왔다. 미국이 타당한 시나리오상 중국에 대한 군사적 우위를 유지하는 한, 베이징은 군사력 운용에 대한 불리한 손익 계산식에 직면할 것이다. 하지만 베이징이 자국에 유리한 방향으로 군사적 균형을 전환하여 자국에 유리하도록 스스로의 군사력 운용에 대하여 합리적으로 판단할 수 있다면 이런 상황은 변화할 것이다. 이런 경우, 베이징에 있어 자국의 목표를 추구하고자 전쟁의 위험을 감수하거나 전쟁을 도발하는 것이 합리적이게 될 것이다.

가장 파괴적인 시나리오

셋째 집단은 군사기획이 중국과 같은 잠재적 적국 혹은 대량 핵무기를 가진 러시아와 같은 적국이 가할 수 있는 가장 파괴적인 전략, 즉 미국 본토를 핵무기로 공격할 수 있는 능력과 같은 것에 집중해야 한다고 주장한다.[21] 이런 주장에 따르면, 미국은 다른 목표에 대하여 자원을 할당하기 전에 먼저 가장 파괴적인 공격형태에 관한 취약요소들을 제거해야 한다. 그러므로 미국은 대량의 자국 자원을 최악의 공격이 발생시킬 손실을 제거하거나 최소한 줄일 수는 능력을 개발하는 데 투자해야 한다. 이 사실은 핵무장한 강대국으로부터 공격받는 취약성을 본질적으로 수용했던 지난 반세기로부터의 급격한 변화를 나타낸다.[22]

진정한 비취약성invulnerability을 추구하는 데 있어 두 가지 문제가 있다. 첫째, 이 목표가 달성할 수 있다고 보기에는 매우 불가능하다. 특출나게 파괴적인 기술의 시대에는 심지어 소량의 돌파무기조차도 절대 재앙을 의미할 수 있다. 그러므로 능력있고 적응력을 갖추었으며, 충분히 자원을 보유한 적에 대항하여 비취약성에 다가가기를 기대하는 것은 비현실적이다.

게다가 비취약성의 추구는 비록 여타 지정학적 목표가 미국의 안보, 자유 그리고 번영에 매우 중요하다고 해도 미국이 이들을 추구할 수 있는 능력을 소모할 것이다. 완벽한 방어는 막대한 자원의 배치를 요구하는 동시에 침공자로부터는 그 배치된 자원을 돌파하는 데에 훨씬 적은 자원을 요구한다. 미국은 완벽한 방패를 보장할 필요가 있으나, 적은 그 방패를 뚫는 데 있어 소수의 고도로 파괴적인 무기만으로도 막대한 파괴적 충격을 줄 수 있을 것이다. 이런 완벽함을 추구하는 데 드는 비용은 미국이 그 외의 더 확대된 국익을 추구하는 데 방해가 되거나 추구할 수 없게 만들 것이다. 반면에, 중국과 같은 적국은 자국의 자원을 활용하여 아시아의 지역패권과 같은 다른 목표를 추구할 수 있을 것이며, 미국은 이를 막을 능력이 더욱 부족해질 것이다.

하지만 완벽함을 포기하는 것이 미국을 무방비상태로 방치하는 것을 의미하지는 않는다. 그보다 완벽한 방어가 불가능할 때 진정으로 파국을 초래하는 공격에 대항하여 방어하는 방법은 오래전부터 억지였다. 완벽한 방어는 반드시 심각한 공격으로부터 자신을 방어하는 것이어야만 할 필요는 없다. 그보다 잠재적 공격자에게 공격으로부터 얻는 것보다 더 값비싼 반격에 대한 신뢰할 만한 가능성을 제시함으로써 방어할 수 있다. 그렇다고 억지가 쉽다는 것은 아니다. 억지는 어렵고 불확실하다. 그러나 분명히 가능하다. 원자폭탄의 등장 이래로 국제관계의 역사는 억지의 가능성에 대한 긴 사례이다.[23]

미국은 다년간 전반적 비취약성을 추구하고 싶지 않았는데, 그 이유는 미국이 중국 또는 러시아의 핵공격을 억지와 위협 제한의 조합을 통하여 효과적으로 억지할 수 있다고 판단했기 때문이다. 비록 각자 미국에서 막중한 해를 끼칠 수 있지만, 미국은 그와 같은 공격을 되갚아줄 수 있는 부정할 수 없는 능력을 갖췄다. 이런 반격을 발생시키는 것은 실로 실존의 문제인 경우를 제외하고는 상상할 수 없는 상황에서 러시아 혹은 중국의 공격이 가질 수 있는 이익을 초과할 것이다. 비록 어떤 국가라도 미국에 대한 막대한 피해를 감행할 수 있지만, 그에 대한 응답으로서 겪을 막대한 반격을 정당화할 만큼의 어떤 이익을 수확할 것이란 말인가?

달리 말하면, 적이 추구할 가장 타격을 주는 전략은 가장 이익이 큰 전략이 아닐 것이다. 실제로 많은 경우 그런 전략을 추구하는 것은 그냥 제정신이 아닌 게 아니라면, 극단적으로 어리석은 것이다. 그리고 국가의 의사결정에 있어서 제정신이 아닌 경우는 전무하다시피 드물다. 완벽한 방어를 얻고자 하는 것은 그러므로 현명하지 못한 것일 뿐만 아니라, 불필요한 것이다. 그리고 미국은 중국의 능력과 부에 경쟁하여 낭비profilgate할 여유가 없기 때문에 필요하지 않다고 보는 것은 옳지 않다.

요컨대, 만약 미국이 중국의 패권추구를 격퇴하고자 한다면, 워싱턴은 베이징이 취할 수 있는 모든 잠재적 경로들에 집중이 분산되어선 안 된다. 미국은 자국의 희소한 자원을 베이징이 패권을 장악하기 위한 가장 명백히 가능성 있거나 가장 파괴적인 방법에 묶어둘 여유도 없다. 그보다 미국은 중국이 아시아의 지역패권을 획득하기 위한 최선의 전략을 시별하고 그에 대응한 계획을 세워야 한다.

제 7 장

베이징의 최선의 전략

제 7 장

베이징의 최선의 전략

지역의 패권을 획득하기 위한 중국의 최선의 전략은 중국을 반패권연합보다 더 강하게 만들어 체제의 지역전쟁에서 승리하도록 하는 것이다. 베이징은 이와 같은 전쟁을 협박하거나 실제로 이런 전쟁을 조성하고 승리함으로써 자국의 패권을 형성할 것이다.

중요하게도 중국의 최선의 전략이 무엇인지를 이해하기 위해 우리는 중국의 감춰진 계획이나 능력을 드러낼 필요가 없다. 그 이유는 한 국가의 최선의 전략이 실제로 무엇인지가 그 국가의 지도자의 생각에 궁극적으로 의존하지 않기 때문이다. 그보다 최선의 전략은 그런 국가가 어떻게 자국의 전략목표를 최적으로 달성할 것인지에 대한 산물로서 객관적인 사실이다. 하지만 그 국가는 어떤 전략이 가장 효과적으로 작동할지에 대한 독점적인 결정권한을 갖지 않았는데, 그 이유는 군사전략의 효과는 특정국가의 행위의 산물일 뿐만 아니라 상대방이 어떻게 움직일지, 제3자의 반응 그리고 지리와 기상 같은 비인간요소들을 포함하는 다양한 요소들 간의 상호작용의 산물이기 때문이다. 한 국가의 숨겨진 능력은 전략을 시행하는 데 이점을 제공할 수 있지만, 그 이점은 그 전략이 성공적인 결과를 초래한 경우로 한정된다.

이 사실은 만약 중국이 따르는 전략이 실제로는 최선의 전략이 아니라면, 미국은 그 초점을 전체적으로 바꾸지 않아야 함을 의미한다. 나쁜 전략을 격퇴하는 것은 좋은 전략을 격퇴하는 것보다 더 쉬우며 값도 덜 나간다. 반면에, 베이징은 언제라도 자국이 나쁜 전략을 가졌다고 깨닫고 더 나은 전략으로 고치려고 할 수 있다. 비록 미국이 물론 방위기획에 있어 예측하지 못한 것을 다루기 위하여 융통성을 보유해야 하지만, 미국은 자국의 군사력, 무기체계능력, 태세 그리고 계획을 발전시켜 적의 가장 효과적인 전략을 대비하는 것이 더 좋을 것이다.

그렇다면 어떤 전략이 중국에게 있어 최선의 그리고 가장 큰 이익을 가져다주는 전략일까? 어떻게 베이징은 감당할 수 있는 것 이상의 비용과 위험을 발생키는 것 없이 자국의 목표를 향해 나아갈 수 있을까?

한 접근방법은 국가성장에서 초월하는 것이며, 일단 충분히 강해지고 나면 어떠한 잠재적 연합에 대해서도 압도할 것이다. 더 호전적인 전략으로 이행하기 전에 나는 왜 이 선택지가 베이징에게는 효과가 없을 것인지를 보이기 위해 옵션을 논의하도록 하겠다.

도광양회 그리고 그 한계

중국이 아시아의 패권국이 되는 데 가장 덜 위험하고 가장 매력적인 방법은 더 강해지는 것이며, 결국 그 권력의 무게를 통해서 자국의 야망을 견제하려고 형성될 수 있는 그 어떤 현실적인 연합이든 압도하는 것이다. 이 전략은 계속된 성장에 의존하기 때문에, 중국과 같은 신흥강국은 기성 강국들과의 주요 분쟁을 피할 이유가 있는데, 분쟁은 유리한 성장곡선에 위협이 되기 때문이다. 방해받지 않으면 중국은 다만 더 강해질 뿐이며, 미래에 싸우기 더 유리한 위치에 있을 것이다. 1812년 전쟁, 1840년대의 멕시코전쟁 그리고 인디언 전쟁과 같은 작은 분쟁을 제외하고, 이는 바로 미국이 북아메리카에서 18세기와 19세기 동안 취했던 행동이었다. 미국은 모두가 결국 미국의 지역 내 세력우위를 인식하고 미국의 국외 전투력, 투사력을 다뤄야 할 때까지 점점 강력해졌다.

이 논리는 베이징이 덩샤오핑Deng Xiaoping의 시대로부터 근래에 이르기까지 따랐던 접근법을 알려주었던 것으로 보인다. 덩은 중국이 자국이 믿을 수 있을 만큼 자국력을 주장하기 전에 경제적으로 발전될 필요가 있음을 인식했다. 유명한 인용에서, 그는 중국 관계자들에게 "능력을 숨기고 때를 기다려라(역주: 韜光養晦)"라고 했다. 이후로 베이징은 아마 부분적으로 중국이 외교정책에서 주장을 보증받을 만큼 충분히 강해졌다고 판단했으므로 이런 접근으로부터 전향한 것 같다.[1]

그럼에도 베이징은 지역세력우위를 달성하기 위해서 더 조용하고 초과성장하는 전략으로 회귀하려 할 것이다. 하지만 이는 중국이 자국의 목표를 획득하는 데 실패를 가져올 것이다. 미국과 타국들은 이제 베이징이 남중국해의 군도들을 무장시키지 않겠다는 약속 그리고 홍콩의 자주성을 존중한다는 약속과 같은 자국의 체중을 내던지고 자국의 야망을 제한하는 것을 보이기 위한 약속들을 기꺼이 폐기하고자 하는 것을 보았다.[2] 이제 지역 내의 국가들이 중국도 다시 공격적인 전략을 추구할 수 있으며 중국은 계속 강해지고 있음을 알기 때문에, 비록 이 국가들은 베이징이 더 신중한 접근으로 회귀한다고 하더라도 반패권연합에 합류하기 쉽다.

그럼에도 불구하고 더 근본적으로 도광양회 전략의 문제는 바로 이 전략이 중국과 균형을 이루려는 다른 국가들의 매우 강력한 동기를 극복하는 방법을 제공하지 못한다는 점이다. 해당지역 내의 대부분의 국가들뿐만 아니라 미국은 중국의 세력우위 추구를 견제하려는 심오한 국익을 공유한다. 중국이 얼마나 강력한지에 무관하게 만약 이 국가들이 베이징을 견제하기 위해 결집함에 따라 충분히 심각한 벌점이 있을 것을 두려워하지 않는다면 그들은 결집할 것이다.

그리고 타당한 연합을 형성하는 데 가용한 국가들은 충분히 있다. 19세기에는 북아메리카와 중앙아메리카에서 신흥 미국의 막대한 국력을 능가하는 타당한 국가의 조합은 없었다. 하지만 아시아에서는 일본, 인도, 오스트레일리아, 베트남, 대한민국, 필리핀, 인도네시아, 말레이시아 그리고 태국과 같은 국가들은 미국과 함께 반패권연합에 가담할 수 있다. 또한 이런 연합은 미국의 유럽 동맹국 그리고 심지어 러시아와 같은 역외국가 또한 포함할 수 있다. 중국이 더 강해질수록 더 많은 국가들은 세력균형을 취하는 데 따르는 이익을 보게 될 것이다. 그리고 만약 베이징이 그들에게 충분한 반대유인을 제공하지 않으면, 세력균형은 그들에게 중국패권으로부터의 자유라는 막대한 가치를 갖는 재화를 거의 전무한 위험 아래 제공하게 될 것이다.

그러므로 중국은 반패권연합에 대한 타국의 가담을 막거나 이런 연합의 유지

를 막는 전략을 필요로 한다. 베이징은 타국을 벌하여 이들이 연합에 가입하는 데
에 따르는 위험이 이익을 초과하도록 판단하게 만들 수 있어야 한다. 중국은 외교,
경제 그리고 기타 국력의 비군사적 수단으로부터 이런 처벌을 마련할 수 있다. 하
지만 중요하게도 독특한 무력의 강제력과 베이징에게 자주권을 몰수당하지 않으려
는 이권의 막중함을 고려했을 때, 만약 중국이 이런 처벌에서 핵심 군사요소를 포
함하지 않는다면 지역패권을 거머쥐지 못할 것이다. 이런 군사요소들은 잘 드러내
질 필요는 없지만, 베이징은 전략이 효과를 발휘하기 위해 이들에 의지해야만 하
며 타국들은 중국의 능력을 알아야만 한다.

　　이는 베이징에게 쉽지 않은데 중국이 타국에 가하거나 위협할 벌칙은 타국이
세력균형으로부터 예측하는 이익을 초과해야 하기 때문이며, 중국이 지역패권을
추구할 것이므로 예측된 타국의 이익 중 특히 자주성은 판단할 수 있는 가장 중요
한 것이기 때문이다. 그러므로 중국이 요구할 재화는 가장 고도화된 것이어야 하
며, 중국은 타국들이 포기하도록 설득하기 위해 동량의 혹은 이익보다 더 과중한
처벌을 부과할 필요가 있다. 폭력이 가장 효과적인 강제의 형태이므로, 중국이 오
직 비군사적 처벌만으로 위협한다면, 중국은 표적들에 대해 필요한 피해를 가할
수 있는 능력을 심각하게 제한 및 저해하게 될 것이다.

　　예를 들어, 중국의 외교적인 고립화 시도를 맞닥뜨리는 국가들은 반패권연합
과의 밀착된 관계를 추구할 수 있다. 한편, 중국의 경제적 강압시도에 종속되는 국
가들은 그들의 공급과 소비패턴을 변형시켜 베이징의 압박에 노출되는 것을 최소
화할 수 있다. 미국이 보여준 약소국에 대한 경제적 강압의 역사는 베이징이 이런
강압만을 활용하여 타국이 가장 중요하게 여기는 재화를 몰수당하고만 있을지 의
심하게 한다.[3] 다음과 같은 예측에 대해서도 마찬가지이다. 중국의 외교 및 경제
적 압박에 대한 반응으로 이 두 가지 균형 반응은 일본, 대만, 필리핀, 베트남, 오
스트레일리아, 캐나다 그리고 몇몇 유럽국가들과 미국에서 이미 일어나고 있다는
상당한 증거가 있다.[4]

　　자체적인 정치 및 경제적 수단이 불충분하다는 점을 고려할 때, 지역패권을
위한 중국의 전략은 효과적인 군사요소를 요구한다. 그러나 동시에, 중국은 질 확
률이 높은 연합에 대항하여 대규모 전쟁을 초래하지 않는 방법으로 군사력을 운용
할 수 있어야 한다. 바로 이것이 만약 베이징이 패권추구에 성공하겠다면 풀어야

만 하는 근본적인 문제이며, 그 해결책은 내가 이미 논의했듯이 집중 및 순차전략
이다.

　　효과적으로 운용되면, 집중 및 순차전략은 중국이 타국의 반패권연합의 가입
을 막도록 하거나, 타국이 탈퇴하도록 하거나 혹은 그들의 연합에 대한 약속을 철
회하도록 만들 것이다. 이를 통해 초래되는 상황에서, 반패권연합은 결집할 수 없
게 될 것이며 중국의 지역 내 세력우위 추구를 견제하는 데 필요한 힘을 효과적으
로 발휘할 수 없게 될 것이다. 동시에 베이징은 계속해서 국력을 증가시킬 수 있을
것이며, 이렇게 불거진 국력을 군사력으로 전환시킬 수 있게 될 것이다. 만약 이런
식으로 사건이 전개된다면, 중국은 궁극적으로 역내 체제의 지역전쟁에서 승리할
수 있는 충분한 국력을 가질 수 있게 될 것이다. 이후 중국은 아시아에서 패권국이
될 힘을 갖게 될 것이다.

집중 및 순차전략의 운용

　　중국은 이런 집중 및 순차전략을 많은 방식으로 운용할 수 있을 것이다. 하지
만 만약 미국이 중국의 패권추구를 격퇴하려고 한다면, 워싱턴은 베이징이 취할
수 있는 모든 잠재적 경로에 혼동되어서는 안 된다. 미국은 베이징이 목적을 추구
하는 데 취할 법한 가장 자명하게 일어날 수 있거나 가장 파괴적인 방법에 희소한
자원을 묶어두어서도 안 된다. 그보다 미국은 중국의 전략을 운용하는 데 있어 '최
선'의 옵션을 식별하고 이에 대응하여 기획하여야 한다.

　　이러한 최선의 옵션들은 반드시 베이징의 근본적인 딜레마를 해소해야 한다.
전체 반패권연합이 일단 연합하고 나면 중국과 그 동맹국보다 더 강력해질 것이라
는 것을 가정할 때, 만약 베이징이 이 연합의 총력에 맞닥뜨리는 전쟁을 수행한다
면, 중국은 질 것이다. 그러므로 베이징은 반패권연합이 중국의 움직임에 대응하기
위해 전체의 힘을 활용하지 않도록 '선택하게' 하는 집중 및 순차전략을 시행해야
만 한다. 베이징이 이런 딜레마를 해결하기 위해서 취할 가장 논리적인 방법은 순
차적으로 고립하거나 충분한 만큼의 취약한 가입국들을 복속시키는 한편 여타 국
가들이 이들을 방관하도록 반패권연합을 분절하거나 충분히 약화시키는 것이다.

이 방법은 직접적으로 연합을 약화시킬 뿐만 아니라, 만약 연합 내 미국의 동맹국들에 대항하여 사용된다면, 모두에게 연합 특히 외부균형국가는 가입국들을 보호할 수도 하려고 하지도 않을 수도 있으며, 이들은 차라리 이 연합으로부터 거리를 갖든가 탈퇴하는 게 나을 것이라는 사실을 드러내게 할 것이다.

베이징이 연합을 분절시키고자 할 때 취할 수 있는 가장 논리적인 방법은 베이징이 표적으로 삼는 가입국들을 적절히 방어하는 데 필요한 비용과 위험을 감당하고자 하는 가입국들의 의지의 차이를 공략하는 것이다. 비록 모든 가입국들이 중국의 공격으로부터 동료국가들을 효과적으로 방어하고자 하지는 않지만, 이 국익은 내재적으로 불균형한데 그 이유는 각국은 그 무엇보다 자국의 안보를 추구할 것이기 때문이다. 임박한 위협으로부터 더 이격된 국가들에 대하여 중국이 부과할 수 있는 비용과 위험을 고려할 때, 모종의 상황에서는 이러한 불균형한 국익은 이 국가들이 충분한 적극성을 갖고 피해국가들을 방어하도록 충분히 설득력을 제공하지 않을 수도 있다. 이런 고립 접근법을 사용하여, 중국은 이후 사례대로 연합 가입국들을 축출할 수 있고, 붕괴할 때까지 체계적으로 연합을 약화시킬 수 있을 것이다.

미국 동맹국에 대한 표적처리

이런 전략을 발휘하도록 하기 위해서는, 어떤 반패권연합이든 워싱턴으로부터의 안보약속이 있기도 하고 없기도 한 국가들을 포함한다는 사실을 고려했을 때, 베이징이 미국 동맹국을 표적으로 삼을지 혹은 미국의 동반국만 표적으로 삼을지의 여부를 결정해야만 할 것이다.

미국과 동맹관계인 국가를 공격하는 것은 미국으로부터 더 무서운 반응을 불러오기 쉬운데, 그 이유는 워싱턴의 차별적 신뢰도에 미치는 부정적 영향 때문이다. 하지만 동시에 미국 안전 보장의 수혜자를 성공적으로 복속시키는 것은 그 신뢰도를 손상시키며, 워싱턴이 의존할 만하지 않다는 것을 강력히 나타내고 심지어 결론적으로 보여줄 수 있다. 반패권연합의 기능발휘를 위해서는 미국의 차별적 신뢰성이 중요함을 고려할 때, 이와 같은 사실은 1930년대 이탈리아의 아비시니아Abyssinia 침공과 일본의 중국 침공사례를 모두 드러낸 국제연맹League of Nations의 공허한 맹세, 즉 일국에 대한 공격을 전체에 대한 공격으로 간주한다는 선언의 헛됨을 드러냈듯, 연합의 근본적인 공허함을 보일 수 있다. 그러므로 미국의 동맹국을 공격하는 것은 더 위험한 반면에, 이런 공격은 성공적이라면 반패권연합을 약화시키거나 그 형성 자체를 방지하는 데에서 물질적으로 중국의 국익에 유리한 점을 제공한다.

미국에 공식적으로 관련이 없는 연합국을 공격하는 것은, 반대로 중국에 직접적인 위험이 되지는 않으며 이익도 덜할 것인데, 그 이유는 이런 공격이 미국의 차별적 신뢰도에 미치는 부정적 영향이 없을 것이기 때문이다. 심지어 베이징의 입장에서는, 미국의 안전 보장의 수혜자가 아닌 연합국가를 공격하는 것은 타국들에 대한 연합으로의 가입동기를 유발시키고 미국과의 동맹관계를 더욱 형성하는 등 연합의 결집력을 높임으로써 중국에 앙갚음이 될 수 있기 때문에 더 손해이다. 그 이유는 중국의 인접국가들이 볼 때, 중국이 미국에 동맹이 아닌 연합국가에 대하여 집중 및 순차전략을 사용하며, 당연히 미국의 안전 보장에 충분히 압도되어 미국 동맹에 대한 공격을 피하는 것으로 볼 것이기 때문이다. 이런 미국의 안전 보장에 대한 암시된 인정은 연합 전반에 대한 결집력과 힘을 증가시킬 것이다. 러시아가 크림반도를 장악하고 우크라이나를 침공한 이후 NATO의 사례뿐만 아니라, 1950년의 6.25전쟁 발발 이후 북대서양동맹의 사례가 이런 결과를 보여준다.[5]

최초 표적으로서의 대만

대만은 중국의 집중 및 순차전략에 있어 가장 매력적인 표적이며, 이에 관련하여 몇 가지 이유가 있다. 첫째, 대만에 대한 중국 자체의 관심과 관련이 있다. 수십 년 동안 중국공산당은 대만과의 "재통일"을 국시national imperative로 삼음을 명백히 하였다.[6] 시진핑은 이 목표를 "국력 회복을 달성하는 데 본질적인" 것으로 설명하였다.[7]

하지만 대만은 워싱턴의 차별적인 신뢰도에 있어 중요하기 때문에 매력적인 표적이다. 즉, 비록 대만이 완전한 미국의 동맹국은 아니지만, 불안한 지역 내 국가들은 비슷한 상황하에 처한 미국 동맹국에게 닥칠 운명과 대만의 운명을 다르게 보지 않을 것이다. 물론, 이런 국가들은 미국의 차별적 신뢰도를 궁금해하며 대만을 다른 깃털을 가진 새로 보기보다는 탄광의 카나리아로 여길 것이다(역주: 좋은 참고점으로 삼는다는 뜻).

이미 적었듯이, 미국은 대만에 관하여 공식적인 약속, 특히 「대만관계법Taiwan Relations Act」이 있고, 미국은 6개 보장the Six Assurances과 같은 많은 수의 준공식적 약속 및 선언을 하였다.8) 아마 자명하게도 워싱턴은 마치 미국이 자국의 함대를 사용하여 1995~1996년 대만해협 위기 기간에 중국의 주장을 억지했던 것처럼 자신이 대만을 방어하는 데 도울 준비가 되었음을 행동으로써 보여왔다. 그리고 대만의 방어는 오랫동안 미국의 군사기획의 집중점이었다.9) 그 결과로 아시아에서 워싱턴이 가꿔온 실용적이고 조용한 이해는 미국은 대만을 방어할 것이라는 사실이었다.10) 그 결과로 비록 대만이 미국과 전면적 동맹국은 아니지만, 미국의 대만 방어 거부는 중국에 대한 아시아에서의 차별적 신뢰도를 표나게 손상시킬 것이다.11)

대만은 군사적 이유에서도 호소력 있는 표적이다. 대만은 중국 군사력의 중앙부와 근접하게 위치한다. 동시에, 중국은 대만에 비해 월등히 강한 군사력을 가졌으며, 대만을 공격할 수 있게 의도적으로 군대를 발전시켰다.12) 또한 베이징은 미국을 이상적으로는 방해하고 미국이 대만에 개입하여 방어하는 데 드는 비용과 위험을 상당히 증가시킬 수 있게 구체적으로 군대를 발전시켰다.13) 게다가 대만은 중국이 대만을 넘어선 군사력을 투사하는 능력에 대한 코르크 마개와 같은 역할을 수행하는 경향이 있다. 만약 중국이 대만을 홀로 남겨두고 서태평양의 깊숙한 곳까지 공격하려고 한다면, 대만이 중국에 반대하거나 타국이 자국의 영토, 영공, 영해의 사용을 허락할 때 중국은 스스로의 군사력 투사노력을 노출시키게 될 것이다. 대만을 복속시키면 이런 위협은 제거될 것이다. 또한 대만은 베이징에 서태평양 및 동아시아로 접근하려는 타국들을 거부하고 제1도련선the First Island Chain을 초과하는 군사력을 투사하는 추가적인 기지를 제공할 것이다.

대만 이후

만약 중국이 대만을 복속시킬 수 있다면 중국은 더 멀리 있는 표적들로 눈을 돌릴 것이다. 인민해방군은 이미 대만에 대한 엄밀한 집중에서 훨씬 너머로 움직여 항공모함 및 최신예 수상전력, 함대지 및 대함능력을 갖춘 핵잠수함, 장거리 폭격기, 대규모 최첨단 우주 구조설계 그리고 상륙 및 공중강습 전력뿐만 아니라 이들을 효과적으로 운용할 교육훈련과 교리를 사용하여 군사력을 투사하기 위한 능력을 개발하고 있다.[14]

일단 대만을 복속시키면, 중국은 이런 능력을 사용하여 타국을 복속시키거나 타국을 대만으로부터 분리시키거나 그리고 특별히 워싱턴과의 동맹관계로부터 이격시킴으로써 점진적으로 반패권연합을 약화시킬 수 있다. 비록 이런 요원한 공격은 대만에 대한 공격보다 베이징에 더 어려움을 제시하지만, 중국은 일단 대만을 복속시키게 되면 더 유리한 위치에 있게 된다. 대만은 중국의 군사력 투사에 대한 위협을 더이상 가하지 않을 것이며, 반패권연합의 결속력에 대한 의심과 특히 워싱턴의 안전보장에 대한 가치는 대만이 몰락하는 경우 함께 추락하게 될 것이다.

대만 이후, 중국의 최선의 전략은 아마도 동남아시아에 대한 집중이다. 예컨대, 이 국가들은 일본보다 훨씬 덜 발달되었으며, 일본은 정치−군사 균형에 있어 상당한 지각변동 없이는 중국이 즉각 굴종시키기에 너무 강하고 의지가 충만하다. 부유하고 잘 무장된 대한민국은 일본보다는 약하지만 가공할 만한 표적이 될 수 있다. 게다가 그 지리적인 위치를 고려할 때 대한민국에 대한 중국의 공격은 일본에 직접적으로 위협을 가한다고 보일 수 있으므로, 미국에 더하여 도쿄까지 분쟁에 끌어들이기 쉽다.

이런 관점에서, 베이징에게 자연스러운 다음 표적은 필리핀이 될 것이다. 필리핀은 오랜 미국의 동맹국이며, 그 접근성은 동남아시아와 서태평양 일대에서의 미 군사작전에 중요하다.[15] 동시에 필리핀은 상대적으로 약한 국가이며, 국내에는 중국에 협조하는 중요한 목소리들이 있다. 마닐라의 국방의지는 미국과 여타 동맹 및 동반국가들의 효과적인 방어를 활성화시키는 데 필요한 만큼 높지 않을 수 있다.

베트남 또한 비록 미국의 동맹은 아니지만, 좋은 표적이 될 수 있다. 하노이는 중국의 지배에 대한 반대를 고려했을 때, 최소한 반패권연합의 비공식 가입국이 될 수 있다.[16] 만약 미국의 공식 동맹국이 될 수 있다면, 반대로 하노이는 베이징에게 무엇보다도 이익을 남기는 표적으로 나타날 것이다. 또한 베이징은 베트남을 공격하는 데에 군사적 이점이 있을 것이다. 베트남은 직접적으로 중국에 인접하여 해당지역으로 군사력을 이동시키는 데 따르는 어려움을 상당히 완화한다. 게다가 비록 미군은 공중, 해양 그리고 정보영역에서 특히 이점을 누리지만, 이 영역들은 베트남 특히 하노이가 위치한 북부 방어하는 데는 쓰임이 덜하다. 오래 전해지는 미국의 격언인 "절대로 아시아의 내륙전쟁에는 연루되지 말라"라는 말에는 이유가 있다. 미군의 강점은 이 지역에서 거의 소용이 없다.[17] 이 사실은 왜 미국의 아시아에서 지속되는 동맹은 역사적으로 열도국가들과 형성되었는지 그리고 아시아대륙과 연결된 북한과 연결된 반도국 중 하나인 대한민국과 형성되었는지를 설명한다.

이를 고려할 때, 베트남을 공격하는 것은 중국에게 상당한 위험을 야기한다. 베트남은 필리핀보다 더 능력을 갖추고 가공할 만한 군사력을 가진 국가이다. 또한 베트남은 프랑스에 대항한 반란에서의 인내, 남베트남에서의 북베트남 및 그 연계세력과 미국과 남베트남 동맹 간의 전쟁 그리고 1979년 중국－베트남전쟁 Sino－Vietnam War of 1979을 통해서 얻은 자국방위와 자주독립에 대한 깊은 의지와 명성을 자랑한다.

그러나 중국은 필리핀, 베트남 혹은 양국 모두를 설득 혹은 강제하여 워싱턴과의 동맹 및 반패권연합에서 탈퇴하고 중국의 지역패권추구를 지원 혹은 이에 수긍하는 정책을 채택시키기 위해서 새로운 군사력을 운용하려고 할 수 있다. 그리고 만약 필리핀, 베트남 혹은 양국 모두에 대한 중국의 공격이 성공적이었으나 미국동맹의 약속과 반패권연합의 공허함을 드러내기에는 부족하다면, 베이징은 다른 아시아국가들에 대하여 비슷한 종류의 후속공격을 이어갈 수 있을 것이다.

그러나 언젠가 일단 중국이 미국과 반패권연합은 동남아시아의 가입국을 효과적으로 방어할 수 없다는 사실을 충분히 보인다면, 워싱턴과 연합의 차별적 신뢰도는 붕괴할 것이며, 중국은 지역의 패권국가가 될 것이다. 중요한 점은 베이징이 만약 미국의 차별적 신뢰도를 손상시킬 만큼 충분한 국가들에게 성공적으로 이 전략을 구사한다면, 거의 확실하게도 지역패권을 형성하기 위하여 모든 동남아시아의 국가에 대항하여 전쟁을 벌이지 않아도 된다는 점이다. 지역국가들은 베이징의 요구사항에 호응하기 쉽다. 정말로 만약 중국이 이런 전략을 효과적으로 추구할 능력과 결의를 보일 수 있다면, 중국은 다수의 전쟁을 수행하지 않아도 될 수 있다. 실제로 만약 중국의 국력과 의지가 충분히 나타난다면 그리고 워싱턴의 국력과 의지는 부족하다면, 베이징은 아예 수행해야 할 전쟁이 전무할 수 있다.

만약 중국이 필리핀과 베트남과 같은 국가들을 반패권연합으로부터 괴리시키는 한편 동남아시아 국가들을 휘하에 부릴 수 있다면, 중국은 궁극적으로 충분히 강하게 성장하여 미국과 연하여 오직 일본, 인도로 구성된 연합과 기타 오스트레일리아와 같은 다소 이격된 국가를 격퇴할 수 있을 것이다. 그리되면 중국은 이미 미국의 번영과 궁극적으로 미국인의 자유를 유의미하게 잠식하는 방식으로 경제 및 기타 동남아시아국가들의 정책을 차단할 수 있게 될 것이다. 동남아시아를 휘하에 둔, 2030년까지 대략 1조 달러 규모의 지역 경제력이 전망되는 중국은 막대하게 강해져서 국제 무역을 조성하고 자국의 영향력을 투사하여 미국인의 삶에 영향을 끼칠 것이다.18) 이 국력은 동남아시아에만 국한되지도 않을 것이다. 미국의 저항에 직면하여 동남아시아에 대한 패권을 형성할 수 있는 중국은 거의 분명하게 중앙아시아에 대하여도 세력우위를 점할 수 있을 것이다. 이와 같은 강력한 중국은 더욱 강력한 국력 투사를 중동과 심지어 서반구와 같은 그 외의 지역에 대하여도 개시할 수 있을 것이다.

만약 도쿄와 뉴델리가 이런 조건하에 중국의 세력우위에 저항하여 가까스로 버틴다면, 중국의 합리적인 절차는 양자를 고립 및 소외시키는 것이다(뿐만 아니라 훨씬 규모가 작은 오스트레일리아도 마찬가지이다). 만약 일본과 인도가 중국과 연계한 여타 지역을 본다면, 그들은 중국의 집중 및 순차전략으로부터 자신을 적절히 방어하는 데 필요한 의지를 유지하지 못하게 될 것이다. 베이징은 소비에트가 1980년대 유로미사일the Euromissiles의 개발에 대한 서유럽의 지원을 약화하고자 했던 것처럼, 연합 방어의 강화에 대한 내부 반대를 조장하려고 할 수 있다. 그리고 훨씬 부유하고 강력한 중국은 소비에트가 했던 것보다 훨씬 더 큰 영향력을 가질 것이다.

만약 도쿄와 뉴델리가 아직 상호 일치하지 않는다면, 중국은 그들 중 하나에 대한 집중전쟁전략을 운용하는 데 유리한 위치에 있게 될 것이다. 중국의 최선의 방책은 아직 이들 중 한 국가에 대한 전쟁에 집중하는 한편, 미국이 표적국가를 돕기에 충분한 만큼 왕성한 능력과 의지를 줄이는 것이 될 것이다. 그러나 이때 중국은 매우 강력하기 쉬우며, 중국은 미국이나 그 어떤 연합국가들에 대항해서든 분쟁을 고조시키겠다는 위협에 더 많이 의존하지, 비위협적으로 보이려고 하지는 않을 것이다. 달리 말하면, 이렇게 강력한 중국은 피격된 국가를 미국이 방어하는 것이 어렵고 값비싸게 만들기 쉬우며, 그와 같이 통제되고 차별적인 방법으로 미국에 많은 타격을 입히기 위해서 중국은 스스로 자제하는 모습을 보이는지의 여부를 두고 걱정을 덜게 될 것이다.

만약 베이징이 일본이나 인도를 설득하여 반패권연합으로부터 이격할 수 있게 된다면, 아시아에서의 중국의 세력우위를 거부하려는 노력은 실패하게 될 것이다. 미국이 오직 일본이나 인도와 동반하여 지역 내 중국의 패권을 형성하는 것에 저항하는 것은 거의 불가능할 것이다.

처벌과 정복

그래서 베이징의 최선의 제한전쟁 전략은 중국이 대만으로부터 시작하여 취약한 연합가입국을 복속시키도록 할 것이며, 그 방식은 충분히 위압적이어서 효과적인 연합 개입을 억지하지만, 그렇다고 중국이 너무 위험하기 때문에 비용과 위험을 무릅쓰고 효과적으로 개입해야 한다고 다른 연합 가입국들을 설득할 만큼 충분히 위험하지는 않을 것이다. 가장 본질적으로 중국은 국가들을 설득하여, 비록 모두가 연합하면 중국보다 더 강할 것이지만, 각국이 취약한 동반국가에게 충분한 방어를 제공하는 것을 자제하는 게 더 낫다고 여기게 할 것이다. 중국의 궁극적 목표는 지역 행위자들이 연합을 베이징에 대한 세력균형자로 보지 않을 때까지 미국 동맹국들을 우선순위에 의한 표적으로 삼음으로써 반패권연합의 공허함을 보이는 것일 테다. 이 시점에서 이 지역 행위자들은 편승하고자 할 것이며, 중국의 지역패권으로의 경로를 틔우게 될 것이다.

취약 연합국가를 고립시키고 복속시키려 하는 한편 인접국가들은 분쟁에서 제외되도록 설득함에 따라, 베이징은 비용과 손익계산서의 양변 모두에 영향을 미칠 수 있다. 한쪽 변에 중국은 자국이 취약 연합국에 취하는 행동이 여타 가입국에 대하여 갖는다고 보이는 위협을 줄일 수 있다. 다른 한쪽 변에 베이징은 여타 연합국가들이 효과적으로 표적화된 국가를 방어하는 데 예상하는 위험과 비용을 증가시킬 수 있다.

베이징은 동맹 및 동반국가들로부터의 큰 반응을 불러일으키지 않고서 두 가지 대략적인 방법으로 연합의 가입국을 복속시킬 수 있다. 우리는 첫 번째 방법을

"처벌적 접근"으로 부를 수 있다. 이 접근법에서 베이징은 제한된 폭력을 사용하여 취약국가에 대하여 그 국가가 자국의 합의내용에 굴복할 때까지 비용을 부과할 수 있다. 그렇게 함으로써, 중국은 표적국가의 동맹 및 동반국가들을 도발하는 것을 최대한 피하려고 할 수 있으며, 이를 통해 이런 주변국가들은 개입하고자 하는 동기가 최소화된다.

두 번째 방법은 "정복적 접근"이라고 명명될 수 있다. 이 접근법 아래에서 베이징은 특히 표적국가의 영토에 대한 통제력을 장악함으로써 자국의 의지를 표적국가에 부과하기 위해 토마스 셸링이 "폭력brute force"이라고 이름붙인 것을 사용할 것이며, 표적국가는 판세를 뒤엎기에는 너무 어렵고 값비싸고 위험한 선택지의 조합을 고려할 것이라는 베이징의 판단에 기초한 새로운 사실을 동맹과 동반국가에 제시할 것이다.19) 비록 이런 접근은 연합 개입의 동기를 줄이려고 할 테지만, 이 접근은 주로 이런 개입이 맞을 어려움, 비용 그리고 위험을 증가시킴으로써 효과적인 연합의 개입을 거부할 것이다. 내가 밑에 논의할 것이지만, 합력한 그 세력이 유망국보다 더 큰 반패권연합에 맞닥뜨린 유망한 패권국에게 있어서, 이런 기정사실은 정복적 접근이 가진 가장 효과적인 변형이다.

처벌적 접근

처벌적 (혹은 비용부과) 접근은 취약국가에게 고통과 상실이라는 비용을 부과하여 굴복시킴으로써 작동한다. 이 접근은 공자가 요구하는 것을 표적국가가 보호하기 위하여 기꺼이 감내할 수 있는 것보다 더 큰 비용을 부과할 수 있을 때 성공한다. 중요하게도 표적이 공자에 반대할 수 있는 능력은 내재적인 중요한 요소인 저항능력만 포함하는 것이 아니라, 제3자의 구호를 장악할 수 있는 능력 또한 포함한다. 표적국가가 감당할 수 없는 비용에 종속되고 외국의 지원이 부족하거나 표적국가가 판단했을 때 어떤 외부의 지원도 부족하다고 생각하는 경우, 표적국가는 공자의 요구사항에 더욱 응하기 쉽다.

베이징은 다양한 도구를 사용하여 취약국가를 처벌하고 항복을 받아낼 수도 있다. 비군사적 형태의 비용부과는 여행금지, 자산동결, 자본규제, 필수물자의 금

수조치 혹은 표적국가에 해를 입히고 부를 고갈시키고 그들의 자유를 저해하는 기타의 제재조치들을 포함한다. 처벌의 군사적 형태는 사이버 혹은 전자공격에서부터 봉쇄 혹은 폭격에 이른다. 살상력의 강제력을 특별히 고려할 때, 여기에서 비용부과의 군사적 형태에 집중한다.

얼마나 잘 운용되었는지와 무관하게, 처벌적 접근법의 핵심적이고 대별되는 성질은 영토를 장악하고 표적을 강요하여 항복하도록 하는 군사적 공격을 포함하지 않는다는 점이다. 대신에 이 접근법은 지속하여 고통을 겪게 하는 것보다는 표적국가의 항복을 설득하는 공자의 능력에 의존한다.

처벌적 접근법의 인식된 장점

왜 중국은 애초부터 정복적인 접근보다 처벌적인 접근을 택했을까? 여타조건이 동일하다고 했을 때, 만약 유망패권국이 무력을 사용하여 자신의 의도를 관철할 수 있다면, 이런 접근법을 취하는 것이 설득에 의존하고 그렇기에 공자의 통제에 덜 종속되는 방법을 취하는 것보다 더 나을 것이다. 완강한 아이를 욕조로 들어 옮기는 것은 그 아이를 설득하여 욕조로 가게 하는 것보다 전형적으로 더 쉬운 것처럼, 단순히 적의 영토를 장악하는 것은 주로 적이 포기하도록 설득하는 것보다 더 효과적이다.

무력은 달리 말하면 방자의 의지를 본질적으로 무관하게 만들어 공자의 통제 밖에 머무는 중요한 변수를 제거시키며, 공자가 마주하는 문제를 대단히 간단하게 만든다. 이런 변화는 막대한 가치를 지닐 수 있으며, 특히 유망패권국이 표적국가가 매우 중요하게 여기는 국가의 자주성 혹은 영토의 통합성과 같은 것을 빼앗고자 할 때 그렇다. 표적국가는 이와 같은 핵심 재화를 희생하지 않으려고 한다는 사실을 고려했을 때, 공자는 이와 같은 재화를 강제력에 의해 취하는 것이 자발적인 박탈을 초래하는 것보다 더 나을 수 있다.

하지만 처벌적 접근법은 자체적인 장점을 갖는 것 같다. 우선, 비록 궁극적으로는 성공한다고 할지라도 정복은 운용하기에 더 어렵고 고비용으로 보일 수 있다. 어떤 조건에서는 처벌이 공자의 목표에 다가가는 데 덜 부담스러운 선택지로 보일 수 있다. 예를 들어, 제1차 세계대전 이후 서부전선에서의 무력사용으로써 얻은 무서운 비용에 충격을 받고서 B. H. 리델하트는 유명한 "간접접근"을 개발, 비용을 부과하는 전략을 주장하며 전쟁이 요구했던 유혈사태의 극히 일부만으로도 영국이 대륙의 군대를 격퇴할 수 있기를 바랐다.[20] 줄리오 두헤Giulio Douhet는 전쟁의 공포에 각성하고는 국가들이 항공력을 사용하여 유혈이 낭자한 지상전역을 피하는 한편 적의 사회를 처벌하고 항복을 받아낼 수 있다고 주장하였다.[21]

처벌적 접근의 또 다른 호소력은 그 최소한의 국한된 변형에 있기 때문에 제3자의 효과적인 개입을 초래하지 않을 것으로 보인다. 어떤 군사행동이든 공격적으로 보일 위험이 있으며, 특히 피해국의 동맹과 동반국가들에 의한 대응을 정당화하거나 대응을 요구하도록 보일 수 있다. 그러나 개입을 도발하는 것의 위험은 운용되는 군사력의 초점, 규모, 강도, 능력, 재생산가능성과 비례하여 더 증가하는 경향이 있다. 그러므로 공자의 군사전략이 더 값비싸거나, 잔인하거나, 효과적이거나, 재생산이 가능할수록 여타 주요 관망국가들의 자체 안보에게는 공자가 더욱 타당한 위험으로 비칠 수 있다. 예를 들어, 폴란드에서 독일의 전격전의 운용은 유럽 전역의 수도에서 공포를 몰아왔다. 도쿄, 캔버라 그리고 하노이는 대만의 완화조치를 설득하기 위해 협소하게 집중된 중국의 봉쇄정책에 비해서 대만에 대한 중국의 결정적인 침공을 자국의 핵심 국익에 대한 위협의 위압적인 지표로 여길 것이다. 그러므로 중국은 폭력을 사용하여 표적국가를 복속시키는 것은 자국이 피하려고 하는 연합의 대응을 촉발하기 쉽다고 판단할 것이다.

중국은 효과적인 제3자의 개입, 도발을 피하는 방식으로써 처벌적 접근을 시행하기에 더 가능성 있는 것으로 본다.[22] 특히, 베이징은 자국이 노골적인 침공보다는 더 제한적이고 이성적이면서 전체적 힘의 합이 중국보다 더 강할 반패권연합의 개입을 촉발하지 않을 봉쇄, 폭격 혹은 다른 군사적 행동을 통하여 자국의 목표를 달성할 수 있으리라고 믿을 것이다.

"민족에 있어서 아주 많은 잔해"

하지만 처벌적 접근은 몇 가지 이유에서 상당한 제한사항을 갖는다. 첫 번째 제한사항은 토마스 셸링이 말했듯, "억지하는 것이 종용하는 것보다 더 쉽다"라는 사실에서 나온다.[23] 셸링의 논리에는 현 상태 그대로 용인하는 것을 포함하여 어떤 이가 무엇을 아예 하지 못하도록 설득하는 것이 원하지 않는 행동을 취하도록 설득하는 것에 비해서 더 쉽다.[24] 어떤 행동을 취하도록 설득하고자 하는 측은 현 상태에서 어떤 변화를 강요해야만 한다. 이런 사실은 행동을 억지하는 것보다 더 막중한 부담이 되는 경향이 있다.

셸링은 다음과 같이 썼다. "나는 도로에서 내 차를 당신의 진로에 놓고 당신 차를 막을 수 있다. 나의 억지적 위협은 수동적이며, 충돌을 하겠다는 결정은 당신에게 달려있다. 하지만 만약 내가 당신의 진로에 있다는 것을 알고 나서 내가 움직이지 않으면 충돌하겠다고 위협한다면 당신은 어떠한 이점도 누리지 못한다. 충돌 여부의 결정은 당신의 몫이며, 나는 억지력을 갖는다. 당신은 내가 움직이지 않는 한 충돌을 계획해야만 하며, 그것은 더 복잡한 사안이다." 강요하는 자는 상대방이 "행동하면 힘을 쓰는 게 아니라, 행동할 때까지 힘을 써야만" 한다.[25] 강요하는 자는 성공하기 위해서 일부 추가적인 행동을 취해야만 하는 한편, 억지하는 자는 아무 일도 일어나지 않더라도 목표를 달성한다.

강요하는 자가 영토 혹은 자주성과 같은 무엇인가를 포기하는 것은 더욱 어려운데, 그 이유는 그들에게는 스스로 큰 위험을 부담하더라도 가진 것을 보호하는 것이 갖지 않은 것을 얻으려 하는 것보다 더 쉽기 때문이다. 이 주장은 아주 오랜 통찰에 근거한다. 데모스테네스Demosthenes는 4세기에 다음과 같이 말했다. "그 누구도 자기 소유물을 지키는 것만큼 즉시 영광을 위해서 전쟁을 벌이지 않는다. 그러나 모든 인간은 자신이 잃을 위험이 있는 것들을 처절하게 지키려고 싸우는 한편, 영광을 위해서는 그렇지 않다. 인간은 정말로 그것을 그들의 목표로 삼고 설사 방해받더라도 적으로부터 그 어떤 불의를 당했다고 느끼지 않는다."[26] 많은 현대의 학술연구가 이 주장을 뒷받침한다.[27]

그러나 강요가 억지보다 더 어렵기만 한 것은 아니다. 처벌, 즉 비용을 부과하는 것에 의한 강요는 특히 달성이 어렵다. 국가들이 타 국가의 행동을 비용의 부과 또는 거부를 통하여 강요할 수 있는데, 비용부과에 의한 강요는 상당히 더 어려운 경향이 있다.[28] 가장 눈에 띄게도, 로버트 페이프Robert Pape는 강압적 항공력의 전략을 검증하여 처벌에 의한 강요는 몇 가지 이유로 거의 성공하지 못한다는 것을 밝혔다. 먼저, 강압의 표적은 문제가 되는 영토에 큰 관심을 가지며 그 영토를 보호하는 데 드는 높은 비용을 기꺼이 흡수하고자 한다. 둘째, 민족주의는 공자가 점령하고자 하는 표적국가의 영토에 대한 가치평가를 확대시킨다. 셋째, 사회는 주로 평시에 감내할 고통보다 전시에 감내할 더 큰 고통을 감내하고자 하며, 분쟁이 진 행됨에 따라 투입된 매몰비용은 사회가 합의에 동의하지 않게 만든다. 넷째, 만약 공자가 민간인 신분을 표적으로 삼는다면, 이런 전역에 사용되는 재래식 무기는 예측된 것보다 덜 파괴적일 것이며 핵무기에 비해서도 상당히 덜 파괴적일 것이 다. 다섯째, 국가들은 민간인의 취약점을 방어, 후송 그리고 여타 반대조치를 통해 서 최소화할 것이다. 마지막으로, 처벌적 전역은 자기의 정부에 반대하기보다는 강 제하는 국가에 대한 표적국가의 사회 적대감을 독려하기 쉽다.[29]

이런 어려움은 순수히 처벌적인 강제전략, 즉 자국의 목표를 폭력과 같은 수 단을 써서 직접적으로 달성하려고 시도하지 않는 전략에 있어서 특히 명백한데, 왜냐하면 만약 표적국가가 묵인하지 않으면 전략이 반드시 실패하기 때문이다. 그 리고 비용부과의 위협에 의존하는 전략이 그 자체로 작용하지 않기 쉽거나 시행하 기에는 너무 값비쌀 때, 표적국가를 위협하는 것은 효과가 없을 것이다.[30] 그러므 로 비용부과에 의한 강제가 약한 결심을 갖거나, 제한된 지속성을 갖거나 결국 찾 아올 종결에 희망이 없는 적에 대항하여 효과가 있을 수 있지만, 비용부과에 의한 강제는 이런 부류에 속하지 않는 적에 대하여 효과를 거두기가 특별히 어렵다.[31] 요컨대, 강제는 어려우며 처벌에 의한 강제는 특히 어렵다.

그러므로 처벌로써 명백한 항복을 강제할 국가의 능력에 대하여 의심할 만한 많은 이유가 있는데, 특히 표적국가가 자국의 핵심 국익이 위험에 처해있으며, 자 국은 침공국가의 처벌을 흡수하는 자국 스스로의 방어나 제3자의 개입 및 구호를 획득함으로써 극복할 것이라고 모두 판단했을 때이다.[32] 이런 류의 표적국가는 주 로 엄청난 처벌을 견뎌냈음을 증명하는데, 그런 견딤이 비록 고통스럽지만 핵심국 익을 포기하는 것보다는 불쾌하지 않으며 전쟁을 지속하는 것도 가능할 것이라는 논리가 있기 때문이다.

20세기의 기록은 이런 점을 증언한다. 영국은 제2차 세계대전에서 대공습Blitz 과 유보트U-boat 전역의 궁핍함을 견뎠으며, 몇 년 후에는 독일이 막중한 폭격을 견뎠다. 일본은 이 전쟁에서 궁극적으로 항복했지만, 미국의 원자폭탄의 사용과 소 비에트 및 미국의 공습이라는 임박한 위협에 처한 이후에야 내린 결정이었다. 일 본 사회에 그렇게 심각한 피해를 가져다준 악질의 폭격만으로는 명백하게도 도쿄의 항복을 설득하기에는 충분하지 않았다.33) 북한과 북베트남도 유사하게 미국의 폭격에도 불구하고 각각의 전쟁에서 굴복하기를 거부했다.34)

이런 경향에 있어 유일한 예외는 1999년 세르비아에 대항한 NATO의 폭격 전역인데, 슬로보던 밀로세비치Slobodan Milosevic를 설득하여 세르비아로부터 코소보의 분리에 응하게 만든 것처럼 보였다. 하지만 이 경우, NATO는 베오그라드Belgrade의 전면적 항복을 요구하지 않았으며, 일부의 절단만을 요구했다. 게다가 베오그라드는 부분적으로 NATO의 침공을 두려워하여 응한 것으로 보인다. 마지막으로, 북한과 북베트남과는 달리 세르비아는 외교적으로 고립되었음을 깨달았으며, 외부로부터의 구호에 대한 희망이 없었다.35)

달리 말하면, 국가의 자주성, 영토의 통합 혹은 다른 핵심 국익이 단두대에 오를 때 "민족 내에 잔해가 많았다".36) 모든 조건을 같이 두었을 때, 표적국가에 대하여 요구된 요구사항이 많을수록, 강제가 성공하기 위해서는 처벌이 더 가혹해질 필요가 있다. 처벌적 접근법이 표적국가를 설득하여 핵심 재화를 포기하도록 하기 위해서, 공자는 표적국가의 결의가 와해될 때까지 가혹하고, 잔인하며, 무서운 것들을 행할 능력과 의지가 있어야만 한다.

극단적인 처벌은 정치적으로 고립된 국가에 대하여는 작용이 될 수 있다. 그런 국가는 자국의 핵심재화를 양보하기 전에 높은 기준을 가질 수 있지만, 만약 동맹이나 타국으로부터 구호받는 것에 대한 희망이 없다면, 항복이 더 신중한 방책이 될 것이다. 약해진 러시아의 보호하고자 하는 의지 없이, 세르비아는 결국 코소보를 놓아주도록 결정했다.37)

하지만 처벌은 보호를 위하여 도울 준비가 된 동맹과 동반국가를 가진 국가에 대해서는 잘 작동하지 않을 수 있다. 이런 처벌에 종속하게 될 경우, 외국으로부터의 강력한 지원을 받는 국가들은 버틸 확률이 높은데, 이때 이들은 공습 이후 영국인들이 그랬던 것처럼 연합의 개입에 맡겨지지 않기를 바란다. 공자는 이런 저항에 직면하여 항복을 강요하기 위해서 더욱 가혹하고 잔인한 형태로 비용부과를 시도해야 한다. 그러나 이런 행동은 타국이 공자를 충분히 더 악의적이고 위험한 존재로 보아 공자가 애초부터 피하려고 했던 효과적인 개입을 보증하게 된다.

게다가 만약 연합이 표적국가를 지원하게 된다면, 공자는 처벌적 접근법 하에서 앞서 말한 개입을 다루기 위해 의지할 곳이 제한될 것이다. 한 선택지는 처벌을 더욱 강화시켜 사용하여 연합이 제공하는 구호를 상쇄시키는 것이다. 그러나 그런 방식은 다른 국가들이 반발행동을 정당화할 만큼 충분히 공자를 악랄하게 보게 만들며, 포위된 국가를 구원하기 위해 수배의 노력을 쏟게 한다.

그게 아니라면, 공자는 구원을 차단하려고 할 수 있으며, 예를 들면 재보급을 제공하는 수송선박, 항공기 혹은 지상 차량을 공격하면서 차단할 수 있다. 그러나 그런 행동은 더 넓은 연합으로부터의 원하지 않는 저항적 분쟁고조counterescalation를 초래하는 위험을 감내하는 방식으로 군사작전의 범위를 확장시킬 수밖에 없을 것이며, 다시 한번 공자를 그토록 피하려고 했던 더 큰 분쟁으로 이끌게 될 것이다. 저항적 분쟁고조의 위험은 오히려 공자의 행동이 연합의 구호노력에 비해 과대하다고 보이게 된다면 더 증가하게 될 것이다. 이런 상황은 가능성이 높다고 할 수는 없지만, 표적국가에 대한 충분한 구호를 제공하기 위해 필요한 수세적이며 인도적인 것으로 보일 수 있는 군사작전을 고려했을 때 상당히 타당성이 높으며, 차단하는 데 필요한 조치에 비교했을 때 분쟁을 고조시키지는 않게 보일 것이다.

처벌의 감가 가치

요컨대, 처벌적 접근의 목표가 국가의 핵심 재화를 포기하도록 설득하는 것이라고 한다면 잘 작동하지 않게 될 것이다. 하지만 이것이 바로 중국이 표적국가에 대하여 요구하는 것이다. 중국의 집중 및 순차전략의 요점은 반패권연합으로부터 가입국가들을 탈퇴시키고 그들을 중국의 야망하에 복속시키는 것이다. 그리고 이것은 그 자체로 이 국가들의 자주성에 대한 근본적인 침해를 요구한다. 표적국가가 중국에 자신을 복속시키도록 설득하는 데 중국이 동원해야 할 가혹함의 수준은 아마도 심지어 표적국가가 스스로의 자주성을 지키려는 보통의 완강함을 가졌다고 가정했을 때에도, 매우 높을 것이다.

게다가 아시아에서의 잠재적 반패권연합 가입국가들은 자국의 자주성을 지키는 데 있어 최소한 이런 수준의 관심을 보일 것이다. 실제로 일본, 한국, 베트남 그리고 인도와 같이 독립에 대한 강력한 전통을 가지는 국가들을 복속시키는 데는 예외적으로 높은 수준의 처벌이 필요할 것이 예상된다.

처벌적 접근법은 정치적으로 고립되지 않은 국가에 대하여는 작동하지 않을 것이다. 하지만 본래 중국의 집중 및 순차전략에 의한 표적국가는 고립되어 있지 않을 것이고, 베이징의 패권국가 야망을 견제하려는 목적하에 이미 형성되어 있거나 형성되고 있는 연합의 일부일 것이며, 베이징의 최적의 표적은 강대한 미국으로부터 안전 보장 약속의 수혜를 받는 국가가 될 것이다.

대만은 중국의 처벌적 접근법에 있어 가장 유익한 표적이다.[38] 대만은 중국 본토와 가깝고, 중국과 인종 및 역사적 연결점이 있으며, 중국과의 관계에서 얽히고 애매한 정치적 지위를 가진다. 하지만 대만마저도 준동맹인 미국과 잠재적으로 다른 국가에 의해 지원이 되면, 이와 같은 공작에 저항할 수 있게 될 것이다. 심지어 대만의 인구는 강요에 의한 베이징 굴종에 대한 일관된 반대를 고려할 때, 중국의 매우 거친 처벌적 접근하에서도 충분히 버틸 결의가 있어 보인다. 대만인은 압도적으로 본토의 통제하에 자신의 민족을 두는 것을 반대한다.[39] 이 사실은 중국이 높은 정도의 폭력을 행사하여 대만이 가진 포기의 역치를 초과해야 할 것임을 의미한다.

동시에 미국은 대만을 도우러 올 것인데, 그 이유는 대만이 워싱턴의 차별적 신뢰도에 있어서 중요하며, 1도련선에서의 대만의 군사적 중요성 때문이다. 워싱턴은 대만이 몰락하게 된다면 인식적 및 실질적으로 군사적 측면에서 중대한 타격을 입을 것이기 때문에, 미국은 대만을 포기하지 않을 것이다. 이런 사실을 고려할 때, 대만과 미국이 충분히 각오를 하는 한 그리고 미국이 대만에 충분한 보급물자가 닿게 할 확실한 능력이 있어 자국의 의지를 지속시키는 데 필요한 정도까지 자체방어를 실시할 수 있는 한, 이 섬은 고통스럽긴 하겠지만 중국의 처벌적 접근에 대항하여 무제한적으로 버틸 수 있을 것이다.

이런 환경에서 베이징은 미국과 여타 국가들의 대만에 대한 지원을 잠식시키기 위해 분쟁을 고조시킬 것이다. 그러나 만약 베이징이 그리하려고 했고, 물러나서 중국에 가장 유리한 조건에서 전쟁을 수행하려고 하지 않았다면, 미국과 다른 국가는 그들이 대만을 봉쇄 또는 폭격하는 중국의 자산을 타격할 수 있게 하거나 그런 행동을 취하는 군대를 물질적으로 지원함과 동시에, 효과적인 중국의 저항적 분쟁고조를 억지하는 수정된 제한전쟁 규칙을 제안할 수 있을 것이다. 그와 같은 접근법은 쉽지 않거나 비용이 없지 않을 것이다. 정말로 대만의 재보급을 차단하는 중국의 능력을 약화시키도록 고안된 계획은 거의 확실히 본토의 것을 포함한 중국의 병력과 시설에 대한 상당한 공격을 요구할 것이다. 어떤 계획이든 당장에 봉쇄망을 형성하는 차단에 포함된 자산을 넘어선 것을 표적으로 삼는 계획은 필연적으로 분쟁을 확장 및 첨예화시키는 것을 의미한다.

그러나 미국과 다른 연합국가들에 의한 이런 분쟁고조는 즉각 제한될 수 있는데, 분쟁고조에 의하여 달성할 필요가 있는 것의 기준은 상대적으로 낮기 때문이다. 이런 공격의 목적은 일반적으로 압박하거나 반드시 중국의 군사력을 약화시키는 것이 아닐 수도 있고, 단지 인민해방군의 차단능력을 일정 정도 저감시켜 대만이 중국의 차단과 폭격에 저항하는 데 충분한 보급이 이뤄지게 하는 것일 수도 있다. 미국, 대만 그리고 다른 어떤 참가국이든 이 과업을 수행할 계획과 능력을 변용했거나 변용할 수 있는 한, 그들은 대만을 방어하기에 잘 자리를 잡게 될 것이다. 만약 베이징이 느슨해지길 원치 않는다면, 미국과 다른 연합국가의 병력 및 자산을 더 직접적이고 폭넓게 타격할 수 있을 것이다. 하지만 이런 행동은 중국이 가장 강력하게 피하려고 했던 확대된 전쟁으로 치닫게 만들 확률을 대단히 증가시키게 될 것이다.

이런 상황에서 분쟁고조의 부담은 베이징의 어깨에 놓이게 된다. 중국은 선박을 침몰시킬 수 있고, 항공기를 격추시키며, 섬을 타격할 수 있다. 그러나 중국군이 재보급 노력을 저하시킬 만큼 충분히 선박과 항공기를 파괴, 손상 혹은 귀환시키지 못하는 한, 중국의 폭격은 대만인들의 의지를 파괴하지 않게 되며, 이런 상황은 지속될 것으로 보이는 한 방자는 유리한 위치에 서게 된다.

중요하게도, 이런 결과는 중국에 있어 주요한 약점이 될 것인데, 베이징은 강압적이지 않은 채로 단지 공격적이고 잔인하긴 하지만 저항해 볼 만큼만 악의적이게 보일 수 있기 때문이다. 중국의 위협적인 행동은 타 국가들에게 세력균형의 중요성이 필요하다는 인상을 줄 것이지만, 대만을 복속시키는 데 실패하면 중국이 그렇게 강력하지는 않으니 편승하는 것만이 신중한 선택이 아니라고 여기도록 할 것이다. 그러므로 교착은 반패권연합을 강화시키기 쉽고, 이는 성공의 하한선이 된다.

이 사실의 결말은 인접국가들이 비용부과에 상당히 저항적인 상태로, 중국이 충분한 군사력을 사용하여 표적국가를 강제하는 것과 너무 과도한 군사력을 사용하여 효과적인 연합의 개입을 초래하는 양 선택지의 틈새를 파고들기 매우 난해할 것이라는 점이다. 가능성 있는 표적국가를 복속시키고 그에 대한 구호를 차단하는데 필요한 고도의 그리고 대규모의 폭력은, 달리 말하면 정확히 미국과 다른 연합국가들이 개입하도록 강제할 정도로 매우 도발적이고 공격적인 종류의 공격이다. 또한, 이런 행동은 유럽과 같은 중립국가로부터 동정과 지원을 이끌어내어 이들은 경제적 구호, 중요 원자재 그리고 권리를 이전하는 한편 제재와 같은 장치로 중국을 압박할 것이다. 예를 들면, 베트남전쟁 기간에 북베트남은 자국의 강함과 지속성이 있었기 때문만 아니라 미국이 전쟁을 너무 고조시켰을 때 중국이나 소비에트연방으로부터 고통스러운 결과를 초래할 수 있고, 중국의 직접개입뿐만 아니라 타격을 주는 국제적 맹비난이 두려웠기 때문에 미국의 압박에 저항할 수 있었다.[40]

게다가 베이징이 이런 난국을 잘 헤쳐갔다고 해도, 즉 심지어 중국이 표적국가를 강압하기 충분한 군사력을 사용하지만 연합의 개입조건에 달하지 않을 만큼에 머물렀다고 하더라도, 다른 연합국가들이 여기기에는 아직 취약국가를 잃는 것이 차라리 그런 상황을 해소하기 위해 분쟁을 고조시키는 것보다 낫게 만들어야한다. 즉, 타 연합국가들은 유망국이 타 연합국가에 대하여 감행한 공격의 '방법'에 대하여 충분히 강하게 반대하지 않을 수도 있지만, 그 결과에 대하여는 강력히 반대할 수도 있다. 이 근거만으로, 이들은 베이징이 사용한 수단과는 무관하게 개입하고자 하거나 분쟁을 고조시키고자 할 수 있다.

달리 말하면, 처벌적 접근방법은 중국이 선호하는 변수들 및 결과를 다른 연합국가들이 수용하고, 분쟁을 고조시켜 피격되는 반패권연합 가입국을 보호하지 않도록 요구할 것이다. 연합국들이 분쟁을 고조시키는 것을 억지하기 위해, 베이징은 어려움, 비용 그리고 피격 연합국의 보호와 항복 취하에 따르는 위험이 이익보다 더 크다는 사실을 납득시켜야 할 것이다. 하지만 이 국가들이 즉각 대응해야 한다고 느끼게 할 만큼 강력하게 보이는 것은 피하면서 이와 같은 무서운 위협을 가하는 것은 중국에게 매우 어려울 것이다.

그래서 이것이 중국의 의사결정권자들이 처벌적 접근을 선택할 것이냐를 둘러싸고 직면하는 난관이다. 이는 바로 표적국가가 자주성을 포기하도록 설득하고 연합국가들이 이를 좌시하는 데 필요한 처벌의 양은 인접 연합국가들이 효과적으로 개입하는 데 필요한 조건을 초과할 개연성이 충분히 있고, 처벌적 접근법이 갖는 대전제를 무효화시킬 수 있다는 것이다. 만일 표적국가가 보통의 결의만 갖고 있다고 하더라도, 처벌적 접근법은 그 상당한 잔인함으로써 문제를 신속하고 깔끔하게 해결할 방법인 직접적 정복의 접근법보다 공자를 더욱 악의적이고 공격적으로 보이게 만들 것이다.

처벌의 대안

요컨대 중국에 대한 처벌적 접근은 심지어 대만과 같은 우호적인 표적국가에 대하여서도 실패할 것이다. 비록 대만에 대한 이런 분쟁이 그 어떤 측에도 결정적인 승리 없이 종료될 수 있지만, 높지만 합리적인 정도의 미국의 조치가 동반된다면 이런 분쟁은 대만이 저항하는 채로 안정화되기 쉬우며, 그럼으로써 미국의 차별적 신뢰도와 반패권연합의 힘 양자를 모두 보여줄 수 있을 것이다.

처벌적 접근법의 기본적인 문제는 이 접근법이 대만과 같은 표적국가를 장악하는 데 중국의 능력을 간단히 포기한다는 점이다. 설득을 통해서 항복을 이끌어내기는 직접행동을 통해서 항복을 간단히 강제하는 것보다 더 어렵다. 전자는 표적국가에게 결정적인 투표권을 남기는 데 반해, 후자는 이 변수를 제거한다. 다른국가를 정복하는 것은 자유를 포기하도록 설득시키려고 노력하는 것보다 더 효율적이고 의존할 만한 복속방법이다. 직접 공격하여 더 의존할 만하고 결정적으로 원하는 것을 가질 수 있을 때 왜 굳이 설득하려고 하는가? 나폴레옹이 말했던 것과 같이, 만약 비엔나를 갖고 싶으면 비엔나를 차지해라.[41]

또한, 정복에 반해서 처벌에 의존하는 것은 분쟁을 고조시켜 표적국가를 구원하려는 연합에 대항하여 중국과 같은 공자에게 중요한 영향력을 갖게 한다. 중국이 비용부과에 의존하여 대만을 자신의 궤도에 포함시키려고 하는 한, 연합은 목적을 달성하기 위해 교착상태의 상대적으로 낮은 기준에 다다르기만 하면 된다. 대만은 계속 저항만 하면 되는 것이다. 이런 상황은 대만인들에게 매우 힘들 수 있지만, 근본적으로 이 상태는 그들이 자주성을 유지하기에 충분하며, 스스로 이런 상황이 매우 가혹하게 봉쇄령을 내리고 폭격을 할 적에게 항복하는 것보다 더 선호할 것이다. 하지만 만약 중국이 대만을 장악할 수 있다면, 연합은 대만을 재탈환해야만 할 것이며, 이는 방어하는 것보다 거의 항상 더 어려울 것이다. 셸링의 수식에서 충돌을 초래하는 것은 중국이 아니고 바로 연합이 될 것이다.

이런 결점들은 왜 항복을 강요하도록 고안된 봉쇄 및 폭격전략이 역사상 드물었는지를 설명한다. 충분히 많은 강대국들이 표적국가의 항복을 받아내기 위해 봉쇄했었을 수 있지만, 이런 공자들은 거의 항상 정복을 선택했는데, 그 이유는 이 방법이 훨씬 더 효과적이었기 때문이다. 공자는 피해자가 항복할 때까지 기다리기보다 간단히 방자를 정복하는 것이다. 마찬가지로, 순수하게 혹은 대체적인 비용부과계획의 사례도 거의 찾아볼 수 없으며, 성공한 사례는 더 적다.[42] 그러므로 중국의 상황에 처한 국가는 정복적 접근을 선호하기가 매우 쉽다.

보다 통상적으로, 비용부과는 표적국가를 직접적으로 정복 및 복속시키는 주노력에 대한 지원이다. 미국 남북전쟁에서 연방정부는 반기를 든 남부에 대하여 포괄적인 봉쇄를 실시했으나 정복하고 남부연합군을 격퇴시켜서 남부의 반란을 복속시켜야만 했다. 제2차 세계대전에서 미국은 아마도 로버트 페이지Robert Page가 "역사상 가장 고통스런 공포의 계획"이라고 부른 역사상 가장 가공할 만한 비용부과 계획으로 일본을 굴복시켰으나, 이 계획은 일본 군사력의 파괴 및 일본열도를 침공할 준비와 병행하여 실행되었다.[43] 북베트남은 오랫동안 남베트남의 비용부과 계획을 감행했는데, 이 계획의 대부분은 사이공 친미파의 자국방어 의지를 침식시키도록 고안되었다. 그러나 궁극적으로 하노이는 남베트남을 복속시켰지만 비용부과가 아닌 침공을 통해서였다.

국가들은 침공에 실패하거나 침공을 감행할 수 없을 때, 주로 봉쇄 및 폭격을 그들의 주된 전략으로 삼는다. 나폴레옹과 히틀러는 모두 처벌적 접근법으로 결정하기 전에 영국을 침공할 것을 생각했는데, 프랑스의 경우 대륙봉쇄령the Continental System이었으며, 나치의 경우 유보트 작전 및 공습전략the U-boat campaign and the Blitz이었다.[44] 처벌적 접근법은 일반적으로 보조계획이며, 근본적으로 더 선호되는 선택지보다 덜 매력적이다.

실제로, 중국이 아시아에서의 세력우위를 달성하고자 하여 처벌적 접근법에 의존할 것을 선택한다면, 이 선택은 실제로 워싱턴에 베이징은 더 나은 선택지가 없으며 분쟁 고조를 위한 매력적인 선택의 여지가 없다는 의사를 전하게 될 것이다. 공습에서 독일의 테러계획은 실제로 독일군이 침공을 위한 실질적인 선택지가 없다고 인정하는 것이었다. 비슷하게, 침공 없이 봉쇄와 폭격에 의한 대만을 복속시키려는 중국의 시도는 아마도 중국이 대만의 항복을 강요할 수 있는 다른 선택지가 없음을 혹은 자국이 다른 선택을 할 능력에 자신이 없음을 보이는 것일 테다. 이런 사실은 미국이 대만을 효과적으로 방어할 수 있다는 미국의 인식을 강화시켜, 분쟁을 고조시킬 자국의 의지 및 연합 가입국의 의지를 강화할 뿐이다.

그래서 처벌적 접근법의 근본적인 문제는 그 성공이 다음의 두 가지 요소에 달려있다는 것이다. 첫째, 표적국가가 자국의 동맹과 동반국의 개입을 도발하는 수준 이하의 폭력수준에서도 항복하려고 하는 점이다. 둘째, 표적국가를 구원하기 위해 분쟁을 온건하게나마 고조시키는 것에 대한 동맹 및 동반국의 망설임이다. 만약 표적국가가 기꺼이 견뎌낼 수 있다면, 공자는 분쟁을 고조시켜야만 하며, 그로 인해서 동맹 및 동반국 그리고 다른 국가들의 맹렬한 반응을 불러오기 쉬울 것이다.

이것이 연합 개입의 그림자 밑에서 생기는 처벌적 접근법의 역설이며, 이 그림자는, 즉 공자가 결의에 찬 표적국가와 그 방자들에 대해 취하는 행동으로서, 연합에는 위협이 되지 않는다는 주장에는 의심될 행동이다. 바로 이런 행동들은 연합의 가입국들이 표적국가의 방어를 위한 결의를 증가시키는 경향이 있어, 공자가 분쟁을 고조시키고 애초에 피하려고 노력해왔던 더 큰 전쟁에 대한 위험을 감수하도록 하거나, 패배와 마찬가지의 교착상태를 감수하거나, 항복하는 것 중에서 선택을 하도록 만든다.

그래서 정복적 접근을 추구할 만큼 충분히 강력한 국가가 처벌적 접근법의 감가가치에 만족하기란 어렵다. 한편, 너무 약해서 정복적 접근법을 시도할 수 없는 국가는 아마도 처벌적 접근법을 작동시킬 수 없을 것이다. 비록 강력한 국가가 비용부과를 자국의 전반적인 전략에 포함시키고자 하지만, 이런 접근법의 제한사항을 고려했을 때, 비용부과에 완전히 혹은 주로 의지하기는 쉽지 않다. 봉쇄 및 폭격과 같은 절차를 통해서 목표국가를 약화시키는 것은 유의미한 격차를 벌릴 수 있지만, 그 절차만으로는 충분히 강력하고 약속을 이행할 동맹과 동반국가와 함께하는 결의에 찬 방자에 대하여는 결정적이기 쉽지 않다.

그러므로 중국이 처벌적 접근법을 선택하는 이유를 알기는 어렵다. 만약 중국이 대만과 같은 표적국가를 침공하고 복속시킬 능력이 있다면, 그리하는 것이 중국에는 더 좋은 선택이 될 것이다.

정복적 접근법

처벌적 접근법의 치명적인 제한사항은 바로 그 성공이 설득에 너무 과중하게 의존한다는 점이다. 정복적 접근법은 설득에 대한 의존을 대폭 줄이고 무력에 더욱 의존함으로써 이런 결점을 바로잡는다.

무력, 강압 그리고 정복

국가는 무력, 강압 그리고 그 둘의 모종의 조합을 통하여 정복, 즉 타국 영토의 일부 혹은 전부를 장악 및 점유한다.

강압의 어떤 요소도 포함하지 않은 가장 순수한 형태에서 정복은 적의 전부를 죽이거나 추방하는 것을 내포한다. 역사는 전쟁하는 국가들이 강압에 의해 지배를 받아들이도록 하기보다는 무력을 사용하여 적의 전부를 죽이거나 추방하는 수많은 사례를 제공한다. 예를 들어, 이스라엘인들은 여호수아서에서 여리고의 모든 거주민들을 학살했다.[45] 로마인들은 제3차 포에니전쟁의 말기에 카르타고를 정복하고 파괴하며 거주민들을 살해하거나 노예로 팔아넘긴 것으로 유명하다. 그들은 제1차 로마유대 전쟁the First Roman−Jewish War에서 예루살렘 또한 이와 비슷하게 다뤘다.[46] 순수한 무력이 전투와 공성에만 국한되지도 않았는데, 특히 문명의 발상이 있기 전에 그랬다. 수천 년 전, 유럽 스텝지방European Steppe의 얌나야Yamnaya 침략자들은 유럽 각지의 남성인구를 완전히 갈아치웠는데, 이는 곧 특정하여 남성의 대량 살상을 의미했다.[47]

그러나 타락하지 않은 무력은 현대세계에서 특별히 희소하다. 그 이유는 대체적으로 인종학살에까지 다다를 수 있는 대량 살인을 저지르는 자들에 씌워질 수 있는 도덕적 혐오감과 혹평 때문이다. 하지만 또 다른 이유는 쓰디쓴 결말까지 수행된 전쟁은 패배자뿐만 아니라 승자에게도 특별히 값비싸기 때문이다. 예를 들어, 유럽의 제2차 세계대전은 1944년에 대부분 결정되었으나, 연합국에서는 독일을 정복하기 위해 수많은 사람이 죽었다. 게다가 적을 완벽히 격파하거나 너무 과도하게 약화시키는 것은 그 소득의 가치를 저해할 수 있다. 격파된 적은 점령된 후에 값어치가 떨어지며, 이를 재건하는 데 드는 비용은 클 수 있다. 또한, 적을 격파하는 것은 만약 결과로 나타나는 적의 쇠약함이 전후 조성될 진공상태 속에서 적대감을 유발하여 위험할 수 있다. 바로 이런 현상을 방지하기 위해, 1813~1814년 메테르니히는 비엔나 회의에서 프랑스가 너무 쇠약해지지 않도록 했다.[48] 냉전의 많은 사례들은 그 근원을 부분적으로 제2차 세계대전에서의 완전한 독일의 파괴로써 남겨진 유럽의 진공상태에 둔다.[49]

이런 요인들 때문에, 무력만으로도 국익을 추구할 수 있는 압도적으로 강력한 공자는 거의 항상 적이 저항을 그만두고 항복조건을 받아들이라고 설득하려고 한다. 추가적인 전투 없이 혹은 최소한 쓰디쓴 결말까지 싸우지 않고 적의 항복을 납득시키는 것은 더욱 이익이 많고 효율적이며 위험이 덜하다. 그러므로 강압에 대한 보통 수준의 의존은 정복과 병행될 수 있다.

그리고 패자 측은 거의 항상 복종한다. 심지어 매우 결의에 찬 국가도 거의 항상 초토화가 되기 훨씬 전에 포기했는데, 특정 시점에 다다르게 되면 계속된 저항은 결과는 변화시키지 못한 채 고통과 상실만 더한다는 것을 인식하기 때문이다.[50] 그들에게는 패배를 인정하는 것이 승산 없이 더 저항하는 것보다 더 낫다.

따라서 대다수의 남부연합은 1865년 봄에 승전하고 있는 북부연방정부에 대항하여 게릴라 전쟁을 수행하기보다는 완전한 항복을 받아들였다.[51] 일단 독일인들이 1940년에 프랑스 육군의 대부분을 격퇴시키고 나서 대부분의 프랑스 시민은 독일 거인에 의한 처벌이라는 위험을 감수하기보다는 베를린의 승리를 인정했다.[52] 승자는 전쟁의 판도가 명확해진 후에는 남부연합인 또는 프랑스 시민 전원을 죽여서 항복하고 정복자 측의 조건을 받아들이라고 설득할 필요가 없었다. 그보다 공자는 무력을 사용하여 피해자의 영토를 차지하고 더이상의 저항은 무의미함을 보였다. 강압은 패자가 쓰라린 최후까지 싸우는 대신 이런 새로운 현실을 납득하도록 만드는 데 쓰이도록 준비되었다.

종종 침입자들은 만약 그들이 이길 수밖에 없다는 사실이 명백한 경우, 적의 대부분의 영토를 장악 및 점유하기도 전에 승리한다. 독일제국은 1918년 협상국the Entente Powers이 제국을 침입하기 전에 전면적 패배가 피할 수 없으며, 이를 인정하는 것이 계속 싸우는 것보다 낫다는 사실을 인식하고 항복했다.[53]

하지만 강압은 표적국가에 비해 공자가 전반적인 군사력의 우위를 구가하지 않을 때 공자에게 있어 더 중요하게 된다. 이와 같은 상황에서, 비록 공자가 무력을 사용하여 표적국가의 일부 영토를 장악할 수 있지만, 공자는 방자가 유실된 영토를 탈환하지 않도록 납득시키기 위해 설득에 의존해야만 한다. 예를 들어, 이집트는 1973년에 수에즈 운하를 장악하고 거기서 정지하여 다수의 이스라엘군을 방치하면서 그들이 새로운 상황을 수용하길 희망했다.[54] 아르헨티나는 1982년에 포크랜드the Falklands에 대하여 비슷한 술수를 쓰며 그 섬을 장악하지만 영국군을 더 이상 타격하지는 않았다.[55]

강압은 공자가 군사력의 열세에 놓이게 되는 반대 연합에 직면할 때 특히 공자에게 대단히 중요하다. 그런 조건에서 공자는 무력을 사용하여 연합국가의 영토 일부 혹은 전부를 장악할 수 있지만, 공자가 여타의 연합군을 격퇴할 수 없으므로 공자는 일정 정도의 강압에 의존하여 여타 연합국가가 영토를 수복할 만큼 노력하지 않게 납득시켜야만 한다.

정복의 전략적 용도

공자는 정복을 지속적인 정치적 이익으로 전환할 몇 가지 방법을 가진다. 하나는 합병에 의한 것인데, 침입자는 장악된 영토에 대하여 영속적인 통제 권한을 갖는다. 격퇴된 국가는 승자의 영토에 병합되고 저항할 수 있는 실질적 기관을 갖지 않는다. 예를 들어, 폴란드는 18세기 동안 부분적으로 그리고 1939년에는 독일과 소비에트 연방에 의해서 해체되었다. 합병의 매력은 침입자가 표적국가에 대하여 본질적으로 방해받지 않는 통제력을 갖는 것이며, 이를 통해서 공자가 국가의 자원과 노력을 재량껏 운영하는 데 있다. 단점은 이와 같은 통제는 바람직하지 않을 수 있다는 점이며, 잠재적으로 불안정한 영토를 운영하는 직접비용과 동시에 공자가 위험한 제국주의 국가라는 두려움을 증가시키는 것 같은 간접비용 때문이다.

그렇지 않다면, 성공적인 침입자는 피해국가에 대한 통제력을 형성할 수 있으며, 그 국가를 보호국protectorate과 비슷한 것으로 삼을 수 있다.[56] 이 모형에서는 승자가 패자를 일정 정도 독립적으로 두지만, 자의적으로 개입할 능력을 유지한다. 표적국가의 결정권자들은 그들이 항상 정복자의 개입에 종속됨을 알기에 정복자의 노선에 따를 수밖에 없다. 이런 상황에서는 주로 승전세력에 의존하거나 취약한 정부가 생겨나게 되며, 이것이 쇠약한 정부일 때는 괴뢰정부가 된다. 보호국을 만드는 접근법은 공자가 직접통제로부터 물러나는 한편 고도의 영향력을 유지하도록 한다. 그 방식의 결점은 승자가 피해국의 문제에 연루되는 위험부담이 있지만, 직접통제에 따라 얻게 되는 수준의 영향력을 갖지는 못한다는 점이다.

예를 들어, 나폴레옹은 프랑스의 지원에 의존하고 각지의 영토에 배치될 준비가 된 상비군을 유지했던 파리의 개입에 종속되는 다수의 왕국 및 기타 정치 형태를 마련하였다.[57] 독일은 북부 프랑스를 제국에 병합했고 많은 병력을 현지에 두었으나 프랑스의 대부분을 베를린에 복명하는 비시Vichy정권의 행정하에 두었다.[58] 미국은 1945년에 일본을 그리고 2003년에 이라크를 정복했다. 이 영토들을 합병하는 대신에 미국은 도쿄와 바그다드에 워싱턴의 정책에 더 합치되는 정부를 설치했다. 이런 형태의 감독은 승자에게 패자에 대한 고도의 권력을 부여하며, 패전국이 독립전쟁을 추구하는 것이 불가능하지는 않더라도 어렵게 만든다. 이런 접근법은 중국과 같이, 직접적인 제국적 통제를 발휘하는 국가보다 패권을 추구하는 국가에 흔하다.

마지막으로, 침입자는 더 전적으로 정복으로부터 철수하고 싶을 수 있다. 이런 상황에서 정복자는 장악함으로써 얻게 된 영토와 명령할 수 있는 지위를 사용하여 표적국가의 다른 요구사항에 대한 순응을 강제할 영향력을 가질 수 있다. 이 사실은 중요한데, 정복은 공자가 심지어 피해국가를 소진시키고 싶지 않더라도 자신이 원하는 바를 피해국가에게 강요할 때 가장 효율적인 주된 방법이기 때문이다. 이 접근법은 일반적으로 중요하지만 의미있게 제한된 정치적 목표를 달성하기 위해서 표적국가 군사력의 일부 혹은 전체에 대한 결정적인 패배 그리고 이런 승리로 얻어진 영향력의 사용을 내포한다. 이 접근법의 호소력은 장기간의 개입을 제한하고자 하는 침입자가 진정한 철수를 할 수 있게 만든다는 것이다. 그 단점은 바로 정복자의 권력이 철수했기 때문에, 정복자는 패배한 세력에 대하여 덜 지속적인 영향력을 누린다는 것이며, 이 사실은 패자가 결국에는 더욱 반발적인 방안을 추구하는 것을 허용할 수 있다.

예를 들어, 멕시코전쟁에서 미국은 멕시코군을 대대적으로 격퇴했으며 그 결과로 인한 이점을 활용하여 멕시코 남부의 광대한 부분을 병합하는 한편, 자국군을 철수 및 동원해제시키기 전에 멕시코의 핵심영토는 독립으로 두었다.[59] 독일군은 1870년과 1871년에 대부분의 프랑스를 점령하였으나, 베를린은 단순히 프랑스 전 지역을 독일제국으로 합병하지 않았다. 그 대신 베를린은 승리를 주되게 활용하여 프랑스가 강하게 반대했던, 프러시아의 지도하의 독일 통일에 대한 파리의 동의를 이끌어냈다.[60] 그러나 전쟁 후 수십 년간 베를린의 패권에 종속되지 않았던 프랑스는 독일에 대하여 적대적이고 보복주의적인 정책을 채택하였으며, 프랑스는 궁극적으로 제1차 세계대전 이후 상실된 영토를 수복하였다.

정복을 지속적 이점으로 연계시킨, 즉 보호국을 설정하고 정복지를 정치적 영향력으로 활용한 후자의 두 사례는 특히 오늘날 타당한데, 그 이유는 이 사례들에서 공자는 비록 차지한 영토를 병합시킬 의사가 없더라도 정복으로서 적이 요구사항에 응하도록 강요했기 때문이다. 피해국 영토의 정복은 공자가 피해국 영토에 대한 장기적 구상이 없더라도 정복 없이는 응하지 않을 피해국의 핵심 재화에 대한 요구사항을 승낙하도록 하는 데 가장 강력한 방법이 될 것이다.

만약 정복자가 영향력을 형성하고자 한다면 앞서 말한, 병합, 보호국 설정 또는 영향력으로서의 정복지의 활용, 이런 각각의 접근법은 정복자가 아무 영토가 아니라, 1918년의 협상국과 같이 위와 같은 행동을 위해 움직이고 있다고 보일 수밖에 없도록 중요 영토를 장악 및 유지할 것을 요구한다. 여기서 말하는 중요 영토란 국가의 정치, 경제, 군사력의 영토상의 원천을 의미한다. 이것은 전형적으로 표적국가의 수도와 인구가 밀집되고 발달된 상당한 부분을 포함한다. 이 지역에 대한 통제는 한 정부에게 힘과 물질성을 부여한다.[61] 정부는 이런 중요 영토에 대한 통제 없이 서면상 존재하고 정당성을 주장할 수는 있지만, 조만간 통제력을 회복하지 않으면 이 정부는 결국 허구로 보일 것이다. 이 중요 영토의 장악은 궁극적으로 침입자가 표적국가의 핵심 재화에 대해 자국의 의지를 관철 및 강요할 수 있게 하는 것이다. 만약 침입자가 이 중요 영토를 점유 및 유지하지 못한다면, 피해국은 계속해서 저항할 것이다.

기정사실화

그러므로 정복의 이점은 피해국과 그 동맹보다 더 강한 잠재적 공자에게 있어 확실하다. 그러나 이 사안은 공자가 이러한 우위를 향유하고 있지 않다면 복잡해진다. 이런 경우, 공자가 정복적 접근의 장점과 피해국과 그 동맹에 비해 가진 군사적 이점의 한계 사이의 간격을 메꾸기에 가장 좋은 방법은 기정사실화하는 것이다.

기정사실화함으로써, 공자는 무력으로 피해국의 일부 또는 전체 영토를 장악하지만, 피해국과 동맹 및 동반국을 설득하는 데 맞춰 무력을 사용하여 침입국의 이익에 역행하는 것은 불가능하고, 과대하게 값비싸고 위험하며, 불필요하다는 것의 조합임을 확신시킨다. 기정사실화는 몇 가지 형태를 띨 수 있다. 군사전략으로서, 이는 피해국의 영토와 군대의 장악 또한 봉쇄 및 폭격과 같은 비용부과의 요소들을 포함할 수 있다.[62]

취하는 형태를 불문하고, 승리의 기본 이론은 상수로 남는다. 기정사실화에서 공자는 피해국가 영토의 일부 또는 전부를 장악하고 나서 피해국가, 동맹 및 동반국가 모두가 새로운 상황을 납득하도록 설득해야 한다. 공자는 많은 방법을 통해서 이를 달성할 수 있다. 또한 공자는 상실된 영토를 수복하려는 노력이 금지되다시피 값비싸고 위험하다고 확신하게 할 수 있으며, 이뿐만 아니라 만약 영토 수복을 위해 반격을 감행하면 직간접적으로 분쟁을 고조시키겠다고 위협할 수 있다. 마지막으로, 가능한 집중적으로 무력을 사용하여 공자는 자신이 연합에 대하여 타국의 중요한 국익을 침해하는 위협을 충분히 가하고 있지는 않기 때문에 개입은 불필요하다고 설득해볼 수 있다. 공자는 주로 공격의 기세를 효과적인 개입을 초래하기 쉬운 곳의 이전에 멈춤으로써 이 마지막 효과를 달성할 수 있다. 또한 공자는 이러한 방법들을 조합할 수 있다.

그러므로 기정사실화는 무력과 강압을 통합하고 처벌적 접근이 과중하게 설득에 의존했던 점을 회피한다. 기정사실화에서 공자는 더이상 피해국가와 동맹 및 동반국가들을 설득하여 피해국의 핵심재화를 포기하도록 할 필요가 없고 불가항력을 사용하여 핵심재화를 장악한다. 만약 피해국가가 완전히 복속되거나 공자의 정복에 반발할 수 없다면, 이 상황은 공자가 남은 연합국가들을 설득하여 공자의 전과를 되돌리기에 충분한 대응을 하지 못할 필요만 생긴다. 만약 피해국가가 반격을 감행할 능력을 유지한다면, 아무리 미약하더라도 공자는 피해국에게 감행하지 못하도록 설득해야 한다. 어떤 경우에라도 기정사실화가 설득을 포함하게 된다고 하더라도 그 설득은 처벌적 접근법에서 요구되는 것보다 상당히 적은 정도가 될 것인데, 그 이유는 새로운 현실에 직면하여 방자의 소극적 수용만이 요구되기 때문이다.

그러므로 기정사실화는 약한 세력의 고전적인 제한전쟁 전략이다. 거의 유일하게 힘에만 의존하여 공자가 적대세력 모두에 군사적 우위가 요구되는 전략과는 다르게 기정사실화는 방자에게 일부 주도성의 여지를 남기며, 충분히 많은 공자의 상대들은 동의를 선택하는 것이 더 신중한 방법으로 여길 것임에 틀림없다.

기정사실화의 성공을 위한 조건

성공적인 기정사실화전략은 두 가지 조건에 의존한다. 첫째, 공자는 쟁점이 되는 영토를 장악할 수 있어야 하며, 이는 방자가 방치했거나 방자가 퇴출된 영토로 이동하여야 함을 의미한다. 만약 공자가 이를 이행할 수 없다면, 공자는 아무것도 얻을 수 없으며 방자는 방어할 것이 없게 된다. 예를 들어, 중국은 생각해볼 만한 그 어떤 상황에서도 하와이를 장악할 수 없다. 거리를 고려했을 때, 인민해방군은 탐지되고 도착도 하기 이전에 상비군이나 대기 전투력 혹은 경고를 수령하고 동원된 병력에 의해서 격퇴될 것이다. 이 사실은 성공적인 기정사실화에 요구되는 점이 표적영토 혹은 표적국가에 비해 공자의 군사력상의 지역적 우위를 향유하는 것임을 비춰준다.

만약 공자가 출중한 방자를 마주한다면, 이는 공자가 쟁점이 되는 영토를 방자가 효과적인 방어를 감행하기 전에 장악하거나 방어 없이 장악해야 함을 의미한다. 만약 공자가 피해국의 영토의 일부 혹은 전부를 피해국과 동맹의 방어능력이 없거나 방어가 수행됨 없이 장악할 수 있다면, 공자는 거점을 강화하여 적이 전과를 되돌리기 훨씬 어려워지게 만들고 방자의 반격은 얻을 것이 없다고 설득할 공자의 설득력을 더 강화시킬 수 있다. 동시에 공자는 만약에 방자가 소실된 영토를 수복하려고 시도한다면 분쟁을 고조시킬 것을 위협하여 이를 보충할 수 있다. 그러므로 기정사실화는 이미 강화된 진지를 차지하는 전투력을 물리치기 어려운, 즉 더 많은 전투력과 분쟁고조가 요구되는 상황에서 가장 효과적일 것이다. 준비된 방어는 주로 자연적 이점을 갖기 때문에, 이것은 흔한 상황이다.

중요하게도 이 조건은 기정사실화가 빠르고 값싸고 쉬우면 자연스럽게 그 매력을 증대시킴에도 불구하고, 이런 속성을 요구하지는 않는다. 기정사실화를 시행하는 것은 시간이 소요되며 어렵고 값비쌀 수 있다. 기정사실화의 본질은 그보다 공자가 피해국가와 동맹 및 동반국가를 설득하여 소실된 국가를 수복하지 못하게 하는 능력에 있다. 그러므로 기정사실화는 방자의 결심에 관한 것이며, 즉 이 전략은 방자와 동맹 및 동반국들은 쟁점이 되는 영토를 수복하는 데까지만 행동할 것이라는 현실을 공략한다. 성공을 위해서는 단순히 공자가 쟁점이 되는 영토를 장악할 수 있어야 하고 피해국가와 동맹 및 동반국은 공자의 전과를 되돌리는 데 드는 비용과 위험을 감수하려고 하지 않아야 한다는 조건만 요구된다.

둘째, 공자는 장악한 영토를 유지하거나 그에 대한 통제를 공고히 할 수 있어야 한다. 이 사실은 피해국가와 동맹 및 동반국가들에 의한 반격에 대한 저항에 적절한 방어를 준비할 것을 요구한다. 이 요구사항 때문에, 만약 영토가 공자에 의한 방어를 취하기에 매우 어렵다면, 새로운 현실을 고려하더라도 피해국가와 동맹 및 동반국가의 모종의 조합이 공자를 즉시 퇴출시킬 수 있을 것이다. 이런 상황에서는 공자가 방자를 설득하여 개입하는 것이 효과가 없거나 너무 값비싸거나 위험하다고 말하기는 어려울 것이다. 예를 들어, 비록 중국이 센카쿠 열도를 점유할 수 있지만, 중국은 소규모의 열도를 점유하는 것을 방어하기가 예외적으로 어렵다고 여길 것인데, 그 이유는 자국의 병력이 강한 일본과 동맹 미국에 의한 퇴출에 취약하기 때문이다. 그러므로 기정사실화는 중국의 센카쿠열도에 대한 매력적인 전략은 아닐 것이다. 이를 고려할 때, 방어가능성에 대한 기준은 절대적이지 않다. 공자는 단순히 충분히 방어할 수 있는 새 위치를 만들어서 피해국과 동맹 및 동반국이 판단하기에는 공자를 퇴출시켜 이익을 얻는 것은 너무 어렵고 값비싸며 위험하다고 여기도록 해야 한다.

연합에 대한 기정사실화의 활용

비록 공자가 기정사실화를 고립된 표적에 대하여 활용할 수 있다고 하지만, 이 전략은 특히 연합에 대하여 활용하기에 매력적인 경향이 있으며, 그 연합의 힘이 공자를 능가할 때 더욱 그렇다. 그 이유는 만약 연합이 더 약한 경우, 공자가 그대로 격퇴시키는 게 더 낫기 때문이다.

공자가 직면하는 연합보다 약한 상황에서는, 기정사실화가 공자에게 더 효과적일 수 있는데, 그 이유는 비록 표적국가의 자체방어 의지가 굉장히 왕성하다고 하여도 실제로 그럴 능력이 자체적으로 없고 그 당시 가용한 연합전력이 없을 수도 있기 때문이다.[63] 한편, 비록 여타 연합의 전력이 공자보다 더 강하더라도, 한 국가를 구호하기 위한 연합 가입국 각자의 결심과 준비태세는 공자가 부과하는 비용과 위험을 감당할 만큼 충분히 드높지 않을 수 있다. 앞서 말했듯 이런 상황은 드물지 않은데, 그 이유는 직접 위협을 받는 국가와 간접적으로만 연루되어 있는 연합국가들의 국익의 비대칭 때문이다.

기정사실화는 방자 혹은 연합 영토의 첨단 및 공자의 군사적 중심과 가까운 곳에 적용될 때, 특히 전자가 그 영향권 내 취약지역을 가질 때 가장 끌리는 경향이 있다. 이런 상황은 공자에게 전과를 달성하고 이에 대한 방어를 강화하는 데 필요한 국지적 군사력 우위를 부여한다.

연합에 대한 국지적 군사력 우위를 점하는 경우는 흔하다. 그 이유는 연합, 특히 반패권연합은 적의 힘을 상쇄할 만큼 충분한 가입국이 필요하기 때문이며, 자연스럽게 적으로부터 가장 위협을 받는 근접한 이웃 국가를 끌어오는 경향이 있기 때문이다. 더 거리가 떨어져 있고 그래서 안전한 국가들은 무임승차하기 쉬운데, 연합에 전적으로 가입하지 않거나 연합의 방어에 많이 기여하지는 않는다. 예를 들어, 오늘날에는 NATO의 군사적 측면에 있어 동유럽이 서유럽보다 더 의미가 있는데, 이는 소비에트권의 경계가 독일의 중심을 갈랐던 때 서유럽이 동맹에 의미가 있었던 것과 같다.

하지만 이렇게 위기에 처한 인접국가들은 적대국 군사력의 그림자 아래에 직접적으로 위치한 국가들이다. 그들의 취약성이 바로 적국의 목표를 견제하기 위해 타국과 연합하고 싶은 마음이 들게 하는 것이다. 하지만 그들은 오늘날 NATO의 동유럽 국가들이 그랬고 냉전시대 서독이 그랬듯이, 강력한 인접국에 취약한 채로 남게 된다. 이런 역학관계는 적이 더욱 강력해질수록 심화되는데, 특히 유망패권국인 경우 더욱 그렇다. 유망국의 세력은 균형을 이루기 위한 추가적인 국가를 필요로 하지만, 이 사실은 연합이 더 많은 국가를 아우르는 데 있어서, 유망국의 국지적 군사력 우위에 종속된 더 많은 국가, 기정사실화 전략의 표적국가로 매력적인 국가들을 받아들여야만 하게 될 것을 의미한다.

　　잠재적 공자가 국지적 군사력 우위를 갖는 상황은 흔한데, 그 이유는 경계지대가 항상 잘 방어되지 않기 때문이다. 그 한 가지 이유는 자원의 제한이다. 국가는 경계지역에서 가능한 최대의 방어를 갖추고 자원을 배치하는 비용을 지불하고 싶어 하지 않는다. 주로 합리적으로, 그들은 군사 지출보다 민간의 투자와 소비에 대해 경제력의 대부분을 할애하는 것을 선호한다.

　　다음 이유는 군대다. 경계지역 전체를 아울러 군사력을 분배하는 것은 설득력을 갖기 어려운데, 그 이유는 집중의 원칙에 어긋나기 때문이다. 선을 따라 분산된 부대들은 집중된 본체가 갖는 능력을 가질 수 없으며, 큰 병력에 의해 돌파되고 포위되는 데 취약하다.[64] 그러므로 전투력 안배의 선택과 집중 차원에서 보았을 때, 경계지대에서 공격을 맞이하지 않고 공자가 이동하여 공격기세를 상실할 때까지 기다렸다가 결정적으로 대응하여 공자를 격퇴하거나 격파하는 것이 더 효과적인 것으로 보인다.

　　게다가 군사력이 사회에 가하는 부담을 최소화하기 위하여 국가들은 일반적으로 그들의 잠재적 군사력을 최대로 동원하기 위한 경고에 의존한다. 경고 및 효과적으로 증원이 기능하는 데 걸리는 시간과 조건은 기정사실화 시나리오에 연계된 중요한 속성들이다.[65] 공자는 표적국가 영토상의 상비방어력이나 예비방어력 그리고 보다 전면적으로 생성된 방자나 방어하는 연합의 동원방어력 간의 차이에서 비롯되는 임시적인 국지적 군사력 우위를 활용하고자 할 수 있다. 그러므로 기정사실화는 일상적인 방어와 총동원된 방어 간 상당한 차이가 있을 때 특히 매력적이다. 예를 들어, 1970년대 초 이스라엘은 경고 및 동원에 그 국방의 대부분을 의존했다. 이를 인식한 카이로는 의도적으로 경고를 접수하면 군사력을 소집하고 배치하는 이스라엘의 경향을 감퇴시키기 위해 고안된 '양치기소년의 늑대출현 경고cry wolf 접근법'을 활용하여 이집트가 욤 키푸르 전쟁을 시작하기 위해 수에즈 운하를 장악했을 때 이스라엘을 무방비상태로 만들었다.[66]

　　마지막으로, 정치 및 외교적 이유에서 경계지대는 제대로 방어되지 않을 수 있다. 일부 연합국가들은 효과적인 경계지대 방어를 취할 수 없을 수 있는데, 그 이유는 그들이 외국군을 수용하고 싶어 하지 않거나 자국군을 해당지역에 배치하고 싶지 않을 수 있기 때문이다. 냉전기간 노르웨이는 자국에 외국군을 주둔시키기를 거부했다. 오늘날 대만은 미국의 경계지대상 가장 취약한 부분이지만, 미국군

이나 다른 군을 대만에 주둔시키는 데에는 주요한 정치적 장벽이 존재한다.[67]

그러므로 주변 영토, 특히 소외된 연합 네트워크에 대한 방어는 대개 불충분하며, 잠재적 공자에게 있어서는 드물지 않게 국지적 군사력 우위를 누려 기정사실화 전략을 수행할 수 있게 한다. 공격의 장소와 시간을 정할 수 있어서, 공자는 방어를 취하는 연합 경계지대의 약하거나 방어가 취약한 부분을 공략하여 그 영토를 장악할 수 있다.

하지만 앞서 기술했듯이, 기정사실화 전략을 매력적으로 만들기 위해서는 이런 국지적 이점으로부터 얻게 되는 전과를 방어할 수 있어야만 한다. 만약 공자가 즉각 퇴출된다면, 기정사실화 전략은 호소력을 갖지 못한다. 그러나 일반 원칙으로서, 공자에게 가까운 영토 그리고 특히 공자가 군사력을 집중할 수 있는 지역은 일단 장악된 후에는 방어하기가 용이하다. 접촉성과 근접성은 이점인데, 그 이유는 군사력이란 일반적으로 거리에 의해 제한되기 때문이며, 특히 그 거리가 경쟁될 때 그렇다.

이 군사적 현실은 물리학의 산물이다. 전쟁은 물질적 장치를 사용하여 생성되는 폭력의 문제이며, 이런 장치는 공간을 통하여 투사하기 어렵고 비용이 많이 든다. 미사일, 레이더, 항공기 그리고 방공체계는 한정된 사정거리를 가진다. 이들을 전진배치하면 새로운 표적들에 위협을 가하게 될 수 있으나, 이런 움직임에 따르는 비용과 어려움은 물자들이 수송되어야 하는 거리에 따라 증가하는데, 특히 이동에 새로운 군수 네트워크와 기반시설이 필요할 때 그렇다. 그래서 지형과 문화는 가까울수록 더 친숙하기 쉽다. 그러므로 인접하거나 가까운 영토는 일반적으로 멀리 있는 영토보다 공자의 기존 방어체계에 통합하기에 더욱 용이하다.

공자는 접촉되어 있거나 근방에 위치한 영토는 국가의 군사력이나 태세에 있어 극적인 변화를 요구하지 않을 것이기 때문에 즉시 인접 영토를 장악할 수 있으며 간단히 기존의 방어체계를 외부로 확장할 수 있다. 기존 무기의 사정거리는 이미 인접 표적을 포함할 수 있으며, 이동체계는 상대적으로 쉽게 전진할 수 있고, 현존하는 군수 네트워크는 완전 새롭게 설치되기보다는 간단히 확장될 수 있을 것이다. 물론 제한사항은 있다. 더 멀리 확장할수록 이점은 희석될 것이라는 점이다. 예를 들어, 제2차 세계대전 때 독일에게 있어 소비에트 연방을 자국 군사지배권에 통합하려고 하는 것은 인접한 홀란드나 프랑스를 통합하는 것과는 다른 문제였다.

인접한 섬은 해수를 건너야 하기 때문에 통합하는 데 더 어려우며, 주요한 산맥이나 사막 너머의 영토 또한 어려울 수 있다. 하지만 일반적으로 근접성은 통합의 용이함에 대한 대용물이다.

그래서 경계지대의 방어가 약하고 유망국이 확보한 지역을 더 잘 방어할수록, 기정사실화 전략은 더욱 매력적이게 될 것이다. 유망국이 연합을 마주할 때, 연합의 전방 방어가 더 약하고 연합의 일단 침공자가 주변국가를 획득한 후에 이를 더 즉각적으로 방어할 수 있을수록, 공자에게 있어 기정사실화는 더욱 매력적이게 된다. 게다가 기정사실화는 특별히 강한 연합을 마주하는 한편 힘의 우위를 달성할 수 있는 국가들에 있어 매력적인 전략이기 때문에, 다음의 둘의 차이를 공략하는 데 있어 이상적인 전략이다. 먼저 연합의 잠재적 힘, 그다음으로 그 연합이 얼마나 현실적으로 투자하여 되돌리기 어렵고, 값비싸며 위험한 집중적인 침공을 감행하고자 하는지 그 둘 간의 차이 말이다. 그러므로 기정사실화는 강하긴 하지만 그 우월한 힘을 사용하는 데는 충분한 결의가 없는 연합을 마주하는 약한 유망국에게 있어 최적의 전략이다.

반패권연합을 분리하기 위한 기정사실화의 활용

유망패권국은 피격국가를 강제하여 연합으로부터 탈퇴시키기 위해 기정사실화를 활용함으로써 대항하는 연합을 분리시키고자 할 수 있다. 이 사실은 피격국가의 힘을 제거함으로써 연합을 약화시킬 것인데, 마치 그게 더 중요하지 않은 것처럼 이 사실은 연합의 망설임 혹은 최소한 몇몇 취약국가들을 효과적으로 방어할 능력이 없음을 보여줄 것이다. 따라서 기타 취약국가들의 연합에 대한 신뢰는 잠식될 것이고, 이 취약국가들은 연합으로부터 탈퇴하거나 거리를 둘 확률이 높아질 것이다. 이런 역동은 만약 취약국가가 다른 연합국가들의 동맹인 경우 특히 심할 것이며, 연합의 차별적 신뢰도를 위험에 빠뜨리게 될 것인데, 그 이유는 이런 현상이 이 동맹 및 유사한 여타 동맹의 공허함을 보이기 때문이다. 그리고 연합의 성공에 있어 중요요소이기 쉬운 동맹의 차별적 신뢰도를 저해하는 것은 특히 연합에 손상이 될 것이다.

분명히 이 전략은 연합, 그중에서도 특히 중국에 대항한 미국중심의 연합과 같이 취약국가의 안전을 보장하기 위해 고안된 동맹으로 구성된 반패권연합을 마주하는 유망 지역패권국가에게 있어 특히 적절하다. 우리가 보았듯이 이와 같은 연합은 효과적이기 위해서 반드시 취약국가에 대하여 안전의 보장을 제공하고 그와 비슷한 충분한 국가들을 포섭하여 지역세력균형을 형성하는 데 있어 중국과 같은 유망국가를 압도해야만 한다. 만약 유망국이 이런 국가들에 대하여 연합으로부터 분리되기를 강요하거나 충분히 영향력을 미칠 수 있다면, 유망국은 결국 지역세력균형에서 힘을 더 키울 수 있으며 그 지역에 대한 패권을 형성할 수 있다. 한편 유망국은 유망국 자신이 지기 쉬운 확대된 전쟁은 피하면서 한 국가씩 반패권연합으로부터 분리하기 위하여 고립시키며 위와 같은 작업을 세력균형이 이전될 때까지 순차적으로 수행할 수 있다. 이것이 바로 집중 및 순차전략이다.

기정사실화는 이 전략에 이상적으로 맞춰져 있는데, 그것이 유망국이 다분히 질 것으로 생각되는 확전의 발단을 회피하는 방식으로 연합의 취약한 부분을 고립시키는 정확한 수단이기 때문이다. 그래서 유망국은 다른 연합 가입국들에 대항하여 세력균형이 전환되고 패권을 형성하기 위해 체제의 지역전쟁을 감내할 준비가 될 때까지 기정사실화를 반복할 수 있다.

그러나 반패권연합에 대항하여 이런 전략이 작동하도록 만드는 것은, 기정사실화의 어떤 형태를 필요로 하는 것은 아니다. 단순히 피해국가의 임의의 영토 일부를 점령하고 유지하는 것은 충분하지 않다. 목표는 표적국가가 연합으로부터 탈퇴하는 것이며, 한 국가를 동맹이나 연합으로부터 탈퇴시키도록 영향력을 행사하는 것은 피해국가의 핵심재화에 거의 확실히 달려있게 될 것이다. 이런 동맹 그리고 연합에 가입하는 전적인 목적은 바로 국가의 핵심재화, 특히 정치적 자주성을 지키기 위해서이다. 그러므로 국가가 핵심재화를 포기하도록 만드는 것은 주요 영토를 점유해야만 생길 수 있을 정도의 영향력을 요구할 것이다. 그러므로 이런 맥락에서 기정사실화는 반드시 피해국가의 주요영토를 장악 및 유지하는 것을 포함해야만 한다. 일단 침략국가가 이를 수행했다면, 그 국가는 피해국가를 병합하거나, 침략국에 우호적인 정권을 설치하거나 획득된 영토를 담보로 피해국 정부에 대하여 영향력을 행사함으로써 피해국이 연합 및 연관된 동맹으로부터 탈퇴하도록 강제 및 강요해야 한다. 만약 공자가 피해국가의 주요영토를 장악 및 유지하지 않는다면, 피해국가는 이와 반대로 계속해서 저항할 것이다. 실제로 중국은 제1차 대만해협위기 동안 이장산과 다천군도Yijiangshang and Dachen Islands를 차지했지만, 타이페이는 미국과의 관계를 유지했다.

중국의 전략적 계산상의 기정사실화

전반적으로 유망국보다 강한 반패권연합을 분리시키는 데 아주 적절하기 때문에, 기정사실화는 베이징에게 있어 이상적인 전략이다.[68] 이 전략은 연합 내부의 위협 인식과 결의의 편차를 공략함으로써 지역적으로 강한 국가가 더욱 강한 연합의 가입국을 열외시키는 데 정확히 맞춤으로 고안되었다. 중국은 아시아에서 그 어떤 국가보다 훨씬 더 강력하며, 대만, 필리핀 그리고 베트남과 같은 인접국가에 대항하여 점증적으로 주요 군사력을 투사할 수 있다. 효과적으로 적용하면, 이 전략은 베이징이 반패권연합의 가입국가들을 열외시켜 연합이 공동화되거나 붕괴할 때까지 계속하여 연합을 약화시킬 것이다.

기정사실화의 실용성 그리고 그에 따라 베이징이 인접국가를 정복할 수 있는 능력을 갖는 것의 중요성은 대중 토의에서 종종 혼동되는 중요한 점이다. 많은 사람들은 베이징이 아시아에 영토적으로 제국을 창조하는 것을 원하지 않는다고 주장한다.[69] 이는 사실일 수 있지만 군사기획의 관점에서는 의미가 없다. 심지어 직접적으로 다른 국가들을 통제하거나 병합하기를 원하지 않는다고 해도 중국은 아시아에서 세력우위의 강대국이 되기를 열망하며, 이 사실은 그 어떤 반패권연합이든 극복하거나 어떤 반패권연합이라도 형성하지 못하게 하는 것을 의미한다. 중국의 가장 최선의 방법은 집중 및 순차전략을 사용하여 국가들을 강제하고 연합을 떠나게 하는 것이다. 하지만 우리가 보았듯이, 처벌적 접근법은 이런 목표를 달성하기 위해 필요한 영향력을 중국에 제공하지 않을 것이다. 그보다는 베이징의 차선은 연합에 대항하여 기정사실화를 활용하는 것이며, 그들의 중요 영토를 정복하여 연합의 탈퇴를 강제하는 것이다. 그러므로 실용적인 군사적 관점에서, 중국은 아시아의 상당한 부분을 정복할 수 있게 되길 원할 것이다. 그 이유는 인접국가의 영토를 장악 및 유지할 수 있는 능력만이 베이징에 필요한 주요 지역 국가들의 미국과의 동맹 그리고 더 넓게는 반패권연합으로부터의 탈퇴를 강요할 정도의 힘을 제공할 것이기 때문이다.

중요하게도 베이징이 반동지역으로 여기는 대만을 제외하고, 이 전략을 시행하는 데 있어 중국의 목표는 점령한 영토의 합병이 아님에 거의 틀림없다. 중국은 이미 매우 큰 국가이다. 자국의 국경을 확장하는 것이 목표로 향하는 가장 좋은 경로라고 베이징이 생각할 이유는 거의 없다. 게다가 영토의 확장은 특히 자국을 위험하도록 보이게 할 것이다. 그러므로 비록 중국이 영토의 확장을 추구할 수 있다고 하더라도, 중국이 지역패권을 획득하고 반발하는 데 있어 마치 보불전쟁the Franco-Prussian War 이후 평화협정에서 독일의 알자스와 로레인 점령이 제3공화국 하 프랑스의 적대심에 기여했던 것처럼 그와 같은 행동을 취할 필요는 없다.[70)] 그보다 그 어떤 표적국가에 대해서든 베이징의 핵심 요구사항은 아마도 만약 가능하다면, 표적국가가 미국과의 동맹 그리고 반패권연합에서 탈퇴하는 것이 되기 쉬울 것이다.

기정사실화를 활용하는 중국의 최적의 방법은 자국이 이런 전략을 수행할 최선의 능력을 가진 국가나 영토에 대하여 시작하는 것이며, 이들은 달리 말하면 자국 군사력의 궤도에 포함되거나 그 인근에 있다는 점과 불충분하게 방어가 된다는 두 가지 속성의 조합된 국가들이다. 인접 국가들은 중국 군사력의 그림자에 포함되는 국가이기 쉬우며, 일단 정복된 다음에는 즉각 방어될 수 있다. 만약 중국이 기정사실화를 활용하여 이런 국가들을 복속시킬 수 있다면, 중국은 자국의 군사적 종심을 공고히 하고 확장할 것이며, 이어서 이 전략을 여타 소원한 국가들에 대해 반복 적용하여 연합을 붕괴시킬 것이다.

베이징이 반패권연합 안에서 미국의 동맹을 복속시키는 데서 대부분의 이익을 얻을 것임을 고려했을 때, 중국의 패권을 형성할 최선의 결과를 낼 전략은 기정사실화를 활용하여 접촉된 혹은 인접한 국가나 반패권연합의 일부 국가의 주요영토를 점령하는 것일 것이며, 이상적으로 그 국가는 미국의 안전 보장 약속을 받은 국가가 될 것이다. 이 사실은 피해국가의 군사력을 격퇴할 것과 피해국가의 중요영토를 정복하여 항복을 강요할 것을 요구한다.

이런 접근법은 만약 성공한다면, 직접적으로 미국의 차별적 신뢰도에 부정적인 파급효과를 낳을 것이며, 워싱턴의 보장에 대한 눈에 띄고 아마도 치명적인 제한사항에 대한 가능한 가장 명확한 신호를 보내게 되므로 연합의 전반적인 능력의 한계를 알리게 될 것이다. 만약 중국이 이후 다양한 표적국가에 대하여 순차적으로 기정사실화를 수행할 수 있다면, 중국은 이와 같은 연합의 형성을 회피하거나, 물질적으로 침식시키거나, 붕괴시키게 되어, 지역의 패권국가로 자국을 발돋움하게 될 것이다.

중국은 반패권연합의 그 어떤 국가에 대한 상대적인 우위보다 더 큰 수준으로 대만에 대한 국지적 군사력 우위를 만끽한다.[71] 그 결과로 그리고 앞서 언급된 왜 대만이 중국의 가장 매력적인 최초의 표적인지의 이유에 더하여, 중국의 총체적으로 이익이 큰 전략은 대만에 대하여 기정사실화 전략을 우선 시도하는 것이다. 베이징은 대만의 주요 섬의 대부분, 특히 타이페이와 인접한 지역을 장악해야만 하며, 이를 통해 대만 정부의 항복을 초래할 것이다. 이보다 덜 중요한 영토의 장악으로는 충분하지 않다. 예를 들어, 퀘모이Quemoy와 맛수Matsu를 장악하는 것은 대만의 항복을 받아내지 못할 것이다.

인접해 있어서, 대만은 중국에 장악되고 나면 상대적으로 방어하기 용이할 것이다. 일단 장악하고 나면, 중국은 대만해협을 건너서 물자를 수송할 수 있게 되며, 본토의 군사력을 사용하여 장악된 영토를 보호할 수 있게 될 것이다. 중국이 미국의 군사력 개입을 차단하기 위해 개발한 대부분의 가공할 자산은 중국이 점령한 대만을 보호하기 위해 즉시 사용할 수 있을 것이다.

베이징이 대만을 장악한다면, 중국은 이어서 이 섬을 반패권연합 여타 가입국에 대한 후속 공격을 위한 발진지점으로 활용할 것인데, 이는 대만이라는 코르크 마개가 제거된 것과 같기 때문이다. 필리핀은 그다음의 매력적인 표적이 될 것이다. 베이징의 전력 투사력을 고려했을 때, 중국은 2020년대 말까지는 필리핀에 대한 원정작전을 개시할 수 있을 것이다.[72] 대만과 같이, 미국과의 동맹으로부터 탈퇴하도록 설득하도록 영향력을 충분히 갖기 위해, 중국의 병력은 필리핀의 중요 영토, 아마도 최소한 루존Luzon의 대부분 혹은 전부를 장악할 필요가 있다.

필리핀에 이어서 베이징은 두 눈을 베트남과 그 외 다른 동남아시아의 표적으로 돌릴 수 있다. 만약 미국과 다른 잠재적 방자들이 이미 강력한 방어 구조를 세워서 이런 전략을 방지하고자 하지 않았다면, 베이징은 이런 국가들의 중요 영토를 장악할 수 있게 되고 강력한 방어를 취하는 반패권연합에 대하여 베이징이 확보한 영토를 되돌리려고 하는 것은 너무 어렵고 위험하다는 것을 보여줄 수 있다. 시간이 지나면서, 기정사실화의 순차적 적용은 중국이 대만을 병합하고 충분한 숫

자의 지역 행위자들을 복속시켜서 일본, 인도, 오스트레일리아와 같은 어떤 잔여
행위자이든지, 더 반패권연합이 베이징에 대한 의존할 만한 균형추가 될 수 없음
을 보게 될 것이다. 이 국가들이 반패권연합에 가담하고 가입을 유지하는 유인은
그 결과로 감소할 것이며, 베이징에 이로써 지역패권의 기반을 허락하게 될 것이다.

제 8 장

거부방어

The Strategy of Denial

제 8 장

거부방어

그렇다면 어떻게 미국은 중국의 최선의 전략에 대응해야만 하는가?

다시 말해, 미국의 근본 목적은 반패권연합의 효과를 유지하는 것이다. 연합이 중국보다 더 강력하고 기능을 효과적으로 수행하는 한, 베이징은 추구하는 지역패권을 가질 수 없다. 연합의 적합한 기능수행을 위한 미국의 차별적 신뢰도의 핵심 중요성 때문에, 미국은 반드시 가장 취약한 국가들을 포함한 각각의 동맹국에 대한 효과적인 방어를 보장해야 한다. '효과적인 방어'는 피격되는 동맹국이 연합에 대하여 기대되는 기여를 유지할 정도로 충분한 방어를 의미하며, 실용적으로 말해서 베이징의 최선의 전략에 직면하여 정복되거나 편승 혹은 중립화하는 것을 방지하는 것을 말한다.

지배력 회복의 불가능성

미국에게 있어 가장 매력적인 군사전략은 지배력이다. 이런 모형에서 미국은 즉시, 결정적으로 그리고 비교적 저렴한 비용으로 동맹에 대한 중국의 공격을 격퇴시킬 수 있으며, 이때 베이징은 도피할 좋은 방법이 없다.[1] 이런 종류의 지배는,

적의 공격을 직접적이고 상대적으로 저비용으로 격퇴시킬 수 있기 때문에, 방자의 결의에 매우 적은 부담을 부과한다. 만약 어떤 행동이 최소한의 희생과 위험을 요구한다면, 이 행동은 더 실행하기 쉬우며, 이는 이익이 더 적더라도 마찬가지가 될 것이다.

미국은 중국에 대한 이런 종류의 지배를 미국의 안보 동반국가들에 관해 최근까지 누려왔다. 1990년대와 2000년대에 중국은 결정적인 것은 고사하고, 의미있는 군사력의 투사를 심지어 대만에 대해서도 결코 실행하지 못하였다. 이와 같은 세계에서 만약 베이징이 대만을 침공하려고 했다면, 중국의 선박은 빠르게 격침되고, 항공기는 격추되거나 지상에서 파괴되고, 미사일은 요격되거나 실질적 피해를 거의 주지 못했을 것이다.[2] 비록 베이징이 핵무기를 가졌더라도 대만에 대한 공격을 떨쳐내기 위한 맥락에서 미국에 대한 공격을 취하는 것은 미국의 막대한 대응을 이끌어내기에 확실한 방법이 되었을 것이다. 그러므로 분쟁 고조의 부담은 예외적으로 중국에 막중하게 지워져 있다.

하지만 중국에 관한 미국의 군사적 지배가 확실히 바람직하다고 하더라도, 이러한 지배는 이제 불가한데, 특히 반패권연합에 대한 집중 및 순차전략을 적용할 베이징의 능력에 대한 지배는 불가능하다. 이에 대한 가장 중요한 이유는 중국 경제의 막대한 규모와 정교함에 있다. 구매력의 상응측면에 있어서 중국의 구매력은 이미 미국보다 더 거대하며, 중국은 왕성하게 이런 경제력을 군사력으로 전환해오고 있다. 게다가 중국의 국방지출은 예상된 양보다 상당히 적다. 실제로 중국은 미국이 소비하는 것보다 더 적은 양의 GDP를 소비한다.[3] 만약 미국이 지배를 달성하기 위해 소비하려고 한다면, 중국은 이런 미국의 노력을 높은 확률로 거부할 것이다. 게다가 중국과 같은 강대국에 대한 지배력을 획득하기 위한 시도에서 생기는 막대한 요구사항을 고려했을 때, 그 경제적 비용은 장애를 초래할 수 있으며, 미국 군사력의 궁극적 원천인 미국의 경제에 대해 심각한 부담을 가할 수 있다.

두 번째 이유는 지리이다. 베이징이 가장 유리한 표적으로 여길 연합국가들은 미국으로부터 멀리 떨어져 있지만 중국과는 가깝다. 그리고 이미 논의됐듯이, 군사문제에 있어서 거리는 대단히 중요하다. 중국의 부와 미국으로부터의 아시아까지의 거리는 간단히 미국이 중국에 대한 지배를 다시 수립할 수 없음을

의미한다.[4]

게다가 지배력을 회복하려는 미국의 시도는 역효과를 초래할 것이다. 불가능한 군사적 임무에 얽매이는 것은 근사한 실패보다는 낭비로 이어지기가 더 쉽다. 예를 들어, 중국의 대공방어체계의 드넓은 지역을 제압하거나 무너뜨리려는 노력은 필요에 따라 선택된 부분만을 개척하는 것에 비하여 다른 목적을 위해 사용될 수도 있는 막대한 양의 탄약을 소비하도록 할 것이다. 또한, 중국의 이동타격체계로부터의 위협을 완전히 지배하려는 시도는 특별한 양의 정보, 감시 그리고 정찰 자산과 대역을 소비할 것이며, 미사일과 기타 타격 무기체계, 방어 체계, 다른 무기체계를 소비하여 침략 선박이나 항공기를 요격하는 등의 미국의 다른 중요 임무에 사용될 긴요한 자산을 노출시킬 것이다. 그리고 이런 노력은 아마도 어떤 침략군이 성공적으로 공격을 감행하기 전에 미국의 병력이 가질 시간보다 훨씬 많은 시간을 요구할 것이다.

이런 모든 이유로, 미국은 반패권연합의 취약한 동맹을 방어하는 데 관한 대중 지배력을 회복하려고 해서는 안 된다.

비용부과전략의 거짓된 유혹

미국의 끌리는 대안은, 직접적으로 기정사실화를 시도하는 것보다, 베이징이 획득한 이익을 토해내도록 비용을 부과하는 데 의존하는 것이며, 특히 수평적 분쟁고조, 즉 전쟁을 넓히고 전투에 직접적인 지역 너머 중국에 비용을 부과하는 것이다. 처벌적 접근법의 변형인 이 전략은 표면적으로는 호소력이 있는데, 그 이유는 서태평양에서의 중국의 국지적 힘에 대항한 기존 미국의 범지구적 군사력 우위를 활용하는 것으로 보이기 때문이다.[5] 그러나 수평적 분쟁고조는 베이징의 집중 및 순차전략에 직면하여 미국에게는 실패하는 전략이다.

그 이유는 근본적으로 수평적 분쟁고조가 집중 및 순차전략이 삼는 표적보다 평가절하하는 표적에 대하여 공격하기 때문이다. 예를 들어, 수평적 분쟁고조는 아시아 바깥에 다다를 정도로 더욱 멀리까지의 국익에 대한 비용을 부과함으로써, 대만이나 필리핀을 포기하도록 베이징을 강요할 것이다. 하지만 범지구적 세력우

위를 획득하기 위한 최선의 방법은 아시아에서의 지역패권을 먼저 형성하는 것이
다. 중국은 이를 도울 표적들을 선택할 전적인 이유를 가지며, 중국은 이들을 아프
리카의 기지나 중동의 전력시설들보다 더 가치있게 여길 것이다. 달리 말하면, 중
국의 관점에서 대만, 필리핀 및 아시아의 미국 동맹국을 복속시키는 데서 얻는 이
익은 아시아 석권 후 복권될 멀리 떨어진 중국 기지 및 국익에 대한 접근성 상실
이상이다.

　　게다가 이 전략은 거의 확실하게 낭비적인 전략이다. 일단 중국은 서태평양의
동맹국들을 직접적으로 방어하지 않으려고 하지만 멀리 떨어진 중국의 자산들을
공격한다는 미국의 의도를 인식했을 때, 베이징은 군사적으로 이에 맞게 적응할
수 있을 것이다. 중국은 인민해방군의 병력구조, 태세 그리고 운용개념을 조정하여
더이상 경쟁하지 않을 근접전투로부터 벗어나서 원거리의 자산들을 보호하고 미국
의 자산을 위협하는 것에 집중하게 될 것이다. 미국의 국익이 전 세계에 걸쳐 중국
의 국익보다 널리 분포한다는 사실을 고려할 때, 경쟁체제를 전 지구화시킴으로써
미국은 얻는 것보다 감내해야 할 고통이 더 클 것이다.[6]

　　마지막으로 이런 요소들 때문에, 이런 전략은 거의 확실히 아시아의 반패권
연합을 형성, 지속 그리고 응집시키려는 미국의 노력에 대하여 독이 될 것이다.
중국에 근접한 국가들은 미국이 직접적으로 방어할 것이라고 여기지 않고, 강력
한 중국이 그들을 포기하도록 강요하기를 허황되게 바랄 것이라고 인식할 것이
다. 이런 상황은 거의 확실하게도 연합에 가담하려고 했던 국가들이 편승하게
할 것이다.

　　미국에게는 수직적 분쟁고조 또한 이치에 맞지 않을 것이다. 미국은 감내할
준비가 된 중요하지만 제한된 이권을 쟁취하는 데 필요한 비용과 위험전략에 상응
한 전략이 필요하다. 따라서 이 전략은 분쟁고조의 부담을 중국에 줘어줘야 한다.
중국이 획득한 어떤 이익이라도 뺄어내도록 핵공격을 포함한 중국에 대한 처벌적
타격에 의존하는 등의 수직적 분쟁고조 전략은 결의에 찬 적에 대한 설득에 있어
서 효과가 제한적이다. 그러므로 가혹한 재래식 혹은 핵공격으로써 중국을 강제하
여 대만이나 필리핀을 포기하도록 만드는 것은 거의 확실하게 중국의 결의를 더욱
공고히 하는 한편, 비슷하게 대응할 정당한 이유를 중국에 제공한다. 이는 미국의
막중한 피해 및 농후한 실패를 초래할 것이다. 그러므로 수평적 혹은 수직적 분쟁

고조에 의존하는 것은 미국에게 있어 바람직하지 않은 선택지이다.

미국의 최선의 전략: 거부방어

그렇다면 문제는 매우 강력한 중국과 그 제한전쟁전략에 대항하여 반패권연합의 동맹국들을 방어하는 것을 허용하는 미국의 접근법이 있는지의 여부이다. 그런 접근법은 존재하며, 우리는 이를 *거부방어*라고 부를 수 있을 것이다. 이 접근법은 지배가 아닌 거부에 주안을 두며, 구체적으로 중국의 최선의 전략이 요구하는 조건을 달성하는 중국의 능력을 거부한다.[7]

거부전략은 지정학적 상황의 근본적인 측면에 의존한다. 이는 바로 중국은 군사력을 사용하여 세를 변화시키려는 강대국이라는 사실이다. 베이징은 취약한 연합 가입국, 특히 미국의 동맹국을 강제하거나 설득하여 반패권연합과 연계하는 것을 중지하고자 할 것이다. 실제로 이것은 동맹국이 자국의 핵심 전략 목표를 변경하는 것과 같다. 그러므로 중국의 전략적 목표는 가장 기본적인 의미에서 공세적이며, 즉 베이징은 강제적으로 국가들의 정치적 상태를 변화시키고자 할 것이다. 중국이 이러한 목표를 달성하기 위한 최선의 방법은 표적국가의 중요 영토를 장악하고 유지하는 것이다.

만약 중국이 이런 조건을 달성하는 데 실패한다면, 기본적으로 문제의 취약국가는 지속하여 저항하고 반패권연합에 무게를 실어줄 수 있을 것이다. 미국 그리고 여타의 연계된 동맹이 갖는 차별적 신뢰도는 유지될 것이다. 반패권연합은 계속하여 기능할 것이며, 자체의 결속력과 통합을 지키고 중국의 세력에 균형을 잡게 될 것이다.

요컨대, 중국의 성공은 표적국가의 복속에 있다. 이에 실패하면 지는 것이다. 따라서 동맹의 성공 그리고 반패권연합의 성공은 표적국가를 계속해서 자신의 편에 두는 것에 있다. 방어가 충분히 강력하여 동맹을 같은 편에 두고 연합과 연계시켜둘 수 있는 한, 동맹과 연합은 자체의 핵심 전략 목표에 성공하는 것이다.

이것은 효과적인 방어이다. 중요하게도 이런 기준을 충족시키는 것은 지배를 요구하지 않으며, 단지 적이 자국의 목표를 달성하는 것을 방해하는 능력만이 요구된다. 지배나 최소한 매우 높은 수준의 국지적 군사 우위가 필요한 국가는 패권 유망국인 중국의 경우이다. 미국과 여타 방어국가는 이를 요구하지 않는다. 이들은 단지 중국이 침공을 완전화하는 데 필요한 수준의 이점을 달성하는 것을 거부하기만 하면 된다. 1940년 영국의 방어에 관하여 공군총장 휴 다우딩Hugh Dowding이 말했듯, "양측의 목표에 있어서 확실한 차이가 있었다. 독일은 영국해협the Channel을 건너 상륙 여건을 조성하여 영국을 침공하여 전쟁을 종결하는 것을 목표로 했다. 지금 난 전투기사령부로써 전쟁에서 승리하고자 하지 않는다. 나는 독일이 침공준비에 성공하는 것을 방지하는 데 처절히 노력하고 있다. 내 역할은 순수히 방어적인 침공의 가능성을 막으려고 하는 역할이다 … 우리는 전쟁에서 승리하거나 질 수도 있고 협상에 동의할 수도 있다. 장차 어떤 일이든 일어날 수 있다. 하지만 독일의 목표는 침공으로써 전쟁에서 승리하는 것이었으며, 나의 임무는 침공이 발생하는 것을 막는 것이었다."[8]

　　방자의 이상적인 기준이 거부에 있다는 것을 말하는 것은 아니다. 침공의 거부 바로 그것까지만은 특히 표적국가에게 있어 막대하게 좌절감을 주고 고통스러울 수 있다. 요점은 단지 이 거부가 성공의 조건이라는 사실이며, 그 이상을 하면 좋지만, 방자의 역치는 상대적으로 낮다. 또한 이 사실은 애초부터 전쟁의 억제를 달성하며, 비록 절대로 손쉬울 수는 없더라도, 더 가능성은 있다.

　　거부의 기준은 제한 전쟁에 대한 효과적인 연합의 접근법과 잘 양립될 수 있다. 그 이유는 분쟁고조의 부담을 중국에 부과하도록 미국과 여타 연계된 국가들이 지도록 거부적 접근전략을 운용할 수 있기 때문이다. 이 사실은 특히 중요한데 미국이 균형초석국으로써 임박한 분쟁에 있어서 뿐만 아니라 반패권연합 전체의 성공에 있어서도 결정적인 요인이 되기 쉽기 때문이다. 충분한 미국의 결의는 이 성공을 위해 중요하지만 미국의 결심은 아시아에서의 집중 전쟁에서는 이미 갖춰졌다고 할 수 없다. 그러나 중국이 분쟁을 고조시키는 장본인이라고 인식될수록, 미국과 여타 국가의 결심은 더욱 갖춰질 것이다.

　　중국의 최선의 전략을 부정하는 데 있어 미국과 여타 방어국가가 선호하는 접근법은 중국이 표적국가를 직접적이고 집중적으로 복속시키는 능력을 좌절시키는 것에 목표가 맞춰져 있어야 한다. 달리 말하면, 이런 방어는 적의 집중 및 순차전략을 맞이할 때 그 자체의 전략적 평가의 관점에서 표적국가에 대한 적의 노력을 거부함으로써 대응한다. 이런 접근법은 미국과 여타 방어국가들의 행동을 가능한 집중되고 제한적으로 유지하려고 함으로써 미국과 그 동맹 및 동반국가가 아닌, 바로 중국이 고조부담을 지도록 할 것이다. 효과적으로 수행된다면, 이 접근법은 중국이 자국의 역치에 다다르기 위해서는 전쟁을 확대 혹은 고조시킬 수밖에 없도록 할 것이다. 하지만 이 과정에서 중국은 중국을 격퇴하고자 하는 미국과 타 국가들의 결의를 강화시킬 것이다.

　　이런 방어가 어떻게 작동할 것인가? 앞 장에서 우리가 보았듯이, 취약국가에 대한 베이징의 최선의 전략은 기정사실화 전략이다. 만약 방자가 기정사실화를 거부할 수 있다면, 중국은 처벌적 접근법이나 장기전쟁으로 갈 수밖에 없게 되는데, 수평적 분쟁고조나 수직적 분쟁고조 모두 정복의 무산된 노력에서 중국을 구할 수 없기 때문이다. 그리고 처벌적 접근법이나 장기전쟁 모두 베이징이 원하는 결과를 낳지 않을 것이다.

　　그러므로 미국 국방기획의 주안점은 반패권연합 내의 자국 동맹에 대한 기정사실화를 구현하는 중국의 능력을 거부하는 것이다. 그리고 대만이 이 연합의 가장 매력적인 표적이기 때문에, 미국과 (만약 그들이 기여하고자 하는 한) 다른 연합국가들은 대만에 대한 중국의 기정사실화를 거부하기 위하여 준비하는 데 초점을 두어야 한다. 만약 그들이 대만을 침공하고 점유할 중국의 능력을 거부할 수 있다면, 이들은 거의 확실히 필리핀, 일본 그리고 여타 연합 가입국에 대해서도 똑같이 할 수 있다. 베이징이 반패권연합의 동맹국들을 복속시킬 능력이 없도록 하는 한, 결집된 연합은 부상하는 중국에 대한 균형추 역할을 수행할 수 있을 것이다.

기정사실화의 부정

　　앞장에서 논의했던 것과 같이, 기정사실화의 두 가지 조건은 다음과 같다. 첫째, 공자가 중요 영토를 "장악"한다. 둘째, 공자가 그 중요 영토를 "유지"한다. 만약 방자가 이 둘 중 어느 조건이라도 거부할 수 있다면, 기정사실화는 실패한다.

거부 1안: 공자의 중요 영토 장악력 거부

공자가 기정사실화의 완성을 위해 가장 먼저 해야 하는 것은 표적국가의 중요 영토를 장악하는 것이다. 앞서 말했듯, 여기에서 "장악"은 방자가 보호하지 않거나 방자가 퇴출된 영토로 들어가는 것을 말한다. 만약 공자가 중요 영토를 장악하지 못한다면, 기정사실화는 없다.

그래서 기정사실화를 격퇴할 첫 번째 방안은 표적국가의 중요 영토를 장악할 공자의 능력을 애초부터 거부하는 것이다. 방자는 침공하는 병력이 중요 영토에 도착하기 전에 이들을 파괴 혹은 무력화시킴으로써 이 기준을 충족시킬 수 있다. 또한, 방자는 침공하는 병력이 표적국가에 닿더라도 중요 영토를 장악하기에는 불충분한 정도까지 파괴 및 무력화시킬 수 있다. 여기에서 쓰인 '정도'는 특정 수의 병력이나 특정 종류의 병력을 말하는 것일 수 있다. 만약 중요 영토를 장악하는 침공자의 능력이 특정 수나 종류의 부대를 표적국가로 이동시키는 능력에 달렸다면, 이러한 부대의 도착을 방지하는 것은 기정사실화를 격퇴하는 데 충분할 것이다.

방자는 공자가 중요 영토를 장악하는 것을 막기 위하여 굳이 1제파의 침공병력의 전체를 제거할 필요는 없다. 방자는 1제파 이후의 차후 제파 전체를 파괴할 필요도 없다. 그 이유는 공자의 중요 영토를 장악하는 능력을 거부하는 것은 흑백논리의 문제가 아니기 때문이다. 침략군 1제파가 표적국가의 중요 영토를 장악하는데 필요한 수와 종류의 병력을 갖지 않는 한, 침공국의 성공은 맞는 종류와 양을 갖춘 차후 제파의 병력에 의한 공자의 능력에 달렸다. 만약 방자가 이를 방지할 수 있다면, 기정사실화를 방지할 수 있을 것이다.

방자가 어디까지 공자의 자국영토 도착을 방지할 수 있는지는 몇 가지 요소에 의존한다. 이 중에 지리는 특히 중요한 역할을 갖는다. 지리가 군사문제에 있어 영향력이 있다는 사실은 유구한 사실이다. 군사 역사의 기록들은 한니발의 알프스산맥 기습횡단부터 동맹군의 라인강 도하의 어려움에 이르기까지 군사전략에 대한 지리의 중요성을 다룬 논의들로 넘친다. 지리는 침공의 결과에 특히 영향력 있고 심지어 승패를 가르는 효과를 가져다줄 수 있는데, 특히 피아가 비등할 때 그러하다.[9] 지리가 공자에 유리한 경우, 방자는 자신의 방어선에 도달해 돌파하려는 침공군을 방지하는 데 더 어려움을 겪을 것이다. 방자가 지리에 유리한 경우에는 그 반대가 될 것이다.

중요하게도 중국과 반패권연합 사이에서 잠재적 군사 분쟁 지역의 지리는 방자에게 유리할 것이다.[10] 대부분의 타당한 연합 가입국들은 중국의 지리적 요소들에 의해서 분리되어 있어 중국의 침공은 이 때문에 복잡해질 것이며, 중국의 기정사실화전략을 격퇴하는 것은 달성 가능한 목표가 될 것이다. 예를 들어, 인도는 히말라야 산맥에 의해서 중국과 분리되어 있는데, 이 산맥은 군사작전을 수행하기 불리하다. 대한민국과 말레이시아는 육지를 통한 중국과의 접근성이 있지만, 양국 모두 반도에 위치해 있으며, 지상군의 침공을 일부 차단하여 방어를 돕는다.[11] 지상을 통하여 중국군에 즉각 접근이 가능한 타당한 연합국가들 중에 오직 베트남만이 상대적으로 통행이 가능한 지형에 의해서 중국과 분리되어 있으며, 중국의 침공에 특히 취약하다.[12]

여타 반패권연합의 타당한 국가들인 일본, 오스트레일리아, 필리핀, 대만, 인도네시아는 해양에 의하여 중국과 분리되어 있다. 이 목록은 지역 내 대한민국을 제외한 모든 미국과의 동맹을 포함한다. 이 목록은 미국의 가장 중요한 동맹인 일본을 포함할 뿐만 아니라, 중국의 기정사실화에 있어 가장 매력적인 두 표적인 대만과 필리핀 또한 포함한다. 이 국가들은 존 미어샤이머John Mearsheimer가 "물의 저지력"이라고 명명한 것으로부터 이익을 얻는다. 군사분석의 긴 전통을 따르며 미어샤이머가 주장했듯이, 침공 병력을 이동하는 데 있어 육지를 건너는 것보다 큰 바다를 건너는 것이 일반적으로 더욱 어렵다. 그 결과, 역사적으로 잠재적 공자들은 특히 바다에 대한 통제가 경합할 때, 바다를 건너 많은 수의 지상군을 이동시키는 대규모 침공을 감행하는 데 고전했다.[13]

그렇다고 바다를 건넌 침공이 감행될 수 없다는 것은 아니다. 역사는 그렇지 않음을 증언한다. 제2차 세계대전 당시 미국은 완강한 적의 반발에도 대서양과 태평양을 건너 병력을 이동했다. 일본도 1941~1942년 기간 아시아에서 이런 이동을 했다. 이전에 영국, 네덜란드 그리고 포르투갈은 바다를 사용하여 전 세계에 걸친 침공을 감행했다.

하지만 능력 있는 방자를 맞아, 바다를 건넌 침공의 성공은 침공하는 병력이 반드시 통과해야 하는 지역에서 제해권과 제공권에 근접한 것을 달성하는 공자의 능력에 무게를 두어 의존한다.[14] 제2차 세계대전 개전 초에 있던 일본의 동남아시아 및 태평양 군도의 정복은 미국, 영국 그리고 여타 동맹이 서태평양에서 제한된 병력을 가졌다는 사실에 의해서 결정적으로 가능해졌다. 미국의 군비증강은 1941년에 현재 진행형이었으며, 대부분의 미국의 해양 전투력은 멀리 떨어진 하와이와 미국 서부에 위치했었다. 영국은 동아시아에 최소의 해양 및 항공 전투력이 있었는데, 이런 전투력이 타지에서 필요했기 때문이었다. 영국이 전함 *프린스 오브 웨일즈* 호와 전투 순양함 *리펄스*Repulse 호를 해당지역에 방공지원 없이 파견했을 때, 일본은 이들을 발 빠르게 가라앉혔다.[15]

능력있는 방자에 직면한 공자가 해양을 통한 침공에 성공하기 위해 제공권과 제해권은 아니더라도 해양우세 및 공중우세를 달성해야만 하는 이유는 몇 가지가 있다. 첫째, 육지와는 달리 해양영역은 자연적 차폐물이 거의 없다.[16] 개방된 사막이나 툰드라 등의 몇몇 예외를 제외하고 대부분의 자연지물은 숲, 관목, 키 큰 풀과 같은 요소를 포함한다. 그리고 산, 협곡 그리고 다른 지형물을 포함하고, 강과 시냇물 같은 수로가 포함되어 지상군은 위치와 이동을 숨기는 데 활용할 수 있다. 인간 거주지와 건물과 같은 인공요소 또한 은폐를 제공한다.

해저영역의 눈에 띄는 예외사항을 제외하고는, 바다는 상대적으로 은폐를 거의 제공하지 않는다. 비록 서로 다른 바다가 기후적, 해양학적, 지질학적 그리고 기타 요소를 이유로 차폐의 여지를 제공하지만, 이 요소들은 지상보다는 덜 효과적인 은폐를 제공하는 경향이 있다.[17] 해군과 공군은 방자의 전장 상황 인식을 와해하거나 저해하는 속도, 유인물, 전자전 그리고 기타방법을 포함한 대응책으로써 이런 제한사항을 극복하고자 할 수 있다.[18] 그러나 심지어 그렇다고 해도 모든 것이 동등한 상황에서 방자가 해상을 이동하는 침공군을 표적처리하는 것은 지상을 이동하는 적을 대하기보다 더 쉽다.[19]

또한 해양영역은 엄폐물을 제공하지 않는데, 즉 지상보다 적 화력으로부터의 보호를 제공하지 않는다. 지상에서 은폐를 제공하는 자연 및 인공지물은 공격에 대하여 엄폐를 제공한다. 나무, 바위, 건물 그리고 교량은 정도를 달리하여 탄환, 후폭풍 그리고 파편을 흡수할 수 있다.[20] 게다가 육지 자체는 상당한 방호를 제공한다. 예를 들어, 제대로 구축된 진지는 운동력의 상당한 양을 흡수 혹은 분산시킬 수 있고, 이는 준비된 지상군을 격파하는 것이 매우 어려울 수 있음을 의미한다.[21] 그러나 해군 및 공군은 이와 유사한 엄폐에 대한 선택권이 없다. 비록 이들은 유인

물과 미사일방어와 같은 방어적 대응책을 사용하지만, 엄폐를 위해 환경을 활용하는 이들의 능력은 훨씬 더 제한적이다.

해양영역의 상대적 은·엄폐 부족은, 강조할 필요도 없이 인간이 먼 거리를 수영하거나 날 수 없도록 만들어졌기 때문에, 중요한 문제이다. 상당한 비용을 들여 해상 및 공중이동을 위해 디자인되어 자체성능을 타협해야 할 수도 있는, 기갑, 포병 그리고 방공과 같은 현대 지상전의 중요요소들도 마찬가지로 중요하다. 실질적으로 말해서, 그렇기 때문에 이런 거의 모든 것들이 선박이나 항공기를 통해서 넓은 해양을 건너야 한다. 수송이 필요한 인원과 장비가 많을수록 요구되는 선박과 항공기의 크기와 수가 커진다. 게다가 침공하는 선박과 항공기는 적이 방어하려고 하는 지역으로 스스로 들어와야만 하며, 적들에게 스스로를 노출시키고 사정거리 밖에서는 해공군에 의해 가능했었을 적 사격의 회피 및 좌절의 기회를 스스로 포기하게 된다.

이런 현실은 바다를 건너는 대규모 침공 병력에 대하여 뚜렷한 제한사항을 가한다. 바다를 건너는 병력이 의존할 수송선과 수송기는 침공에 성공하기 위해서는 충분한 병력을 옮길 수 있어야만 한다. 그 결과로 이러한 수단들은 보통 적의 탐지를 회피하는 것보다는 용량, 즉 크기와 부피에 최적화된다. 이 수단들은 레이더나 다른 탐지수단에 더 큰 흔적을 남겨서 표적화되기 쉽다.[22] 모든 조건이 동일할 때 이런 수단들이 더 잘 관측될수록, 이들은 타격하기 더 쉽고 궁극적으로 무력화시키거나 파괴하기도 쉬워진다.

이런 어려움은 소모가 지상에서는 더 관리될 수 있는 문제라는 현실에 의하여 더욱 가중된다. 지상에서의 방자의 공격에서 살아남은 병력들은 무력화 또는 파괴된 차량들을 잔류시킬 수 있고, 그 공격에서 생존한 장비를 모을 수 있으며, 손상되지 않거나 수리된 차량에 탑승하거나, 여타 수송수단을 징발하거나, 심지어 도보로 전진하거나, 다른 침공병력을 지원하기 위해 진지를 구축하여 서서히 앞으로 나아갈 수 있다. 동일한 사항은 선박이나 항공기에 의해 침공할 때는 쉽게 이뤄질 수 없다. 침몰하는 선박에서 살아남은 병력들은 바다로 던져지거나 본질적으로 무력하게 구명정 내에서 놓이는 한편, 이들의 장비 특히 중장비의 경우 침몰하는 선박과 함께 침몰할 것이다. 피격된 항공기에 실린 병력과 장비는 생존하기 더욱 어려우며, 침공하는 병력들과 전진하기에는 더욱 불리하다. 게다가 일반적으로 훨씬 복잡한 수송선과 수송기를 고려했을 때, 지상에서 손상 혹은 파괴된 차량은 더욱 즉각적으로 수리 및 교체될 수가 있다.[23]

대규모의 병력이 대양을 건널 때 요구되는 수단을 개발하는 높은 비용은 바다를 통하여 침공을 시도할 때 국가들에게 주어진 오차의 범위가 덜함을 의미한다. 해운에 필요한 선박과 항공기가 지상 침공에 필요한 것들보다 더 비싸므로, 국가들은 적은 예비를 가지며 이들을 잃었을 때 교체에 더 큰 어려움을 겪는 경향이 있다. 그러므로 공자는 귀중한 해상 및 공중 수송능력에 대하여 신중하고자 하는 강력한 유인을 갖는다. 만약 너무 많은 수송선이나 수송기를 특히 침공의 초기에 잃는다면, 침공은 취소되어야만 할 것이며, 유사한 자산들이 소집되고 다시 침공을 시도하기 전까지 긴 시간이 걸리게 될 수 있다.

이런 모든 이유로, 침공병력은 바다를 건널 때 매우 취약하다. 그리고 일단 병력이 상륙하고 나서 병사, 전차, 포 그리고 승리에 긴요한 장비들을 운반하는 수송선과 수송기에 대하여 특히 그러하다. 이 수단들은 매우 잘 방어되어야만 한다. 그래서 능력 있는 방자에 대하여 부분적으로 이런 선박과 항공기를 방어하는 능력으로는 충분하지 않다. 지배는 아니더라도 공자는 침공병력을 목적지로 도달시키기 위해서 해양우세 및 공중우세가 필요하다.

이전 시대에 이것은 사실이었다. 제2차 세계대전 동안 연합국은 유럽을 침공하기 위해서 영국해협에서 해양 및 공중우세를 먼저 확보하여 연합전단이 방해 없이 통과해야만 한다는 사실을 인식했다. 독일해군은 노르망디 침공에서 무시할 수 있을 정도의 역할을 수행하였으며, 독일공군은 연합국 공군이 가졌던 15,000 소티에 비해 아주 소규모 만을 비행하였고 디데이에 어떠한 연합군 항공기도 격추시키지 못했다.[24]

그러나 바다를 통한 침공을 수행하기 전에 공자가 제해권과 제공권에 근접한 무엇인가를 가져야 하는 필요성은 "완숙한 정밀타격 체제"라고 불리는 체제하의 오늘날보다 더 절실하다.[25] 이 표현은 이동표적을 포함한 표적을 더 먼 거리에서 더 많은 추가 조건하에도 정확하게 타격할 수 있는 현대 군의 능력의 큰 진보를 지칭한다. 이런 경향은 해상 및 공중 병력에 대하여 가용한 엄폐의 가능성을 더욱 줄여서 해양영역에 의해 확보되는 방자의 대침공 이점을 강조한다.

맥락을 위해 제2차 세계대전에서는 대략 천여 대의 미국 폭격기가 독일에서 하나의 주요 표적에 대한 높은 신뢰도의 타격을 달성하기 위해 2백만 파운드 중량에 상당하는 9천 가지의 폭탄을 장착했다. 베트남전쟁에서는 레이저 유도탄이 도입되면서 이 비율은 극적으로 개선되었다. 북베트남의 탄 호아교the Tahn Hoa Bridge 파괴에는 오직 9천 파운드에 달하는 14기의 F−4항공기 및 15발의 2천 파운드 상당의 레이저 유도탄 그리고 48발의 4천 파운드 마크82 비유도탄만이 요구되었으며, 이는 제2차 세계대전에 요구되었던 폭약량보다 12분의 1의 물량에 해당하는 양이었다. 1980년대와 1990년대에는 소위 2차 상쇄기술의 숙성과 함께 이 비율이 더욱 개선되었으며, 이런 추세는 계속 이어지고 있다. 오늘날, 십수 발의 폭약 혹은 크루즈 미사일을 장착한 항공기는 십수 개의 표적을 정확하게 타격할 수 있다.[26] 그러므로 미국, 중국과 같은 국가의 군대는 다양한 종류의 엄청나게 효과적인 탄두를 장착한 다수의 특출난 정밀유도발사체를 발사할 수 있다. 게다가 이런 발사체들은 스텔스, 전자 재밍, 유인미끼decoys, 비행 프로파일flight profile 그리고 팩 전술pack tactics과 같은 다양한 기술을 통하여 적의 방공 및 미사일 방어체계를 돌파하도록 고안될 수 있다.[27]

준비되고 유능한 적에 대하여 정밀타격 기술은 결코 완벽하게 효과적이지는 않다. 이 기술은 킬체인, 즉 적 표적을 탐지, 식별, 추적 그리고 교전하는 데 필요한 체계 및 관련 절차의 네트워크에 의존한다.[28] 이런 킬체인은 차례로 많은 수단에 의해서 와해되거나, 저하되거나, 파괴될 수 있는데, 적은 표적획득을 혼란하게 하기 위해 위성에 대하여 물리 및 비물리 공격을 취하거나, 탄을 암시하는 항공기를 통해서 그리고 미사일 탐지기에 맞춰진 대응책을 통해서 기만과 은폐를 활용하는 것에서부터 표적에 대한 탄의 최종 접근 시 물리적 미사일 격퇴 선택지에 이르기까지 다양한 수단을 가질 수 있다.[29]

하지만 적의 킬체인을 와해, 저하, 파괴하는 군의 능력은 다양한 요소에 의존한다. 여기에서 다시 지리는 중요한 역할을 수행한다. 내가 이전에 제시했던 모든 이유들 중에서 지상영역은 해상영역보다 적의 킬체인을 좌절시키는 데 더욱 많은 선택지를 제공한다. 지상군은 인공 및 자연 지형물을 사용하여 적의 탐지능력을 저하시키거나 이미 식별되었다면 적의 교전능력을 저하시킬 수 있다. 해군은 이런 선택지를 갖지 못한다. 이런 것이 왜 현대 타격군이 아직도 지상 기동체계를 탐지 및 타격하는 데 있어, 그리고 준비된 방어를 실시하는 지상군을 파괴하는 데 있어 심대한 제한사항이 있는지에 대한 일부 이유가 된다.[30] 해군과 공군이 적이 킬체인을 무력화하는 방법들이 확실히 있지만, 자체 방호를 위해서 이들이 기울여야 하는 노력은 훨씬 크며, 이를 효과적으로 달성하는 데 실패했을 때 동반되는 위험과 결과는 더 막중하다.

해양영역의 상대적인 엄폐물의 부족 그리고 침공에 적합한 해군과 공군의 대체의 불리성은 해상을 통한 침공을 위험한 선택지로 만든다. 성숙된 정밀타격체제는 해군과 공군의 이미 해양영역에서의 엄폐물을 찾아야 하는 제한된 능력을 더욱 제한하여 이런 위험을 돋보일 뿐이며, 준비되고 능력있는 방자에 대하여 더욱 취약하게 만들 뿐이다.

미국과 타 방어국가들이 준비되었다고 가정한다면, 반패권연합의 한 미국 동맹국에 대항한 기정사실화를 실시하기 위하여, 중국은 대규모의 병력을 이에 상응하는 수의 수송선과 수송기에 탑승시켜 침공해야만 할 것이다. 중국의 기정사실화를 격퇴하기 위해서, 미국과 여타 방어국가들은 상륙하는 병력들이 방자의 주요 영토를 장악하는 것을 방지할 수 있도록 그에 상응하는 정도의 목적지에 다다르는 병력만 방지하면 될 것이다. 이런 모든 요소들은 해상을 통하여 표적에 유력한 미국의 동맹인 대만과 필리핀을 포함하는 반패권연합 가입국을 침공하고자 하는 중국의 시도를 격퇴하는 방자의 능력에 유리하게 작용한다.

주지하듯이, 중국의 최선의 표적은 대만이다. 그렇다 하더라도, 대만의 중요 영토를 장악하는 중국의 능력을 거부하는 것은 절대 손쉽지는 않더라도, 미국과 그 동맹국 및 동반국이 해결할 수 있는 용이한 문제이다. 대만이 협소한 곳은 80마일의 간격을 갖는 대만해협에 의해서만 중국과 이격되어 인민해방군에 의해 상대적으로 접근성이 높은 것은 사실이다. 그러나 베이징은 아직 기정사실화를 시행하기 위해서 충분한 수의 맞는 부류의 지상군을 해협을 건너 이동할 필요가 있다. 그리고 이런 군, 구체적으로 이들이 사용할 수송선과 수송기는 중국의 침공을 좌절시키고 궁극적으로 격퇴할 많은 선택지를 가질 미국, 대만 그리고 여타 방어군에 의하여 차단되는 데 취약할 것이다.

그러므로 분쟁의 초기로부터 분산되고 지속가능한 군사태세로 방어를 실시하며 모든 전쟁 수행 영역상에 있는 군은 대만을 둘러싼 영공과 영해를 통제하고자 하는 중국을 거부하기 위한 다양한 방법을 사용할 것이다. 한 선택지는 중국 침공군이 이미 공격을 감행하기 전에 교전을 하는 것이다. 예를 들어, 방자는 중국의 수송선과 수송기를 중국 항만이나 비행장을 떠나기 전에 무력화 혹은 파괴시키고자 할 수 있다. 또한 그들은 주요 항만을 막으려고 하거나, 중국 지휘통제·감시·정찰네트워크의 주요 요소들을 무력화시키고자 하거나, 중국 본토상의 다른 표적들을 포함하는 여타 중요 지원요소들을 타격하여 생존하는 자산들이 대만해협에 들었을 때는 차단에 더 취약하도록 만들고자 할 수 있다. 그리고 일단 중국군이 해협에 들게 되면, 미국과 여타 방어군은 다양한 방법을 사용하여 중국의 수송선과 수송기를 무력화하거나 격파할 수 있다. 이런 방어는 중국군이 대만의 연안에 근접할수록 그 수와 밀도가 더욱 증가할 것이다. 이런 다층방어의 궁극적인 목적은 어떤 중국 지상군이든 대만에 다다를 수 없게 하거나 해협을 횡단한 지상군이 대만의 중요 영토를 장악하는 데 충분치 못하게 만드는 것이다.

　　미국과 동맹 및 동반국들은 다양한 운용개념을 운용하여 이런 결과를 달성할 수 있을 것이다. 그러나 이런 개념은 대만의 유리한 해양 지리를 활용하는 데서 이익을 얻을 것이며, 이로써 해협을 건너는 중국군은 엄폐물에 대한 기회를 제한받을 것이다. 비록 중국이 대응책을 사용하여 이런 제한사항을 극복하려고 하지만, 만약 방자가 충분히 해협의 적절한 지역에 대한 활동을 감시하고 해석하며 그 정보에 대하여 신속하게 조치할 수 있다면, 중국군은 차단을 피하기 위해서 떠밀리게 될 것이다. 미국과 다른 방어전력이 필요한 무기와 탄을 충분히 가졌고 병력이 태세를 갖추었으며, 네트워크를 형성하고, 적절하게 지속지원된다고 가정한다면, 이들은 침공을 격퇴하기 위해 이런 장점을 활용하여 적절한 종류의 충분히 많은 중국의 해상 및 공중 수송체계 및 지원부대를 무력화 또는 격파할 수 있을 것이다.

　　또한 중국은 자국이 침공에 필요한 병력에 대한 소모에 취약함을 알 것이다. 중국과 같이 강력한 국가마저도 중요한 수송선과 수송기를 생산, 배치 그리고 유지하는 데 규모에 한계가 있다.31) 일단 충분한 만큼 이런 자산들이 무력화되거나 파괴되면, 대만해협을 건너서 침공을 감행할 수 있는 중국의 능력은 심대하게 저하될 것이다. 베이징은 이후 폭격이나 봉쇄전략으로 회귀하여 대만을 무릎 꿇리고자 하거나, 중지하여 침공능력을 다시 갖추고자 하거나, 심지어 대만의 복종을 강제하려는 시도를 포기하고자 할 수도 있다.

　　본질적으로 미국, 대만 그리고 다른 방자들은 미국의 서태평양 일대에 힘을 투사하는 능력을 거부한다는 중국의 과도히 극찬을 받는 전략을 전환할 준비를 해야만 한다. 베이징이 제1도련선 내에서 작전을 수행할 수 있는 미군의 능력을 거부하고자 하는 것처럼, 미국, 대만 그리고 다른 동맹국들 또한 중국군이 대만해협 안에서 작전을 수행할 수 있는 능력을 거부해야 할 것이다. 이들은 대만과 중국을 분리하는 해양지리의 자연적 이점을 공략하고, 중국이 대만의 중요 영토를 장악하는 데 필요한 병력을 운반하지 못하도록 충분히 중국의 수송선과 수송기를 무력화 또는 격파함으로써 달성할 수 있다.32) 게다가 이런 기준을 충족할 수 있는 필리핀과 일본 같은 미국 및 동맹국의 병력은 여타 연합 가입국을 방어할 수 있도록 잘 갖춰져 있을 것이다.33)

거부 2안 : 공자의 장악영토의 유지능력 거부

그러나, 공자가 표적의 일부 혹은 전부를 장악하는 경우가 있을 수 있다. 이런 경우 1안은 더이상 기정사실화를 방지하기에 충분하지 않는데, 침공국가가 이미 두 가지 목표 중에 첫 번째 목표 달성에 성공했기 때문이다. 다행스럽게도 방자는 아직 이런 상황에서 지원받을 것이 있을지 모른다. 심지어 공자가 표적국가의 중요 영토의 일부분을 장악하는 것을 방지하는 데 실패했거나 그런 노력을 기울이는 것이 신중하지 않다고 판단했다고 하더라도, 이들은 아직 공자의 장악한 영토를 유지할 수 있는 능력을 거부할 수 있을지도 모른다.

그 이유는 바로 방자가 무방비로 방치했다거나 추방당했던 영토에 들어가기만 하면 되는 영토를 장악하는 것과 반격을 맞이하여 이런 공격에 저항할 만큼 적절한 방어를 준비하기를 요구하는 점령지를 유지하는 것은 매우 다른 것이기 때문이다. 분쟁의 역사는 공자가 방자를 밀쳐내지만 제 위치를 공고히 하지는 못하는 공격으로 넘친다. 예를 들어, 유명한 남부연합군의 게티스버그 세미너리 능선 Seminary Ridge 공격은 북부연방군의 방어선을 돌파했으나, 남부연합군은 획득한 지형을 확보할 수 없었다.

이것이 바로 기정사실화 시도를 격퇴시킬 두 번째 방법이다. 만약 방자가 침공하는 병력을 제거할 수 있거나 이들을 중요 영토에서 자신들이 장악한 지형을 방어하기 위해 강화하고 그 결과로 그 지역을 유지할 수 있기 전에 이들을 추방시킬 수 있다면, 기정사실화는 실패할 것이다. 다시 말해서, 공자가 표적국가의 중요 영토를 장악하고 점령지에 대한 방어를 실시하여 표적국가와 그 동맹 및 동반국가들의 이 지역에 대한 방어는 너무 값비싸고 위험하다는 것을 확신시킬 때까지는, 공자가 기정사실화를 완성했다고 볼 수 없을 것이다.

공자가 장악한 영토에 대한 유지를 거부하는 노력과 장악 후 유지된 영토를 재탈환하는 노력 사이의 중요한 차이를 구분해야 한다. 다시 말하면, 기정사실화전략은 방자가 효과적으로 대응하기 전에 공자가 표적국가의 중요 영토를 장악하고 유지 및 강화해야만 성공한다. 만일 공자가 이 두 가지 요건을 달성한다면, 기정사실화는 완성되며 거부방어는 실패한다. 이 시점의 과업은 더이상 표적국가와 그 동맹 및 동반국가가 침공을 격퇴하는 것이 아니라 상실된 영토를 수복하는 것이다. 달리 말해서, 일단 기정사실화가 달성된 다음, 패러다임은 거부방어로부터 재탈환계획으로 변하게 되며, 이 사항에 대해서는 다음 장에서 다루도록 하겠다.

기정사실화에 저항하는 것과 진정한 재탈환계획의 차이에 대하여 보기 위해서 욤 키푸르Yom Kuppur 전쟁과 제2차 세계대전에서의 태평양 전구를 비교하는 것이 유용하다. 1973년 이집트는 이스라엘에 대하여 기정사실화의 실행을 시도했다. 기습공격에서 이집트군은 수에즈 운하를 건너서 시나이Sinai 반도로 전진했다. 하지만 이스라엘은 지속적으로 침공에 저항했으며, 최초에 이집트군을 축출하지는 못했지만 일단 이집트군이 자군의 동맹인 시리아에 대한 압박을 완화하기 위해 자신을 드러내기 시작하면서 점점 성공을 거두어갔다. 한편, 시리아에 대한 이스라엘의 진전은 이스라엘이 병력을 북부로부터 남부로 전환할 수 있게 하였다. 이집트가 장악한 영토에 대하여 절대로 방어를 강화하지 못하게 하면서, 이스라엘은 대략 개전 일주일 후에 효과적인 반격을 감행할 수 있었으며, 그 결과로 이집트군을 격퇴하고 시나이 반도와 수에즈 운하를 재탈환할 수 있었다.[34]

그에 반해서 제2차 세계대전 기간의 태평양 전구는 재탈환의 사례이다. 1941년과 1942년에 일본은 서태평양 전반에 걸쳐 번개와 같이 전진하며, 이에 따라 드넓은 지역을 점령하였고 점령지를 유지 및 강화했다. 해당 지역의 미군과 연합전력은 일본이 이 지역의 점령지에 대한 유지 및 강화를 실시할 시간과 공간을 허용했다. 이후 미국이 태평양에서 직면한 과업은 일본의 점령 및 유지를 거부하는 것이 아니라 이미 상실된 영토를 회복하는 것이었다. 차후의 준비되고 결의에 찬 일본에 대한 재탈환 계획은 예외적으로 값비싼 것으로 판명되었다. 미국은 결국 일본이 점령했던 많은 지역을 획득할 수 있었지만, 3년에 걸친 큰 비용을 지불해야만 했다.[35] 이것은 그래서 재탈환 계획의 사례이며, 진정 거부방어의 가장 설득력 있는 측면 중 하나는 이와 같은 지난하고 값비싼 노력을 회피하는 것이다.

방어전력은 공자가 장악한 지역을 유지하는 능력을 다음의 두 가지 방법으로 거부할 수 있다.

첫 번째는 방어선을 유지하는 것이다. 침공병력이 방자의 영토에 도달하면 신속히 이들을 중지시키고 이후 전진의 방향을 되돌린다. 방자는 방어선을 필요에 의해서 유지하려고 하는데, 즉 이들은 이 방법이 침공을 격퇴 혹은 이탈시키는 가장 효과적인 방법으로 여기기 때문이다.

필요성에 대하여, 방자들은 방어선을 유지하여야 할 의무가 있다고 느끼기 쉽다. 이런 느낌은 표적국가의 중요 영토의 상당한 부분이나 전부가 특별히 침공에 노출되기 때문에 발생할 수 있으며, 구체적으로 이런 곳이 국경선이나 해안선에 근접할 수가 있기 때문이다. 침공병력들이 점령한 중요 영토에 대한 강화 및 유지를 방지할 노력으로, 방자는 침공병력이 이를 달성하기 전에 가용한 모든 병력을 활용하여 격파 혹은 퇴출시키고자 하는 강력한 유인을 가질 것이다.

예를 들어, 미국 남북전쟁 기간 동안 남부연합은 리치몬드와 버지니아의 핵심지역이 중요 영토라고 판단했다. 이들을 상실하는 것은 연합이 판단하기에 남부연합의 반란의 성공에 있어 막대한 영향을 끼칠 것이라고 보았다. 따라서 남부연합은 북부 버지니아의 방어선을 유지하는 데 진력하였고, 이 지역을 포기하고 북부연방군과 남부반란군이 자신의 전략적 종심이 주는 큰 이점을 활용할 수 있었던 이남지역에서 싸우려고 하지 않았다.[36] 그러나 중요하게도 이와 같은 전방 방어전략은 고정되거나 정적인 작전적 혹은 전술적 접근을 요구하지는 않았다. 북버지니아군은 리Lee의 사단이 전통적인 전쟁의 원칙에 거슬러 막대한 남부연합군의 승리를 거머쥔 챈슬러스빌Chacellorsville에서의 대성공을 포함하여 주로 공세적이고 비전형적인 작전적 및 전술적 접근법을 추구하였다.[37] 이와 비슷하게, 일본에 대적한 미국 전쟁의 일촉즉발 초기에, 미 해군은 이와 비슷한 공세적이고 비대칭적인 접근을 추구하여 중앙태평양에서의 방어선을 유지할 수 있었다.[38]

하지만 필요성은 방자가 방어선을 유지하고자 하는 유일한 이유는 아니다. 그보다 방자가 단지 이 방법이 기정사실화를 격퇴하기 위한 최선의 방법이라고 믿기 때문에 이런 행동을 취하는 사례들을 볼 수 있다. 즉, 비록 방자의 중요 영토가 내륙에 위치하여 있거나 그게 아닌 경우 침공세력에 의하여 닿기 어렵다고 하더라도, 방자는 침공병력이 자신의 영토를 돌파하는 것을 허락하지 않으려고 할 수 있다. 예를 들어, 이들은 군사적 이점이나 침공병력의 돌파지역 인근의 예측된 이점을 공략하고자 할 수 있다. 가장 적절하게도, 이들은 침공세력이 영토를 장악하는 것을 방지하려고 시도한 후 실패했을 수 있지만, 침공병력이 돌파를 달성한 방자의 방어선 인근에서 국지적 군사우위를 점하기에 적절한 종류의 즉각 충분히 가용한 병력이 있을 수 있다. 혹은 이들은 공자가 도달하고 얼마 이후 긴요한 증원전력이 지원될 것이기 때문에 국지적 군사력 우위를 달성하는 것을 기대할 수 있다.

실용적인 관점에서, 방어병력은 두 가지 방법으로 방어선을 유지하고자 할 수 있다. 첫째, 이들은 방어선을 신속하게 좁히고자 할 수 있다. 이 방법은 방어진지를 형성하기 전에 반격함으로써 침공병력이 점령지에 대해 강화하는 능력을 거부하기 위해 세미너리 능선Seminary Ridge에서와 같이 급속 반격의 형태를 띨 수 있다. 우군영토에 도달한 침공세력에 대한 이런 즉각적인 반응은 단순히 침공세력을 심지어 점령지 강화 없이 영토에 머물도록 허락하는 것이 막대한 군사 혹은 정치적인 효과를 거둘 때 가장 호소력이 있다. 예를 들어, 게티스버그에서 북부연방의 지휘관들은 방어선의 훼손으로 전체적인 연방의 태세에 큰 위험을 끼칠 것을 두려워했으며, 남부연합군의 공격을 몰아내기 위해 신속히 반격했다.[39]

대안으로써, 방자는 뒤늦은 접근법을 취할 수 있다. 즉각적인 반격을 취하기보다, 방자는 우선 습격, 폭격, 보급차단 그리고 이와 비슷한 전술적 조치를 취할 수 있다. 앞선 방법보다 상대적으로 유연한 이런 조치는 공자가 점령한 영토를 강화하는 것을 방지하거나, 이들이 철수하도록 하거나, 방자가 힘을 비축하고 결정적인 반격을 실시하는 기동을 할 시간을 버는 데 활용될 수 있다. 이 접근법은 침공세력이 국지적 군사 우위를 달성했으나 방자가 상대적으로 짧은 시간 내 이를 되돌리려고 할 때 더욱 호소력이 있을 것이다.[40]

방자가 즉각적이거나 뒤늦은 반격을 취하는지의 여부와 무관하게, 방자는 적을 퇴출, 격파 혹은 강제하여 항복시킬 수 있는 힘을 모아야만 성공할 것이다. 물론, 이런 상황은 그저 주어지는 것이 아니다. 첫 번째 거부옵션을 시행하려는 방자의 시도, 즉 침공병력이 중요영토를 장악하는 능력을 거부하는 것은 침공세력이 방자를 압도하여 방자가 고갈되거나 패배로 가는 전세를 역전할 수 없게 되기 때문에 실패할 수 있다. 1918년 백일 공세the Hundred Days' Offensive에서 서구동맹이 끝내 독일의 방어선을 돌파했을 때, 독일은 중대한 반격을 실시할 수 있는 힘을 거의 갖지 못했다.[41] 이런 조건에서 방어선을 유지하는 것은 헛된 노력이다.

그러나 다른 경우에 첫 번째 거부옵션은 방자의 힘이 제한되어 효과적인 반격을 감행할 수 없지는 않은 다른 이유나 방법으로 실패할 수도 있다. 이런 상황은 방자가 첫 번째 거부옵션을 효과적으로 수행하는 데 필요한 요구사항을 오판했거나, 이런 방어를 취하는 데 필요한 적절한 자원을 할당하지 못했거나, 단순히 운이 없어서 발생한다. 이런 상황에서, 방자는 아직 꽤 많은 혹은 대부분의 힘이 가용하다. 예를 들어, 방자는 첫 번째 거부옵션을 시도하는 데 있어 전체 병력의 작은 일부만을 투입했었을 수 있다. 진정 이런 결핍이 실패의 이유일 수도 있다.

이런 조건에서 방자는 아직 분쟁에 투입할 큰 힘을 보유하고 있을 수 있다. 하지만 남은 힘은 즉각적으로 가용하지는 않을 수도 있다. 예를 들면, 인근의 준비된 병력은 신속히 배치될 수 있는 한편, 동원령을 수령하지 않은 대기하지 않은 예비병력은 더 오랜 시간이 필요할 것이다. 만일 이런 아직 가용한 병력이 공자가 점령한 영토를 강화하기 전에 활용이 가능하다면, 이 병력은 기정사실화를 격퇴하는 데 사용될 수 있다. 만약 소요시간이 더 길지만 침공세력과 교전하거나 격파된 것이 아니라면, 이 병력은 재탈환 노력에 활용될 수 있다.

아무리 신속 혹은 지연되게 반응하더라도, 방자는 무력을 사용하여 상실된 영토를 재탈환하거나, 그것이 아니라면 침공세력을 항복시키려고 할 수 있다. 즉, 방자는 침공군으로부터 영토를 재탈환하거나 이들을 완파하기 위한 반격을 통하여 이런 두 번째 거부옵션을 추구할 수 있다. 하지만 이들은 방자를 강제하여 항복이나 철수시킬 수도 있는데, 예를 들어, 폭격, 유린, 기아 또는 비슷한 조치를 통하여 이를 달성할 수 있다. 또한 방자는 무력과 강제를 모두 사용할 수 있는데, 이는 투르크족이 갈리폴리에서 협소한 육지로 연합군의 봉쇄와 포격을 동반하여 직접 돌격을 감행했던 것과 같다.[42] 이런 사실은 일부 침공세력이 더 즉각 퇴출되고 여타 세력이 더 즉각 항복을 강요받는 더 큰 전역에서 특히 적절하다.

중국이 대만을 침공하는 경우에, 방자가 대만에 도달한 중국군에 대항하여 방어선을 유지하려고 할 것이라고 믿을 이유는 농후하다. 이것은 먼저 필요성에 의한 산물이다. 만약 중국군이 대만에 상륙했다면, 이들은 상대적으로 신속히 대만의 중요 영토 전부나 일부를 장악할 수 있는데, 그 이유는 연안도시 타이페이와 카오슝Kaohsiung을 포함한 대부분의 영토가 상대적으로 상륙공격이나 공중강습에 노출되어 있기 때문이다. 그러므로 방자가 방어선을 유지하고 중국이 점령한 중요지역에 대한 강화 및 유지하려는 것을 방지하는 것은 꼭 필수적이라고는 할 수 없지만, 매우 호소력이 있을 것이다.

또한 대만, 미국 그리고 다른 연관된 동반국가들은 중국이 성공적으로 상륙했더라도 이들을 격파하거나 퇴출시키는 데 필요한 병력을 가졌다고 생각할 이유가 있다. 대만의 해변에 상륙작전병력들이 상륙했거나 공정작전병력들이 내륙으로 들어왔든지 간에, 중국군이 대만에 상륙했다는 단순한 사실은 특히 대만 방어에 가용할 미국의 방대한 힘의 원천을 고려했을 때 필연적으로 방자의 저항능력 파괴를 의미하지는 않는다. 그러므로 돌파를 달성하여 대만 도서에 들어가는 중국의 성공은 필연적으로 점령지의 강화 및 유지를 달성할 능력으로 해석되지 않는다.

미국, 대만 그리고 여타 연관된 동반병력들은, 공자의 최초 대만해협 횡단 시 방어에 투입되지 않았던 지상군뿐만 아니라 거부 1안을 시도하고자 제때 배치되지는 않았던 미국 및 연관 동반국가의 전력이 포함된, 잔류 전력을 활용하여 급속 반격을 감행하거나 반격 전 적을 약화하기 위해 압력을 유지하거나 이 두 방법을 모두 적용함으로써 제거, 퇴출 혹은 항복을 강제하고자 할 수 있다. 만일 중국군이 점령지를 강화 및 유지하기 전에 방자가 격파, 퇴출 혹은 항복을 강제할 수 있다면 방자는 중국의 기정사실화를 거부하고, 미국의 차별적 신뢰도를 지지하고, 지역세력우위를 달성하고자 시행하는 베이징의 집중 및 순차전략을 좌절시키고자 하는 반패권연합의 노력을 지원할 것이다.

그러나 방자가 침공국가의 점령지 강화 및 유지능력을 거부할 또 다른 방법이 있다. 침공세력이 도착했을 때 이들의 전진을 중지 및 역전시키기보다, 방자는 더욱 유리한 지형에서 적을 마주하기 전에 일부 영토를 허락하는 것을 더욱 신중히 여길 것이다. 이런 방안은 만일 공자가 목표를 달성하기 위해 침공해야만 하는 영토의 일부를 유지하기보다는 장악하는 것이 더 쉬운 경우에 고려될 수 있다. 이런 영토를 장악하고 있는 공자는 이 영토를 침공함으로써 스스로를 노출시키게 되고, 국경에서 마주할 때보다 방자에게 있어 더 좋은 기회를 제공하게 된다. 이런 조건에서 방자는 방어에 불리한 영토를 일단 허락하고 공자가 이 지역을 유지하는 것을 방지하는 데 노력을 기울이는 것을 더 현명한 방법으로 여길 수 있다.

북중국 및 북유럽 평원의 예를 들고자 한다. 이런 광대한 평원은 분명하게 방어준비를 할 기회를 제공한다. 하지만 이 평원은 넓게 이동이 가능하며, 이는 왕성한 방어도 즉각 우회될 수 있음을 의미한다.[43] 예를 들어, 북중국 평원의 중간에 위치한 어느 요새는 침공병력에 의하여 통과될 수 있으며, 대치되기보다는 고립될 수 있다. 스텝지역, 초지 그리고 사막도 마찬가지이다. 이런 지형topographies은 더 심하게 전투원들의 움직임을 제한하고 특정방향으로 강제하는 강, 산, 해안선과 같은 지물terrain과는 다른데, 이런 지물들은 방어를 준비할 기회를 제공하며, 이때 공자와 방자 간의 대적을 강제하는 한편 방자가 지리적 유리함을 통제하도록 허락한다.[44]

상대적으로 장악하기 쉬운 지물에서 침공자가 그 어떤 영토도 장악하지 못하도록 방지하는 것은 위험하고 심지어 통용되지 않을 사항이다. 이런 지물에서, 유럽대륙이나 중앙 아시아와 같이 방어에 집중하거나 방어배치를 너무 전진시킨 이들은 포위, 침투 그리고 여타 기동군이 사용하는 전술에 대하여 자신을 취약하게 만든다.[45] 예를 들어, 1940년에 연합군은 서유럽의 방어를 프랑스 동부국경의 마지노선Maginot Line을 따라 축성진지와 벨기에에 전방배치된 연합군의 배치에 의존하였다. 그러나 독일은 연합군이 병력배치에 있어 절약을 했던 곳인 아르덴을 통해 이들의 사이로 돌파하여 연합군을 분리, 포위 그리고 결국 격퇴했으며, 궁극적으로 프랑스와 남부유럽국가the Low Countries들을 몰락시켰다.[46]

이런 경우 더 나은 접근법은 종심방어라는 것이다.[47] 종심방어는 침공자의 영토 장악을 방지하는 것에 의존하지 않는다. 그보다 방자는 의도적으로 침공세력이 최소한 일부 영토는 장악할 것이라는 것을 인정하며, 침공세력이 이를 행하면서 감수할 비용과 위험으로부터 이익을 얻는 것을 추구한다. 사실 일부의 경우에는 방자들이 침공자들의 큰 규모의 영토 장악을 허락하며, 이를 통해서 침공자들이 스스로를 취약하게 만들 것이라고 기대한다. 가령, 보급선을 과도하게 신장시키거나 방자에게 특별히 유리한 영토에 이동하는 경우를 사례로 들 수 있으며, 이로써 공자는 결정적인 반격에 취약하게 남겨지는 것이다.

예를 들어, 오키나와에서 일본군은 미군이 상륙하고 내륙으로 이동하도록 허락하고 이후 과도히 신장된 공자에 대해서 유리한 위치에서 이들을 공격함으로써 우월한 방어를 취할 수 있다고 판단했다. 비록 이 접근은 거역할 수 없는 확률에 직면하여 궁극적으로 실패하고 말았지만, 미국 공자들에게는 매우 값비싼 것이었다.[48] 훨씬 이전에는, 트로이인들이 침공하는 그리스인들에게 해변을 허락하였는데, 이때 이들은 강력한 도시 방벽에서 유리한 방어를 실시할 것으로 판단했다.[49]

종심방어는 영토를 허락하여 이점을 취한다. 이 전략의 효과성은 본래 방자의 영토를 장악하려는 침공자는 자신을 드러내야만 한다는 점에서 나온다. 그 어떤 침략군이든지 준비된 진지를 떠나 전진해야 하며, 에너지와 자원을 소진하며 반격의 잠재적 구실을 만들게 된다. 숙련된 공자는 확실히 전진하면서 자신을 방어할 수 있지만, 이들이 이렇게 할 수 있는지는 지물 그리고 방자의 힘과 기술에 크게 의존한다. 장악하는 것이 유지하는 것보다 더 용이한 영토에 대해 능력있는 방자는 침공세력이 전진하도록 두는 것이 더 낫다고 판단할 것이며, 이때 공자는 스스로를 노출시키고 자신의 힘, 관성, 지물에 대한 지식 그리고 여타 최초 유리점을 소진하는 한편, 방자는 자신의 힘과 이점을 가장 유리한 순간에 공격하기 전까지 유지하게 될 것이다. 이 접근법은 만일 방어국이 내륙지역에 더욱 유리한 조건을 가진 경우에 특별히 매력적일 것이다.

예를 들어, 러시아는 수 세기 동안 이 전략을 반복적으로 운용해왔다. 러시아군은 자국의 막대한 규모를 방어의 이점으로 주로 활용해왔다. 스웨덴의 카를 12세와 나폴레옹 같은 두려운 침공자들에 직면하여서, 러시아군은 공자가 자국영토 깊숙이 돌파하도록 허락했다. 그리고 일단 침공자들이 지치고, 보급선이 신장되고, 기상이 자신에게 유리하게 돌아왔을 때, 러시아군은 러시아 내륙 깊은 곳에서 조성된 더 유리한 조건에서 반격했다.[50] 러시아 종심에서의 방어가 갖는 효과성은 중세 이후 러시아에게 전면적 패배와 가장 비슷한 것이 제2차 세계대전 때 모스크바가 소비에트 군의 대부분을 전진배치했던 것이었다는 사실로 미루어 보아 증언되었다고 볼 수 있다. 이 병력의 막대한 다수가 바바로사 작전의 초기단계에 포위 및 격파되었다.[51]

그러므로 종심방어는 공자가 상륙하는 지점에 대하여 이들에 대하여 방어선을 유지할 수 없거나 유지하지 않는 것이 더 신중하다고 판단하는 방자가 기정사실화 전략을 거부하는 데 있어 효용성 있는 옵션을 제공한다. 악명높은 마지노선이나 슬퍼하는 사람이 없는 1970년대 NATO의 능동방어전략과 같은 방식으로 전진배치 및 정적인 방어를 시도하기보다는, 이런 상황에서 방자는 영토를 이점과 거래하여 시도되고 있는 기정사실화 전략을 더 유리한 지역에서 격퇴할 수 있다.[52] 사실 방어에 종심을 활용한다는 원칙은 공지전투AirLand Battle와 후속제대타격Follow-On Forces Attack의 핵심에 위치해 있는데, 이 두 개념은 능동방어를 보완했으며 바르샤바 조약기구에 의해 전해지는 NATO의 위협에 적합하다고 여겨지고 있다. 각 개념은 NATO 방어선에 대한 바르샤바 조약기구의 돌파를 침식시키는 한편 서독에 대한 기정사실화를 방지하는 것을 그려내었다.[53]

그러나 미국과 그 아시아의 동맹이 맞이하는 상황에서 종심방어가 갖는 변칙 요소는 표적국가의 중요영토 위치이다. 만약 그 영토가 잠재적 침공자와 맞닿은 국경에 위치하거나 근접한 즉각 접근가능한 해안선이나 공중항로에 가까이 위치한다면, 종심방어는 덜 매력적인 경향이 있는데, 왜냐하면 침공자가 방자 영토에 종심 깊게 돌파하지 않아도 목표를 달성할 수 있기 때문이다.

이런 주의사항을 유념해도, 아시아의 미국 동맹 및 동반국가들은 아직 종심방어에서 이익을 얻을 수 있는데, 특히 장악이 유지보다 쉬운 영토를 가졌거나 중요영토가 국경이나 해안선으로부터 멀리 떨어진 국가들에게 특히 그러하다. 만약 중국이 더욱 강력해진다면, 인도는 이런 종류로 분류될 것이다. 이와 비슷하게, 중국과 긴 국경을 맞대고 있는 베트남의 경우, 인민해방군이 너무 강력해서 국경에서 방어선을 유지하는 것은 단순히 가능하지 않을 것으로 보인다. 비록 하노이가 중국과의 국경으로부터 멀리 떨어져 있지는 않지만, 국가의 부, 인구 그리고 연관된 중요 영토는 더욱 이남에 위치해 있다. 그래서 베트남은 국가의 종심을 활용하여 중국군을 유인하고 중국의 국경으로부터 이격된 곳에서 반격을 실시하는 방어에서 가장 유리할 수 있다. 베트남은 사실 과거에 중국의 침공을 격퇴하기 위해 이런 접근을 사용했다.[54]

하지만 종심방어는 비록 대만의 중요 영토가 중국의 침공에 더 노출되어 있기는 하지만 대만에게도 유용할 것이다. 중국이 공격했을 경우, 대만의 방자는 타이

페이와 카오슝과 같은 중요 영토의 일부를 포기하고 중국군을 도시지역, 산지 혹은 깊은 수풀지역으로 끌어들여 값비싸고 어려운 전투를 하게 만들려고 할 것이다. 방자는 이렇게 전개되는 데 따라 발생하는 취약점을 공략할 수 있을 것이며, 중국군이 약화되고 이들이 보다 손쉽게 점령한 점령지를 강화 및 유지하기 전에 이들을 파괴, 퇴출 혹은 항복을 강요하고자 할 것이다.

이를 고려할 때, 만일 대만이 거부 1안과 함께 중국의 침공세력을 대만에 닿기 전에 약화 및 저하시키거나 중국군 상륙 후 이들의 해협횡단 병참선을 와해 혹은 저해하거나 이 둘 모두를 동반한다면 종심방어는 대만에 있어서 훨씬 더 성공하기 쉬울 것이다. 하지만 그 성패는 궁극적으로 방어에 유리한 위치로 중국군을 유인할 수 있는 방자의 능력에 달려있다. 도시지역은 이런 지물을 일부 제공할 수 있다. 그러나 대만의 중요 영토가 주로 해안에 인접해 있다는 사실을 고려할 때, 종심방어는 침공세력을 내륙으로 끌어오게 하여 자신을 노출시키게 하기 위해서는 설득력 있는 전략을 포함해야만 할 것이다.

방자는 더 방어하기 유리한 지물, 예를 들어 대만의 산지나 내륙 숲지대를 활용함으로써 종심방어를 시행하여 병력을 동원하여 타이페이, 카오슝 혹은 여타 중국군에 의해 장악된 중요 영토에 대하여 재탈환을 위해 반격할 수 있다. 이를 시행하는 것은 예컨대 그들이 시작도 하기 전에 반격을 격퇴할 수 있다고 믿게 만드는 것으로서 중국군을 내륙으로 끌어들일 수 있다. 또한, 방자는 대만 중요 영토의 일부를 물리적으로 이동함으로써 중국군을 끌어들이고자 할 수 있는데, 예를 들어 중국이 기정사실화를 온전히 하기 위해서는 차지해야만 하는 자국의 정부와 중요산업을 이동시킬 수 있다. 소비에트는 제2차 세계대전 때 우랄산맥에 있던 많은 산업기지를 이동했고, 그 결과로 중요 영토의 일부를 내륙지역으로 전환할 수 있었다.

하지만 이런 접근법들 중에 그 어떤 것도 쉽거나 확실한 것은 없다. 위험성이 있는 지물에 들어오기보다는, 중국은 장악한 영토에서 반격을 예측하고 기다리는 것이 더 낫다고 판단하여 방어를 강화하고자 할 수 있다. 한편 중요 영토를 이동시키는 것은 대만에게 있어 막대한 부담이 될 수도 있다. 이런 조치는 중국의 공격이 있기 전까지 아마도 막대한 투자를 요구할 것이다. 게다가 제2차 세계대전의 소비에트 연방과는 다르기 때문에, 대만은 활용할 수 있는 영토의 깊이가 적어 이 전략은 작동하지 않을 수도 있다.

　　대만에 도달하기 전에 침공을 중단시키거나 상륙한 중국군이 점령지를 강화하지 못하게 방지함으로써 거부방어의 일부가 성공했다고 가정하자. 중국의 침공은 격퇴되었으나, 전쟁을 벌일 능력은 아직이다. 그러므로 미국과 동맹 및 동반국은 더 장기화되고 확대된 전쟁의 가능성에 대하여 준비해야 하며, 유리한 조건하에서 이를 끝낼 준비가 되어 있어야 한다.

제 9 장

효과적 거부방어 이후의 제한전쟁

효과적 거부방어 이후의 제한전쟁

미국, 대만 그리고 여타 동맹 및 동반국가들이 중국의 기정사실화를 거부했다고 가정하자. 대만을 침공하겠다는 최초의 시도가 실패했다는 사실이 명백해졌을 때, 베이징은 어떻게 반응할까? 비록 중국이 전쟁의 한계를 변경하기 위하여 수평, 수직 혹은 양방향 모두로 고조시킬 수 있다고 해도, 만일 방자의 거부방어에 대한 시도가 성공적이라면, 연합은 베이징이 (카드게임의) 폴딩하는 것이 더 낳은 조치라고 판단할 때까지 분쟁 고조의 부담을 중국의 어깨 위에 얹어놓을 방법으로 대응하기에 좋은 위치에 있을 것이다.

방자가 선호하는 규칙

거부방어의 주요 장점의 하나는 이런 전략하의 작전은 방자에게 유리하고 상대적으로 간단하고, 직관적이며, 의사전달하기에 용이한 방법으로 제한될 수 있다는 점이다. 거부방어의 핵심 목적이 침공을 격파, 분쇄 혹은 중국을 대략 격퇴하는 것이 아니라 침공만을 격퇴하는 것이기 때문에, 방자는 그들의 규칙을 이런 목적을 달성하는 데 명확히 집중할 수 있다. 이런 규칙으로부터 방어가 요구하는 것은 인민해방군의 침공세력이 대만의 중요 영토에 상륙하는 것을 방지하는 것이거나, 만일 그들이 상륙에 성공한 경우, 장악한 지역을 강화시키기 전에 퇴출되는 것이다. 이런 요구사항을 만족시키는 것은 결코 쉽지 않으며, 이런 조치는 분명히 대만의 즉각적인 환경 너머에 대한 군사행동이 필수가 될 것이다. 하지만 논리적으로, 거부방어는 전면전에 근접하는 그 어떤 것도 요구하지 않을 것이다.

이런 규칙들은 다양한 형태를 띨 수 있다. 예를 들어, 효과적인 거부방어는 본질적으로 대만의 전투의지에 대한 것이라는 점을 고려했을 때, 방자는 전면적 군사작전을 대만의 본 도서지역 인근에 한정할 수 있다. 이들은 이런 한계설정에 더하여 앞서 선정된 지역 외에 직접적으로 혹은 상당부분 투입되어 있거나 분쟁에 결부되었으며 가능한 '수평선상 레이더'와 대(對)우주체계와 같은 일부 주요장비에 대항한 공격을 가능케 하는 제안과 연계할 수 있다. 이들은 이런 규칙들이 노골적인 메세지와 보이는 행동 모두를 통하여 인식되고자 할 수 있다.

이런 접근법은 최소한 중국 본토에 대한 일부 공격에 필연적으로 발생시키기 쉽다. 그러나 거의 확실히도 방자가 대부분의 군사력이 위치해 있으며, 침공세력이 발진하고 그에 대한 지원을 실시할 본토를 타격하지 않고 성공하는 것은 불가능하다. 만일 미국이 물질적으로 전쟁에 연루된 중국 본토 상의 표적을 공격할 능력을 포기한다면, 미국은 대만을 방어할 능력을 크게 약화시키게 된다. 또한 본토를 접근금지화하는 것은 미국의 진심과 의지에 대한 의문을 불러일으킬 뿐이다. 이런 타격이 무차별적이거나 광범위해야 할 필요가 있다는 말은 아니다. 그 반대로, 중국 본토에 대한 그 어떤 타격이든지 명확히 설명된 논리를 따라야 한다. 예를 들어, 미국은 공식 발언과 병력의 행위에 의하여 그들이 직접적으로 교전하는 경우 혹은 대만에 대한 작전을 지원하는 경우 혹은 대만 전투지역의 정해진 지리적 위치에 있는 경우에만 본토의 표적을 타격할 수 있다는 사실을 명확히 밝힐 수 있다.[1]

효과적인 거부방어와 연계하여, 이 접근법은 중국의 어깨 위에 무거운 고조의 부담을 주기 쉽다. 이와 같은 국지적 타격에 직면하여 중국은 극적으로 고조시키지 않을 충분한 이유를 갖게 될 것인데, 왜냐하면 미국이 이미 시행한 공격보다 더욱 무지막지한 역대응을 불러올 것이기 때문이다. 중국은 이와 같은 공격으로부터 본토를 방어하기 위해 극적인 고조를 택하기보다는 재래식 군사작전을 수행할 준비가 되었다는 것이 명확해 보인다. 거의 확실한 이런 이유로 중국은 본토를 방호하는 세계에서 가장 거대하고 가장 무서운 방공 네트워크를 개발했는데, 이 체계는 만일 베이징이 집중 및 제한된 본토 공격이 극적인 고조, 특히 전략적 핵공격을 요구하는 감내할 수 없는 도발이라고 여겼다면 불필요하고 낭비였을 것이다.[2]

이를 고려했을 때, 거위에게 좋은 것은 암컷 거위에게도 좋은 것이다(역주: 비슷한 사례에 대하여 비슷한 원리가 적용된다는 말). 만일 중국이 이런 규칙이 가져오는 부정적 파급효과의 난국을 받아들여야만 한다면, 미국과 여타 방자들도 마찬가지로 받아들여야만 한다. 만일 중국이 직접적으로 교전 중인 병력에 대한 공격을 허용하는 규칙에 동의한다고 한다면, 이 규칙은 최소한 미국의 일부 공군 및 해군기지뿐만 아니라 사이버와 우주자산을 포함하게 될 것이다. 그러므로 방자는 유용하며 자국의 생존이 보장될 규칙들만 제안 및 용납해야만 한다.

중국의 수평적 고조의 한계

중국의 침공이 끝난다면, 베이징의 선택지는 수평적 고조를 통해 패배로부터 승리를 구하려고 하는 것이다. 중국은 지리적으로 분쟁을 확장시키려고 할 수 있고 연계된 국익을 통하여 확장시킬 수 있다. 예를 들어, 중국은 기존의 미국과의 분쟁 경계범위 밖의 여타 방자들을 공격할 수 있다. 예를 들어, 중국은 전쟁을 경제 제제를 동반하여 경제영역으로까지 확장할 수 있다. 이런 접근법은 첫눈에 베이징에게 매력적으로 보일 것이다. 반패권연합은 원거리의 이권을 가진 다수의 국가로 구성되어 있다. 미국은 전 세계로부터 표적이 될 수 있는 군사력을 포함한 많은 이권을 갖고 있기 때문에 세계적 분쟁에서 독특하게 노출되어 있다.

하지만 수평적 고조는 베이징에게 있어 작동하지 않을 것이다. 우선, 만일 중국군이 효과적으로 대만의 인근에 군사력을 투사할 수 없다면, 제1도련선을 넘어 어떤 희망이 있을 것인가? 기정사실화의 시도가 불발되고 나면 연합에 인접해 있는 중앙아시아와 같은 곳을 제외하고는, 중국의 직접적인 군사적 영향력은 최소화될 것이다. 그러므로 특히 일단 대만이 미국의 차별적 신뢰도에 대한 시험으로서 더 강력하게 가치에 도전하는 경우, 대만과 같은 반패권연합만큼이나 중요한 미국과 동맹국가들에 대해 중국이 직접적으로 위협하지는 않을 것이다. 게다가 중국의 군사력은 직접 전투지역 너머에서 미국, 여타 방자 그리고 유럽국가들과 같은 더 이격된 동맹 및 동반국가들보다 더 약할 것인데, 이들은 심지어 이들이 대만 인근의 분쟁에 있지 않더라도 미국과 대만 전투지역 외의 교전국가들을 지원할 것이다. 비록 중국이 의심의 여지없이 동떨어진 국익을 포기하고라도 대만에서의 승리를 쟁취하고자 하더라도, 이 사항은 선택하지 않을 것이다. 수평적으로 고조시키고자 한다면, 중국은 아마도 둘 다 패배하게 될 것이다.

또한 중국은 대만을 포기하게 만들고자 자국의 막대한 경제적 및 방자를 해칠 여타 비군사적 영향력으로써 분쟁을 확장할 수 있다. 예를 들어, 중국은 미국의 투자를 중지하거나, 긴요한 수출품을 규제하거나, 미국 혹은 여타 동맹국가로부터 특정한 수입품에 대한 구매를 중지할 수 있다. 하지만 이것 또한 다음의 두 가지 이유로 인하여 작동하지 않을 수 있다.

첫째, 이런 노력은 일부가 염려하는 것만큼이나 방자, 특히 미국을 해치지 않을 수 있다. 미국은 이미 베이징의 경제적 영향력을 줄이고자 하는 생각으로 중국으로부터 중요한 요소들을 중국의 경제로부터 분리시키기 시작했으며, 타국들도 비슷한 행동을 취하고자 하는 것을 보인다. 그래서 중국은 반패권연합의 중요한 부분에 대한 경제적인 영향력을 활용할 실용적인 능력이 크게 없을 수 있다.[3] 만약 중국이 미국의 국공채를 버릴 경우 중국이 미국보다 더 고통받을 수 있다는 점 또한 전적으로 가능하다. 이런 행동은 미국을 향한 중국의 자산의 흐름을 감소시킴으로써, 실제로 미국의 저축률을 상승시킬 수 있으며 미국의 경제성장을 촉진시킬 수 있다. 게다가 베이징은 자국의 투자를 생산적으로 재분배하도록 강요받을 것이다.[4]

둘째, 이런 맥락에서 중국의 경제적 강제는 방자를 포기하도록 유도하기보다는 방자의 결의를 강화하기 쉽다. 베이징은 그 결과로 분쟁을 사회적 의지의 대결, 즉 고통인내의 경쟁으로 바꾸면서 국지적인 군사적 패배를 반전시키고자 할 수 있다. 중국은 그로써 분쟁을 대만의 지위와 상태 그 이상에 대한 것으로 만들 것이다. 전쟁은 동맹화된 사회 그 자체의 안보를 대상으로 할 것이며, 그들의 운명은 훨씬 더 명백하게 동맹의 단결 및 중국 강제에 저항하는 연합의 능력과 직결될 것이다. 만약 중국이 이런 방식으로 고조시킬 수 있으며 국지적인 패배를 전환할 수 있다면, 중국은 동맹의 비효능성과 반패권연합뿐만 아니라 아시아에서 임의로 강제할 수 있는 중국의 능력, 지역 내 그 어떤 국가에도 적용할 수 있는 능력을 보일 수 있다. 그러므로 이 전쟁은 더이상 중국 내부의 국지적인 문제로 보이지 않을 것이다. 그 대신 이 전쟁은 베이징이 세계에서 가장 강력한 나라까지 재량으로 강제할 수 있는지의 여부에 대한 전쟁이 될 것이다.

물론, 미국과 그 동맹 및 지지국가들이 이를 참을 수는 없다. 그렇게 하려고 하지도 않을 것이다. 대만을 방어하기 위해 전쟁에 나섬으로써 이들은 거의 확실히도 중국이 이런 일을 벌일 것을 그리고 그렇지 않았으면 애당초 이런 분쟁에 나타나지 않았을 것이므로 결심에 차서 저항할 것을 예측했었을 것이다. 게다가 방자는 중국의 압력에 직면하여 드러눕고 있지는 않을 것이다. 예를 들어, 이들은 거래에서 입은 손실을 만회하기 위해 서로 결집하는 한편 중국에 대하여 교역 및 여타 경제적 제한을 강제하기 위해 협력할 것이다.

중요하게도 이것은 중국이 바로 전쟁을 고조시켜 사회의 고통 인내력의 경쟁으로 만들 것이기 때문에 특별히 가능성이 있다. 방자는 중국의 고조에 "대응"할 것이며, 주도하여 시작하지 않을 것이다. 좌시하는 국가들은 세계경제를 위험에 빠뜨리고 세계를 재앙의 전초전까지 이끌 국가는 중국이라는 것을 볼 것이다. 이런 사실은 제3국들이 중국의 절제에 대하여 압박하고 방자에 가담하여 베이징을 억제하려고 하는 유인요인을 가중시킨다. 게다가 방자들이 해야 하는 것은 그저 대기하는 것이면 된다. 만일 이런 요동치는 분쟁을 종결시킬 자연적인 주안점인 복지부동으로써 제반사항이 해결된다면, 연합은 승리할 것이다.

이런 요소들은 만약 베이징이 수평적 고조를 활용하여 격퇴에서 탈출하고자 한다면 전체적으로 막중한 부담을 형성하게 될 것이다. 확장된 압력의 순화된 형태는 거의 확실히도 미국과 그 동맹을 설득하여 성공적인 방어로부터 철수시키는데 실패할 것이며, 보다 극적인 조치들은 이들의 결의를 억압하기보다는 공고히 만들게 될 것이다.

중국의 수직적 고조의 한계

비슷한 논리는 왜 중국에 의한 수직적 고조가 실패하기 쉬운지 설명한다. 침공세력에 대한 임박한 혹은 실제 패배가 발생하는 경우, 중국은 자국의 핵무기를 포함한 전략적 타격능력을 사용하여 이런 실패를 되돌리려고 노력할 것이다. 사실, 분석가들은 중국이 대만에 대한 전쟁에서 질 바에야 핵무기를 사용하려는 것에 대하여 우려한다.5) 하지만 고도의 비핵수준 혹은 핵수준의 여부에 관계없이 수직적 고조가 수평적 고조와 같이 실패하지 않도록 할지에 대하여는 알 수 없다.

예를 들어, 중국은 방자의 중요 기반시설 혹은 여타 민감한 표적에 대한 비핵 공격을 수행하여 미국 혹은 여타 연합국가의 의지가 박약하다고 판단 혹은 희망한 인구에 대한 고통을 가할 수 있다. 만약 이런 공격이 너무 가혹하지 않다면, 이런 공격은 동맹의 계산을 변화시키지 않을 것이다. 하지만 만약 공격이 가혹하다면, 이 공격은 방자의 저항을 북돋지 표적에 겁을 주지는 않을 것이다. 본래적으로, 중국의 타격은 이미 국지전에서 승리한 동맹국가들에 대한 공격 및 복속에 타당한 방식과 연계되지 않을 것이다. 그러므로 이들은 잔인하지만 무기력할 것이다. 제2차 세계대전에서 독일의 V−1과 V−2로켓은 런던인들에게 공포감을 심어줬지만, 전쟁의 결과에 대해서는 의미있는 영향을 주지 못했다.

게다가 중국이 선제공격을 했기 때문에, 방자는 매우 정당화할 수 있는 방식으로 중국에 대하여 막대한 비용을 부과할 중요한 선택지를 가질 것이다. 미국은 홀로 선택적인 대응에 대한 많은 선택지를 가져서 장거리타격, 사이버 그리고 여타 능력을 사용한다. 이런 선택지들은 미국이 중국에 대하여 손상을 가하도록 하고, 베이징이 국지전에서 승리의 근처에도 가지 못하도록 하며, 만약 중국이 전쟁을 지속하고자 한다면 더욱 많은 고통과 좌절을 약속한다. 동맹 및 동반국의 민간 표적에 대한 베이징의 타격은 클라우제비츠가 "복수의 번쩍이는 칼날"이라고 부르는 것에 의해 동기가 부여되어 이런 대응을 정당화하고 의심의 여지 없이 결정화시킨다.6)

또한 중국은 패배의 문턱에서 승리를 회복하기 위하여 자국의 핵무기를 사용하려 할 것이다. 이런 행동은 1945년 이후 처음으로 핵을 적대적으로 사용하는 용례가 되어 아마도 국제정치에서 가장 명백한 문턱으로 시대를 가로지르는 사건이 될 것이다.7) 중국이 정복이나 강압적인 정부교체로부터 자국을 방어하기 위해서가 아니라, 비록 중국은 대만을 반란영토로 간주하지만, 어떤 인접국가를 복속시키기 위해서 이런 행동을 취할 것이라는 사실을 고려할 때, 이런 행동은 베이징에 막대한 도덕적 혹평과 압력을 가져올 것이며, 이런 행동을 미국과 그 동맹이 격퇴시키는 것은 매우 중요하도록 보이게 만들 것이다.

심지어 더 근본적으로, 최소한 미국 그리고 전체적으로는 반패권연합은 이들이 핵위협에 취약하지 않도록 확실히 보여야 할 막대한 유인요인을 가질 것이다. 만약 미국이 이런 벼랑끝전략에 직면하여 폴드(역주: 포커에서 판돈을 키우지 않고 접는 행위)한다면 전원, 즉 중국, 미국동맹국과 여타 연합국가들 그리고 좌시하는 제3국은 워싱턴이 종이호랑이로 나타났다는 결론을 내릴 수밖에 없다. 만약 중국이 기꺼이 핵무기를 사용하지만 미국은 그렇지 않다면, 베이징은 어떤 국익이든 쟁점이 되는 국익, 즉 대만의 운명, 미국의 동맹국에 대한 운명 혹은 아시아에 대한 미국의 접근성 중 어떤 것이 되었든지에 대하여 지배력을 행사할 것이다. 게다가 이런 분쟁이 가할 반패권연합 전체에 대한 반발력을 고려했을 때, 쟁점사안은 단지 대만에만 국한되기보다 더 깊고 광범위할 것이다. 이와 반대로, 자국의 핵무기를 효과적으로 사용할 의지와 능력이 있는 국가는 핵무기의 사용이 갖는 무용성 또는 고비용을 적게 보일 수 있으며, 그럼으로써 미래 이런 핵운용의 가능성을 거의 확실히 낮출 수 있다. 물론 이런 사실은 국가가 적의 핵위협에 직면하여 즉각 아마겟돈의 파멸로 치닫겠다는 태세를 취해야만 한다는 것을 의미하는 것은 아니다. 그러나 그 국가는 반드시 자체의 핵전력으로 효과적으로 대응할 수 있는 어떤 방법을 가져야 하며, 그렇지 않다면 지배당할 것이다.

연합에는 다행스럽게도, 미국은 제한된 핵 반격에 타당한 선택지들을 갖고 있다. 비록 중국이 생존가능한 핵무기고가 있고 현대화 및 온건히 현재까지 확장해나가고 있지만, 그 핵시설은 아직 훨씬 작고 미국의 핵무기고보다 통제되고 분별력 있는 운용에 대한 여지가 적다.8) 만약 중국이 가령 괌이나 일본의 미군기지에 대하여 핵무기를 사용했다면, 미국은 이런 분쟁을 지속할 중국의 능력을 감소시킬 방법을 포함하여 대등한 핵전력으로 대응할 다수의 선택지를 갖고 있으며 계속해서 더 많은 선택지를 발전시키고 있다. 만약 중국이 더 나아가서 호놀룰루와 같은 민간 표적을 타격한다면, 미국은 반격을 위한 다수의 선택지뿐만 아니라 복수 및 이런 행동의 무용성을 보여줄 필요성의 조합, 충분한 가능성으로 동맹국, 동반국 그리고 제3국으로부터의 국제적인 지지로 형성된 막대한 결의를 갖게 될 것이다.9)

이런 정도로 결의에 차고 준비된 미국에 직면하여 중국의 운용 이면의 전략적 논리는 기껏해야 의문을 가질 법하며, 궁극적으로 위험하고, 아마도 대단히 파괴적이고 중국 자체에 대하여 비생산적일 것이다. 이런 전략은 미국이 그러는 것보다 더 대만의 지위에 대하여 중국이 신경쓰며 더욱 기꺼이 벼랑끝전략에 따르는 고통을 감내할 것이라는 생각에 근거한다. 하지만 이것은 그리 간단한 문제가 아니다.

우선, 이런 경쟁은 미국과 타국이 당연히 대만에 대한 것 이상으로 인식할 것이다. 만약 대만이 유일한 쟁점사안이라면, 중국은 정말로 더욱 신경 쓸 것이다. 하지만 미국에 대항하여 베이징의 국지적 패배를 되돌리기 위해 중국이 핵무기를 사용하려는 시도는 더욱 큰 부정적 파급효과를 필연적으로 수반할 것이다.

게다가 핵무기를 이런 상황에서 사용한 중국은 타국이 사전에 예측했던 것보다 훨씬 더 위험하게 보일 것이다. 중국이 이런 조건에서 승리하도록 허락하는 것은 장차 더욱 안 좋은 결과를 예고할 뿐이다.10) 만약 중국이 미국의 동맹으로서의 대만에 대한 전쟁에서 연합의 승리를 되돌릴 수 있다면, 무엇 때문에 베트남이나 필리핀 혹은 궁극적으로 일본과 오스트레일리아에 대해서는 전쟁을 수행하지 않겠는가? 이와 같이 정규전에서의 패배를 전환하기 위한 중국의 효과적인 제한 핵전략은 지배적일 것이다. 중국은 이런 종류의 쟁점에 대한 전쟁에서, 이미 성공적으로 방어했던 것들마저도 언제든 포기해버릴 정도로 결의가 부족한 미국에 대항하여 일관되게 승리할 것이다. 그러므로 대만 침공에서 실패한 중국과의 핵전쟁의 벼랑끝전략 경쟁에서의 승리자는 국지적인 싸움에서만 승리하는 것이 아니라 중국이 아시아에서 패권을 형성할 것이냐는 전반적인 물음에서 지배적인 지위를 차지하게 될 것이다. 이런 인식은 미국인들이 조건이 훨씬 더 악화되는 나중으로 미루기보다는, 당장 중국을 효과적으로 다룰 것을 지지하도록 부추길 것이다.

이에 더하여 중국의 벼랑끝전략은 신뢰도가 없을 것인데, 이런 전략은 거의 확실하게도 허풍을 부리는 데 그칠 것이기 때문이다. 선별된 미국 표적에 대한 일련의 맞춤형 핵공격 소위 첨예한 칼부림도 문제가 되지만, 실제로 미국에 대항하여 대규모 핵을 사용하는 것은 또 다른 문제이다. 이런 결말까지의 과정을 후속하는 것은 중국이 높은 가치를 지녔지만 아직 결정적으로 부수적인 국익인 대만을 놓고 벌이는 주요 핵전쟁에서 "모든 것을" 잃게 되기 때문에 진정 미친 것이다. 이런 광적인 접근은 만약 미국의 입장에서 판돈이 적다면 작동할 수도 있지만, 우리가 보았듯이, 그 가치는 낮지 않을 것이다. 중국은 자국이 대만을 놓고 벌이는 전쟁에서 모두의 머리를 조아리게 만들 준비가 되었다고 미국이 "여기기를" 원할 것이지만, 미국에게 있어 대만을 장악하기 위한 중국의 계획은 대만이 중국에게 아무리 중요하다고 할지라도, 실존적 수준에까지 이르지 않을 것이므로 믿지 않는 것이 낫다.

이 이상으로 중국의 핵운용은 특히 미국의 대응이 부족하다고 생각하는 경우, 가히 일본과 같은 지역 내 주요국가들이 자국의 핵무기고를 고려하도록 부추길 수 있다. 이런 핵확산은 세계안정과 워싱턴의 불행인 한편, 거의 확실하게도 미국보다 중국에 더욱 손해이며 위험이다. 타지역의 국가의 손에 있는 핵무기고는 나중에 논의하겠지만 반패권연합의 전략적 문제를 모두 마법같이 해결해주지 않을 것이다. 하지만 이들은 해당 지역에서 패권을 형성하고자 하는 그 어떤 중국의 노력이든지 더욱 어렵고 위험하게 만들 것이다. 추가적인 핵무장국가와 함께 반패권연합에 맞닥뜨려서 중국은 더욱 주의 깊게 자신의 집중 및 순차전략의 적용을 고려해야만 할 것이다.

고조되지 않을 경우

그래서 수평적 혹은 수직적 고조가 중국의 패배를 피할 것 같지는 않다. 실제로 그 어떤 측에서도 굳건하게 우월한 이점을 갖지 않을 경우 모두가 상상할 수 있는 가장 막중한 해를 겪을 상황에서 협상의 자연스러운 주 초점은 간단히 중지하는 것이기 때문에, 벼랑끝전략은 기존의 현 상태를 공인함으로써 종결된다.[11] 그러나 이런 조건하에서 일단 정지하는 것은 물론 방자에게 이익이 된다. 따라서 중국의 최선의 방책은 이와 같은 벼랑끝 경쟁을 애초부터 회피하는 것이다.

고조시키거나 전면적으로 포기하는 것보다는, 베이징은 차라리 처벌적 접근으로 회귀할 수 있다. 하지만 이것은 봉쇄 및 폭격 작전에 요구되는 대부분의 전투력이 침공 시도에서 이미 상실되었거나 손상되었을 수 있기 때문에 어렵거나 심지어 불가능할 수 있다. 이 점에 더하여, 침공 시도가 본토로부터 위협의 막중함과 방자의 이 위협을 격퇴할 수 있는 능력 모두를 보여주고 난 후, 무엇 때문에 비용부과 계획이 작동을 할 것인가? 이미 직접타격을 견딘 대만은 버티기의 가능성을 볼 것이며, 반패권연합의 주요 가입국들은 이미 분쟁에 연루되어 있다. 한편, 여타 연합 가입국뿐만 아니라 제3국들은 중국이 위험하다는 사실과 중국에 대하여 성공적으로 저항할 수 있다는 사실 모두를 볼 것이다. 이런 상황에서 어떻게 처벌적 접근법이 성공할 수 있는지 알기란 어렵다.

장기화된 전쟁

중국의 또 다른 선택지는 또 다른 침공시도를 감행할 수 있을 능력을 재생산하는 한편, 이와 같은 차후 노력의 조건을 개선하고자 장기화된 전쟁이다. 이 모델에서 베이징은 자국의 침공병력을 재건하려고 노력할 수 있는 한편, 차후 공격 시 대만의 동맹과 동반국가들이 효과적으로 도서를 방어할 능력과 의지를 깎아내리고자 할 수 있다. 중국은 선택적으로 고조시키거나 혹은 주요 방자나 지원국을 압박하기 위해 표적 타격을 시행하거나 경제적인 영향력을 행사하는 것과 같이 자국에게 이익을 취하는 방식으로 분쟁을 확대시킴으로써 이를 달성하고자 할 수 있다. 이런 접근법의 논리는 중국이 대만 및 여타 방자들에 대하여 계속하여 이들의 방어와 의지를 저하시키는 한편, 자국의 병력을 재생성하여 대만 방어의 취약점을 조성 및 여지를 만들어 냄으로써 압력을 행사하는 것이다.12)

장기전쟁으로의 안착

만일 베이징이 이 과정을 선택했다면, 미국과 여타 연루된 국가들은 전쟁을 종결하고자 할 것이만, 이들이 그럴 필요가 없다는 사실을 강조하는 것이 중요하다. 이들은 만일 중국을 강제하여 전쟁 종결에 동의하도록 하는 데 따르는 상당한 위험을 회피하고자 하는 경우 장기화된 전쟁을 새로운 보통상태로 용인할 것이다.13)

이런 상황에서 전투는 도처에서 계속될 것이지만, 방자는 이런 공격에 대하여 양호하게 대응할 것이다. 중국의 대만 최초 침공시도를 격퇴한 후, 이들은 재생성된 중국 침공군의 대부분을 선제적으로 혹은 이미 침공군이 대만해협을 항해함과 동시에 격침 및 격파할 위치에 처해있게 될 것이다. 예를 들어 중국이 연합 가입국의 화물을 차단하거나 유린하고자 한다면, 미국 및 타국은 교역이 예정된 중국의 교역수단을 격침시키거나 분쇄할 수 있다. 한편, 방자는 계속하여 도서의 방어를 개선하는 동시에 중국의 항공기, 미사일 전력, 사이버 자산 그리고 표적자산들을 제압하여 중국의 폭격을 위한 전투력을 소진시킬 수 있다.

의지는 이 단계에서 미국과 여타 국가들에게 있어 까다로운 사안이 아닐 것이다. 완강한 방어에 대한 지지도는 이 분쟁이 공격적인 중국에 대항한 강력한 태세의 필요성과 적절히 지지된 노력의 효능성 둘 다를 드러냄에 따라 방어 참가국 및 여타 우방국 사이에서 높을 것이다. 한편, 방어자와 지지자는 중국의 경제적 혹은 여타 비군사적 강압 시도에 대하여 적응할 수 있다. 그리고 방자의 이로운 위치를 고려할 때, 다수의 제3국은 베이징보다는 방자들과 협력하고자 할 것으로 기대되며, 이를 통해 중국은 더 고립화될 것이다.

이런 장기화된 전쟁에 대해서는 펠로폰네소스 전쟁, 포에니 전쟁, 백년 전쟁 그리고 나폴레옹 전쟁을 포함한 풍부한 역사적 사례가 있다. 예를 들어, 마지막에 제시된 전쟁은 나폴레옹이 1805년에 영국에 대한 침공계획을 철회하고 나서 십 년을 더 지속하였다.[14] 이와 같은 장기화된 전쟁은 만약 각 측이 자국의 산업기지로써 이런 분쟁을 지속하도록 지시하는 경우 상대적으로 고강도로 계속될 수 있다. 혹은 이런 분쟁은 다소 종잡을 수 없게 될 수 있다. 방자와 중국 간의 교역 및 비폭력적 상호작용은 이와 같은 장기화된 전쟁통에도 타당하게 재개될 수 있다. 그렇지 않은 경우, 전쟁은 다양한 강도로 지속될 것이다.

중국이 미국과 여타 연루된 동맹 및 동반국가가 용인할 수 있는 정도의 범위 내에 머물러 있는 한, 방자는 "제초작업", 즉 그 어떤 침공 및 잠재적 침공병력을 분해 혹은 격파함으로써 그들의 거부목표를 충족하고자 할 수 있다. 비록 이런 전쟁이 최적의 안과는 동떨어져 있다고 하더라도, 미국과 여타 방자들은 이를 통해서 더 나은 결과를 거둘 수 있다. 중국이 전쟁을 종결하도록 종용하려고 하는 데 수반되는 위험을 고려할 때, 이 선택지는 미국과 동맹 및 동반국가들이 취할 수 있는 가장 나쁜 방책이 될 것이다.

전쟁에 대한 종결의 강요

장기화된 전쟁을 직면하기보다, 미국과 여타 방자들은 이런 분쟁에 따르는 비용과 위험이 분쟁을 종결하는 데 따르는 것보다 더 크다고 판단할 것이며, 중국을 강요하여 전쟁을 중지하고 패배를 인정하라고 할 것이다. 최소한 장기화된 전쟁은 치명적인 골칫거리이다. 최악의 경우, 이는 훨씬 막중한 무언가로 고조될 수 있다. 또는 방자들이 우려하기로 중요한 동맹 혹은 동반국가의 정부 교체로 인해 연합의 승리할 수 있는 재량이 악화될 수 있다는 생각에 같은 행동을 취할 수도 있다. 이런 전환에 대한 선례가 결코 없지 않다. 7년 전쟁 중 엘리자베스 황후의 죽음과 차르 표트르 3세의 즉위는 러시아가 오스트리아 및 프랑스와의 동맹에서 철수하는 것뿐만 아니라 프러시아 측에 대하여 능동적으로 개입하도록 유도하여 비엔나의 핵심 전쟁목표였던 실레지아에 대한 재탈환 능력을 좌절시켰다.[15]

중국이 전쟁을 종결하도록 강제하기 위해서 방자는 베이징이 대만을 복속시키는 데 실패하였고 대만 혹은 연합 내 미국의 동맹국을 복속시키려는 악의적 노력을 중단할 것을 용인하는 범위 그 이상을 요구해서는 안 된다는 사실은 강조되어야만 한다. 이들은 중국이 자국의 정부를 교체하거나 영토를 포기하는 것과 같은 더 근본적인 무엇인가를 해야 한다는 요구를 할 필요가 없을 것이다. 게다가 이들은 중국이 공식적으로 누그러지도록 만들 필요가 없을 것이다. 베이징은 방자의 요구사항을 비공식적으로 만족시킬 수도 있다. 한반도에서는 양국이 정전만을 결정하였음에도 1953년 이래로 전쟁이 없었다. 일본과 소비에트 연방도 제2차 세계대전 이후 평화 협정에 결의한 적이 없지만, 이들은 1945년 이래로 싸우지 않았다. 이 두 상황은 미국과 그 동맹국들에게 받아들여질 수 있는 상황들이었다.[16]

그러나 베이징이 이런 선상에서 분쟁을 마치도록 설득하기 위해서 미국과 여타 방자들에게는 단순히 자신의 거부방어를 지속하는 것 이상이 필요하다. 이런 집중방어는 근본적으로 중국의 용납을 납득시키지 못했을 것이다.

이런 상황은 전쟁을 제한적으로 유지하기 위하여 연합이 이와 같은 거부방어에 상응하고 선호하는 경계가 구체적으로 중국의 대만 침공을 격퇴하는 것에 집중되어 있을 것이기 때문에 전적으로 타당하다. 이런 대만의 집중방어가 중국 본토에 대한 타격을 포함하는 한편, 이런 방어는 제한전쟁의 논리와 일관되는 방식으로 제한되어야 할 것이다. 예를 들어, 미국과 그 동반국가들은 대만을 놓고 벌어지는 싸움에 직접적으로 종사하거나 이를 지원하는 본토의 표적들 혹은 사전에 지정된 지리적 지역 내의 표적들만 타격할 수 있다.

이런 한계는 거의 확실하게도 중국 군사력의 대부분 및 산업 역량에 손대지 못하도록 한다. 비록 중국이 자국의 군사력의 대부분을 시도된 침공에 투입한다고 하더라도, 그 군사력의 대부분은 이러한 공격을 시행하는 데 적합하지 않거나 결코 그런 공격에 기여할 능력이 없다. 게다가 베이징이 인식하는 내부 안보 및 여타 국경의 잠재적 위협에서 오는 요구사항을 고려할 때, 중국은 거의 확실히도 이런 기타 우발상황에 대처하기 위하여 경계로부터 떨어진 곳에 상당량의 군사력을 예비로 보유할 것이다. 그러므로 이와 같이 연루되지 않은 중국의 군사력을 예비 보유하거나 대만침공을 가능케 함으로써 설득력 있고 효과적인 방법으로 제한될 거부방어를 가능케 할 요소들은 필연적으로 중국 군사력의 대부분과 고가치 자산을 손상없이 남기게 할 것이다. 이렇게 많은 군사력이 가용하게 남아있을 것이라는 사실은 베이징이 대만에 대한 패배를 인정하는 데 따르는 비용과 위험 모두, 즉 종속되는 내부의 정치적 불안정성과 같은 것이 투쟁을 지속하는 데서 오는 비용과 위험보다 더 클 것이라는 점과 지속하여 싸우고 준비가 되면 또 다른 침공을 시도하는 것이 패배, 모욕 그리고 이들에 수반되는 모든 것을 용인하는 것보다 더 바람직하다는 점을 확신하게 할 것이다.

이런 상황에서 미국과 연루된 연합 가입국은 대만에 대한 집중 거부방어 그 이상을 행동하는 것이 필요하다. 그러나 이들은 너무 많은 것을 하고 싶지는 않다. 심지어 대만의 침공이 격퇴되고 난 후에도, 중국은 전쟁을 지속하고 확장시킬 막대한 자원을 가졌을 뿐만 아니라 생존가능한 핵전력을 가져서 언제든지 운용할 수 있으며, 미국은 최소한 미국 자국에 대한 활용을 포함하여 이런 핵전력의 상당한 부분에 대한 운용을 중지시킬 수 없을 것이다. 따라서 중국이 전쟁의 종결을 용인하도록 강제하도록 고안된 그 어떤 전략이든지 성공의 확률이 높을 뿐만 아니라 특히 미국에 대한 중국의 상당한 핵 사용과 같은 격변 없이 성공할 수 있다.

그러므로 전쟁을 종결하는 전략은 주의 깊은 고조 관리를 가능케 해야 하지만, 작동하지 않을 때는 우아하게 실패한다. 이 전략은 중국을 압박할 뿐만 아니라 중국의 의사결정권자들에게 격변과정을 회피하고 이유를 제공하고 만약 상황이 통제 불가능할 때 분쟁 축소의 기회를 제공하여야 한다. 달리 말하면, 이 전략은 중국을 압박하여 인정을 받는 한편, 중국에 절제된 행동을 위한 유인요인을 제공해야 한다. 이와 동시에, 전쟁 종결전략은 오류의 반복과 전망을 허용하는 한편 중국이 막대한 파괴적 핵공격으로 대응하도록 종용하는 것을 피해야 한다. 이런 노력은 내재적으로 실험적 행동이 될 것이다. 미국은 간단히 중국의 고통과 양보가 가질 기준치가 무엇일지 미리 알 수 없다. 중국의 지도자들조차도 알지 못할 수 있다. 그래서 미국의 과업은 무력을 사용하여 중국이 가진 양보의 기준치를 식별하고 공략하는 한편 원치 않는 고조를 조장하는 것을 피하는 것이다.[17]

이런 기준은 중국 정부를 마비시키는 시도나 중국의 핵전력을 제거하는 것을 논외로 한다. 이런 노력은 중국의 힘과 이런 시도에 대항한 보호 능력을 고려했을 때, 거의 확실히 실패할 것이며, 이들은 아마도 진정으로 실존적 위협으로서 중국의 복속이나 파괴의 전주곡으로 보일 것이며, 이로써 중국을 강요하여 미국과 동맹 및 동반국가들에 대하여 핵전력을 운용하게 만들 것이다. 게다가 이런 과정은 반복의 여지를 남기지 않을 것이다. 지도부를 제거하거나 이동하거나 숨겨질 수 있는 핵전력을 파괴하는 것은 이들이 분산되기 전에 손에 쥘 것을 요구하며 기습과 협조에 의존한다. 이런 시도는 반드시 필연적으로 일망타진의 접근법으로 다뤄져서 중국의 지도자들을 밀어붙여 선택의 기로에 놓이도록 하여 중국에 의한 상당한 핵위협 고조 확률을 증가시킬 수 있다.[18]

미국, 그 현행 동맹 그리고 동반국가들에게 있어 더 나은 선택지는 거부의 요소를 중국에 대한 선택적 및 조건적 비용부과와 결합시켜 베이징이 누그러지거나 미국이 판단했을 때 계속된 추격이 너무 위험하거나 값비싸다고 여길 때까지 지속하는 것이다. 이 접근법은 대만을 다시 공격할 수 있는 중국의 능력을 약화 혹은 불능화하고 이후 베이징이 전쟁을 종료하는 데 동의하도록 설득하기 위한 노력에 더하는 것이다. 이때, 전적인 승리나 중국 군사력의 파괴를 통하여서가 아니라 중국은 목표를 달성할 수 없을 것이라는 사실 및 계속하여 전쟁을 벌이려 하는 것이 얻는 것보다 잃는 것이 더 많다는 사실을 중국 지도자들에게 확신시킴으로써 달성한다.

선택적으로, 조건적으로 그리고 거부에 대한 보완으로서 비용부과를 운용하는 전략은 승리의 주된 혹은 단독적인 작용으로서보다, 과거에 자주 실패했었던 비용부과와는 대별될 것이다. 이와 같은 접근은 도시를 파괴하자는 것이 아니다. 그보다 이 전략은 상실되었을 때 중국 정부가 누그러지기 쉽게 만들 사물과 역량을 공격하는 한편, 미국인과 여타 연루된 인구의 지지를 유지하는 데 주안점을 둘 것이다. 이 전략은 냉전 후기의 미국 전쟁종결전략의 논리, 특히 소위 슐레진저 독트린 및 상쇄전략들과 유사할 것이다. 이 전략들은 미국이 소비에트 연방과 전쟁을 수행할 경우, 차별적이고 표적화한 방법으로 무력을 사용(비록 여기서 다뤄진 것보다 더욱더 핵무기에 의존하긴 했으나)하여 소비에트 결정권자들에게 영향력을 행사할 것을 주문했다. 게다가 이들의 방법과 표적화는 소비에트 지도부가 무엇을 가치있게 여기며, 미국의 운용전략에 대하여 어떻게 반응할지에 대한 미국 정부의 최선의 판단에 기반했다.19)

대만을 놓고 벌이는 갈등 속에서 이 전략은 중국 지도부의 계산에 비용 증가에 대한 감각을 더함으로써 대만 재침공의 헛됨에 대한 베이징의 인식을 돋울 것이다. 이 전략은 베이징이 판단했을 때 상당한 핵 사용을 불러오지 않을 만한 표적, 특히 연합 가입국의 영토에 대한 선택적 타격 혹은 국제여론을 중국에 호의적으로 만들어버리지 않을 표적을 통하여 이를 달성할 것이다. 이 표적은 내부 안보 자산이나 중요 전쟁지원 경제기반시설과 같은 대만과의 전투와 관계된 것 이상의 비핵군사력을 포함할 수 있다.

재차 강조하건대, 이 전략의 비용부과 요소의 표적은 아마도 대체로 그리고 배타적으로 군 병력 및 자산에 대하여 집중될 것이다. 그러나 이와 같은 타격의 전략적 논리는 연합에 반하는 무엇인가를 할 중국의 능력(비록 이것이 동반되는 이익일지라도)을 거부하는 것만은 아닐 것이다. 그보다 그 논리는 선택적으로 중국 지도부가 중요시하는 것들에 대하여 손상을 입힘으로써 중국 지도부를 강제하여 패배를 인정시키고자 하는 것이다. 동시에 이와 같은 집중된 고조는 군사적뿐만 아니라 비군사적 위협과 설득을 포함할 수 있다. 예를 들어, 방자는 최초 전쟁목표를 대만 자주성의 방어로 설정할 수 있는 한편, 만일 중국이 이 침공병력이 격퇴된 후 누그러지길 거부한다면, 이들은 대만의 새로운 정치적 지위를 인정하는 쪽으로 움직일 수 있다.

이 모형에서 비용부과는 조건부일 것이다. 이와 같은 타격의 논리는 중국 및 관전자들에게 무조건적인 반발을 통하여 중국이 이런 해악을 자기 스스로 떠안는다는 사실, 미국이 합당한 이유 없이 고통을 가한다는 사실 그리고 중국은 대만에 대한 패배, 즉 실존적인 수준에 훨씬 못 미치는 한정된 자산가치limited equity를 인정함으로써 이런 고통을 끝낼 수 있음을 분명히 밝히는 것이다. 중국의 지도부는 이 모형에서 중국에 해악을 끼치는 주된 행위자이며, 이들은 부분적 패배를 인정하는 제한된 합리적인 조치를 함으로써 이 고통을 어느 때라도 중지시킬 수 있다.

이런 조건성conditionality은 전쟁을 제한하는 것뿐만 아니라 방자의 결집력을 유지하는 데 중요하다. 만일, 중요한 미국 동맹국 혹은 동반국이 미국이 비용부과 작전을 무리하게 혹은 그저 전쟁을 최대한 빨리 종결시키기 위해 처벌적으로 개시한다고 믿게 된다면, 이들은 이 작전 혹은 더 넓게는 전쟁 노력 전반에 대하여 지지를 철회할 것이다. 이 사태는 그 결과로 전쟁을 종결할 방자의 능력을 저해시킬 수 있고 대만을 위험에 처한 상태로 남겨 차후 침공에 취약하게 만들 수 있다.

그래서 이런 선택적이고 조건적인 접근법은 방자의 조건에 유리하게 전쟁을 종결하기 위하여 주로 무력이 아닌 강압에 의존할 것이다. 목표는 중국이 대만과의 분쟁에서 거둔 국지적 패배를 되돌릴 수 없음을, 투쟁의 지속은 위험하고 값비싸다는 사실 그리고 방자의 제한된 요구사항을 용인함으로써 자국의 국익은 최선으로 도모될 것이라는 사실을 베이징이 확신하게 만드는 것이다. 그러므로 이 전략은 선택적이고 조건적으로 허황됨의 인식 위에 고통을 덧입히고, 이를 통하여 거부와 비용부과의 영향력을 행사하여 베이징의 계산에 영향을 줄 것이다. 무력도 역할을 수행하겠지만, 지원하는 역할이 될 것이다. 명백한 사실은 단순히 싸움을 멈추도록 만들기에는 중국이 미국에게 너무나도 강력하다는 점이다. 미국 및 그 어느 관련된 동맹 및 동반국은 설득해야만 한다.

이 사실은 순수히 방자들이 중국의 대만 침공을 격퇴하기 위해 여태까지 취해 왔던 거부 집중형 접근법으로부터의 인식의 전환을 나타낼 것이다. 이 애초의 인식에서 방자는 중국이 침공을 중지해야 한다고 "설득"하고자 하지 않았다. 이들의 승리는 중국이 침공을 완전화시키는 "능력"을 거부하는 데 달려있었다. 방자는 대만에 대한 집중된 거부방어에 있어서 중국이 자신이 개진했던 규칙에 따라 설득시킬 강압을 예비로 보유하고 있었다.

그러나 베이징이 전쟁을 종결할 것을 설득하고자 방자는 배타적이지는 않지만 더욱 더 비용부과에 의존해나갈 것이다. 이런 상황에서 거부와 통합된 비용부과 접근의 호소력은 바로 이 방법이 실현 가능성이 있고, 전쟁을 제한전쟁으로 국한시키기에 용이하다는 점 모두에 있다.

먼저, 비용부과의 접근은 특히 아주 높은 가능성으로 분쟁이 핵의 한계치에 근접 혹은 초과함에 따라 전쟁을 제한적으로 국한시키기에 더 적절하다. 비용부과의 접근법은 충분히 적에게 손실을 가하여 적이 누그러지도록 설득하게 의도되어 있는 반면, 거부를 강조하는 접근법은 무엇인가를 행할 군사력을 무력화하는 것을 요구한다. 순수하게 거부적 접근을 취하는 것의 문제는 미국이 중국의 능력을 거부하는 데 있어 무엇을 할지에 대한 궁금증을 불러온다는 것이다. 전쟁을 종결하는 데 대한 거부적 접근은 단순히 중국의 대만침공을 격퇴하는 것일 수는 없는데, 그 이유는 이것만으로 중국이 갈등을 종결하도록 설득하는 데 충분하지 않기 때문이다. 무엇인가가 더 필요하다. 하지만 그것은 무엇인가? 거부적 접근법의 논리는 어떤 국익을 해할 수 있는 적의 능력을 무력화시키는 것이나, 이것만으로는 다른 침공을 시도하고 3차 세력을 양성하거나 더 나은 군사력을 향후에 배치시킬 적의 능력을 거부하지는 못한다. 독일은 제1차 세계대전에 참전한 군의 거부적 접근법에 의해 극복되었으나, 이 패배는 독일이 20년 후에 재무장을 실시하고 또 다른 전쟁을 개시하는 것을 막지는 못했다. 독일은 제2차 세계대전에서 더욱 완전하게 격퇴되었지만, 심지어 이것도 거부의 제한된 형태이다. 사실 헨리 모겐소Henry Morgenthau의, 독일을 농경사회로 강제로 변모시킴으로써 독일의 재조직능력에 대한 더욱 철저한 거부를 감행해야 한다는 제안은 유명하다.[20]

미국과 그 동반국가들이 중국에 대하여 거부적 접근법을 운용할 수 있는 가장 직관적인 방법은 대만이나 여타 반패권연합의 가입국에 대한 공격능력을 재조직할 수 있는 능력을 저감시키는 것이다. 특정 시점에 다다를 때까지, 전쟁종결전략으로서의 이 방법은 일리가 있다. 침공역량을 재조직할 수 있는 중국의 능력을 저하시키는 것은 베이징이 전쟁을 지속하는 것의 허황됨을 더욱 인식하도록 만든다. 이것만으로도 베이징이 누그러지게 하기에는 충분할 수 있으며, 특히 중국이 사전에 재조직하고 또 다른 침공을 감행할 수 있다고 생각했었다면 그렇다. 만약 베이징이 인정하는 것을 방해하는 유일한 것이 만약 중국이 아직 수중에 상대적으로 획득 가능한 침공역량을 갖추었다고 여기는 것이라고 생각했다면 순수한 거부가 효과를 볼 것이라는 점이다.

하지만 중국의 결정권자들은 허황됨을 포기하는 데 충분한 이유로 판단하지 않을 수 있다. 특정시점에서 중국의 침공역량을 재조직할 능력을 지연시키는 노력은 더욱 많은 중국의 군사 및 산업표적을 파괴할 것을 요구할 것이다. 중국은 언제나 군사력을 한 지역에서 다른 지역으로 이동할 수 있거나, 새로운 혹은 또 다른 시설에서 무기를 생산할 수 있거나, 자국의 광대한 영토 전체에 걸쳐 다양한 위치로부터 항공 혹은 미사일 타격을 감행할 수 있기 때문에, 중국 전역은 철저한 거부작전의 표적이 될 수 있다.

그러므로 대만이나 연합의 또 다른 미국 동맹국에 대한 공격능력의 재조직 능력에 대한 진정한 거부는 전체는 아니더라도, 훨씬 더 넓은 범주의 중국 군사력 및 산업기지를 파괴하는 노력으로 이뤄질 수 있다. 예를 들어, 미국이 중국의 전투 함대를 재생성하는 능력을 거부하고자 한다면, 미국은 선박 그 자체뿐만 아니라 공장, 선창, 해군기지 그리고 중국 전역의 여타 시설을 공격해야만 할 것이다. 그래서 순수한 거부적 접근의 자연스러운 종착점은 중국군과 국가의 전반적인 격퇴가 될 것이며, 이는 마치 독일과 일본의 무장공세역량을 재조직할 능력을 거부하는 데 제2차 세계대전에서의 총체적 연합군의 승리가 요구되었던 것으로 보였던 것과 같다.[21] 이라크의 핵무기 프로그램의 재조직능력에 대한 두려움은 이와 유사하게 2003년 바그다드에서 미국의 바트Ba'ath 정부를 전복시키는 결정에 중요했다. 어떤 시점에서, 거부는 한정된 목표로부터 일반적인 각성이나 심지어 적의 파괴로 전환시키기 쉽다.

그러므로 베이징이 미국의 공격을 기간의 장기화와 무관하게 버텨내고 결국에는 침공역량을 재조직하고자 노력하거나 허황됨에 직면하여 단호히 누그러지기를 거부하는지의 여부에 관계없이, 거부적 접근법은 특정 시점에 있어서 전쟁을 극적으로 확장시킬 수밖에 없다. 하지만 앞서 논의했듯이, 미국과 그 동반국가들이 더 확대된 전쟁에서 승리할 것이라는 사실은 결코 명확할 수가 없다. 중국은 이와 같은 시도를 격퇴할 만큼 충분히 강할 수 있는데, 왜냐하면 중국은 타국을 침공하려고 하기보다는 자국의 광활한 영토를 방어할 것이기 때문이다. 이 사실은 심지어 미국인들과 여타 연계된 인구가 훨씬 더 값비싸고 공격적인 전쟁을 지지한다고 하더라도 사실이다. 하지만 이런 지지는 절대로 보장되어 있다고 가정될 수 없다. 이런 인구는 더 대규모화된 전쟁의 비용과 위험이 전망된 이익보다 너무 크다고 판단할 수 있으며, 이를 추구하기를 망설일 수 있다.

더욱 근원적으로, 이런 확대된 선을 따라 거부작전은 막대한 위험을 발생시킬 수 있다. 자국의 영토를 방어하는 중국 지도부 및 인구는 진정으로 자체의 번쩍이는 복수의 검을 들고 더욱 맹렬히 싸울 것이다. 보다 까다롭게도, 이와 같은 확대된 전쟁은 중국이 자체의 핵전력과 여타 전략적 능력을 확대하여 사용하도록 강제할 수 있다. 심지어 미국과 그 동맹이 국가를 정복하고 강제적으로 정부를 교체하기보다 오직 중국의 군사력을 파괴하고 분쇄하고자 의도하더라도, 중국의 지도자들은 전자를 더 두려워할 수 있고, 이로써 격변하는 전쟁의 가능성은 더 농후해질 것이다. 이런 결과는 방자의 전쟁에서 발생하는 비용과 위험을 쟁점이 되는 이권에 상응하도록 유지한다는 전략의 목적을 무마할 것이다. 이런 종류의 그 어떤 승리도 피루스의 승리(역주: 손실이 큰 승리)와 같을 것이며, 뼈아픈 승리가 될 것이다.

이와 대조적으로, 거부와 비용부과 양자를 모두 운용하는 전략은 더욱 맞춤형일 것이고 통제가 가능할 것이며, 실패하더라도 더 온건할 것이다. 이와 같은 작전은 생존 가능한 핵전력을 소유한 중국에 대항한 재앙적인 갈등으로 승화하기 용이하지 않을 것이다. 비용을 부과하는 것은 중국이 행동을 취할 수 있는 능력을 제거하기보다는 단순히 손해를 끼치는 것만을 요구하는데, 이는 비록 후자가 종종 전자를 수반하기도 하지만 그러하다. 그러므로 방자의 공격은 침공이나, 강제적인 정권의 교체 혹은 정복에 대한 전조가 될 수 있다는 중국의 두려움에 조치하기 위하여 표적은 선별될 수 있다.

이를 고려하여 고조의 최상의 수준에서 이런 두려움을 조장하는 것을 피하기란 어려울 것인데, 그 이유는 중국의 결정권자들이 가장 중요시여기는 것들에 정권 지도부와 중국의 전략군을 포함할 것이기 때문이며, 이들은 정확히 대규모 핵대응을 초래하기 쉬운 표적이기 때문이다. 그러나 미국은 이와 같은 표적들에 대하여 타격할지의 여부를 결정해야만 하기 전에 선택할 수 있는 많은 다른 선택지를 가질 것이다. 일면으로, 미국은 표적의 파괴는 베이징의 의사결정을 양보 쪽으로 기울게 만들 수 있기를 희망하면서 이 정도 고조의 수준 이하의 셀 수 없이 많은 표적을 가지고 실험할 수 있다. 만약 이와 같은 시도가 충분하지 않은 경우에만 방자는 중국 정권의 지도자들과 중국의 전략군을 직접적으로 공격할지의 여부를 다뤄야 할 것이다. 이 시점에서 미국은 장기화된 전쟁에서 견디는 것이 한계로 치닫게 하고 전쟁을 축소시키는 것보다는 더 선호할 만하다고 충분히 판단할 수 있다. 그리고 이는 이 전략이 가능하게 하는 데 있어 충분히 조건적이고 융통성이 있으므로 반드시 가능할 것이다.

중요하게도, 동일한 전쟁종결의 논리는 재래식 전쟁에서 적용이 되는 것과 마찬가지로 핵수준에서도 적용이 될 것이다. 만약 중국이 핵타격까지 고조한다면, 미국은 동일한 논리를 추구할 수 있으며, 이로써 전쟁을 제한하려고 하지만 핵타격과 재래식 타격을 혼합하여 선택적이고 무차별적으로 미국의 동맹국 및 미국에 대하여 공격하는 중국의 침공능력을 저하시키는 한편 중국에 막대한 대응을 초래하는 것을 회피하도록 조절된 방법으로 비용을 부과할 수 있다.[22]

추가적으로, 거부와 비용부과를 통합한 전쟁종결전략은 즉각 제한적일 수 있을 뿐만 아니라 더욱 실현 가능성이 높을 것이다. 비용부과전략은 제한사항이 많으나, 이 전략은 적에게 상대방이 원하지 않는 모종의 부가된 행동을 강제하기보다는 그 자체를 허용하도록 만들기에 더욱 용이하다. 이 전략은 적, 특히 응징할 능력이 있는 강력한 적을 강제하여 무엇인가를 얻어내기에는 부적합하다.[23] 하지만 이 시나리오에서 방자는 베이징이 소유한 무엇인가를 해제하라고 요구하지 않을 것이다. 방자는 베이징이 아무런 행동을 취하지 않고 수동적으로 수용하는 것 그 이상의 무엇을 원하지 않을 것이다. 거부는 중국이 대만을 장악하고 유지하지 못하도록 하는 어려운 작업을 이뤄내지 못할 것이다. 비용부과는 오직 베이징이 이 현실을 받아들일 수밖에 없도록 강제할 것이다.

달리 말하면, 방자는 중국에 중국이 전개한 것을 수용할 것을, 즉 중국이 성공적인 거부전략의 결과를 삼킬 것을 요구할 것이다. 방자는 중국을 강제하여 자신의 목표를 달성하기 위하여 더이상 영토 혹은 정치적 양보와 같은 그 어떤 것도 포기하도록 만들 필요가 없다. 방자는 특히 거부가 중국의 상당한 핵 사용을 도발할 정도가 되었을 때 비용부과로 강화되고 계산된 거부에 의존하여 전쟁을 종결할 것이다.

이와 같은 접근법은 중국에 중요한 것을 양보하거나 계속 잃으며 상황을 되돌릴 수 없는 선택지를 보일 것이다. 게다가 이와 같은 궁지에서 탈출하고자 하는 베이징의 수평적 혹은 수직적 고조를 통한 그 어떤 시도이든 상황을 개선하기보다는 더 악화시키기 쉬울 것인데, 그 이유는 이와 같은 시도가 방자의 결심을 더욱 공고히 하기 쉬우며 타국의 지원을 불러오기 용이하기 때문이다. 베이징의 상황은 마치 먹이가 들이는 모든 노력이 뱀을 더욱 강하게 조이는 보아뱀의 먹이가 처한 상황과 같다. 이런 상황에서, 베이징은 전쟁을 종결하기 위한 막대한 압력에 직면하게 될 것이다.

이상적으로, 중국은 전쟁을 종결하겠다고 동의할 뿐만 아니라 곡조를 바꿀 것이다. 중국은 집중 및 순차전략에 의한 지역패권을 확보하고자 하는 시도가 패권의 가치보다 더 위험하며 큰 값을 치러야 함을 그리고 반패권연합에 협조하는 것이 자국의 공격적인 역내 세력우위를 계속적으로 추구하는 것보다 거부감이 덜하다는 것을 알게 될 것이다. 다시 말해 이상적으로, 이 사실은 데탕트로 이끌 수 있다.

그렇다고 하여도 또 다른 면에서 베이징은 전쟁을 포기할 것이지만, 잠깐에 불과할 것이며, 과거의 수많은 좌절한 강대국들처럼 대만을 재차 침공하려는 생각으로 재무장하고 재침공을 시도하려고 계획하며, 예전에 프랑스를 굴복시킨 강대국들에 대하여 나폴레옹이 거둔 성공적인 격퇴를 닮고자 할 수 있다. 이와 같은 계획을 맞이하여, 대만의 방자는 중국의 이전 행동이 억제의 필요성과 방자가 승리할 수 있는 능력 두 가지 모두를 가능케 했다는 확신을 갖고 억제에 대하여 준비할 수 있으며, 필요하다면 이와 같은 시도를 격퇴할 수 있다. 필요하다면, 반패권연합의 가입국들 또한 연합 및 연합 내 동맹에 가담하고 이를 공고히 하여 자신을 보다 더 잘 방어할 수 있다.

또는 중국은 증가하는 비용과 계속된 싸움의 헛됨에도 불구하고 계속하여 싸울 수 있다. 그러나 이와 같이 하고자 한다면, 이런 전쟁종결전략은 방자에 대하여 온건하게 실패할 수 있는데, 왜냐하면 이들이 중국의 집중 제한전쟁전략을 막으며 베이징의 침공 실패를 되돌릴 수 있는 타당한 선택지를 남기지 않기 때문이다. 동시에 이들은 장기화된 전쟁을 중국보다 더 잘 버틸 것인데, 그 이유는 이들의 힘과 의지를 보여주었을 뿐만 아니라 해체, 강제적인 정부의 교체 혹은 중국의 파괴에 훨씬 못 미치는 조건에서 전쟁을 끝내고자 하는 의지 또한 보였기 때문이다. 이 사실은 특히 봉쇄, 역봉쇄 그리고 다른 종류의 경제전을 포함하는 장기화된 전쟁에서 중요할 유럽국가들과 같은 제3국의 지지를 동원하는 데 있어 방자의 입장을 강화시킬 것이다.[24]

이런 종류의 군사적 승리에 덧입힌 비용부과 접근법은 특히 강대국 사이에서 수많은 선례를 갖는다. 패전 측이 완전히 패배하기 전에 정전이 될 때, 그 마지막은 주로 다른 전쟁 참가국이나 제3자로부터의 고통의 위협이나 부과와 군사적 승리를 동반하게 된다. 영국은 요크타운에서 독립전쟁을 효과적으로 패배하였지만, 영국이 항복에 동의하기 전에 미국에서의 분쟁과 상관없는 다른 전구에서 소유권을 상실시키겠다는 위협을 받았다.[25] 러시아인들은 계속해서 싸울 수 있었지만 1904~1905년의 러일전쟁에서 패전했다. 여타전구에서의 사회적 분란과 위험은 전쟁을 지속하는 것에 대한 명백한 허황됨과 동반하여 상트페테르부르크Saint Petersburg가 협상에 응하도록 확신시켰다.[26]

그래서 요컨대, 미국과 반패권연합의 표적국가를 방어하는 여타 국가의 최적의 전략은 거부와 비용부과의 조합이다. 기정사실화에 대항한 거부방어 그리고 이런 효과적인 거부에 덧입혀 방자가 선호하는 제한전쟁을 위한 규칙에 동의하도록 중국을 설득할 비용부과 그리고 중국이 국지적 패배를 인정하고 전쟁을 종결하도록 납득시키는 선택지의 조합이 그것이다. 거부는 취약국가에 대한 중국의 승리이론을 물리친다. 이에 덧입혀진 비용부과는 중국이 방자가 선호하는 규칙을 수용하고 국지적인 패배를 받아들이도록 한다.

하지만 우리는 명확해야 한다. 거부방어전략이 작동하도록 하는 것은 쉽거나 값싸지 않을 것이다. 베이징이 대만을 복속시키기 위해 동원할 수 있는 자원의 규모와 복잡성을 과장하는 것은 어려울 것이다. 상당량의 해양영역에 의해 본토로부터의 대만의 분리에도 불구하고, 중국만큼의 규모를 가진 국가에게 있어서 이 사안은 군사적으로 불가능한 문제와는 거리가 멀다. 미국과 여타 방자들이 선호하는 집중된 경계의 내에서 이와 같은 강력한 공자를 격퇴하는 것은 예외적으로 어려울 것이다. 만약 대만이 몰락하게 된다면, 필리핀의 방어나 베트남의 방어 또한 절대로 쉬운 문제가 될 수 없다.

우리가 심지어 미국이 자국의 군대를 변용하여 중국의 대만 혹은 서태평양의 어떤 미국 동맹국을 복속시키려는 시도에 대해 더 잘 경쟁하려고 한다고 하더라도 상황은 달라지지 않는다.[27] 이와 같은 태세에 최적화하는 데 필요한 미국군을 대대적으로 변화시킨다고 하더라도, 중국의 결의에 찬 공격을 거부하는 동시에 이와 같은 전쟁을 거부방어의 수요를 미국과 여타 참전국의 국민들에 상응하도록 제한 전쟁에 국한시키는 데에는 막대한 어려움이 따를 것이다. 그리고 이런 변화 없이는 불가능하다.

제10장

결부전략

The Strategy of Denial

제10장

결부전략

만약 미국과 그 동맹 및 동반국가가 효과적인 거부방어를 감행할 수 없거나 그들이 선호하는 조건 안에서 수행할 수 없다면 어떨까? 이미 논의했듯이, 감내할 수 있는 한계 내에서의 거부방어는 명백히 미국과 동맹 및 동반국가가 선호하는 방책이다. 그러나 그 성공은 중국의 기정사실화를 격퇴하는 것 그리고 미국과 동맹 및 동반국가가 감당할 준비가 된 범위 내에서 격퇴하는 것, 이 모든 조건에 의존한다. 허나 그렇지 않다면 어떻게 하는가?

거부방어가 실패할 수 있는 이유

거부방어는 두 가지 이유에서 실패할 수 있으며, 각각의 이유는 고유의 부정적 파급효과를 가진다. 첫째, 미국과 동맹 및 동반국가들은 효과적인 거부방어를 감행할 힘을 가질 수 있지만, 고조부담을 중국에 전가시키기보다는 자신이 부담하는 방식으로 전쟁을 상당히 고조시킬 수밖에 없게 된다. 이런 문제는 상대적으로 협소하고 집중된 거부방어가 그 자체로 충분하지 않을 수 있으므로 발생할 수 있다. 중국군은 너무 강력하거나, 넓게 퍼져있거나, 제한적인 방어에 실패하지 않을

-228-

수 있다. 이런 조건에서 미국과 가능한 중요한 동맹 및 동반국가들은 더욱 많은 중국 표적으로 공격하고, 더 많은 종류를 타격하며, 더 큰 범위의 적 혹은 더욱 첨예한 수준의 폭력을 가하여 대만을 보호해야만 할 수 있다. 이런 상황에서 미국 혹은 중요한 동맹이나 동반국가가 이와 같이 상당히 고조시킬 준비가 되어 있지 않다면 거부방어는 실패할 것이다. 본질적으로, 효과적인 거부와 가용한 의지가 요구하는 절차의 사이에서 부조화가 발생할 수 있다. 그러나 중요하게도 미국과 그 동맹 및 동반국가는 이런 결점을 미리 인식할 수 있으며, 더 광의의 거부방어가 작동하도록 하기 위하여 이를 시정해 볼 수 있다.

둘째, 기정사실화를 거부하기 위하여 거부방어를 수행하는 것은 결코 불가능할 수 있다. 대만에 인접하여 도서지역을 장악 및 강화유지하는 이점을 만끽하며 비정상적으로 강력한 중국을 단순히 거부하기가 불가능해질 수 있다. 주지할 점은 기정사실화를 격퇴하는 것이 불가능해질 수 있는데, 왜냐하면 이를 시행할 비용이 범접하지 못할 정도이기 때문이다. 즉, 국지적 방어가 너무나도 어려워지고 값비싸져서 반패권연합이 체제의 지역전쟁에서 승리할 능력을 곤경에 빠뜨리는 시점에 닿을 수가 있는 것이다. 만약 국지화된 전쟁의 범위 내에서 베이징이 미국과 그 동맹 및 동반국가들에 대하여 그 반대의 경우보다 상당히 크게 손상을 가할 수 있다면 발생할 수 있다. 특정 시점에서 대만을 계속하여 방어하는 것은 더 커진 전쟁에서 자신의 이점을 상쇄할 만큼 충분히 연합의 전반적인 전쟁수행능력을 저하시킬 수 있다. 체제의 지역전쟁에서 승리하는 것이 중국과 같은 유망 패권국이 세력 우위를 달성할 수 있는지를 가늠할 궁극적인 판별요소이기 때문에 연합은 이를 허용할 수 없다. 이와 같은 상황은 거부방어가 작동하지 않는 것과 다름이 없다.

불가능성의 첫째와 둘째 변형 사이의 차이는 역사적 사례로써 조명될 수 있다. 첫째는 NATO 계획관들이 미국과 그 동맹국들이 소비에트 블록의 침공으로부터 서유럽을 방어할 수 있는 전역 방어체계를 개발 및 형성하려고 했었을 때 유럽에서의 냉전의 종전을 향해서 맞닥뜨렸던 문제들과 유사하다. 만약 NATO가 이와 같은 수준을 달성하였다면, 이 문제는 서유럽에 대한 공산주의의 공격을 무마할 때, 전쟁고조에 따르는 막대한 위험을 고려하고도 연합군이 이런 모든 권력을 소비에트 블록에 대하여 충분히 드넓게 운용하는 데 필요한 의지를 가졌느냐가 될 것이었다. 둘째 변형은 제2차 세계대전 수년 전 서태평양에서의 미국의 상황과 더욱 비슷하다. 이 기간에 미국의 군사지도자들은 미군이 작전을 수행하고 있는 제한되는 상황을 고려하여 그 결과 미국이 결코 일본의 필리핀에 대한 효과적인 공격을 거부할 수 없다는 사실을 알았다. 이 사안은 미국인들이 전의를 가졌느냐의 문제가 아니었다. 효과적인 방어는 당시 미국의 군대에게 가용한 자산과 자원을 고려했을 때 불가능했다.[1]

게다가 집중 거부방어의 실패는 대만을 넘어 확장된다. 비록 대만이 중국의 군사력에 대하여 가장 취약한 가능성 있는 가입국이지만, 중국은 미국과 여타 국가가 필리핀, 대한민국 그리고 심지어 일본을 방어하고자 하는 그 어떤 시도이든지 격퇴할 만큼 충분히 강력해질 수 있다.

이런 진술은 그저 단순한 종말예언이 아니다. 대만과 여타 잠재적 연합국가들은 효과적으로 방어될 수 있으나, 이런 방어는 효과적인 방어태세의 개발과 준비에 대한 엄격한 집중을 요구한다. 이와 같은 태세를 갖추는 것은 가능하지만 어렵다. 이런 태세는 미국, 대만 그리고 잠재적으로 일본과 오스트레일리아와 같은 여타 국가들이 즉각 그리고 결의에 차서 전략과 병력을 변형하여 거부전략의 요구사항을 만족시킬 것을 요구한다.[2] 하지만 일부 혹은 전부가 충분히 준비하는 데 실패할 가능성이 있다. 이런 사태는 중국이 부과하는 위협의 심각성을 평가하는 데 실패하거나, 대응책에 대한 혼란, 베이징의 분노에 대한 두려움, 집중의 분산 혹은 단순한 관성에서 비롯하여 발생할 수 있다.

거부방어의 실패에 대한 적응

만약 집중적 거부방어가 작용할 수 없다면, 이에 대한 대안전략의 부재가 베이징이 지역패권으로서의 길을 순탄하게 만들기 때문에 진지하고 믿을 수 있는 방어전략의 필요성은 그 무엇보다 더 긴급하다. 그렇다면 어떻게 미국과 반패권연합은 적응하여야 할까? 이 사항은 이론적으로뿐만 아니라 오늘날의 국방기획에 있어서 중요한 쟁점이다. 미국과 연합의 여타 가입국은, 비록 이들이 집중된 거부방어가 작용하도록 만들고자 하겠지만, 반드시 이런 전략이 불충분하다고 판명되면 무엇을 할지에 대하여 알고 있어야 한다.

한 층위에서 이와 같은 기획은 단순한 신중함이다. 대안을 준비하는 것은 좋은 생각이며, 특히 군사력과 군사대비태세를 개발하는 것과 같은 결정이 수십 년씩 걸릴 수 있는 영역에서는 더욱 그렇다. 하지만 더욱 구체적인 이유는, 미국과 동맹 그리고 여타 연합 가입국이 어떻게 거부방어에 대한 준비가 대안에 대하여 기여할 수 있는지, 대안으로부터 벗어날 수 있는지 혹은 그 반대가 될 수도 있는지에 대하여 이해할 필요가 있다는 것이다. 이 사실은 이들이 거부방어를 강화하는 행동들에 호의적인 동시에 최소한 이들이 만약 집중된 거부방어가 더 이상 쓸모가 없게 된 경우에 추구하게 될 대안 방어를 개발할 능력을 거두지 않게 되기 때문에 중요하다. 반대로 이들은 집중된 거부방어를 강화시키지만 대안방어를 감행할 능력을 저하시킬 조치들을 취하는 데 있어서는 주저해야만 한다.

그렇다면 거부방어의 대안은 어떤 모습과 같을 것인가? 각각의 상황, 즉 거부는 가능하지만 상당한 고조가 필요한 경우 그리고 단순히 거부자체가 불가능한 경우 각각에 대한 최적의 대응은 상이하다.

첫 번째 상황의 경우에, 미국과 여타 방자들이 직면하는 문제는 중국이 동맹의 영토에 대하여 장악 및 강화유지를 하는 능력을 거부하기 위하여 전쟁을 고조시킬 필요성이다. 이에 대한 지원책은 바로 미국과 동맹 및 반국가들이 이 고조부담을 지는 것이다. 문제는 무엇이 이들에게 기꺼이 부담을 지우느냐이다.

두 번째 상황은 미국과 연합의 전략에 대한 더욱 근본적인 재판단을 요구할 것이다. 중국의 미국의 동맹국을 장악하는 능력을 거부하고자 하는 시도는, 단도직입적으로 또는 계속해서 이런 거부를 지속하는 것이 체제의 지역전쟁에서 연합이 가진 이점을 저하시키도록 하기 때문에 그 어떤 경우라도 실패할 것이다. 이런 상황에서 미국과 연합은 위협받는 동맹을 방어하는 것으로부터 철수하고 상실된 영토를 재탈환하여야 하며, 이런 선택지는 달성가능할 뿐만 아니라 반패권연합의 핵심 정치 논리 및 연합 내의 미국 동맹의 중요한 역할 또한 만족시킬 것이다.

재탈환 접근법

반복하자면 미국은 표적 동맹국에 대한 효과적인 방어를 보장해야 한다. 미국 동맹국, 즉 워싱턴이 안보 공약을 제시했던 국가들은 반패권연합의 강철 같은 강한 뼈대를 형성한다. 이런 동맹국에 대한 차별적 신뢰도를 제공함으로써 워싱턴은 이들을 충분히 보장하여 이들이 연합에 기꺼이 참여하도록 한다. 이렇게 힘을 받은 연합은 중국을 능가할 만큼 강력해진다. 이런 약속을 지키는 것은 동맹이 연합에 계속해서 기여하는 데 필요한 조건을 보장하는 것을 의미한다. 결국 이것은 동맹의 중요 영토는 반드시 베이징의 복속으로부터 자유롭거나 자유화되어야 함을 의미한다.

베이징의 기정사실화를 거부하는 것은 바람직하다. 하지만 이 조건을 충족시키는 것은 엄밀히 필요한 것은 아니다. 중요한 점은 전쟁의 종국에 있어서 동맹국이 공자의 지배로부터 자유롭도록 보장하는 것이다. 만약 미국과 여타 국가들이 자신의 동맹을 애초부터 중국이 장악하는 것을 막지 못하게 된다면, 이들은 추후에 정복된 동맹국을 평화회담에서 해방시키면 된다. 이를 위하여, 미국과 그 연합 국가들은 표적 동맹국의 영토로부터 중국을 추방시키는 전략을 취할 수 있다.

이와 같은 재탈환 접근은 두 번째 거부안과는 다른데, 이 거부안은 공자의 표적국가 영토의 일부 장악을 허용하고 장악한 영토에 대하여 강화유지를 허용하기 이전에 방자가 반격하는 것이었다. 재탈환은 침공자가 점령지를 강화하고 방어지대를 설치할 수 있음을 가정한다. 이 때문에, 이 사안은 미국 힘의 훨씬 더 큰 분량뿐만 아니라 동맹 및 동반국의 힘까지도 거의 변함없이 요구하게 될 것이다. 만약 이 국가들이 동맹국에 대한 중국의 침공을 격퇴하기 위하여 이미 자국 군사력의 모든 힘을 투입했으나 격퇴되었다면, 이들이 침략을 받은 동맹국을 해방시킬 수 있는 능력은 아마도 무시할 수 있을 것이다.

그러나 현실적으로 이런 상황은 발생하지 않을 것이다. 쉽게 말해서, 미국과 타당한 동맹 및 동반국은 전체적으로 중국보다 훨씬 더 강력할 것이며 가능할 수 있는 동안 거의 확실하게 이를 유지할 것이다. 하지만 가장 근본적으로 베이징과 중국에 침략을 받은 국가를 구호하는 것을 고려하는 국가들 간의 비대칭적인 국익을 포함한 앞서 설명했던 이유로, 피격국가를 제외한 이와 관련된 국가들은 최초의 침공시도를 막기 위한 총력에 기여할 것 같지는 않다. 그러므로 심지어 중국이 미국의 동맹국을 정복하는 과정에서 미국과 동맹 그리고 동반국가를 격퇴한다고 하더라도, 이 국가들은 아직도 손대지 않은 힘의 저장소로부터 희생국을 해방시키기 위한 힘을 모을 수 있을 것이다. 문제는 이들이 기꺼이 그럴 것이냐는 점이다.3)

역사는 성공적인 재탈환 작전들의 풍부한 사례를 제공하기 때문에, 이들이 기꺼이 그럴 것이라는 점을 제시한다. 십자군은 예루살렘과 성지의 일부를 장악했으나, 후속하는 세대에 걸쳐서 이 지역은 결국 이슬람 국가들에 의해서 재탈환되었다. 이와 반대로, 스페인과 포르투갈은 점진적으로 이슬람 국가로부터 이베리아 반도를 재탈환했다. 제2차 세계대전에서 연합군은 유럽 점령지를 해방시켰으며, 아시아에서 미국과 태평양의 동맹국들은 일본이 점령했던 많은 영토들을 해방시켰다. 그리고 동맹 혹은 영토는 평화회담에서 다시 되찾아질 수 있다. 연합국은 강제적으로 말라야나 네덜란드 동인도를 강제적으로 수복하지 않았다. 도쿄는 태평양 전쟁이 끝나고 이들을 포기했다.

재탈환 접근에서 미국과 그 어떤 잠재적인 참가 연합국들은 베이징이 최초의 정복에서 맞닥뜨리는 것과 유사한 선택지를 맞이할 것이다. 즉, 이들은 중국이 차지한 동맹국을 포기하도록 만들기 위하여 처벌전략을 운용할 수 있으며, 주로 무력에 의존하여 다시 장악하고자 할 수 있다. 충분한 재탈환 접근은 장악한 영토의 모든 부분을 해방할 것을 반드시 요구하지는 않는다. 그보다 이는 동맹이 연합에 기여하는 독립국가로서 회복될 수 있다는 사실을 보장하기 위해 장악된 국가의 중요 영토를 해방시키는 것을 의미한다. 대만의 맥락에 있어서 이는 본 도서를 해방시킬 것을 요구하기 쉽지만, 예를 들어 쿠에모이Quemoy 및 맛수Matsu와 같은 연안 도서는 해당되지 않는다. 한편, 필리핀의 경우에는 루손과 같은 주요 도서를 해방시키는 것을 의미하지만, 스카버러 암초Scarborough Schoal나 마닐라가 남중국해에서 베이징에 반대하기 위하여 주권을 주장하는 여타 지역은 필수적이지 않다.

재탈환에 있어 수평적 혹은 수직적 고조에 의존하는 것의 단점

비록 처벌 및 정복적 접근법이 중요한 측면에서 차이가 있다고 해도, 이 모든 접근은 거의 확실히 미국과 그 연합국가들이 전쟁을 확대할 것을 요구한다.

처벌적 접근법은 연루된 동맹 및 동반국가들은 중국에 충분한 비용을 부과하여 복속된 국가를 포기하도록 만들어야만 하기 때문에 더 확대되고 치열한 전쟁을 의미할 것이다. 베이징이 이와 같이 소중한 전과를 보존해야 할 다분한 이유를 고려했을 때 그리고 분쟁에 동원된 결의의 무게 때문에, 이런 비용은 너무나도 값비싸야만 베이징이 차지한 국가를 고려할 수밖에 없도록 만들 것이다.

이런 처벌적 접근은 그러나 바로 중국에 대해서 애초부터 효과가 없을 이유이기도 했던 같은 이유로 큰 효과를 보지 못할 것이다. 자국의 국경 밖의 지역에 아시아에서 패권을 형성하는 데 있어 전쟁에 승리하는 것만큼 중요하여 연합이 위협을 가할 그 어떤 것도 소유하고 있지 않기 때문에 수평적 고조만으로는 효과적이지는 않을 것이다. 예를 들어, 베이징은 거의 확실히 인도양이나 그 외의 외지에서는 물론이고 남중국해의 기지를 이러한 목표를 위하여 교환할 것인데, 자신에 유리한 조건하에서뿐만 아니라 만약 자국이 일례로 대만을 복속시키게 되어 반패권연합의 공허함을 보이게 된다면 보다 요원한 국익에 대한 위협을 추후에라도 바로잡을 수 있다는 자신감을 갖고 이와 같이 행동할 것이다.

이와는 다르게, 미국과 그 동맹 및 동반국가들은 이론적으로 중국 영토의 다른 부분을 장악하고 대만과 교환하고자 할 수 있다. 그러나 만약 대만이 재탈환하기가 어려운 경우에는 본토의 영토는 거의 확실히도 더욱 어려울 것인데, 특히 중국의 경우 미국의 하와이나 프랑스의 폴리네시아와 같은 원거리에 분리된 영토가 없기 때문이다. 게다가 이런 장악은 중국이 이들 영토에 대하여 방어하고자 핵 사용을 촉발하기에 충분한데, 이는 차례대로 자국민들과 중요한 제3국들에게 있어 정당한 수단으로 비칠 수 있다. 그러므로 이런 상황에서의 수평적 고조는 중국의 승리로 이어지기 쉽다.

이와 반대로, 패배를 되돌리기 위하여 수직적 고조에만 의존하는 것은 이와 같은 부정적인 효과를 심지어 더 첨예하게 발생시키게 될 것이다. 핵 사용의 최소한의 자극을 넘어서는 것은 중국이 장악한 동맹국의 재탈환 시도를 핵 경쟁의 벼랑 끝으로 만드는 한편, 중국의 번쩍이는 복수의 칼날을 공고히 하고 중국인의 결의를 강화시키면서 중국의 승리 혹은 상호 파멸로 이끌 수 있다.

또한 미국과 동맹 및 동반국가는 수평 및 수직적 고조와 혼합한 처벌전략을 추구할 수 있다. 예를 들어, 이들은 비용부과 작전을 확장하여 중국 본토의 대부분 혹은 전부를 포함하는 한편 공격의 강도를 증가시키고자 할 수 있다. 이것이 가능하다고 하더라도, 이들이 대만이나 필리핀을 점령 및 유지하기에 충분히 강한 중국에 대항하여 이와 같은 군사작전을 감행할지를 의심할 만한 충분한 이유가 있지만, 이 접근법은 매우 의심쩍은 주장인 미국이 포기하기 전에 중국이 누그러져서 달성한 전과를 파낼 것이라는 주장에 의존할 것이다. 그러므로 이런 전략은 분쟁을 자발적으로 끝없는 사회적 통증 인내 경쟁으로 뒤바꿀 것이며, 이런 사태는 앞서 논의한 아시아에서의 미국인들의 국익의 한계를 고려했을 때 결코 매력적이거나 전망 있는 대비책일 수 없다.

결과적으로 거부방어가 실패하는 경우, 미국과 여타 연루된 국가들은 정복된 영토를 직접적으로 다시 장악할 필요가 있을 것이다. 이런 상황은 장악된 국가의 침공을 요구하며, 아시아 내 미국 동맹국들의 위치로 인해서 이런 상황은 거의 확실하게 상륙돌격을 내포할 것이다. 앞서 상세히 기술한 것과 같이, 이런 상황에서의 성공적인 상륙침공은 공중 및 해양 지배나 그에 필적하는 조건을 요구한다. 이런 지배력을 달성하는 것은, 만에 하나 가능성이 있다고 하더라도, 집중된 거부방어에서 그려졌던 국지 및 제한전쟁보다 훨씬 더 크고, 위험하고, 값비싼 전쟁 노력을 요구할 것이다.

대만의 재탈환

대만의 사례를 다뤄보자. 만일 대만이 중국의 손에 떨어지고 베이징이 이 도서에 대하여 방어를 강화할 수 있었다면, 재탈환은 거의 확실하게 미국과 연루된 동맹 및 동반국가에 있어서 매우 값비싸고, 위험하며 고된 모험이 될 것이다. 이 도서에서 자국의 거점을 방어하는 데서 오는 이점에서 이익을 얻기보다는 미국과 그 어떤 연루된 연합국가들은 내재적으로 준비된 방자에게 노출된 공자가 될 것이다.

대만을 재탈환하는 침공을 가능케 하기 위하여, 미국과 연루된 동맹 및 동반국가들은 아마도 우선 도서의 방어를 약화해야만 할 것이다. 이는 대만과 대만에 주둔하는 인민해방군을 중국 본토로부터 고립시키는 것을 의미하며, 이는 중국이 대만해협을 둘러싼 해양 및 영공의 사용을 거부함을 의미할 것이다. 인민해방군의 규모와 그 고도화됨 때문에, 이는 더욱 광활한 영토를 아울러 펼쳐진 자산과 시설에 대한 매우 많은 횟수의 공격을 거의 확실하게 요구할 것이다. 미국 및 연루된 국가들은 대만 도서상의 중국군을 고립하고 궁극적으로 인민해방군의 차단으로부터 침공군을 보고하기 위하여 거의 확실히 인민해방군의 해군과 공군을 크게 저하시킬 필요가 있다.

만약 본토와 대만 도서상의 인민해방군 간의 연결을 해체 혹은 상당히 저하시키는 이런 노력이 성공적이라면, 대만 도서상의 중국군은 아직 강력할 것이며, 이는 중국이 충분히 이와 같은 대응을 예측하기 때문이다. 그러나 대체 탄약, 수리부속, 유류나 가스와 같이 시간이 지날수록 도서에서 대체될 수 없는 증원, 구호 또는 긴요한 군사 보급품이 부족하므로, 대만 도서 상의 인민해방군은 점점 취약해질 것이다.

막대한 쟁점 국익을 고려할 때 매우 합리적인 가정으로서 중국이 이 도서를 포기하지 않는다고 가정할 때, 이 상황은 한동안 지속될 수 있는데, 대체로 반격을 위한 군사적 요구사항이 매우 많기 때문이다. 대만이 중국 본토에 주둔한 병력의 사정거리에 충분히 포함되기 때문에, 필요한 공중 및 해양 지배를 달성하는 것은 이 도서를 애초에 점령하기 위한 힘과 기술을 보인 군사력에 대항하여 막대한 노력을 요구할 것이다.[4] 게다가 현대 탄약과 발사수단의 사거리는 이런 지배를 달성하는 것이 대만을 훨씬 넘어서는 범위에 대한 파급력을 가진다는 것을 의미한다. 미국과 동맹 및 동반국가의 군은 대만 도서상의 인민해방군을 재보급하는 수송선과 수송기뿐만 아니라, 대만으로부터 이격되어 있고 궁극적으로 대만에 상륙할 미국 및 여타 우군을 위협할 수 있는 중국의 전투기, 공격기 그리고 폭격기, 전함 및 지상타격체계를 파괴 혹은 저하시켜야만 한다.[5] 이는 거의 확실하게 어떠한 거부안들이 요구하는 것보다 훨씬 더 장기적이고 과격한 군사작전을 구성하게 될 것이며, 이는 미국과 그 동맹 및 동반국가들은 증가되는 부담을 감당하게 될 것이다.

이와 같은 노력을 가능하도록 만들기 위해서는, 미국과 여타 연관된 국가들은 이들의 경제를 재조정하여 높은 소모율을 동반할 이런 분쟁에 필요한 군을 개발하고 유지하도록 해야만 할 것이다. 또한, 이것은 거의 확실히 오랜 시간이 걸릴 것이다. 제2차 세계대전에서 최대의 연합군 역공세는 미국이 분쟁에 참여한 지 거의 3년이 지난 후인 1944년이 될 때까지 발생하지 않았으며, 세계 최대의 산업 강대국이었던 미국이 민주주의의 무기고로써 군비를 증대시키기 시작하고 나서는 더욱 긴 시간이 소요되었다.[6] 그리고 현대 군사무기는 제2차 세계대전의 군사무기보다 배치에 있어 상당히 더 오랜 시간이 소요된다. 현 상황하에서 개별 미사일을 생산하는 것은 수년이 걸린다. 생산은 가속화될 수 있지만, 얼마나 더 가속될지는 특히 현재의 생산능력을 수요가 훨씬 앞지를 것이기에 불분명하다[7] 게다가 제2차 세계대전과는 다르게, 미국은 산업역량에 있어서 결정적인 이점을 누리지 않는다. 미국은 더이상 세계에서 불문의 독보적인 산업국가가 아니다. 그 명성은 물론 중국으로 돌려질 수 있다.[8]

만약 미국과 여타 연루된 동맹 및 동반국가들이 이런 어려움들에도 불구하고 대만과 그 주변에 대한 지배를 확보하는 것이 가능하다면, 이들은 대만 도서상의 약화된 인민해방군으로부터 대만을 재탈환하기 위한 상륙 및 공중공격을 감행할 수 있다. 그러나 제2차 세계대전 동안 고립 및 약화되었던 일본군이 이오지마와 오키나와를 어떻게 방어할 수 있었는지를 고려할 때, 이것은 충분히 예외적으로 무지막지한 전투가 될 수 있다.

대안으로 미국과 여타 연루된 동맹 및 동반국가들은 보다 통상적이지 않은 접근을 취할 수 있다. 일단 이들이 일부 상당한 수준의 공중 및 해양 우세를 달성한다면, 노르망디나 오키나와를 추억하는 막대한 침공을 감행하기보다 대만에 대하여 소규모의 날쌘 편조부대를 투입하고자 할 수 있다. 예를 들어, 대만 도서상의 중국군을 저하시키고 내부 저항세력을 형성하기 위하여 특수부대가 운용될 수 있다. 이런 노력은 대만 도서상의 인민해방군의 효능을 저하시키도록 구상되어 결정적인 재래식 공격의 길을 형성할 수 있다. 이런 특수부대는 일정수준의 소모는 있겠지만, 총체적 규모의 정규 공격이 요구하는 전적인 지배가 없이도 수송될 수 있다.[9] 이런 병력의 투입은 그 어떤 측에서도 지배력을 갖지 않는 분쟁지역에서도 1942년 과달카날에서 미 해병이 해안으로 투입했던 것처럼 가능하다.[10]

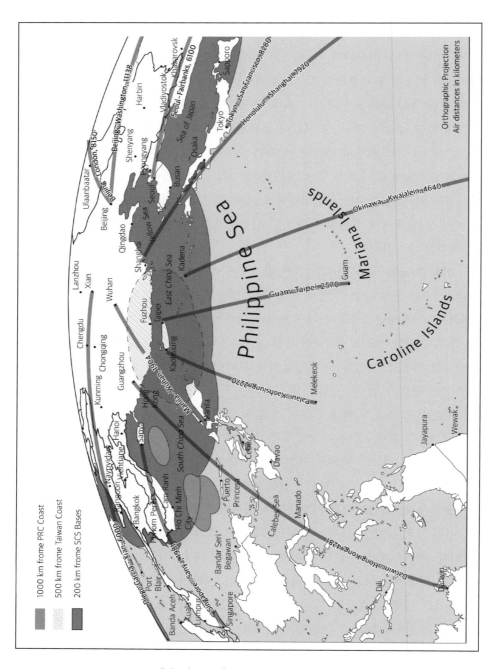

대만 접근로. 출처: 앤드류 로즈의 지도

이런 접근은 만약 도서상의 인민해방군이 합당하게 보급되고 증원되며 본토와 일정수준의 공중 및 해양 병참선이 유지된다면 본질적으로 성공할 확률이 없다. 하지만 만약 대만의 중국군이 효과적으로 차단되고, 합리적으로 상당한 대만저항군이 도서상에서 작전을 수행한다면, 특히 이런 접근법은 조건이 유리해진 후 확대된 공격이나 연속된 공격으로 이어지게 되어 효과가 있을 것이다.

대만 너머의 재탈환 접근법

비록 대만이 미국의 재탈환 시도에 있어서 가장 강조되는 방안을 제시한다고 하더라도, 비슷한 요소들은 만약 대만이 이미 복속되었다면 또 다른 워싱턴의 아시아 동맹국을 재탈환하는 노력에 적용될 수 있다. 예를 들어, 필리핀이 중국 본토와 더욱 멀리 떨어져 있고 중국 군사력의 그림자가 더욱 희미하게 드리우지만, 대만의 복속은 중국이 약화된 반패권연합에 직면하고 신뢰가 덜한 워싱턴을 마주하여 중국의 군사력 건설과 대비태세의 초점을 필리핀에 맞출 수 있도록 허용할 것이다.

필리핀을 성공적으로 침공하고 점령할 수 있는 인민해방군은 대만으로부터 이들을 추방하는 것이 힘들었듯이 열도지역에서 이들을 퇴치하기에 어려움이 있을 것이다. 이것은 앞서 설명했던 이유로부터 비롯되었지만 만약 중국이 필리핀을 복속시킬 수 있게 되면, 미국이 동남아시아의 잠재적 주요 작전기지를 상실할 것이기 때문이기도 하다. 미국과 동맹 및 동반국가의 군은 일본, 오스트레일리아 그리고 태평양 열도의 기지에서부터 작전을 수행할 수 있지만, 이들은 필리핀과 멀리 떨어져 있고, 이 거리는 이들의 군사적 효능성에 상당한 부담을 안겨줄 수 있다.

워싱턴은 필리핀에서의 상실된 작전지역을 인도네시아, 베트남, 말레이시아 그리고 태국과 같은 국가와 같은 여타 동남아시아 국가들을 돌아봄으로써 교체하려고 할 수 있다. 이 전략은 최소한 두 가지 문제에 직면할 것이다. 첫째, 대만, 필리핀 그리고 남중국해에 지배력을 가진 중국은 이와 같은 노력을 심각하게 방해하거나 전면적으로 저지할 수 있으며, 이로써 미국이 베트남, 태국 그리고 말레이시아에 대한 접근을 어렵게 만들 것이다. 둘째, 베이징은 이런 국가들을 설득하여 자국의 위압감을 주는 새 지위 및 필리핀과 대만을 방어하는 데 대한 미국의 실패를 고려하여, 신중한 방안은 자국에 합류하거나 최소한 중립으로 남아있는 것이라고 믿게 하고자 할 수 있다. 이런 상황에서 이런 국가들은 미국과의 동맹은 물론이거니와, 동참에 대해 상당히 부정적일 수 있다. 이러한 외교적일 뿐만 아니라 작전적 난국의 결과로, 미국과 여타 국가의 필리핀 재탈환 시도는 애초부터 이 군도에 대한 중국의 성공적인 침공을 거부하는 것에 비하여 거의 확실히 훨씬 더 확장적이고, 과격하며, 값비싸고, 위험한 전쟁을 요구하게 될 것이다.

요컨대, 앞서 설명된 그 어떤 상황, 즉 미국과 동맹 및 동반국가의 거부방어를 위한 노력이 부담감을 주는 고조를 발생시킴 없이 실패하든지 혹은 거부방어가 실패하게 되거나 이미 실패하였으므로 재탈환 접근이 필수불가결하게 되든지 간에 미국과 그 동맹 및 동반국가가 승리하고자 한다면, 전쟁을 확장 및 강도를 높이고 쟁점이 되는 동맹을 지지하여 미국 및 여타 국가의 차별적 신뢰도를 보장하며 반패권연합의 응집력을 유지해야만 한다. 이들은 이를 이행하는 데 있어서 분쟁을 고조시키는 데 따르는 부담을 감내해야만 한다.

한편 분쟁축소에 대한 중국의 부담은 경감될 것이다. 비록 중국이 더 크고 보다 과격한 분쟁의 와중에서도 핵전쟁을 회피하고자 하는 막대한 유인 요인을 가지겠지만, 미국과 그 동맹 및 동반국가가 수행해야 하는 군사작전이 보다 더 광범위하고 가혹해질수록 더 많은 중국의 표적을 공격하고 중국 및 중국의 국익에 대한 더 많은 손상을 요구하게 될 것이다. 미국과 그 연합국가들이 다른 신호를 보내고자 어떤 노력을 기울여도, 이는 무한한 목표를 가진 군사작전과 별반 차이가 없을 것이다.[11] 그보다 중국은 이와 같은 군사작전을 불합리하고, 위험하며, 정당화되지 않은 고조로 제시하고자 할 것이며, 이런 이유를 공략하여 자기 자신의 분쟁을 축소하고자 시도할 것인데, 즉 방어를 취할 수 있도록 보이는 움직임을 제시함으로써 중국이 적대국에 대하여 강제적 영향력을 행사할 여지를 증가시킬 수 있게 될 것이다. 상황에 있어서 근본적인 변화가 없이, 이런 상황은 중국이 힘과 결의의 조합에 있어서 미국과 동맹 및 동반국가들을 제패할 수 있는 이점을 제공할 수 있을 것이다.

이런 전개는 가장 까다로운 방식으로 미국이 중국의 아시아에 대한 패권추구를 거부하고자 하는 데 있어서 마주하고 있는 중심적인 진퇴양난을 불러일으킬 것이다. 아시아에서의 전쟁에 있어 미국의 국익은 중요하지만 가장 중요하다고 할 수는 없다는 사실이 바로 그것이다. 하지만 더욱 확장된 거부작전을 감행하는 것이나 재탈환시도를 감행하는 것은 근본적으로 미국이 큰 손실에 대한 위험을 감내하도록 요구할 것이며, 이는 확실하게 대량의 군 인명, 장비 그리고 자원이 될 것이지만, 궁극적으로는 심지어 조국의 대대적인 파괴를 의미하게 될 것이고, 만약 각 측의 본토에 대하여 심각한 공격을 감행할 수준까지 전쟁이 고조되면 모든 국가들은 반패권연합을 대신하여 원거리의 동맹국을 방어 혹은 해방시키고자 할 것이다.

어떤 이유로 미국인들과 타국민들은 이런 행동이 할 만하다고 여기게 될 것인가?

의지의 생성

확장된 거부방어나 재탈환은 미국과 동맹 및 동반국가들이 성공을 이루는 데 필요한 힘과 의지 모두를 가질 때만 가능성이 있을 것이다. 반복해서 말하자면, 중국보다 강력한 반패권연합은 가늠할 수 있는 미래까지는 단일의 응집력 있는 동맹이 되기 쉽지 않다. 동맹은 존재할 것이며 연합 내에서 새로운 동맹들이 형성되겠지만, 연합 내의 모든 국가들이 일체가 되어 다른 가입국을 보호하고자 싸우는 것은 성사되기 힘들다. 이런 맥락에서, 미국은 외부초석균형국으로서 이와 같은 연합의 허브로서 특히 군사적 차원에서 중심역할을 수행할 것이다.

그러나 이 사실은 오직 미국만 대만, 필리핀 혹은 여타 취약국가에 대하여 방어 혹은 재탈환을 할 수 있다거나 이를 시행할 것을 의미하지는 않는다. 여타 연합 가입국 및 심지어 여타 연합의 가입국이 아닌 국가들조차도 이런 국가들을 방어하거나 재탈환하는 것을 도울 수 있다. 함께 나란히 싸우거나 서로를 위하여 싸우기 위해서 국가들은 공식적으로 동맹이 될 필요는 없는데, 이는 제1, 2차 세계대전에서 미국이 영국을 도왔을 때도 이들은 사전에 동맹이 아니었던 것과 같다.

힘과 결심

중국으로부터 표적화된 동맹을 방어하고자 하는 노력에서의 성공은 고조된 전쟁이나 재탈환 시도를 통해 두 가지 요인에 달려있다. 연루된 국가들이 충분히 강한지의 여부와 이들이 충분히 결심에 근접했는지의 여부이다. 앞서 논의되었듯이, 이 둘은 상호 연관되어 있다. 폭넓게 말하자면, 더 많은 국가들이 연루되어 있을수록, 각국의 의지는 더 약화될 필요가 있는데, 그 이유는 이미 더 많은 힘이 가용하게 되기 때문이다. 더 적은 수가 연루되어 있을수록, 이들 각각은 더욱 강한 의지를 가져야만 한다. 이와 비슷하게 이들이 더욱 많은 국력을 할당하고자 할수록 이들은 의지에 더욱 의존하지 않아도 되며, 더욱 결의에 차있을수록 이들은 압도적인 힘에 의존할 필요가 없어진다.

중국의 야망에 대하여 방어하는 데 있어, 미국은 가장 강력한 국가가 될 것이나, 일본, 인도, 베트남 그리고 오스트레일리아와 같은 강력한 국가들은 물질적인 차이를 빚을 수 있을 것이다. 중국과 여타 유럽국가들과 같은 보다 원거리의 국가들뿐만 아니라 페르시아 만의 걸프 국가들은 이 경쟁에 보다 간접적으로 영향을 미치게 되어, 예를 들면 경제원조나 경제압박을 통해서 영향을 줄 수 있다.

결의, 즉 국가들이 분쟁에 있어 바람직한 결과에 도달하기 위해 자국의 힘을 투입할 준비가 되어 있는 정도는 중요한데, 왜냐하면 심지어 연루된 국가마저도 갈등에서 전면투입으로부터 수동적 지지자에 이르기까지 넓은 범위의 태세를 취할 수 있기 때문이다. 그러므로 어떤 국가가 연루되었는지 뿐만 아니라 이 국가들, 특히 더욱 강하고 더 유리한 지위의 국가들이 이 모험의 성공에 있어서 얼마나 기꺼이 할당하고 위험을 감내할 것인지가 대단히 중요하다. 자연적으로 미국의 결의는 중요할 것이다. 그러나 여타 잠재적 전투원 및 지지자들이 군사적 노력을 기울일 것인지, 접근을 허용할 것인지 혹은 경제적인 압력을 가할 것인지에 대한 의지는 매우 중요할 수 있다.

그렇다면 중요한 질문은 다음과 같을 것이다. 훨씬 더 어렵고, 값비싸며 위험한 접근법을 성공적으로 적용하는 데 있어서 어떻게 충분한 국가들을 참여시킬 수 있을 것이며, 어떻게 필요한 정도의 의지가 이들 사이에서 생성될 수 있을 것인가?

싸우겠다는 선택

일반적으로 참전에 대한 기꺼움과 이 전쟁에서 거둘 승리에 대한 의지는 국가 지도자와 그들이 지도하는 인구들이 참전에 따르는 비용과 위험에 걸맞는 이익을 판단하는 데서 출발한다. 방어하는 연합을 이끄는 그 어떤 전략이든 이러한 청중들에게는 이들이 겪도록 요구할 비용과 위험을 전략이 달성하고자 하는 이익이나 이들을 위해서 취하는 방어와 연결을 보일 필요가 있다. 심대한 시험대에 올랐을 때, 충분히 합리적이거나 적절하게 보이지 않는 전략은 수락되지 않을 것이며 허풍으로 보일 것이다. 그리고 중국과 같은 국가는 이런 전략에 도전할 힘과 유인요인을 갖고는 이런 전략을 허풍이라고 부를 것이다.

그러나 이런 전략은 단순히 비실용적이지만은 않다. 이들은 미국인들의 지지도 얻지 못할 것이다. 미국의 시민들에게 쟁점이 되는 사안의 적정비율을 훨씬 상회하는 비용으로부터 고통받으라고 요구하는 것은 국가 제안의 핵심, 즉 이성적인 목적과 일관된 국민의 이익을 최선에 둔다는 점을 위반하는 것이다. 그러므로 약속한 것에 비해서 너무 많은 희생을 요구하는 전략은 이런 가장 중요한 의미에서 비이성적이다. 클라우제비츠가 말했듯이, 심지어 전쟁에서도 "가장 숭고한 자존심"은 "항상 이성적으로" 행동하는 것이다.[12] 의심없이 유사한 논리는 타 국가의 국민에 대해서도 적용될 것이다.

효과적인 확장된 거부 혹은 재탈환전략은 강력하고 좋은 위치를 점한 충분한 국가들의 결의를 촉진하여 이들이 승리하는 데 필요한 것을 하도록 만들 필요가 있다. 다시 말하면, 만약 집중된 거부방어가 실패했거나 실패할 것으로 보이는 경우, 미국과 그 연합국가들은 중국이 선호하는 전쟁보다 더 확장적이고 강도가 높은 전투를 정당화하고 강제할 방법을 찾을 필요가 있다. 하지만 중국이 이 전쟁을 그 범위와 결과에 관하여 제한전쟁으로 규정하고자 한다는 점을 고려할 때, 즉 가령 대만과 그 인근에 대하여 국소적으로 규정하고자 할 때, 왜 미국과 여타 국가들이 이 상황을 이리 값비싸고 위험한 노력을 투자하기에 정당화할 만한 것으로 볼 것인가? 만약 이들이 중국이 전쟁의 주안점에 대하여 정의하도록 허용했다면, 이들은 이 전쟁을 값을 치를 만한 상황으로 보지 않을 것이다.

그래서 중요하게 미국과 여타 연합국가들은 베이징이 전쟁의 한계에 대하여 결정짓도록 허용해서는 안 될 것이다. 이들은 스스로 이런 한계를 설정해야 한다. 비록 이 분쟁이 오직 대만과 필리핀에만 국한된 사안으로 보이는 경우에 이들이 승리하는 데 필요한 종류의 전쟁을 수행하고자 하지 않을 것이지만, 이들은 만약 아시아에 대한 중국의 지배를 저지하고자 한다면 더욱 확대된 전쟁을 수행할 준비가 갖춰져 있어야 한다.

이런 효과를 거둘 중요한 전제조건은 미국을 제외한 잠재적 참전국가들이 중국을 매우 공격적이고 위험하며, 중국이 너무 많은 힘을 가지게 되면 참전국의 긴요한 국익을 큰 위험에 빠뜨릴 것이라고 판단할 필요가 있다. 달리 말하면, 미국과 여타 연관된 인구들은 비행위에 대한 합리화의 유혹을 설득력이 없다고 여겨야 하는 것이다. 실제로 이것은 중국이 잠재적인 위험으로만 비치는 것이 아니라 명백하고 이미 드러난 위협으로 보일 필요가 있다는 의미이다. 이런 강력한 적을 격퇴하는 데 수반되는 비용과 위험을 고려할 때, 격퇴의 논거는 어떤 강대국이 힘을 키웠을 때 더 "위험해질 수도 있는지"에 대한 추측 그 이상에 근거해야만 한다. 이들은 얼마나 위협적으로 베이징이 이미 행동하고 있고 중국과 같은 국가가 수중에 있는 갈등에서 승리하도록 허용하고 그 결과로 더욱 강력해지게 만드는 것이 얼마나 용납될 수 없을 정도로 위험한지에 대한 명확하고 설득력 있는 증거를 제시해야만 할 것이다.

중국은 물론 이런 정도의 주의를 불러일으키는 것을 방지하고자 하는 강력한 이유를 가질 것이다. 따라서 이런 상황에서 효과적인 전략은 중국 자체의 집중 및 순차 전쟁전략의 적용으로써 잠재적인 참전국들의 현 이권에 대한 평가를 변화시키는 것을 요구한다.[13] 즉, 중국의 제한전쟁전략을 운용함으로써 잠재적 연합가입국들이 중국을 위험하고 공격적인 국가라는 사실을 볼 수 있도록 유도해야만 한다는 것이다. 이러한 인식은 비록 매우 값비싸고 위험한 노력이 요구되더라도 더욱 많은 국가들이 베이징이 전략의 성공을 거부하도록 이끌 것이다.

이것은 간단한 생각이다. 만약 전쟁의 비용과 위험이 증가하며 참전국이 이성적으로 계속하여 전쟁을 수행하고자 한다면 이익도 반드시 증가해야만 한다. 제한전쟁에서는 전쟁의 노력에 있어서 자국의 총체적인 물질적 힘을 더욱 많이 투자하고자 하면서 적은 더 이상 투자하고 싶지 않도록 만드는 측이 이익을 얻게 될 것이다. 반패권연합이 본질적으로 중국보다 더 강하기 때문에, 만약 충분한 수의 국가들이 가담하고 충분한 국력을 할당할 동기부여가 되어 있다면, 비록 이와 같은 노력이 훨씬 더 값비싸고 위험한 전쟁을 필요로 하더라도 연합은 승리할 것이다. 하지만 이를 달성하기 위해서는 충분한 연합 가입국이 포기하기보다 전쟁에 참전하거나 참전을 유지하고, 더 치열하게 싸우며, 자원을 더 투입하는 데 있어서 대단하고 역동적인 정당화를 보아야만 할 것이다.

안보의 내재적인 주관성

그래서 중요한 문제는 다음과 같다. 무엇이 국가들이 싸우는 결정을 내리도록 만들고 싸울 때 필요한 기력을 갖고 싸우도록 만들 것인가?

이와 같은 사안은 왜 국가와 국민은 싸우며, 왜 이들은 적에 맞서서 양보하기보다는 더 치열하고 결의에 차서 싸울 결정을 내리는가 하는 더욱 깊은 문제에 닿는다. 이성적인 관점에서 국가는 생존을 위하여 주로 싸우며 안보 이권, 즉 "두려움과 관심"을 위해서 싸운다.[14) 국가가 자국의 안보가 위험에 처해있다고 인식할수록, 국가는 더 싸우고자 하며, 싸울 때 더 치열하게 싸울 것이다.

하지만 안보는 만질 수 있고 정확히 측정될 수 있는 물질적인 것이 아니다. 안보는 내재적으로 판단에 종속되는 평가이다. 누군가가 위협을 받는지 그리고 얼마나 위협을 받는지의 여부에 대한 감각이다. 그러므로 안보는 순수하게 방어하고 싶은 것 및 위험에 대한 내성과 같이 물질적이지 않은 요소에 의존한다. 또한 안보는 얼마나 누군가가 중요하게 지키는 이익에 대하여 해칠 수 있는가 및 어떻게 해칠 것인가와 같은 내재적으로 추측성을 띤, 타의 향후 행동에 관한 판단에 의존한다. 이들 중 처음 두 가지 요소들은 손에 잡히는 사실보다는 선호하는 한편, 다음 두 가지 요소들은 상대방의 향후 행동에 대한 판단에 관한 것이다. 이들은 그 어떤 것도 정확히 측정하기 쉽지 않다.

그러므로 한 사람이 내리는 안보의 정의는 또 다른 사람의 정의와 크게 다를 수 있다. 한 사람은 만약 활기 넘치고 세련되다면 기꺼이 위험한 마을에서 사는 위험을 감당하고자 할 수 있는 한편, 또 다른 사람은 훨씬 낮은 범죄율을 원할 수 있다. 어떤 사람은 소매치기와 깡패가 있는 마을에서 사는 것을 견딜 수 있는 한편, 또 다른 사람은 문을 잠그지 않아도 되는 마을에서 살고 싶어 할 수 있다. 이와 비숫하게, 어떤 국가는 현존하는 국경 안에서 사는 데 만족할 수 있는 한편, 또 다른 국가는 완충지대를 고집할 수 있다. 어떤 국가는 자국민의 생명이 보호되는 한 또 다른 패권 아래에서 사는 것에 만족할 수 있지만, 또 다른 국가는 자국민의 생명을 뒤로하고 자유와 독립을 고집할 수 있다.

하지만 물론 안보는 완전히 만들어지거나 주관적이지는 않다. 안보 개념의 근저에 있는 근본적인 현실은 바로 인간은 살해될 수 있는 육신을 가진 존재라는 점이다. 하지만 주관성이 있어서, 즉 안보의 인식이 고정적이지 않고 따라서 상당 부분 누군가 무엇을 필요로 하며 타자들이 얼마나 위협적인지에 대한 자체의 판단에 달려있으므로, 안보에 관한 국민 및 국가의 판단은 의도적이고 전략적으로 관리될 수 있다.15)

그러므로 국가는 개인과 마찬가지로 싸움의 여부와 치열함의 정도에 대하여 매우 중요함에도 세력균형만을 엄격히 고려하여 결정하지는 않는다. 이들은 또한 타국의 의도와 의지를 평가하려고 한다. 달리 말하면, 싸움의 여부와 싸운다면 얼마나 싸울 것인지에 대한 결정은 얼마나 상대편이 강력한가 뿐만 아니라 상대편이 얼마나 높은 확률로 그 힘을 사용하며 그 사용의 결과는 무엇이 될 것인가로부터 결정된다.16) 독일-일본의 추축국 진영은 매우 강력했으나, 강력하고 결의에 찬 반연합countercoalition으로 이끈 것은 그들의 힘만이 아니었다. 추축국이 싸우고 행동했던 "방식" 그리고 추축국 승리의 결과에 대하여 이런 방식은 어떤 것을 나타내는가가 바로 국가들이 치열하게 추축국을 격퇴하기 위해 싸우도록 만든 것이었다.17)

이런 사실은 왜 국가와 개인이 순수히 이성적이라고 보이지 않는 이유로 싸우는지 그리고 왜 이들은 가끔씩 다른 경우에 예상되는 것과는 다르게 더욱 치열하게 싸우는지 그 이유를 설명하는 데 도움이 된다. 예를 들어, 국가와 개인은 이들이 생각하기에 명예와 정의가 쟁점일 때 주로 더욱 치열하게 싸운다. 이는 물론 투모(thumos; 역주: 그리스어로서 열의에 찬 논쟁 혹은 야생마, 열망으로 해석됨)적인 요소를 갖는다. 인간은 생각하는 존재이지만, 이들은 또한 자부심, 기쁨, 슬픔, 분노, 실의, 복수 그리고 두려움과 같은 감각에 의하여 동기부여되고 강제된다.18) 강력한 열정이 발동되고 지속될 때, 인간 행동은 주로 이들과 함께 변화한다. 국가는 개인보다 더 열정적이지 않으나, 국가는 감정과 열정에 무감각하지는 않는데, 그 이유는 국가 행동이 인간 결정의 산물이기 때문이다.

하지만 투모스의 영향은 이성적인 측면을 갖는다. 개인과 같이 의심의 여지가 없이 대단히 합리적인 국가는 자국의 반응이 측정지표에 따르기 쉬우므로 안전한 표적이 되는 위험을 감수한다. 예를 들어, 합리적이고 협조적이려고 노력함으로써 항상 사업 관계자들과의 언쟁을 가라앉히려고 하는 사람은 이들에 의해서 무시되기 쉽다. 그러므로 시대착오적으로 여겨지는 국가의 명예는 국가가 얼마나 경외받는지에 대한 근삿값과 유사한 역할을 수행한다. 자국의 명예가 실추되도록 허용하는 국가들은 괴롭힘을 당할 수 있는 국가들이다. 이는 물론 주된 국익이기보다는 부수적인 국익이며, 과대한 강조는 좋지 않고 심지어 재앙적인 결정으로 이끌 수 있으나, 그렇다고 이것은 비합리적이거나 중요하지 않은 것과는 거리가 멀다.

불의의 인식이 다른 국가가 얼마나 위험한지와 연관될 때 그리고 애착 없는 수단적인 이성이 제안하기 전에 그 불의에 대한 인식이 그 다른 국가를 거스르고자 하는 데 동기를 제공할 때, 이런 인식은 안보의 이성적 개념에 기여할 수 있다. 잔인하고 믿을 수 없는 사람이 마땅히 두려운 것처럼, 가혹하며 기성 윤리적 규정을 무시하는 국가는 마땅히 두려운 대상이다. 충분한 힘을 축적하여 진정으로 위험해지기 전에 이런 국가를 다루는 것은 현명할 것이다. 특정한 열의에 찬 반응은 진화적인 이유, 즉 이런 반응이 생존에 도움이 되기 때문에 인간들 사이에서 너무도 강력해진다고 추정하는 것은 불합리적이지 않다.[19]

이 모든 사실은 더 많은 국가들이 개입하고 그들의 힘을 더욱 투자하도록 보장하는 근본적인 방법은 이들의 위협과 의지에 대한 여타 원천에 대한 인식을 작동시키는 것임을 의미한다. 이 사실은 전쟁이 이런 결과를 발동시키는 방법으로 진행되어야만 함을 의미한다.

결부전략

이 사실은 국가가 갖가지 지점에서 참전 및 이탈할 수 있어서 그리고 이들이 경쟁에서 얼마나 많이 투자하고 위험을 감내할 것인지 제각각이기 때문에 매우 중요하다. 이런 요소들은 최소한 부분적으로 주관적이기 때문에, 영향을 받고 변형될 수 있다. 그러므로 이들은 전략과 상호작용한다.

전쟁이 개시되고 수행되는 방식은 쟁점이 되는 이권에 대한 인식에 영향을 주며, 이 방식은 누가 개입할 것인지 뿐만 아니라 승리하고자 하는 참전국의 결의에도 영향을 주고 전쟁 개전시기로부터 비롯했던 이권과 이유로 보였던 것으로부터 매우 다른 방식들을 포함한다. 제1차 세계대전은 오스트리아의 세르비아 처리에 대한 논쟁에 의하여 초래되었으나, 전쟁이 수행되고 확대됨에 따라 이 전쟁은 독일이 유럽을 지배할 것이냐의 여부, 미국의 자유항해권 그리고 궁극적으로 대제국의 생존에 관한 것이 되었다. 전쟁이 확대됨에 따라, 전쟁은 참전국들이 예상했던 것보다 훨씬 더 많은 노력과 희생을 모으게 되었고 애초에 관전할 것으로 예상되었던 국가들도 끌어오게 되었다.[20]

하지만 이권의 변화에 대한 인식은 적의 행동 때문에 보다 구체적으로 발생할 수 있다. 물론 적이 취하는 행동은 상대방에 대하여 열망적인 반응을 불러일으켜 순수히 수단적인 계산을 넘어설 수 있다. 그리고 이것은 국가를 수동적으로 종속시키는 현상이 아니다. 물론 이런 종류의 열망적인 효과를 발생시키는 것은 전쟁을 벌이는 것의 핵심을 이루며, 전쟁수행의 역사는 적의 사기를 타격하도록 구상된 행동들로 넘쳐난다.[21] 몽고인들과 티무르제국의 군대의 업적에 대한 피를 굳게 만드는 이야기는 이런 신뢰를 저하시켜 왔으며, 이런 정복자들이 아직 맞닥뜨리지 않은 피해국들의 전투력도 저하되었다.

이와 비슷하게 국가들은 의도적으로 적이나 잠재적 적에 대하여 이들과 타국이 상대방과 그들의 목표를 인식을 바꾸도록 행동하도록 만들거나 심지어 강제할 수 있다. 1861년, 애이브러햄 링컨은 수완 좋게 반란하는 주들을 움직여서 섬터기지Fort Sumter에서 적대적인 첫발을 발사하도록 만들었으며, 이는 충성스러운 주의 인구들 및 수만의 지원자들로부터 넘치는 지지를 이끌었는데, 만약 연방정부가 먼저 적대적인 선조치를 취했다면 과연 이런 결과가 발생할지의 여부는 결코 분명하지 않았을 것이다.[22] 이와 유사하게, 영국군은 렉싱턴 그린Lexington Green에서 민병대에 대하여 첫발을 격발했으며, 이는 영국에 대한 왕성한 저항과 독립파the Patriot의 명분에 대한 넘치는 지지로 이어졌다. 하지만 일부는 이 첫 탄이 의도적으로 격발되어 영국왕실군the Redcoats이 대대적으로 탄을 발사하도록 하였다고 추측한다. 어떤 일이 실제로 일어났는지와 무관하게, 분명한 것은 영국이 먼저 탄을 발

사했다는 인식이 뉴잉글랜드 촌락을 독립파 활동의 중심지로 만드는 데 일조하였
으며, 식민지 미국과 그 이상 전역에 걸쳐서 독립파 명분의 호소력을 형성하는 데
기여했다는 점이다.[23]

또한 이는 국가 수준에서도 작동할 수 있다. 19세기에 영국은 유럽이 영국제
도와 프랑스(및 궁극적으로 독일) 세력의 사이에 위치한 벨기에의 중립을 지켜주어야
한다고 주장했다. 벨기에는 어떤 국가가 무고한 제3국의 중립을 파괴하여 부유하
며 영국제도의 침공을 위한 자연스러운 도약지점을 제공했던 저지대 국가(Low
Countries; 역주: 베네룩스)를 지배해야 할 상황에 처해 있었다.[24] 1914년, 베를린은
벨기에의 중립을 보증했던 1839년에 맺어진 런던조약이 "단순한 종잇조각에 불과
하다"라고 비웃었으나, 1914년 벨기에에 대한 독일의 대규모 공격은 대단한 값을
치렀는데 그 이유는 바로 이 행동이 벨기에와 프랑스 편에 서겠다는 영국 그리고
궁극적으로 미국의 결의를 공고히 만드는 것을 도왔기 때문이다.[25] 이와 비슷하게
제2차 이탈리아 독립전쟁 중에 카부르Cavour는 오스트리아의 선제공격을 보장했는
데, 이는 이런 행동이 사르데냐를 대신하여 프랑스의 중요한 개입을 발생시킬 수
있다고 잘 판단했기 때문이었다.[26]

제2차 세계대전에서 일본의 행동, 특히 진주만에 대한 공격과 1941년 12월과
1942년 1월의 아시아에서의 광란은 어떻게 군사행동이 상대국 위협의 인식을 변
화시킬 수 있으며, 이들의 결의를 공고히 할 수 있는지에 대한 교과서적인 시범의
역할을 수행한다. 1941년 말의 일본의 기본적인 수요는 미국의 유류 통상금지령
에 의하여 가해진 구속으로부터 벗어나고 중국과의 전쟁에서 이탈하여 두 손을
자유롭게 하는 것이었다.[27] 이러한 목표는 도쿄가 아시아의 유럽 식민지에 대한
집중된 공격 그리고 구체적으로 미국과 그 영토에 대한 공격은 피함에 의해서 달
성될 수 있다고 말할 수 있을 것이다. 영국이 유럽, 북아프리카 그리고 프랑스에
서의 전쟁에 사로잡혀있고 네덜란드는 독일의 통제하에 있는 상황에서, 미국은 이
런 유럽의 식민지들에 걸쳐서 일본을 상대할 수 있는 유일한 강대국이었다. 인도
가 1940년에 점령했었던 프랑스령 인도차이나에 더하고 포모사Formosa와 한국에
대한 도쿄의 오랜 통제에 더하여 말라야, 보르네오 그리고 홍콩에서뿐만 아니라
동인도에서 영국영토만을 점령하는 것은 일본에게 있어서 지역 내 지위상승에 근
접한 무엇을 가져다주었을 것이며, 이로써 미국의 개입을 전적으로 피할 수 있었

을 것이다.

물론, 1941년 말에 대부분의 미국인들은 그 어떤 전쟁지역으로든 들어가는 것에 반대하였으며, 아시아 내의 유럽 식민지를 방어하는 명분은 상상할 수 있는 전쟁의 포효를 멈추게 할 정도였다. 미국은 아직 순수히 전략적인 이유에서 일본에 대항하여 개입할 수 있었을 것이다. 하지만 미국인들이 태평양에서 일본을 격퇴하는 데 필수적이라고 판명된 막대하고 치열한 전쟁노력, 즉 일본 제국의 패배뿐만 아니라 전적인 파괴와 항복으로 이끌었던 노력을 지지했었을 것인지는 명백하지 않다. 일본의 집중되고 절제된 노력에 직면하여, 미국인들은 이 정도의 노력을 기울이는 것을 망설였을 것이며 전면적 승리에서 요원한 무엇인가에 만족하여 미국이 궁극적으로 허용했던 것보다 훨씬 더 많은 것을 일본에 남겼을 것이다.

그 대신, 일본은 1941년 12월부터 자국이 미국이 생각했던 것보다 훨씬 더 미국에 직접적으로 위험함을 보여주었으며, 이 과정에서 기습공격의 배신감과 자국의 전쟁수행방식을 통해서 미국의 "올바른 분노"를 생성했다.[28] 필리핀과 그 외의 국가에서 미군과 연합군 및 민간인에 대한 일본의 만행에 대한 보고는 전면적인 승리를 위한 지지와 희생에 대한 미국인의 지지를 깊고 공고하게 했다.

그래서 집중된 거부방어가 실패하기 쉬운 상황에서 미국의 전략적 목적은 일본이 자발적으로 행했던 것을 중국이 하도록 강제하는 것이다. 즉, 광범위한 연합 내 국민들의 개입에 대한 결의를 자극하고 공고히 하는 방식 그리고 연관된 국가들이 전쟁에서 승리할 수준으로 전쟁을 치열하게 만들고 확대시키는 방식으로 중국의 행동을 강요해야 하는 것이다. 문제는 어떻게 하느냐이다.

연합의 위협인식을 변화시키도록 중국이 싸우게 만드는 것

핵심은 베이징이 연합의 잠재적 이권 인식을 변경하도록 만드는 것이다. 중국은 대만과 필리핀을 두고 전쟁을 벌일 때 여타 역내 국가들의 중요 국익에 대한 위협이 없도록 보이게 전쟁을 수행하도록 허용되어서는 안 된다. 그 대신에 중국은 자국이 주변 관전국들의 긴요한 국익에 대하여 부과하는 위협의 최대치와 그 속성을 드러내도록 만들어져야 한다.

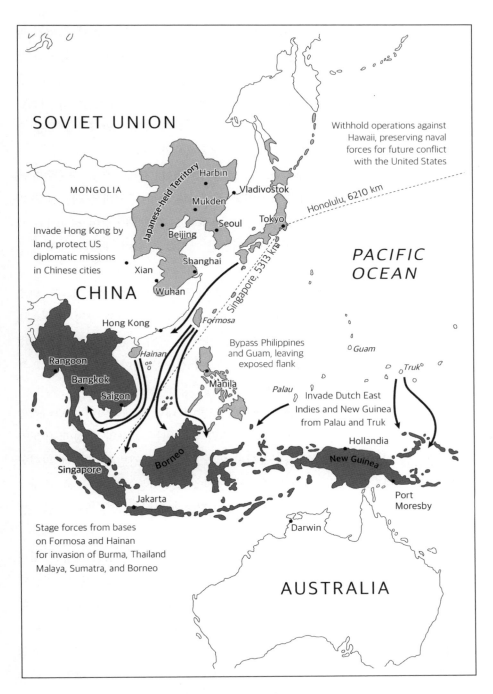

일본의 1941년 대안전략. 출처: 앤드류 로즈

그러나 중국의 국익이 바로 이런 상황에 처하는 것을 방지하는 데에 있기 때문에, 베이징이 이런 방식으로 행동하도록 만드는 것은 의도된 행동의 산물일 필요가 크다. 특히 미국뿐만 아니라 그 동맹 및 동반국가들은 중국이 자신의 작전을 수행하는 데 있어서 자국이 표적국가에 대하여 뿐만 아니라 그 표적국가를 방어할 수도 있는 여타 국가의 안보와 존엄에 대하여도 더욱 강력하고 악영향을 주는 위협임을 나타내도록 준비하고 태세를 갖추며 행동해야만 한다.

우리는 이런 접근법을 결부전략으로 부를 수 있다. 성공적으로 적용된다면, 이 전략은 심지어 반패권연합의 중요가입국 중에서도 더욱 주저하는 국가들도 기다리는 것보다는 지금 중국에 대항하는 것의 가치를 그리고 베이징이 선호하는 보다 국한된 전쟁보다는 더 대규모이고 더 위험한 전쟁을 통하여 대적하는 것의 가치를 보도록 유도할 것이다.

결부전략이 효과를 보기 위해서는 중국의 행동이 중요한데, 그 이유는 바로 중국이 변화된 인식을 발생시키는 요소이기 때문이다. 비록 연합은 긍정적인 조치, 예를 들어 사전에 감춰지거나 평가절하되었던 중국의 군비와 군사행동에 대한 정보를 드러내거나 확대할 수 있지만, 궁극적으로 이 접근은 베이징의 행동과 그 의미에 관한 것이며 그 위협이 드러내는 것에 관한 것이다.

중요하게도, 이는 중국의 행동은 연합의 도발에 대한 수세적이거나 합리적인 반응으로 보여서는 안 됨을 의미한다. 결부전략의 의미는 공자의 진정한 의도가 사전에 판단된 것보다 지엽적이고 한정되지 않았으며 더욱 광범위하고 더 위험함을 보이는 것이다. 그러므로 전쟁은 중국이 전쟁을 수행하는 방법이 주요 대상자들에게 수세적이거나, 정당화할 수 있거나, 합리적이게 보이도록 수행되어서는 안 된다.

이것은 보조적으로 이성적인 전략적 논리이다. 수세적으로 보일 행동은 내재적으로 스스로를 제한하며 덜 위협적으로 보일 것이다. 하지만 그 행동은 인간의 행동에 매우 큰 영향력을 끼치는 직관과 분별을 건드는 도덕적 사항이다. 이는 도덕적 분별이 결의를 형성하는 데 근원적이기 때문에 중요하며, 나폴레옹은 전쟁에서 정신과 물질을 두고 3대 1의 비중을 갖는다고 말했다.[29] 수세적인 행동은 공세적인 행동에 비해서 보다 합리적이고 덜 위협적으로 보인다. 인간과 국가는 유사하게도 무엇인가가 빼앗기면 이미 갖지 않은 무엇인가를 빼앗지 못하도록 제지당하는 것과는 극명하게 대조되는 반응을 보이는 경향이 있다. 이들의 결의는 일반적으로 자신이 가진 것을 방어하고자 할 때가 갖고 있지 않은 것을 장악하고자 할 때보다 더 크다.

이런 사실은 우리를 고조부담의 중요한 역할로 되돌린다. 만약 국가가 효과적일 뿐만 아니라 수세적이고 정당화할 수 있는 방법으로 싸울 수 있다면, 이 국가의 고조부담은 경감될 것이다. 만약, 이와 반대로 이 국가의 전투방식이 공세적이고 불합리하다면 그 고조부담은 훨씬 막중할 것이다. 미국과 연합의 중요한 과업은 베이징에 딜레마를 제시하는 것이다. 자국이 추구하는 집중전쟁에서 승리하기 위해서는 베이징은 반드시 연합의 국가들이 치열하게 싸우도록 그리고 여타 국가들이 이들을 지원하도록 행동해야만 할 것이다.

강한 결의의 원천

결부전략의 핵심 관념은 의도적으로 중국이 연합의 결의를 강화하도록 만드는 것이다. 국가들은 자국이익에 치우치는 경향을 갖고, 특히 전쟁의 고통스러운 시험대에 있어서는 더욱 그러하기 때문에, 결부전략이 작동하도록 하는 데 있어서 가장 중요한 부분은 중국이 연합 가입국가들의 안보에 가하는 실제의 위협을 명확히 보여주는 것이다. 하지만 베이징은 연합국가들의 의사결정의 열망적 측면에 영향을 주게끔 행동하게 될 수 있다. 비록 순수한 자국이익보다는 더 의존할 만하지 않지만, 이런 방식들은 싸우도록 하고 더 치열하게 싸우도록 하는 결정을 내리도록 만드는 데 이바지 할 수 있다.

중국과 같은 침공국가는 자국의 공격성, 야망, 잔인함, 불의존성, 국력 또는 여타 국가들의 명예에 대한 무시와 같은 속성을 스스로 드러내거나 타의에 의해 드러내짐으로써 여타 국가들의 결의를 촉발할 수 있다.

공격성

더 공격적이라고 인식되는 중국은 자국의 이익을 위하여 전쟁을 개시하거나,

폭력을 사용한다거나 또는 무력을 사용한다고 위협할 가능성이 더 크게 보일 것이다. 이런 사실은 중요한데, 그 이유는 중국과 같은 유망 패권국가는 심지어 대만이나 필리핀을 복속시키고 나서도 국가들을 강제하기 위해서 자국의 막대한 군사력을 사용하지 않을 것이라고 생각할 것이기 때문이다. 그러나 만약 중국이 폭력을 사용하는 역치가 변화한다면, 국가들은 베이징을 더욱 조기에 견제하는 것이 전쟁에 참가하거나 참전 후 확전이나 더 전쟁을 더 첨예하게 만드는지의 여부에 관계없이 신중한 방안이라고 판단할 수 있을 것이다.

아마도 중국이 확실히 이렇게 보이도록 만드는 가장 명확하고 혹시라도 가장 중요한 방법은 간단히 중국이 선제공격을 하는 국가임을 확실히 하는 것이다. 전쟁을 시작한 이가 공격자이며 동일인이 애초부터 더욱 큰 도덕적인 책임을 진다는 사실보다 인간의 도덕적 직관이 더욱 깊숙이 뿌리박혀 있는 것은 거의 없다. 그러므로 방어하는 것 혹은 적의 최초 행동에 대응하는 것으로 보이는 것에는 막대한 정치─전략적인 이익이 있다. 이와 같은 공격에 대하여 반응하는 국가 혹은 그 동맹은 대응할 때 고려하지 않았던 조치들을 고려하게 될 것이다. 이런 상황은 이런 공격이 믿을 수 없다거나 잔인하게 보일 때 더욱 심화된다. 예를 들어, 분쟁중립적인 교역권을 한 세기 반 동안 주장해온 후 1917년에 독일과의 전쟁에 나선 다음 미국은 1941년 12월 8일에 일본에 대하여 무제한 잠수함전을 선언했는데, 이 선언은 진주만 공습을 당한 "이후"에야 이뤄졌다.[30]

선제타격에 더하여, 중국이 위험할 정도로 공격적인 국가로 인식되도록 하는 또 다른 방법은 중국이 더욱 많은 국가들을 공격하도록 하는 것이다. 이런 일을 기꺼이 수행할 국가는 다른 국가들이 두려워해야 하고 즉시 반격해야 할 큰 이유를 제공한다. 다수 국가들, 심지어 결과적으로는 네덜란드, 덴마크 그리고 노르웨이와 같은 제1차 세계대전 동안 베를린이 손도 대지 않은 국가들에 대한 나치독일의 공격의지는, 상대국들이 충분히 치열하게 싸우게 되어 결국에는 독일의 힘을 압도하도록 만들었던 독일의 공격성을 나타내었다.[31]

이런 논리에 근거하여, 미국과 동맹 그리고 동반국가들은 중국이 대만이나 필리핀 주변지역 너머, 이를테면 미국의 군대, 자산 혹은 영토뿐만 아니라 지역보다 떨어져 있는 타국을 타격하는 것 없이 대만이나 필리핀을 장악하지 못하도록 하고자 할 수 있다. 이런 전략이 작동하도록 하기 위해서는 베이징은 이런 공격들의 군사적 가치가 무시하기에는 너무 설득력이 있게 볼 필요가 있는데, 즉 예컨대 이들을 간과하는 것은 타 군대가 침공병력이나 봉쇄병력에 대하여 너무 많은 손상을 가한다고 보아야 하며, 이는 마치 1941년에 일본이 경고없이 미국과 영국군을 공격하는 것이 필요하다고 느꼈던 것과 같다. 중국은 이런 중요한 표적들에 대하여 타격하지만 타국의 결의를 공고히 하는 것과, 타격을 실시하지 않지만 자국의 군사적 효능성을 희생하는 것 사이에서 딜레마를 겪을 것이다. 베이징은 초반이 아닌 갈등의 와중에서 이런 딜레마를 직면할 수 있으며, 이는 제1, 2차 세계대전에서 독일이 중립 미국에 대항하여 잠수함작전을 확대시킬 것이냐에 대한 딜레마를 대면했던 것과 같다.

미국과 동맹 및 그 동반국가들은 다양한 방법으로 결부전략의 이런 측면의 효과를 발휘할 수 있다. 하나는 이들의 군사적 태세를 얽는 것이다. 확대된 군사적 통합은 중국이 더 넓은 국가들에 대한 공격을 촉진할 것이다. 만약 중국이 대만 도서를 복속시키기 위해서 오직 대만과 그 군대 및 도서의 방어를 위해 연루된 미군에 대해서만 공격해야 한다면, 이와 같은 군사작전은 그다지 공격적으로 보이지 않을 것이다. 하지만 만약 자국의 대만공격이 성공적이도록 확실히 하고자 하기 위해 미군, 미국영토 그리고 더 떨어진 곳에 위치한 미국 측 자산뿐만 아니라 일본과 필리핀, 오스트레일리아, 대한민국 그리고 아마도 그 외의 국가들에 대하여 공격해야만 한다면, 이런 태세는 베이징이 여타 국가가 자국을 바라보았으면 하는 정도보다 훨씬 더 공격적으로 보이게 할 것이다.

군사적 관점에서, 상대가 이런 위치에 처하게 하는 가장 자연스러운 방법은 군사력의 태세를 갖추고 준비시켜서 만일 국가가 성공적인 침공이나 여타 강압적인 군사작전을 수행하고자 한다면 자국이 선호하는 것보다 더욱 많은 국가들에 대하여 보다 대규모로 공격하도록 만드는 것이다. 예컨대, 냉전 말기에 NATO의 군사태세는 소비에트 영향권에게는 모스크바가 침공에서 서독만을 제압하고자 하더라도 이와 같은 경쟁에서 승리하기 위해서는 소비에트가 넓은 범주의 NATO국가들을 공격하고 침공해야만 함을 의미했다.

오늘날 연합국가들은 모든 참여자들이 같은 무게를 짊어지거나 같은 수준의 노출을 겪지는 않을 것이라는 사실을 인지한 상태로 이런 효과를 보기 위하여 다양한 방법으로 자국의 태세를 갖추고 준비할 수 있다. 완벽함은 성공의 역치가 아넌데, 그 이유는 부분적인 효과도 국가의 결의에 대하여는 상당한 영향을 미칠 수 있기 때문이다. 예를 들어, 미국은 중국의 대만이나 필리핀에 대한 집중된 공격에 대항하여 직접적이고 능동적인 전투를 준비하는 한편, 결부전략에 연루된 여타 국가들은 단지 미국 및 타국의 군대를 수용만 할 수도 있다. 게다가 이렇게 수용된 병력과 시설이 더욱 지속성 있고, 분산되어 있으며, 생존이 가능하고, 중국이 이 병력과 시설이 어떻게 운용될지 확신할 수 없을수록, 중국은 더 많은 표적에 대하여 공격하여야 하고, 공격을 보다 강력하게 실시해야만 할 것이며, 이로써 이런 공격은 더욱 공격적으로 비칠 것이다.

일례를 들자면, 일본은 다수의 미군기지를 수용하지만, 자체적인 기지뿐만 아니라 미군과 일본군이 사용할 수 있는 상용 비행장과 항만 또한 갖고 있다.[32] 중국은 이런 기지와 시설에 손대지 않음으로써 상당한 위험을 마주할 것이나, 타격하는 것은 일본의 결의를 굳건히 만들게 될 것이다. 여타 국가에 대하여도 이는 동일하며, 이때 이들 국가에 미국의 동맹은 아니지만 갈등에 처했을 때 미군을 지원하거나 미군에게 접근을 제공할 국가들도 포함한다.

앞서 서술했듯이, 수세적이거나 현상유지하는 정치적인 목표들은 이 목표들이 적절한 한계 내로 유지되는 한 전적으로 능동적, 일촉즉발의, 심지어 공격적인 군사 혹은 작전적 접근과 전적으로 합치할 수 있다. 이와 비슷하게, 상대방이 실제로 전쟁을 시작하도록 보장하는 정치적인 목표는 국가의 군사태세를 수동적이거나 취약하게 만들 것을 요구하지 않는다. 상대를 먼저 타격할 준비가 되어 있는 군대는 1942년 초 중앙태평양에서 미해군이 감행했던 작전에서 보듯이 신속한 반격을 감행할 준비가 되어 있고, 지속성과 태세를 갖추었을 수 있다.

만약 당시에 중국이 미국 및 여타 연루된 국가의 병력이 아시아태평양 지역 전역에 걸쳐 다양한 위치에서 작전을 수행할 수 있다는 사실을 알았다면, 중국은 이 병력들의 효능성을 저하시키기 위하여 이 표적들을 타격하고 싶었을 것이다. 게다가 중국은 이런 병력들이 탈출, 분산 그리고 더욱 더 고통스러운 딜레마를 제시할 수 있다는 것을 알았다면 표적을 빠르고 기습적으로 타격하고 싶었을 것이다. 이에 더하여, 만약 중국이 이런 비행장을 타격작전으로써 무력화시킬 수 없었다면, 중국은 지상군으로서 돌격을 수행하는 것과 같은 더욱더 공격적이고 직접적인 조치를 취하고자 했을 것이다. 구체적인 결과는 중국이 미국 및 여타 연루된 국가들이 이런 위치에서 경쟁 없이 작전할 수 있도록 허용하는 것과 참전 없이 관전만 했을 수 있었을 국가들에 대하여 폭넓은 타격을 가하는 것 사이에서 선택하게 만들었다는 것이다.

만약 중국이 이런 난국에서 공격적으로 행동하고자 했다면, 비록 연합이 대만을 방어하거나 재탈환하기 위하여 확대된 전쟁을 수행하도록 강제할 만큼 베이징이 충분히 강했다고 하더라도, 중국은 이런 값비싸고 위험한 분쟁을 수행할 준비가 된 더욱 광범위하고 더욱 결의에 찬 연합을 형성하도록 초래했을 것이다. 물론, 베이징은 이런 결과를 회피하는 것을 더 선호했을 것이다. 하지만 이런 선호도는 중요한 것이 아닐 것이며, 정작 중요한 것은 세계에 드러내진 폭넓게 그리고 치열한 폭력성을 기꺼이 사용하겠다는 의도였다.

베이징이 부과한 위협에 대한 이런 인식은 만약 연루된 국가들이 상호 방어태세를 연계시키기 위하여 단순한 주둔을 넘어 본질적으로 상호 의존하는 방어로 만들게 되면 더욱 고조될 것이다. 비록 진정으로 상호 연계적 접근은 정치적으로 조성하기에 어려울 수 있지만, 이렇게 하는 것은 국가들을 함께 결부시킬 가장 면밀하고 효과적인 방법일 것이다. 만약 연합 내의 국가들이 상호 의존 없이는 단연코 자체적으로 방어할 수 없다면, 이들의 운명은 진정으로 함께 결부되어 있다.[33] 예를 들어, 냉전 말기에 일본의 자위대는 전시에 소비에트의 잠수함을 격침하고 미국의 공군기지를 방어하여, 미국 해군자산의 안전한 통행을 제공하고 극동부 소비에트에 대항한 미국의 타격작전의 여건을 조성하도록 계획되어 있었다.[34] 그 효과는 미국과 일본군을 전시에 일본 일대에 결부시키는 것이었으며, 양자 중 그 누구도 상대방의 능동적인 참여가 없이는 정해진 임무를 완수할 수 없었을 것이다.

야 망

적은 사전에 생각되었던 것보다 더욱 야망적으로 보이도록 만들 수 있다. 한 국가가 목표를 달성하기 위해 폭력을 사용할 정도를 공격성이라고 한다면, 야망은 그 목표의 확장성이다. 공격성이 얼마나 다분히 잠재적 국가들이 공격받을지를 말해준다면, 야망은 이들이 얼마나 큰 가능성으로 긴요한 국익을 침해받을 것인지, 복속될 것인지 혹은 전체적으로 소진될 것인지를 말해준다. 이것은 물론 직접적으로 여타 국가들의 가장 근본적인 우려사항에 손을 댄다. 즉, 얼마나 이들이 상대방의 탐욕의 대상이 되기 쉬운지의 문제인 것이다. 그러므로 중국과 같은 강력한 국가가 더욱 야망적으로 보일수록, 여타 국가들은 자국이 조만간 사로잡히게 될 두려움을 가질 더 많은 이유를 갖게 된다.

국가의 행동은 이런 판단에 있어서 중요한 차이를 만든다. 1936년 서구의 지도자들은 베를린의 목표는 베르사유조약의 모욕 이후 독일을 유럽국가들의 지위와 동등하게 복권시키는 데 국한되어 있다는 히틀러의 항변을 믿었을 수 있다. 하지만 1938년과 1939년에 오스트리아와 체코슬로바키아에 대한 독일의 행동과 1939년 폴란드에 대한 베를린의 공격은 나치가 훨씬 더 욕심을 가졌다는 것과 서구세력들은 확전된 전쟁에서마저도 독일과 싸우는 것이 더욱 많은 살라미전술을 허용하는 것보다 더 낫다는 것을 확실히 했다.[35] 유럽국가들은 이들이 나폴레옹과 최초에는 거래를 할 수 있을 것이라고 생각했지만, 나폴레옹의 다수의 전쟁들과 전후 파리가 부과했던 극적으로 변혁적인 협정들은 궁극적으로 이들이 나폴레옹과 거래할 수는 없다고 결론짓도록 유도했다.[36]

게다가 타국이 얼마나 야망있는지를 생각하는 것은 전쟁 중에도 바뀔 수 있는데, 갈등 간에 전쟁의 목표는 바뀔 수 있기 때문이다. 남부에 대한 연방정부의 요구는 미 남북전쟁 동안에 극적으로 상승했다. 삼국동맹the Central Powers에 대한 삼국협상the Triple Entente의 요구도 제1차 세계대전 동안에 매우 치솟았다. 국가의 전쟁목표는 언제나 침착한 의도를 갖고 좌우되지도 않다. 비스마르크는 알자스-로레인을 병합하는 데 주저하였지만, 더 많은 것을 원하는 위세등등한 프러시아의 지도부에 맞닥뜨려서는 이를 수용하였다. 1950년 한국 유엔군의 애초의 전쟁목표는 남북으로 갈라진 한국이라는 현상을 복구하는 것이었지만 인천에서의 승리, 관성 그리고 더글라스 맥아더와 같은 개인의 인격의 영향은 복합적으로 이런 목표를 잠시나마라도 남북의 통일로까지 확장시켰다.[37]

그러나 중국이 더욱 야망을 가진 나라로 비치게 행동하도록 만드는 것은 더욱 공격적으로 보이게 하는 문제같이 직접적이지는 않다. 국가가 목적달성을 위하여 사용할 수단을 다루는 공격성과는 다르게, 야망은 그 목표 자체에 대한 것이다. 공자에게 있어서, 연루되지 않거나 최소로 연루되었을 국가에 적대적 군사력을 남기는 것은 매우 까다로운 군사적 문제를 제시한다. 즉, 이 군사력이 피해받지 않게 두는 것은 자국 목표달성을 바로 좌절시킬 수 있다. 엄밀히 말해 이 문제를 풀기 위해서 공자는 정치적인 목표를 변경할 필요가 없다. 그 이유는 이 맥락에서 중요한 것이 중국과 같은 공자가 자국의 목표가 더욱 야망적이 되었음을 인정하거나 스스로 생각하는지의 여부가 아니기 때문이다. 타국들은 이런 위압적인 국가에 대비하여 장차 사태에 대한 대비를 해야만 한다는 사실을 고려할 때, 중국은 단지 타국에 더욱 야망적인 것으로 보일 혹은 단지 더 야망적일 가능성이 있다고 보일 필요만 있는 것이다.

그러므로 중국과 같은 유망 패권국은 가능한 한 자국의 야망을 제한된 것으로 보이게 하고 전쟁목표가 통상적이고 한정된 것으로 보이도록 상당한 유인요인을 가진다. 예를 들어, 대만에 대한 반패권연합의 일부와 갈등이 있는 경우를 살펴보면, 베이징은 일단 대만과의 통일욕이 충족되고 나면 타국들이 자신은 만족했다고 여기도록 원할 것이다. 그러나 만약 충분히 많은 국가들이 대만을 취하는 것은 베이징에게 있어 더욱 거대한 야망으로 가는 첫걸음에 불과하다고 결론을 내리게 되면, 이들은 더 크고 값비싼 전쟁의 값어치를 치러서라도 이런 야망을 조기에 좌절시키고자 할 것이다.

아마도 중국과 같은 공자를 더욱 야망적으로 보이게 하거나 실제로 그렇게 만드는 가장 명확한 방법은 중국이 손쉽고 말끔한 승리를 달성하지 못하도록 하는 것이다. 만약 베이징이 아주 집중된 목표로서의 대만과의 전쟁에도 좌절적이고 값비싼 전쟁을 맞이해야만 한다면, 중국은 발생되는 비용만큼 자국의 목표를 확장시키고 싶은 유혹 혹은 그렇게 해야만 할 것 같은 압박을 느끼게 될 것이며, 이는 마치 제1차 세계대전에서 참전국들의 고통이 커지면서 목표도 함께 커졌던 것과 같다. 이 요구사항은 미국과 동맹 및 동반국가들의 군사적 태세의 지속성에 대하여 중요시 여기게 될 것이다. 미군 및 관련 군이 더욱 지속성을 갖게 될수록, 이들은 지속적으로 중국군에게 손상을 가져다줄 수 있으며, 이로써 갈등을 장기화하고 중국의 비용을 증가시킬 것이다.

베이징을 야망적으로 보이게 만들 또 다른 방법은 공격성과 실패 사이에서 선택하도록 만드는 전술 같은 형태를 띤다. 미국과 타 연루 국가는 베이징이 최소한만 연루되었음 직한 국가 내 적대세력이 주둔하는 것을 허용하는 것 또는 이런 세력을 타격하는 것 사이에서 선택하도록 강요할 수 있다. 만약 베이징이 최소한으로만 연루되었음직한 국가의 군대를 공격한다면, 억세고 장기화되는 전쟁을 맞아 베이징은 식사를 진행할수록 그 식욕이 더욱 커진다는 두려움을 촉발할 것이다. 이런 상황에서 지역 내 국가들은 중국의 의도가 자국의 영토 일부를 장악하는 데 까지 미쳐서 자국 영토에서 미국과 타국의 작전을 불가하게 하거나 거부하고자 한 다고 여기며 이어서 장악한 영토를 보유하고 전쟁 비용을 치르게 하고자 할 것이 라고 두려워할 수 있다.

예를 들면, 베이징은 필리핀을 강타하거나 영토를 장악하여 미군의 접근을 거 부하고 이어 전쟁에서 승리했을 때 이 영토를 유지하거나 여타 자본을 추출할 것 을 주장할 수 있다. 워싱턴은 1941년 12월 이전에 태평양 제도의 대부분에 대한 어떤 주장도 하지 않았지만, 이들을 일본의 통제로부터 이탈시키는 데 막대한 고 통을 감수한 이후에는 이들을 소유하거나 대부분을 감독하면서 전쟁을 종료했다는 사실을 기억할 필요가 있다. 이와 유사하게, 미국은 카리브해의 문제에 의해서 대 부분 초래된 스페인전쟁의 초기에 필리핀에 대한 어떤 주장도 하지 않았으나, 전 쟁 종결 시에는 필리핀을 관할령에 두었다.[38]

어떻게 이런 접근이 실제 운용될 지에 대한 또 다른 예로, NATO군 배치와 작 전 패턴을 이유삼아 소비에트가 서독을 복속시키고자 NATO를 돌격하는 것은 거 의 확실히 서유럽의 큰 부분에 대한 공격을 요구했었을 것이다. 이런 공격은 연방 공화국 너머 서유럽 전역을 복속시키고자 하는 모스크바의 열망을 증명하지는 못 했겠지만, 타 서부 NATO 국가들은 특히 모스크바의 동유럽에 대한 준 제국적인 통제로 미루어 보아 모스크바가 그런 의도를 가졌다는 것을 두려워할 충분한 이유 가 있었을 것이다. 그 결과로, NATO의 군사태세는 서유럽에 대한 어떤 소비에트 의 공격이든 모스크바의 점차적이고 국지적인 정치적 요구사항으로 이끌지 않고 유럽 전역을 지배하고자 하는 소비에트의 노력으로 이끌 것이라고 서유럽국가들이 두려워하기 쉽도록 만들었다.[39]

잔인함

국가는 반드시 타국 특히 유망 지역패권국이 만일 목표를 달성하게 되면 어떻 게 행동할지에 대해서 고려해야만 한다. 만약 중국이 전쟁을 벌이는 데 있어 잔인하게 보이게 된다면, 국가들은 이 국가가 더욱 많은 힘을 축적하게 된다면 동일한 수준이나 그보다 더 나쁘게 행동할 것을 두려워할 수 있다. 이 우려는 베이징이 힘을 모아서 이와 같이 행동하지 못하도록 만들고자 하는 타국들의 의지를 증가시킬 수 있다.

이런 반응은 군사사에서 흔하다. 프랑스 지배의 탐욕과 강압에 대한 보고는 나폴레옹의 군대에 항거한 작전에 대한 대중의 지지에 힘을 실었다. 널리 증오되었던 식민지 유럽지배를 무너뜨릴 일본의 노력을 지지했었을 아시아의 대중은 일본의 점령지에 대한 처우에 의해서 소외되었다. 소비에트 연방의 정도를 더해가는 잔인함에 대한 보고는 소비에트 지배체제가 어떤 의미를 갖는지에 대한 두려움을 몰아왔고 냉전에서의 연합군의 태세를 뒷받침했으며, 이는 군사사에서 가장 파괴적인 행동으로 소비에트 연방을 효과적으로 절멸시키겠다는 위협에 궁극적으로 달려있었다.[40]

미국과 동맹 그리고 그 동반국가들은 베이징이 한면으로는 군사표적을 타격하고 비군사표적을 타격할 위험을 감수하는 것 그리고 다른 한면으로는 애초부터 이런 군사표적을 타격하는 것을 자제하는 것 사이에서 선택하도록 유도함으로써 중국이 이런 관점에서 인식될 수 있도록 할 수 있었다. 방자들은 군사방어시설과 작전을 더욱 지속가능하고 정밀하고 효과적으로 공격하기 어렵게 만듦으로써 이를 달성할 수 있을 것이다. 이 간단한 군사적 필요성의 충고는 중국을 유도하여 자신이 바라는 것보다 더 잔인하게 공격하도록 할 수 있다. 부도덕한 방자는 군사시설 및 자산과 응당 분노를 촉발하는 시설인 예배당, 병원 그리고 학교와 같은 곳과 의도적으로 혼합함으로써 이런 선택을 강요할 수 있다. 하지만 이것은 전쟁법의 가장 기본적인 개념을 위반하는 것이며, 언급된 타격으로부터 얻어지는 결의가 주는 이점을 해칠 것이다.[41]

다행히도, 결부전략의 이런 부분을 추구할 다른 방법들이 존재한다. 전쟁법은 군사분야 어느 것이든지 민간분야 어느 것과 완전해 분리시킴으로써 혹자의 파산이나 자신의 패배를 보장할 것을 요구하지는 않는다.[42] 참전국은 한정된 수의 항만, 비행장, 철로, 선박, 수송기 그리고 가용한 시설들을 가질 수 있으며, 이들은 특정 정도까지만 비군사 자산과 합리적으로 분리될 수 있다. 그 결과로 중국과 같은 강한 상대에 대항한 전쟁노력은 이중 용도를 가지는 것들, 민간 기반시설에 가까운 것들 혹은 구분하기 어려운 것들을 사용해야만 한다. 샌디에이고, 호놀룰루, 요코하마-요코스카 그리고 부산은 중요해군항만이지만 상용항만이 있는 도시이기도 하다. 상용 공항은 주로 군용 비행장으로 사용될 수 없지만, 이들은 특히 주 공군기지가 파괴된 경우에 군용목적으로 사용하도록 요청될 수 있다. 군사기지 외부 특히 미국과 그외 타당한 우방 연합 가입국들에는 군사도로나 군용철도가 거의 없으며, 군사호송은 민간 도로, 철로, 유류창 그리고 집하장을 사용해야만 할 것이다.

만약 중국이 매우 좋고 최신의 정보를 수집할 수 있고 이를 활용하여 정밀하고 즉각적으로 타격할 수 있다면, 중국은 딜레마에 맞닥뜨리지 않을 것이다. 하지만 미국과 동맹 및 그 동반국가들은 모든 실용적인 수단으로써 모든 이유를 갖고 중국의 이런 능력에 대하여 개입할 것이다. 그러므로 중국은 상대방의 군사력이 어디에 있는지 그리고 이들에 대하여 단지 제한적인 타격능력에 대한 불완전한 통제력을 갖는 상황을 맞이할 것이다.

그래서 최소한 이런 접근법은 더 크고 폭넓은 공격을 감행함으로써 중국이 이런 난관을 보완하고자 유혹할 것이다. 하지만 이런 공세는 물론 순수한 군사표적을 훨씬 초과하는 고도로 민감한 것들을 포함한 것을 파괴하게 될 것이다. 군사작전을 지원하는 항만에 대한 포격공격은 크루즈 선박 혹은 유류탱크를 타격할 수 있으며, 화재는 인접한 마을까지 확산될 수 있다. 비행장에 대한 공격은 수송기를 대신하여 여객기를 파괴할 수 있으며, 군사격납고 대신 터미널을 파괴할 수 있다. 스페인 내전 동안의 게르니카에 대한 이탈리아와 독일의 악명높은 공격은 군사표적을 타격하려고 의도되었지만 민간피해는 전 세계적인 반향을 일으켰으며 반파시즘 정서를 형성하는 데 기여했다.[43]

대게 이런 이유에서, 미국과 동맹 및 동반국가들이 항공 및 방공과 같은 한정된 자원을 순수 민간시설만을 방어하기 위해 할당하는 것은 현명하지 못하다. 중국은 전쟁법하에서 이와 같은 시설을 타격할 권리가 전무하며, 이들에 대한 공격은 강한 반응을 초래할 분노와 두려움을 생성할 것이다. 순수하게 평화로운 자산들은 격분으로 휩싸일 것이다. 이들에 대한 공격은 복수심과 정의감을 형성한다. 한편, 군사자산 및 군대를 직접 지원하는 자산은 타당한 표적이 될 것이므로 방어가 필요할 것이다.

이 사실은 중국이 의도적으로 민간표적을 타격하지 않을 것임을 가정한다. 하지만 충분히 지속가능한 방어는 베이징이 공포전술을 사용하도록 유혹할 수 있으며, 이로써 중국의 지배가 어떻게 보일지에 대한 두려움을 가중시킬 것이다. 독일인들은 애초에 왕실공군을 제압하여 영국침공의 여건을 보장하고자 했지만, 이 시도가 실패하였을 때 이들은 공습의 공포전술로 선회하였으며, 이로써 영국인들은 전쟁을 지속할 의지를 공고히 하였고 영국의 명분에 대하여 국제적인 동정심을 증가시켰다. 만약 중국이 대만을 공격하였다면 베이징은 신속 결정적인 전쟁을 예상했었을 것이었다. 완강한 저항 및 더 큰 규모의 장기화되고 아마도 결정적이지 않거나 바람직하지 않은 전쟁을 마주하고 있다는 좌절감은 곧 중국이 비슷한 이유로 비난하도록 만들 것이다. 중국은 공포전술을 통합함으로써 승리를 쟁취하고자 할 수 있으며, 이는 1940년 로테르담에서 독일이 했던 것과 같다.[44] 이와 같은 두려운 광경은 얼마나 중국이 잔인할 수 있는지를 보여줄 것이다.

또한 중국은 연합 가입국의 영토 일부에서 행동함에 있어서 잔인하거나 탐욕스럽게 행동할 수 있다. 점령국가 행동의 많은 부분은 전적이지는 않지만 자체통제의 범위 내에 있다. 이 국가가 해당지역을 어쨌든 점령유지하고 있는 것이다. 이를 고려할 때, 점령국은 점령하에 있는 인원들 또는 잔존하는 적대세력들이 취하는 행동에 대하여 대응할 수 있다.

예를 들어, 방자는 중국점령 영토 내에서 운용될 평화로운 정치적 저항운동을 증진할 수 있다. 이런 운동은 근로자들의 파업이나 장애요소를 형성할 수 있으며, 점령국이 패권국의 야망을 위해서 통제력을 결집하고 새 영토를 군사 및 여타 목적을 위하여 사용할 능력을 분산시킬 것이다. 제2차 세계대전 동안 독일은 점령한 유럽 영토로부터 산업생산에 막대하게 의존했다. 만약 나치가 자신의 잔인함에 대한 관점에 민감했었고 협조를 강요하는 예외적으로 가혹한 방법을 더 사용하고자 하지 않았다면, 중국이 그럴 것이라 예상되는 것과 같이 평화로운 차단이나 시민항쟁은 독일의 전쟁노력을 상당히 방해했었을 것이다. 이런 운동은 동맹영토에 대한 점령국의 행정을 강조할 것이다. 점령국은 점령지의 부와 용역을 징발할 능력의 감소를 수용하든지 혹은 강제적으로 협조를 거두겠다는 바람으로 탄압하든지 해야 할 것이다. 탄압은 물론 타국이 공자의 편으로 떨어지는 것을 두려워하는 바로 그 종류의 강압을 보여줄 것이다.

더욱 공격적이게도, 연합은 의지충만한 대만과 타지의 저항세력이 제2차 세계대전의 독립 및 파르티잔(빨치산) 운동을 수행했던 방식으로 반란을 준비 및 지원할 수 있도록 도울 수 있다. 이들은 단순히 점령자로부터 재화와 용역을 교역금지시키는 것 이상을 할 것이다. 이런 노력은 점령군을 공격한다. 성공적이라면, 이들은 이런 병력 및 보급품의 일부를 직접적으로 파괴 혹은 손상시킬 뿐만 아니라 점령자가 우회하거나, 더 큰 방호를 제공하거나 혹은 이런 공격에 적응하도록 함으로써 실질적인 소모를 초래할 것이다. 스페인과 나폴레옹 전쟁 당시 프랑스군 그리고 1960년대와 1970년대 남베트남에서의 미군은 자군의 보급선을 보호하기 위하여 막대한 노력을 소모해야만 했는데, 이때 게릴라가 어디를 공격할지를 알 수가 없었다. 미국과 타국은 의도적으로 이런 운동을 촉발하고자 할 수 있는데, 이는 제2차 세계대전 때 미국 OSS(전략사무국)와 영국 SOE(특수작전총괄국)을 통해서 연합국이 행했던 것과 같다.[45]

대규모 정치운동과 반란행위는 잔인함을 도발할 수 있는데, 심지어 보통의 인간적인 국가들에 의해서도 가능하다. 심지어 이런 종류의 문제를 다루는 데 있어 절제된 접근은 점령자가 완강하게 다룰 것을 요구한다. 만약 군사적인 필요성이 도로를 확보하거나 유류를 추출할 것을 요구한다면, 이는 이행되어야만 하며, 주민들이 저항한다면 강제를 필요로 한다. 이 사실만으로도 점령세력은 더욱 강압적으로 보이며, 자유적인 주장이 허위임을 입증한다.

그리고 사태는 언제나 더욱 악화될 수 있다. 경고 없이 나타나고 명백히 이에 동조하는 인구로 사라지는 유령 같은 적을 상대해야 하는 점령군은 만약 의도적으로 잔혹행위를 자행하지 않으면 좌절감을 느끼고 가혹히 질타할 수 있다. 영국은 다른 식민지 점령국들보다 더 나은 기록을 가졌지만, 그 군대는 인도의 암릿사르 Amritsar와 아일랜드의 피의 일요일Bloody Sunday 사건에서 학살을 자행했다.[46] 이와 유사하게, 미국의 법과 정책은 일관되게 자국군의 전쟁 범죄에 대하여 억제 및 처벌해왔다. 하지만 이와 같은 잔혹행위는 베트남전 기간 동안 주요 뉴스거리가 되었는데, 부분적으로 현지의 미군들이 베트콩 반군의 축출노력에 있어 심한 좌절감을 가졌기 때문이다. 비록 이 사례들이 상대적으로 고립된 것들이지만, 이런 보고들은 미국의 전쟁노력을 약화시켰다. 게다가 국가들은 보다 온건한 접근을 시도할 수 있지만 이런 접근이 작동하지 않는다고 여기게 되면 정책을 전환할 수 있다.

프랑스는 알제리의 점령유지 시도에 있어서 프랑스의 수뇌에 대한 맹비난을 불러왔던 더욱 거친 방법을 취하기 전에 보다 경미한 방식을 시도했었다.[47]

이에 더하여, 이런 노력은 실질적인 군사적 차이를 조성할 수도 있다. 중국이 대만을 장악할 수 있는 경우에, 대만 도서를 해방하기 위한 반격은 비정규군으로부터 이익을 얻거나 심지어 이를 필요로 할 것이다. 이와 같은 반군행위가 더욱 강하고 효과적일수록, 예를 들어 연합이 인민해방군을 공격하고 본토로부터 고립함에 따라 반군이 대만의 산지와 대도시에서 벗어나 작전을 수행하며 대만 도서상의 인민해방군을 얽매고 약화시킨다면, 중국은 잔인함을 촉발받기 더 쉬울 것이다.

이런 접근의 핵심개념은 중국을 강요하여 군사적 효과성에 대한 비용과 자국의 평판에 대한 비용 중 하나를 선택하게 만드는 것이다. 만약 중국이 잔인하거나 강압적으로 비친다면, 이것은 이미 연루된 국가들의 결의를 공고히 하며 관전하고 있는 국가들을 더 깊숙이 연루시킬 것이다. 말할 필요도 없이, 이와 같은 접근법은 점령당한 민간 인구에게 상당한 고통을 가할 수 있으며 가벼이 여겨져서는 안 될 것이다. 그러므로 미국은 반드시 지지를 받지 못하는 반란을 조장하는 것을 혐오해야만 한다. 미국은 오직 저항하고자 하는 자들만 도우려고 해야 한다. 하지만 지역에 걸쳐 있는 중국의 통제에 드는 것을 반대하는 세력 그리고 미국과 타국이 이들을 해방하는 데 발생할 위험과 비용을 고려했을 때, 이들은 진정한 뿌리를 가진 곳의 이와 같은 노력을 지원하고 조장하는 것을 정당화할 수 있을 것이다.

비의존성

중국이 전쟁을 벌이는 방식은 보이는 것보다 믿을 만하지 않으며 이런 경향은 더할 것이다. 이 사실은 유망국의 패권추구는 타국이 자국이 더욱 강해질수록 어떻게 행동할 것인가에 대한 자국의 맹세를 믿는 것에 상당히 의존하기 때문에 중요하다. 중국과 같은 유망국은 전원에 대하여 동시에 도전할 수 없기 때문에, 중국은 일단 자국의 지위가 상승하면 덜 직접적으로 위협받는 반패권국가 가입국들에게 이들의 국익과 자주성을 존중할 것이라고 설득해야만 한다. 하지만 만약 중국이 초기에 자신의 약속을 지키는 데 실패하면, 이는 중국의 차후 절제와 선의의 행동에 대한 보장을 저해할 것이다. 그 결과로 중국이 타국들의 긴요한 국익에 대하여 명확하고 직접적인 위협을 가하기 전부터도 이들이 중국에 대하여 더욱 저항하게 만들 것이다.

이는 유망패권국 버전의 신뢰성 문제라고 생각될 수 있다. 중국 자국의 차별적 신뢰성은 만약 중국의 집중 및 순차전략이 작동하게 하려고 한다면 중요하다. 베이징은 반드시 여타 지역 국가들의 자주성, 정치적 통합성 그리고 안보에 대한 자신의 맹세를 지키고자 한다고 보여야만 한다. 이런 약속을 변경하거나 지키지 못하는 것은 베이징이 향후에 어떻게 행동할 것인가에 대하여 이들이 더욱 우려하게 만들 것이며, 중국이 너무 강한 세력을 규합하도록 허용하여 책임을 물을 수 없게 두는 위험을 감수하기보다는 중국에 대해서 조기에 강경하게 대응하도록 만들 것이다.

그러므로 베이징이 미국의 차별적 신뢰도를 저하시키고자 하는 유인요인을 갖는 것처럼, 그 반대도 마찬가지이다. 만약 중국이 향후 절제 및 선의의 행동에 관한 자국의 차별적 신뢰도를 저하시키도록 강요받는다면, 이는 반패권연합의 결의를 결집시킬 것이며 연합의 명분에 동조하게 할 것이다. 예를 들어, 중국이 정복지의 자주성이나 정치적 권리를 존중한다고 맹세했지만 곧 탄압하고 강압적인 행정조치를 취하게 되면, 이는 중국의 보장을 저해할 것이다. 중국이 한때 선언했었던 홍콩의 자주성에 대한 현대 중국의 보증에 대한 침해는 1국 2체제 접근법이 무엇을 의미하는지에 대한 대만의 인식에 있어서 상당한 영향을 주었으며, 더욱 대만의 본토와의 통일여론을 잠식했다.[48]

게다가 균형의 문제를 잠재우기 위해 베이징은 자국의 절제에 대한 약속을 만들고자 할 것인데, 예를 들어 비전투원들을 공격하지 않겠다는 약속을 들 수 있다. 그러므로 미국과 동맹의 방어태세는 중국이 이런 약속들을 위반하는 것과 약속을 지키면서 군사적으로 고통받게 하는 것 사이에서 선택하도록 적응될 수 있다. 예를 들어, 미국과 타국들은 지역 내 다수의 국가들에 걸쳐 작전지역을 개발할 수 있다. 이들은 이런 모든 장소를 사용할 필요는 없으나, 만약 중국이 이들 국가가 그렇게 사용할 것을 두려워한다면 중국은 이들을 공격할 유인요인을 보게 될 것이다. 독일이 1914년에 벨기에의 중립성을 침범함으로써 베를린이 겪게 될 막대한 질타보다 벨기에를 돌파하는 것에서 더욱 큰 군사적 유용성을 판단했듯이, 이를테면 잘 방어된 베트남을 복속시키고자 하는 중국은 베트남의 측면을 타격하고자 라오스의 중립을 침범하는 것을 끌리는 선택지로 여길 수 있다. 이와 같은 맹세를 어기는 것은 유사한 보장에 대한 신뢰를 직접적으로 손상시킬 것이다. 궁극적으로, 이 접근법은 중국을 강제하여 군사적 불리함을 납득시키거나 자국의 맹세를 어기고자 할 것이다.

국 력

중국과 같은 유망국이 어떻게 싸우는지는 그 국가의 의도에 대한 판단 그 이상을 변화시킬 수 있다. 또한 이것은 그 국가의 국력에 대한 통찰을 드러내어 이것이 타국이 유망국과 경쟁하는 데 있어서 경쟁의 여부 및 얼마나 위험을 감수하며 고통을 감내할 것인지를 계산하는 데 영향을 줄 수 있다. 특히, 베이징의 전쟁수행 방식은 중국이 자신을 드러내었던 것보다 더욱 강하다는 것을 보일 수 있다. 이것은 만약 반패권연합 및 연계되지 않은 제3국이 중국을 방치하는 경우 이것이 다음의 개념에 의존한다면 특히 중요하다. 즉, 중국이 실제로는 강력하지 않으며, 중국 자국의 야망은 한계를 갖는다는 항변이 그것이다.

타국들은 자국의 야망이 한정되어 있다고 주장하는 약소국의 주장을 믿기 쉬울 것이다. 근본적으로, 약소국은 자국의 영향력을 저항에 직면하여 널리 확장할 수 없다. 일본에 대항하여 주장하는 대한민국의 독도 영유권이나 칠레와 볼리비아에 대항한 에콰도르의 주장이 지역 지배 추구의 전초전이라고 믿는 사람은 거의 없을 것이다. 그러나 훨씬 더 강력한 국가에 의해 이런 주장이 개진될 때, 이들은 바로 그렇게 보일 것이다. 부르봉 가의 스페인 세습권 주장은 여타 유럽 열강의 균형반응을 초래했는데, 그 이유는 부르봉이 주장했던 왕조의 가치를 불문하고, 프랑스가 이미 너무나 강했고 더욱더 큰 강대국으로 성장하도록 허용할 수 없었기 때문이었다.[49]

베이징은 최근 십여 년에 들어서 온건한 패를 돌려왔다. 덩샤오핑에 의해 유명해진 "도광양회" 전략은 중국 지도자들이 열강의 레이더망에서 숨도록 하는 한편, 중국의 "종합국력Composite National Power"을 키워 더욱 유리한 때에 완고한 정책이 가능하도록 조언한다. 하지만 중국의 지난 십수 년 간의 점증적으로 완고하고 자신에 찬 접근법은 중국의 온건한 능력에 대한 주장에 반증이 되고 있다.[50] 비록 베이징이 일대일로와 같은 자국의 국제적 구상에 대한 타국의 협력 및 묵인을 확보해나가고 있지만, 중국의 행동은 동시에 국가들이 중국이 가하는 위험을 점점 인식해감에 따라 균형세력을 강화시켜 왔다.

그러므로 전시에 미국과 연루된 국가들은 중국이 주장하는 국력과 실제 국력 간의 격차를 노출시키고자 할 수 있다. 예를 들어, 이들은 베이징이 그동안 숨겨오거나 과소포장했던 군사 프로그램, 기술 혹은 군사력을 드러내도록 만들거나 유도할 뿐만 아니라, 이미 평가되거나 알려졌던 정도가 아닌 상태의 경제력 및 지속력의 원천을 드러낼 수도 있다. 만약 중국이 더욱 정교한 항공기, 미사일 또는 우주능력을 가진 것을 드러나게 된다면, 이것은 타국이 이해했던 것보다 중국이 훨씬 더 강력함을 나타나게 할 것이다. 평시에도 이것은 상당한 영향을 줄 것이다. 코로나19 팬데믹 동안 드러난 의료공급체계에 대한 중국 통제력의 정도는 심각한 우려를 일깨웠다.[51]

가장 기본적인 수준에서 전시에 이를 수행하는 것은 미국과 연루된 동맹 및 동반국가들이 단순히 더욱 효과적으로 싸우고 중국이 힘의 저장고에서 힘을 끌어오게 강제할 것을 요구한다. 그러나 이 딜레마는 또한 의도적으로 가해질 수 있다. 임무 및 심지어 확대된 규모의 작전은 상대방이 이런 능력을 드러내도록 유도하고자 하는 주된 목표를 갖고 형성 및 운용될 수 있다. 제2차 세계대전 동안 영국은 구체적으로 독일의 에니그마 코드 능력을 파헤치기 위해서 작전을 구상하였다(비록 런던은 그 파악을 이내 숨겼지만 말이다).[52]

궁극적으로 이 접근은 타국들이 평가했던 것보다 상대방이 강하게 보이고자 하며, 지역세력우위를 달성할 능력을 더욱 갖추었다는 사실을 보이고자 한다. 중국과 같은 유망패권국은 자라는 국력을 평가절하시키고자 하는 강력한 유인요인을 갖는다. 유망패권국이 실제로 얼마나 강력한지를 드러내도록 강제하는 것은 유망국의 위험성에 대한 타국의 계산을 변화시킬 수 있으며, 이들이 싸우고자 하고, 더욱 치열하게 싸우고자 하며, 싸우고 있는 국가들과 협력을 강화하고자 하는 유인을 확대한다.

복수와 명예

여기까지 구체화된 분류는 전쟁을 벌이는 중국의 방식이 중국이 가하는 타국의 위협인식을 증대시킴으로써 더욱 완강한 반대노력을 촉발할 수 있다는 수단적인 이유를 다루었다. 그러나 중국은 복수에 대한 강력한 욕구를 촉발하거나 국가 혹은 다른 형태의 명예에 대한 판단을 촉발하는 것을 행할 수 있다. 이는 마치 헥터의 페트로클루스 살해가 트로이인을 심대히 해치는 방식으로 아킬레스의 분노를 촉발한 것과 같다. 열망적인 충동은 국가 행동의 강력한 추동력이 될 수 있다.

그 이유는 앞서 기술되었다시피, 부분적으로 수단적인 이유와 열망적 충동이 자주 중첩되기 때문이다. 진주만 공습은 미국인들에게 일본이 얼마나 위험하고 악랄한지를 보여주었으며 미국인들의 올바른 힘을 각성시켰다. 1914년 벨기에의 중립을 침범한 독일은 자국의 보장은 완전히 신뢰될 수 없음을 보여줬으며 바로 영국해협을 건너 독일의 군사력을 배치하겠다는 위협을 가했으나, 독일은 다수 영국인의 정의감과 명예심을 모욕했다. 심지어 보조적인 이유와 중첩되지 않을 때마저도, 복수와 같은 열망적 충동은 국가들이 중국의 노력에 대항할 수밖에 없게 만들 수 있다.

반패권연합의 의지충만한 가입국들은 중국의 행동이 침해받은 명예심과 복수심을 뒤흔들 확률을 높이도록 노력할 수 있다. 비록 인계철선과 순수히 상징적인 수단이 일반적으로 반패권연합의 주된 전략으로 적합하지는 않지만, 이와 같은 수단들은 종종 선호되는 거부적 접근법의 부분으로서 자리매김할 수 있다.

정치적인 수준에서, 미국과 여타 연합국가들은 대만과 같은 노출된 반패권연합 가입국에 대한 자신의 약속을 (비록 미미하게나마) 보일 수 있다. 이는 참전국들이 명예롭게 여기는 대만의 상징적 가치와 이권을 증가시킬 수 있다.

군사적인 수준에서 기획은 특히 상징적이거나 가치 있는 자산을 위험에 빠뜨릴 수 있다. 예를 들어, 과거에 전투에 휴대한 부대기가 고가치 상징이었을 때 지휘관들은 종종 그들의 특별한 노력이 경주될 곳에 부대기를 위치시켰다. 대만의 경우, 최소한 미군의 일부가 인근에서 운용되어 즉각 배치될 수 있도록 대기하거나 대만에 위치하여 갈등의 초기부터 중국이 이들을 공격하도록 강요할 수 있다. 이런 접근법은 심지어 반패권연합의 가입국이 아니거나 단지 침체된 국가를 포함한 직접적으로 중국에 의해 위협받지 않은 국가들에게는 특별히 유용할 수 있다. 이를테면, 비록 온건하더라도 반패권연합의 방어에 대한 유럽국가들의 기여를 포함하여 만약 이런 군대에 대한 공격이 유럽국가들의 분노를 자아내고 연합의 노력에 대해 지지하고 싶은 욕구를 생성한다면 유용할 수 있다.

전쟁에서 이기는 것

그렇다면 어떻게 미국과 동맹 및 동반국가는 이런 전략을 활용하여 목표달성을 추구해야 할까?

결부전략과 거부방어

원칙적으로 이들은 결부전략과 거부방어의 분별되지만 양립할 수 있는 접근법을 통합함으로써 이를 달성해야 한다. 거부방어는 미국과 타국의 힘을 사용하여 중국이 동맹의 영토를 장악 및 점령유지할 수 없도록 막는 것이다. 결부전략은 중국이 미국, 동맹 그리고 동반국가의 결의를 공고히 하도록 행동하기를 강요하는 의도적인 노력이다. 이런 접근법들은 전적으로 혹은 부분적으로 통합될 수 있다.

모든 참전국가들 사이에서 전략을 전적으로 통합하는 것은 미국의 동맹구조 및 잠재적으로 연합 전체의 한 가입국에 대한 공격을 전체에 대한 공격으로 만들 것이다. 이 태세에서 중국은 표적국가 이외의 미국 주도 동맹체계와 벌일 확대된 전쟁을 초래하지 않고는 대만이나 필리핀을 공격할 수 없다. 이 접근법의 단점은 이것이 정치적으로 조성하기 매우 어렵다는 점이다. 미국 동맹 및 동반국가들의 상반된 위협인식을 고려할 때, 이런 노력은 만약 중요한 국가가 위기 혹은 전쟁발발 시에 동조하는 데 주저한다면 실패할 수 있다. 또한 이는 정치적으로 부담을 주어 연합 내에 분열을 초래할 수도 있다.

대신에, 전략은 부분적으로 통합될 수 있다. 한 방법은 미국과 타국이 대만이나 필리핀 침공과 같은 시나리오를 포함한 이들이 마주할 모든 시나리오에 대한 병력과 노력을 부분적으로 통합하는 것이다. 이 접근법은 단 하나의 국가의 주저함이 체계의 붕괴를 가져올 정도에 대한 제한을 가한다. 예를 들어, 단일 동반국의 주저함은 대잠수함작전이나 잠재적 작전지역의 선택지에 지장을 줄 수 있지만 필연적으로 붕괴를 초래하지는 않는다.

미국과 참전동맹국 및 동반국가는 여타 우발사태가 아닌 특정사태에 대한 준비를 상호 결부시킴으로써 부분적으로 통합할 수도 있다. 이 방식에서 의지충만한 국가들은 그들의 태세를 상호 얽어맴 없이 대만과 같은 취약한 동맹국을 방어하고자 준비할 수 있으나, 이들은 (그리고 가능한 대만 방어준비를 하지 않은 연루되지 않은 국가들도) 보다 통합된 접근법을 통하여 나머지 동맹국의 방어를 준비할 수 있다. 다시 말해서, 대만을 두고 벌이는 전쟁에서 비록 미국이 중국의 위험을 계속 명확히 드러내도록 유도하고자 할지라도, 미국은 대만의 방어에 있어 군사작전의 효과가 주는 위협을 동일하게 인식하고 있는 국가들에 영향력을 행사하려고 하지 않을 것이다. 그보다 미국은 미국, 대만 그리고 아마도 일부 추가된 국가들의 군사력의 집중된 노력을 통하여 중국의 기정사실화전략을 거부하고자 할 것이다. 하지만 중국 공격에 의한 여타 장래 피격국가들은 보다 전적으로 통합된 거부 및 결부전략을 통해서 방어될 것이다. 이 접근법은 정치적으로 덜 어렵고 대만을 제외한 연합의 모든 가입국의 방어를 최적화할 수 있다는 장점을 가진다. 그러나 이 접근법은 대만 방어의 능력을 저하시킬 것이다.

통합적 접근법의 모종의 형태가 반패권연합에 가장 이익이 될 것이다. 위협인식의 차이와 연합 가입국 간의 정치적 민감성을 고려할 때, 전적으로 통합된 결부전략은 불가능할 것이다. 이를 고려할 때, 가장 취약한 동맹국들을 결부전략으로부터 제외시키는 것은 만일 이들을 위한 협소하게 집중된 거부방어가 작동하지 않게 된다면 이들을 중국의 집중 및 순차전략에 방치시킬 수 있다.

최적의 전략은 미국과 동맹 그리고 덜한 정도로 서태평양의 동반국가들이, 이들의 태세와 활동을 상당히 상호 얽매지만 전적으로 얽매지는 않게 될 것이다. 결부의 정도는 시나리오에 따라 다를 수 있다. 예컨대, 연합 가입국들은 오스트레일리아를 방어하기 위해서 대만을 방어할 때보다 더욱 전적으로 노력을 결부시킬 것이다. 이 접근법의 실질적인 결과물은 참전국가들의 넓은 범위에 걸친 작전지역의 발전 및 이들의 군사태세와 군사행동 간의 고도화된 통합이 될 것이다. 동시에 미국과 동맹국은 일부 참전국가들은 주저할 가능성에 대비해야만 하며, 이들이 이런 상황에서도 효과적인 운용계획을 시행할 수 있도록 여건을 보장해야 할 것이다. 종합하여, 이런 태세는 중국의 집중 및 순차전략 시도가 확대된 거부방어나 재탈환 접근법을 감행하는 데 필요한 결의를 공고히 만들도록 보장할 것이다.

중국에 대한 고조부담 전가 및 유지

만약 결부전략이 효과적으로 적용되었다면, 중국의 행동은 효과적인 거부방어를 수행하기에 충분하게 고조시키는 데 혹은 상실된 동맹국을 재탈환하는 데 필요한 결의를 공고히 할 것이다. 이런 상황은 연합에 고조에 따른 이점을 제공할 것이다. 모든 타당한 수준에서 베이징은 효과적인 전략과 이 전략을 시행하기에 충분한 결의에 찬 연합국가들을 맞닥뜨릴 것이다.53) 이것은 반패권연합이 중국의 전략에 직면하여 핵심목표를 달성할 수 있음을 의미한다. 중국이 어떤 식으로 고조시키고자 하든지 간에, 연합은 취약한 가입국을 효과적으로 방어하거나 구원할 의지와 방법을 가지는 한편 체제의 지역전쟁에서 승리할 능력을 보유할 것이다.

달리 말해서, 성공적으로 시행된다면 이 전략은 고조부담을 중국에 부과할 것이다. 패배를 회피하기 위해서 갈등을 고조시켜야만 하는 것은 미국이나 그 어떤 참전 연합국도 아닌 베이징이 될 것이다. 하지만 이런 주도권을 잡는 것은 중국이 더욱 공세적, 공격적, 비합리적 그리고 위험하게 보이도록 만들 것이며, 이미 싸우고 있는 국가들의 결의를 공고히 하며 연루되지 않은 국가들의 개입을 부추길 것이다. 갈등을 고조시킴에 따라 베이징은 자국이 선호하는 경계 내에 갈등을 국한할 수 없음을 직시하게 될 것이다. 한편, 싸워야만 하는 확대된 전쟁에서 중국은 이미 교전 중인 연합의 결의를 더욱 공고히 하는 한편, 더 많은 국가들이 반대를 하도록 진정시키거나 고조시키는 방법 사이에서의 선택을 마주하게 될 것이다. 그러므로 상대방은 중국이 갈등을 취하고자 택하는 어떤 전쟁의 수준에서든 승리할 수 있게 될 것이다. 이것이 보아뱀 효과이다. 베이징이 난국에서 탈피하고자 할수록 중국은 상대의 규모를 확장하고 중국의 목표를 좌절시키기 위한 상대방의 의지를 강화할 것이다.

조여오는 보아뱀 효과의 전망과 큰 상실의 여지에 직면하여, 베이징은 갈등을 고조시키지 않고 진정시키고자 하거나 더 나은 방안으로는 아예 회피하고자 하는 가장 강력한 유인요인을 가질 것이다. 전쟁을 고조시키는 것은 동반된 위험을 정당화할 이익으로 가는 경로를 개척함 없이 더 많은 손상과 위험을 가져올 뿐이다. 투쟁을 지속하는 것은 기껏해야 합리적인 성공전망이 없이 장기화된 전쟁으로 유도할 뿐이며, 최악의 경우 목표의 좌절뿐만 아니라 상대방의 손아귀에서 크나큰 상실로 이끌 수 있다. 이런 상황에서 베이징은 갈등이 너무 큰 손상을 주기 전에 종결하고자 하는 막대한 유인요인에 직면한다.

중국은 자국이 기꺼이 이런 궁지에서 탈출하기 위해 동반자살로 고조시키고자 할 것이라고 적대세력이 여기길 원할 것이나 그렇기는 쉽지 않다. 앞서 논의된 이유로, 중국의 상대는 자신을 파괴할 위협을 허풍으로 보기 쉬울 것이다. 중국은 국력을 재생성하고 다시 시도하고자 장기화로 접어들거나 대만을 두고 벌이는 갈등을 정리하는 데 동의하기 쉽다.

동시에, 갈등에 참여하고 있는 미국과 동맹 및 동반국들은 이들의 전쟁목표는 중국의 협상에 대한 역치를 만족하기에 충분히 감내할 만하다는 것을 보장하는 데 관심이 있을 것이다. 베이징은 조건이 너무 부담되거나 모욕적이라면 협상에 덜 개방적일 것이나 반대하는 연합은 요구사항을 상대적으로 낮게 정할 수 있다. 연합은 중국에 대하여 전적인 혹은 심지어 매우 만족스러운 승리를 주장할 필요가 없을 것이다. 반패권연합의 심장부에서 미국의 차별적 신뢰도를 지지하는 것은 단지 중국의 취약한 미국 동맹국을 복속시키려는 노력이 실패했다는 사실만을 요구한다. 이것이 바로 미국과 연합의 전쟁종결의 입장에 대한 필수요소이다.

논리적으로 이 이상은 아무것도 요구되는 것이 없을 것이다. 그러므로 적대의 초기에 중국이 소유한 것으로부터 그 어떤 것도 취해질 필요는 없다. 사실 미국과 그 연합국가들은 베이징으로 복귀시킬 것을 제안함으로써 거래를 완화시킬 수 있다. 이를테면, 이들은 평화협의회에서 영향력을 형성하기 위하여 전쟁 중에 재산이나 해외기지와 같은 중국의 자산을 장악하는 것이 유용하다고 판단했을 수 있다. 이것들은 승리한 영국이 7년전쟁에서 프랑스에서 장악했던 일부 영토들을 갈등의 말기에 반환했던 것과 같이 되돌려질 수 있다.[54]

그러나 이들은 더 요구할 이유가 있을 수 있다. 예를 들어, 만약 전시에 어떤 일이 생겨서 지속적으로 반패권연합의 힘을 저하시키거나 중국의 힘을 증가시키게 되면, 갈등에 연루된 미국과 그 연합국가들은 전쟁 종결의 조건을 위하여 이런 변화를 바로잡거나 보상할 필요가 있을 수 있다. 이는 갈등에 이어 한편으로는 반패권연합을 두고, 다른 한편으로는 중국과 친패권연합을 두고 이들이 지속가능한 바람직한 지역세력균형을 보장하기 때문에 중요하다. 만약 중국이 어떻게든 연합에 연루된 국가들이 심지어 효과적으로 방어하거나 표적국가를 해방시키고 나서도 이를 위험에 빠뜨리게 한다면, 이들은 전쟁 종결을 위해 이런 상황에 조치를 취해야 할 것이다.

이를테면, 중국은 반패권연합의 가입국이 아닌 국가를 복속시키거나 장악함으로써 자국의 국력을 보강했을 수 있다. 중국은 대만을 취하는 노력에서 실패했을지 모르지만 라오스, 캄보디아 혹은 태국으로부터 지지를 얻거나 강요했을 수도 있다. 미국으로부터 동맹 보증의 수혜국을 구제하는 것은 워싱턴의 차별적 신뢰도를 유지하는 데 필수적이지 않지만, 베이징이 위와 같은 국가들을 친패권진영에 영입하는 것은 지역세력균형을 변화시킬 수 있으며, 이는 반패권연합의 핵심목표에 관련된다. 그러므로 이들의 진영배치 또는 이와 같은 세력균형 변화에 대한 보상은 평화협의에서 논의될 필요가 있다.

냉전시대 유럽에서의 결부전략

이런 종류의 결부전략은 단순한 이론적인 미사여구가 아니다. 그보다 이 전략은 냉전 후기에 NATO가 유럽에서 행한 것과 유사하다. 이 장기 투쟁의 초기에 미국은 먼저 자국의 핵 독점에 의존했으며, 이후 서유럽 동맹에 대한 소비에트의 침공을 억제하기 위하여 압도적인 핵 우세에 의존했다. 1960년대 중반까지 워싱턴은 소비에트 연방을 파괴했을 뿐만 아니라 미국에 대한 소비에트의 반격능력을 전적으로 거부하지는 못해도 크게 저지했을 핵공격을 감행할 수 있었다. 워싱턴과 NATO는 이런 전략적 지배에 의존하여 소비에트 연방이 유럽 전구 내에서 재래전력이 갖는 막대한 이점을 사용하는 것을 만류하고자 했다.

소비에트 연방은 먼저 상당한 전략적 핵 반격전력을 개발하였고 이어 능가하지는 않았지만 미국에 전략적으로 대등한 경지에 닿았던 1960년대와 1970년대에 걸쳐 명확해졌듯이, 유럽에서의 국지전쟁에 대한 막대한 핵 대응 위협이라는 전략적 접근은 더이상 옹호될 수 없다는 사실은 점점 명확해졌다. 만약 미국이 대규모 핵 선제공격을 감행한다면, 소비에트 연방은 그에 대한 반격으로써 미국에 가장 막중한 손상을 가할 수 있을 것이었다. 이와 같은 대응에 대한 지지를 얻는 것은 서유럽에서의 미국의 국익이 중요한 한편 미국 본토의 파괴는 피해야 한다는 중요성에 견줄 수 있는 것이 아니기 때문에, 분별력 있는 것은 고사하고, 더이상 신뢰할 수 없다. 이와 같은 극적으로 불균형적인 전략이 납득되기에는 고조부담이 너무 커진 것이다.

그러므로 미국과 NATO는 소비에트 연방이 양측 간의 거대한 상호 취약성에도 불구하고 유럽 전구 내 군사적 이점을 활용하여 연합 가입국을 강제하는 것을 억제하기 위한 방법을 찾아야만 했으며, 당시의 은어로 표현하자면 상호확증파괴, 즉 MAD가 그것이었다.[55] 원칙상 이 문제에 대한 가장 명확한 해결책은 NATO가 바르샤바 조약기구의 공격을 격퇴할 수 있는 재래전력을 개발하는 것이었으며, 이로써 핵 수준으로 먼저 고조시키겠다는 위협에 대한 전통적인 의존을 불필요하게 만들 수 있었다. 실제로, 이 목표는 재래식 방어에 대한 유럽의 뒤늦은 노력, 인도차이나에 투입된 미국 그리고 모스크바의 자국군에 대한 막중한 투자를 고려했을 때 달성하기 어려운 것이었다. 그리하여 1970년대에는 이 문제가 위급한 사안이 되었다. 바르샤바 조약기구의 전구 내 우위를 고려할 때, NATO는 어떻게 효과적으로 이들의 공격을 억제 그리고 가능한 격퇴시켜 강제를 위해 이런 이점을 사용할 소비에트의 능력을 저하시킬 수 있는가?

1970년대와 1980년대의 대응은 본질적으로 바르샤바 조약기구가 미국과 NATO 동맹국들이 핵무기를 사용하도록 하는 데 필요한 결의를 돋우도록 공격시키고자 구상된 방어태세였다. NATO의 재래전력은 바르샤바 조약기구가 서구의 핵전 의지를 공고히 할 만큼 거대하고 뻔뻔하며 분명하게 공세적인 공격을 감행할 수밖에 없도록 하기 위해 태세와 준비를 갖추었다. 한편 미국의 핵전력은 점점 더 큰 차별로 기울어서 소비에트 세력권을 둔화시키는 데 기여할 제한적 대응에 대한 선택지를 제공하는 한편 모스크바가 공세를 중지하도록 설득하기 위해 절제를 천명했다.[56] 궁극적으로 전면적 핵전쟁의 위협은 이와 같은 시나리오의 마지막에 드리워져 있었으나, 이 믿을 수 없는 위협은 소비에트의 대규모 재래전의 형태를 띠는 공격과 핵 고조의 수개의 단계에 후속해서 더욱 믿을 만하게 되었다.

냉전 후기 유럽의 기본적인 전략적 문제는 오늘날 미국이 중국에 대하여 맞이하는 것과 놀랍도록 유사하다. NATO는 근본적으로 우선 유럽과 그 이상에 대하여 소비에트 연방이 패권을 확보하는 것을 방지하도록 구상된 반패권연합(비록 전체적으로 다자동맹으로서 공식화되었으며, 이는 바라볼 수 있는 가까운 향후 기간 안에 아시아에서는 가능성이 없어 보였다)이었다.[57] 미국은 그 연합에 있어 외부초석균형국이었다. 게다가 중요한 측면에서 냉전에서의 군사문제는 오늘날 아시아의 반패권연합이 마주하고 있는 것보다 더 좋지 않은 상태였다. NATO는 무엇보다도 집중해야 할 전략적으로 중요한 중앙 유럽, 특히 독일의 시나리오상에서 자신의 재래전력이 바르샤바조약기구에 비해서 열등하다고 생각했다. 유럽대륙의 NATO에 의한 거부방어는 진정 작동할 것이라고 믿는 공직자 및 전문가는 (비록 냉전이 지속되는 한 동맹이 이와 같은 방어를 감행할 것이라는 희망은 있었으나) 거의 없었다.[58] 그러므로 NATO는 자신에게 가장 막대한 손상을 가할 위험을 깊숙이 포함할 믿을 만한 의도된 수직적 고조를 어떻게 달성할 것인지를 알아내야만 했으며, 이는 만일 NATO가 거부방어전략을 잘 준비한다면 아시아의 반패권연합이 마주할 문제보다 더욱 어려운 문제였다.

하지만 냉전 간 억제는 유지되었다. 어찌 되었든 이는 심지어 국지적인 재래전력의 열세에도 만약 국가가 올바른 전체전략과 충분한 결의만 갖춘다면 소비에트 연방과 같이 강력한 국가에 대항하여 억제가 작동하도록 만들 수 있다는 사실을 시사한다. 이는 아시아의 반패권연합이 중국의 지역패권에 대한 열망을 둔화시키기 위하여 거부 및 결부전략을 활용할 수 있음을 시사한다. 이런 효과적인 전략에 직면하여 중국의 진정한 유인요인은 애초부터 전쟁을 개시하는 것을 피하는 것이며, 이는 반패권연합의 원대한 목표이기도 하다. 마치 소비에트연방이 결코 냉전기간 동안 유럽에서의 전쟁을 벌이는 것에 대한 충분한 이점을 보지 못한 것과 같이, 진정한 성공은 중국이 어떻게 전세가 전망되는지를 보도록 하고 애초부터 전쟁의 위험을 무릅쓰지 못하게 하는 것이다.

결부전략의 중요한 전제는 군사 및 여타 물질적인 힘은 의식적으로 운용되어 전쟁에서 중요한 정치적 및 인식적 효과를 만들어낼 수 있다는 사실이다. 이런 전략이 작동하도록 하는 데 있어 중요한 것은 연합 및 중요 제3국의 주요 의사결정권자들이 쟁점이 되는 이권에 대한 가치판단을 증대하도록 전쟁을 전개해나가는 것이다. 이것은 엄격한 군사적 효능성만이 군사력 기획에 있어서 최우선적인 기준

이 될 수는 없다는 의미이다. 군사전략은 자체적으로 전쟁을 조형하는 구체적이고
실질적인 정치적 효과를 만들어내거나 회피하도록 고안되어야만 한다.

그러므로 중국과의 제한전쟁에서 진정으로 효과적이기 위해서는 미국과 여타
연루된 국가의 군사기획은 지역 안정성이나 해양의 자유와 같이 모호한 목표의 달
성을 추구하고자 하는 추상적인 의미에서뿐만 아니라 보다 직접적이고 수단적인
의미에서 정치적 목적을 구현할 필요가 있다. 기획은 전투원의 결의에 영향을 주
기 위하여 의도적으로 전쟁 및 전쟁의 수행방법을 조형하여야 한다. 이는 단호히
전쟁은 다른 수단에 의한 정치의 연속이라는 클라우제비츠의 격언을 따르며, 단순
히 일반적 의미나 그 목적에 국한해서 전쟁이 정치의 연속이라는 것뿐만 아니라
그보다는 "정치적 시각이 그 대상이고, 전쟁이 그 수단이며, 수단은 반드시 항상
그 대상을 개념에 포함해야만 한다".[59] 군사적 요구사항에 응당 부여되어야 할 우
선순위를 적절한 범위 내에서 부여하지 못하는 것은 패배를 불러오기 때문에, 이
런 범위 내에서 군사적 요구사항은 자연적으로 지배적이어야 하지만 방위기획관들
은 항상 군사작전의 정치적 효과와 정황에 대하여 의식해야만 한다.

정치적 효과에 대한 이런 관심은 순수한 정치적인 재화를 위한 것만은 아니
다. 적절히 실천되면 군사적 수단과 방법을 정치적인 목표에 맞추는 것과 적절한
정치적 범위 내에 맞추는 것은 실질적인 군사작전상의 이익을 갖는다. 전쟁에 보
다 많은 자원이 할당되는 것에 대하여 더 큰 의지가 발생하며 이들의 운용에 대해
서는 더욱 적은 비난이 따를 것이다. 그래서 이상적으로 군사 및 정치적 행동은 긍
정적인 피드백 순환계를 형성하여 서로를 강화시켜야 한다.

시 사 점

제11장

시 사 점

이 책의 논거가 미국에 시사하는 것은 무엇일까?

가장 근본적으로, 이 책은 더이상 미국이 예전처럼 지배적이지 않은 세계에서 어떻게 국제환경을 자국의 안보, 자유 그리고 번영에 유리하게 보장할 수 있는지를 설명한다. 이 책은 미국에 대하여 미국이 발생시킬 비용과 세계에서 가장 중요한 지역인 인도태평양 지역에서 세계의 가장 강력한 또 다른 국가인 중국의 패권형성을 거부하는 데 있어 마주칠 위험을 상관시키는 방법을 그린다. 그리고 이 책은 미국이 가능하고 책임감 있는 방법으로 중국의 지역세력우위에 대한 목표를 거부할 수 있다는 것을 보여줬다. 이 자체가 인도태평양을 내주는 것이 혹자가 주장하는 바와 같이 재앙적인 손실을 피하기 위한 유일한 방법은 아니라는 사실을 보여주기 때문에 상당히 중요하다.1)

동시에 이 책은 미국이 어떻게 자국의 국민의 안보, 자유 그리고 번영을 보장한다는 국가적 목표를 거창한 야망을 추구할 필요 없이도 만족시킬 수 있는지 보여준다. 일부 주장과는 배치되게, 미국은 자유공화국으로서 번영하기 위하여 세계를 민주적 혹은 자유주의적으로 만들 필요가 없으며, 자국의 안전을 보장하기 위하여 세계를 지배할 필요도 없다. 이것 또한 미국인들이 자신이 세계에서 원하는 것을 달성하기 위하여 너무 많이 나아가거나 너무 많은 고통을 받을 필요가 없음을 보여주기 때문에 굉장히 중요하다.

하지만 성공적으로 이 중도를 걷는 것은 쉽지 않을 것이다.

군사적 시사점

이 책에서 나는 구체적인 프로그램이나 운용적인 건의사항보다는 사고의 틀, 개념적 구조를 제공하고자 했다. 나는 이러한 개념적인 구조가 올바른 군구조, 군사태세, 운용개념, 기술 그리고 기타 군사적 효과성이 발생할 수 있는 주요 측면에 관한 논쟁이 포괄되는 유용한 범위를 제공하기를 바란다. 이런 사고의 틀을 제공하는 것은 방어전략의 핵심효용이며, 최선의 경우에 세분화된 설명서라기보다는 관심과 노력을 집중할 수 있게 하는 패러다임, 즉 단순화시키는 사고의 틀이다.[2] 군대 및 유사 기관들은 이들이 이 책이 제공하고자 했던 것과 같이 더 협소하고 더 집중된 문제나 문제들에 대하여 작업할 때 가장 효과적으로 기능하는 경향이 있다.[3] 너무 모호하거나 너무 광범위한 전략은 제한된 관심, 노력 그리고 자원을 허비한다. 중요한 것과 그렇지 않은 것을 거의 구분하지 않음으로써 이들은 이런 전략을 시행하려는 자들이 어떤 것에 대한 작업을 해야 할지, 어떤 것을 추구하는 작업을 해야 할지 혹은 해결방안에 대한 결부되는 제한사항이 무엇인지에 대하여 확신할 수 없다. 한편 너무 구체적이거나 융통성이 없는 전략은 오류, 과도한 간소화, 취약성의 위험을 증대시킨다.

이 책의 논거에 대한 주요 시사점은 미국이 인도태평양에서 동맹과 대만의 거부방어를 구현하는 데 집중해야만 한다는 것이다. 이 지역에서의 중국의 지역패권을 방지하는 것은 미국의 가장 중요한 전략적 목표이다. 그러므로 이 목표는 미국의 방위기획 및 자원할당에 있어서 엄격한 우선순위가 매겨져야 한다. 거부방어는 대부분이 즉각 이런 목표를 추구하는 데 수반되는 이점을 그 비용과 위험과 상관시키는 전략이며, 거부방어는 미국과 동맹 및 그 동반국이 요구되는 수준의 노력과 집중을 적용한다면 여기서 작동할 수 있다. 그러므로 거부방어는 미국과 동맹에게 있어 인도태평양의 중국에 관해 선호되는 기준이 되어야만 한다. 다행히도, 국방부의 2018년 국방전략은 이미 미 합동군을 이런 방향으로 향하고 있다.[4] 일본

및 오스트레일리아와 같은 주요 지역 동맹국들 또한 비슷한 결을 따라 움직이고 있다.5)

거부방어는 군사기획의 관점에서 만일 가장 노출된 동맹국들이 효과적으로 방어될 수 있다면 여타 후방의 미국 동맹국들 또한 효과적으로 방어될 수 있기 때문에 합리적인 기준이다. 이런 상황에서 중국은 자국의 집중 및 순차전략을 운용할 좋은 방법을 찾지 못할 것이며, 반패권연합이 합선되거나 분해되도록 군사적으로 강제할 수 없을 것이다. 중국은 효과적으로 균형잡는 연합에 직면하여 지배적인 조건보다는 동등한 조건에서 자국의 지속적인 부상에 대한 조건을 협상해야만 할 것이다. 이는 유리한 위치에서 화해 및 베이징과의 교류의 기회를 제공할 것이다. 그러므로 효과적인 거부방어태세는 미국과 그 동맹에게 있어 인도태평양에서 바람직하고 안정적인 평화를 보장하기 위한 최선의 방법이 될 것이다.

실질적인 언어로 설명하자면, 미국은 우선 중국의 집중 및 순차전략의 자연스러운 우선표적인 대만의 효과적인 방어에 집중해야 한다. 앞서 그려냈듯이, 제일열도선의 가운데에 위치한 것을 고려했을 때 대만은 군사적으로 중요하며, 미국의 차별적 신뢰도를 위하여 중요하다. 그러므로 대만의 방어에서 물러나는 것은 반패권연합의 외부초석균형국으로서 미국의 차별적 신뢰도를 상당히 저하시킬 것이다. 동시에 대만은 책에 설명된 효과적인 방어의 기준에 맞게 방어되기 쉽다.6) 대만은 중국의 공격으로부터 제외될 수 없으나, 정복으로부터 보호될 수 있다. 그러므로 대만에 대한 효과적인 거부방어를 보장하는 것은 미 국방부가 미래의 미군을 준비시키는 데 사용할 주된 시나리오가 되어야만 하며, 베이징에 의한 기정사실화시도가 이런 기획에 있어 주된 주안점이 되어야 한다. 미군은 최우선적으로 앞서 설명된 기준에 맞춰 성공적으로 대만을 방어할 수 있게 규모를 갖추고 형태를 이루어야 한다. 동시에 대만은 반드시 자국의 방위를 상당히 증강시키고 개선하며 자국을 더욱 지속가능하게 만들어야 한다.7)

중국이 결국에는 대만을 우회하고자 하거나 대만을 방어하고자 하는 노력이 실패할 수 있기 때문에, 미국과 그 동맹국들은 점점 강력해질 중국에 대항하여 필리핀에 대한 효과적인 거부방어 또한 보장되도록 준비하여야 할 것이다. 필리핀은 미국의 동맹국 중에서 중국의 집중 및 순차전략에 의한 두 번째로 좋은 표적일 것이다. 필리핀은 미국의 동맹국이며 그래서 미국의 차별적 신뢰도에 얽매여 있다.

필리핀 또한 제1열도선을 따라 중요한 위치를 점하고 있다. 동시에 필리핀은 자체 방어능력이 제한되며 중국과 어느 정도 가깝다.

이와 함께, 미국은 집중 거부방어가 실패할 가능성을 반드시 고려해야 한다. 그러므로 미국 및 그 동맹국들은 통합된 거부방어 겸 결부전략을 준비해야 한다. 이런 태세는 비록 중국이 대만이나 필리핀을 복속시키고자 시도할지라도 확대된 거부작전 혹은 만일 이런 작전이 실패하거나 불가능한 경우 재탈환하는 접근을 통하여 미국 및 잠재적으로 연루된 반패권연합의 가입국이 승리하는 데 필요한 결의를 공고히 하도록 전쟁을 확대 및 심화시키도록 강요할 것이다.

그러나 집중 거부방어가 더 선호되기 때문에, 미국과 동맹 및 동반국가들은 이런 대안적인 태세에 의해 생성되는 기회비용을 최소화하고자 해야만 할 것이다. 가능한 한 언제든지, 결부전략에 대한 이들의 투자는 집중 거부방어에도 기여해야 한다. 결부전략에 대한 투자가 대부분 동맹 및 동반국의 통합을 증가시켜 더욱 응집된 방어태세, 확대된 지속성 그리고 주둔 및 분산에 관한 선택지를 더하기 때문에 이는 가능할 것이다. 이런 투자의 다수는 대만 혹은 필리핀을 대신하여 제한된 거부작전을 효과적으로 수행하는 능력에 더하거나 최소한 벗어나지 않을 것이다.

이런 전략들은 미국의 노력이 진화해야 하고 군사작전적인, 기술적인 그리고 외교적인 토론이 발생할 수 있는 구속적인 제한사항을 형성할 것이다. 이런 제한사항은 주의를 집중시킬 만큼 충분히 협소하지만 이들이 어떻게 운용되어야 할지를 규정하지는 않는 이점을 가질 것이다. 게다가 이들은 아직 매우 어렵고 복잡하지만 단순히 열망적이거나 충고적이기보다는 실질적이며 실행이 가능하다. 이것은 미국 국민들의 지정학적 이익에 맞게 최적으로 개발되고, 태세를 갖추며, 훈련된 미국의 군사력을 훨씬 더 생산하기 쉽다. 유사한 논리는 어떻게 이런 전략들이 비교가능한 반패권연합의 미국 동맹국 및 동반국가들의 노력을 생산적으로 구성하는지에 대하여 동일하게 적용된다. 다행히도 훨씬 훌륭한 작업이 이미 이런 방향으로 이뤄졌다.[8] 이제 이것은 이런 작업이 여기에 설명된 목적과 기준에 맞게 개발, 정제 그리고 시행되었는지에 관한 문제가 된다.

미국 방어의 범위

얼마나 멀리 방어의 범위가 미쳐야 하는 걸까? 앞서 보여주었듯이, 우리는 쟁점이 되는 이권에 대해 미국인들이 고려하는 비용과 위험을 상관시키는 방식으로 미국 정치목표를 달성할 최선의 군사전략에 대한 이해 없이 최적의 미국 방어의 범위를 결정할 수는 없다. 반복하자면, 미국 방어의 범위는 안보 약속, 즉 보통 대만의 경우와 같이 공식 동맹관계를 통하지만 준동맹관계를 통해서도 자국의 차별적 신뢰도를 더한 국가들을 포괄한다. 아시아에서 중국의 지역패권추구라는 맥락에서 미국이 기존의 동맹을 지속하거나 제거하느냐의 여부 그리고 새로운 동맹을 형성하는지의 여부와 그 방법은 특히 체제의 지역전쟁의 맥락 속에서 중국과 친패권연합보다 더 강한 반패권연합을 형성하고 지속할 필요가 있느냐의 결과에 대한 것이어야 한다. 미국의 동맹들은 초조해하는 연합 가입국에게 중국의 집중 및 순차전략으로부터 보호될 것이라고 충분한 보장을 제공함으로써 이런 목표를 달성하도록 고안되어야 한다.

이제 우리는 미국의 최적의 군사전략이 무엇인지에 대하여 명확히 느끼게 되었으므로, 우리는 미국에 대한 옳은 방어범위에 대하여 명확히 결정할 수 있다. 미국에게 있어서 최선의 타당한 결과는 목적을 달성하는 한편, 표면적으로 가능한 한 제한된 위협을 보이는 동맹구조이다. 중국이 아시아에 대하여 세력우위를 달성하지 못하도록 하기 위해, 반패권연합은 체제의 지역전쟁이 발생한 경우에 중국보다 더욱 강력해야만 한다. 만약 연합이 이런 기준을 충족하기 위해서 충분한 국가들을 유인 및 보유한다고 하면, 이 국가들은 베이징의 최선의 전략인 집중 및 순차전략을 맞이하여 충분히 안전하게 느껴야만 한다. 그러므로 미국 방어 범위의 주목적은 중국에 편승했을 수도 있었던 국가들에게 충분한 보장을 제공하여 그들이 신중하게 미국과 함께 중국과 균형을 이루도록 하는 것이다.

간단히 말해서, 워싱턴은 중국이 충분한 국가들을 복속시킬 수 있는 개방된 공간을 가져서 자국에 유리하도록 지역세력 균형을 무너뜨리게 허용해서는 안 된다. 이는 자연적으로 미국이 국가들을 동맹으로 추가하는 데 높은 가치를 부여하게 만들 것이다. 그러나 동시에 미국은 미국이 지지 않고는 효과적으로 방어할 수 없거나, 너무 쇠약해져서 연합 내 다른 동맹국들을 지지할 능력이 제한되거나, 미국인들로부터 너무 많은 것을 요구해서 연합 혹은 연합 내 동맹으로부터 철수하고자 하는 국가들과 같이 방어할 수 없는 동맹을 추가하는 것을 피하도록 주의해야 할 것이다.

앞서 논의되었다시피, 현재 지역 내의 미국 동맹구조는 그 어떤 미국의 결정이든 기준선을 형성한다. 이 동맹국들의 미래에 대한 결정은 진공상태에서 이뤄지지 않는데, 특히 새로 동맹을 추가하는 것에 비해 존재하는 동맹들로부터 철수하는 데 따른 위험한 결과 때문이다. 이 외에, 전래되는 동맹구조는 중요한 이점을 제시한다. 미국과 동맹을 유지하는 국가들은 아시아의 가장 발달되고 강력한 국가들의 일부이며, 이들은 중국에 대항하여 균형을 유지하는 데 필요한 많은 힘을 제공한다. 또한 이들은 수세적인 논리를 제시하는데, 이로써 서태평양의 제1열도선을 따라서 대체로 방해받지 않는 방어선을 형성한다. 이것은 우연이 아니며, 제2차 세계대전 이후에 행해진 미국의 전략적 의사결정의 산물이다.[9]

주로 이런 이유 때문에, 미국이 아시아 태평양지역에 존재하는 동맹관계를 유지하고자 하는 것은 납득이 된다. 일본은 절대적으로 중요하다. 일본 없이는 반패권연합은 거의 확실히 실패할 것이다. 오스트레일리아는 고도로 발달된 경제와 상당한 군대를 가졌다. 또한 오스트레일리아는 중국으로부터 떨어져 있으므로 방어하기에 유리하다. 그러므로 이 두 미 동맹국들은 보유되어야 한다. 나는 이미 최소한 대만과 준동맹을 유지해야 할 이유에 대하여 길게 논의했다.

미국이 필리핀, 태평양 제도 그리고 대한민국과 동맹을 유지하는 것 또한 납득이 된다. 비록 필리핀은 타 미 동맹국에 대해서는 물론이거니와, 자국을 방어하는 데 상당히 기여하기에는 능력이 부족하지만, 제1열도선의 남쪽 기둥을 형성하며 서태평양과 남중국해의 남부 전역에 대한 군사력을 투사할 풍부한 위치를 제공한다. 이는 미국에 대하여 이점이 있다. 동일하게 만약 미국이 마닐라를 버리게 되면 중국에게는 매우 큰 이익이 된다. 필리핀 역시 타당하게 방어가 가능하다. 만약 미국이 대만을 방어할 수 있다면, 미국은 거의 확실히 필리핀을 방어할 수 있다.

또한 미국은 팔라우, 마이크로네시아 연방국가 그리고 마샬 제도를 포함한 중앙 및 남태평양의 다수의 군도 및 제도국가들과의 가까운 연결성을 유지해야 한다. 이 국가들은 '세컨드 아일랜드 클라우드second island cloud'라고 이름붙여진 것을 형성하며, 지형에서 중요하게 효과적인 미국 국력 투사, 전략적 종심 그리고 지속지원을 제공한다. 또한 이들은 제1열도선의 후방에 위치하기 때문에 방어에 유리하다.10)

대한민국은 아시아 본토에 위치한 단일의 전래하는 미국의 동맹국이며, 북한과 황해에 의하여 중국과 분리되어 있다. 중국과 인접해 있기 때문에, 대한민국은 점점 결의에 차서 북한과 동반 혹은 통과하고 해상 또는 해상과 육지 모두를 통한 중국의 공격으로부터 방어하기에 어려워질 것이다. 이를 고려하여, 미국 방어범위에 대한민국을 포함하는 것은 몇 가지 이유에 의해 그 어려움을 감내할 만하다. 첫째, 대한민국은 세계에서 손꼽히는 경제국가이다. 대한민국은 반패권연합에 주요한 기여를 할 것인 반면, 중국의 친패권연합으로 전환하는 것은 물론이거니와 중립화시키는 것은 크나큰 손실일 것이다. 둘째, 대한민국은 일본의 방어를 위해서 중요하다. 만약 중국이 대한민국을 작전기지로 활용할 수 있다면, 이 상황은 일본의 방어를 매우 난해하게 만들 것이다. 마지막으로 대한민국은 타당하게 방어할 수 있는데, 일본에 근접하여 반도 위에 위치해 있으며 특히 대한민국이 세계에서 가장 능력있는 군대 중 하나를 배치운용하고 있다는 사실을 고려하고, 자체방어에 상당히 기여하는 것과 경제의 규모와 발달을 고려할 때, 보다 더 기여할 수 있는 능력을 가졌다. 특히 북한으로부터의 재래식 군사위협이 근 십여 년간 상당히 저하됨을 고려할 때, 만약 중국의 재래식 위협이 증가한다면, 대한민국과 미국은 점점 방어준비를 중국에 의한 잠재적 공격 쪽으로 재조정할 수 있을 것이다.

그러므로 미국이 아시아에 전래하는 방어범위를 유지하는 것은 납득이 된다. 그렇다면 미국의 방어전략에 대한 주 물음은 미국이 동맹의 약속을 확장시킬 것인지의 여부이며, 만약 그렇다면 어떤 국가에 대하여 확장할 것인지와 기존의 허브 앤 스포크 형태보다 집단방위로 얼마나 동맹을 맞춰나가고자 하는지가 될 것이다.

첫 번째 쟁점은 미국의 방어범위에 관련된다. 미국의 관점에서, 다른 모든 것이 동일하다고 할 때, 보다 안전하고 취약국가가 적은 동맹구조가 더 낫다. 이런 구조는 중국의 집중 및 순차전략에 영향을 받는 국가의 수를 감소시키는 한편 즉각 방어가 가능하고 공동방어에 기여할 수 있는 국가의 수를 늘림으로써 중국의

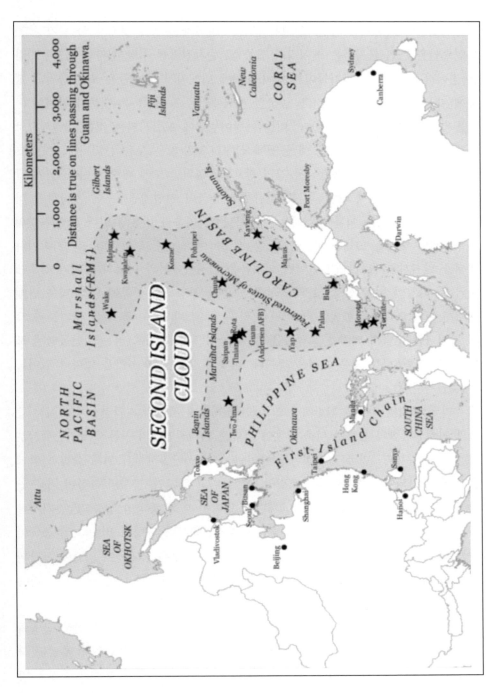

세컨드 아일랜드 클라우드. 출처: 앤드류 로즈

행동으로부터 미국의 노출을 줄인다. 문제는 미국과 동맹을 맺고자 하는 가장 큰 유인요인을 가진 국가들은 베이징의 집중 및 순차전략에 가장 취약한 국가들이라는 점이다. 하지만 이 국가들이 동맹의 총력에 더해지지만, 이들은 또한 중국의 행동에 자신을 노출을 증가시킨다. 중국의 지역패권을 두려워하는 것보다 안전한 국가들은 반면에 편승하고자 한다. 이들을 방어범위에 포함시키는 것은 실질적으로 반패권연합을 지지하고 연합 내 동맹에 실질적으로 많은 도움이 되지는 않는다.

두 번째 쟁점은 미 동맹국들 간의 상호연결성의 정도에 대한 것이다. 넓게 말해서, 미국이 그 동맹국들을 더욱 결집시켜 중국의 지역패권추구에 저항하면 더 좋은 것이다. 문제는 이를 구현하는 데 따르는 어려움과 비용에 있다. 국제환경의 자력구제의 현실을 고려할 때, 국가들을 설득하여 진정으로 그들의 전략기획이나 태세를 일치시키기는 어렵다. 이런 어려움은 아시아에서의 미국의 동맹의 경우에 지역 내 다양한 미국 동맹국들의 드넓고 다양한 지정학적 상황에 의해 더욱 난해해지게 된다. 일본, 대한민국, 필리핀 그리고 오스트레일리아와 같은 국가들의 크게 차이나는 전략적 맥락을 고려했을 때, 그들의 운명을 상호 얽는 집단동맹에 모두가 모이도록 하는 것은 어려울 것이다. 미국의 쟁점은 이 사안을 얼마나 밀어붙일 것인가이다.

미국 방어의 범위를 확장하는 그 어떤 논의든지 체제의 지역전쟁에 있어서 중국과 친패권연합의 힘보다 더욱 강해야 한다는 반패권연합의 근본적인 기준에서부터 시작해야 한다. 미국의 동맹국들은 이런 조건을 만족시키기 위해 살핌과 함께 유지 및 추가되어야 한다. 모든 조건이 동일하다고 한다면, 군사력 균형이 더욱 연합에 유리하다면, 더 좋은 것이다. 게다가 연합이 더욱 중국의 집중 및 순차전략 적용 기회를 거부할 수 있다면 더 좋은 것이다. 군사력 균형이 비슷하고, 중국이 집중 및 순차전략을 적용할 국가들이 더 많다면, 더 많은 국가들이 연합에 포함되어야 하고, 미국의 안보 보증이 주어져야 할 것이며, 이들에 대한 연결성이 더욱 강하게 유지되어야 할 필요가 있다.

실질적으로 말하면, 이는 아시아의 해양 전방으로 더욱 연합과 미국 동맹의 보증이 나아갈수록 더 좋은 것인데, 이런 상황은 중국의 친패권연합에 빠져들 국가들이 더 적어지기 때문이다. 동시에 방어할 수 없는 국가들을 포함하는 것을 방지하는 데 있어 이 이익은 강력한 미국 및 연합의 국익과 균형을 이루어야 한다.

　　미국의 방어범위를 확장시키는 데 필요한 주요 판정요소는 중국과 친패권연합이 이루는 일방과 반패권연합이 이루는 상대방 사이에서의 상대적인 세력균형이다. 수식에 있어 양변의 각각의 연합은 기존 가입국 혹은 추가된 가입국의 내부 성장에 의해서 보강될 수 있으며, 각각은 내부 침체나 가입 탈퇴에 의해서 약해질 수 있다. 미국의 경우, 주목할 주된 역동은 중국 스스로 더 강해지고 더 많은 국가가 친패권연합에 가담할수록 이를 만회하기 위해 워싱턴과 그 동반국가들이 연합에 가입국을 추가하는 것이다. 이는 결과적으로 워싱턴이 동맹국의 명단을 추가하도록 할 것이며, 불안한 연합 가입국에게 확신을 주기 위해서 자신의 연합을 보다 단단히 상호 연결되도록 만들게 할 것이다.

　　가장 직접적으로, 만약 중국이 반패권연합으로부터 미국의 동맹국을 장악하고 이 국가를 자신의 연합에 끌어들이게 되면, 이 상황은 국력의 직접적인 전이와 워싱턴의 차별적 신뢰도에 대한 손상 모두를 통해서 세력균형을 베이징에 유리하도록 변화시키게 된다. 따라서 미국과 연루된 동맹 및 동반국이 효과적으로 기존의 미국 동맹국을 방어할 수 있는 범위는 미국이 방어의 범위를 확장할 필요가 있는지의 여부와 그 정도를 결정하고 이들 사이에서 얼마나 많은 응집력이 필요한지를 결정하는 데 있어서 중요할 것이다.

　　이를테면 미국과 여타 참전국가들이 대만을 효과적으로 방어하는 데 실패하고 중국이 대만을 복속시킬 수 있다고 한다면, 이 상황은 제1열도선에서의 주요 저지점을 제거하게 되고, 대만의 부와 국력을 친패권연합에 더하는 한편, 대만을 반패권연합으로부터 제거하고 미국의 차별적 신뢰도를 약화시킨다. 이런 상황에서, 연합의 물질적 힘과 미국의 차별적 신뢰도 둘 다 약화되기 때문에, 미국은 연합의 효과성을 보장하기 위해서 보다 값비싼 대가를 지불해야만 할 것이다. 반패권연합과 미국에 가해지는 압력은 중국이 필리핀과 같은 또 다른 미국의 동맹국을 복속시킬 수 있는 경우에는 더욱 까다로워질 것이다.

　　하지만 미국과 그 어떤 연루된 동맹 및 동반국가든 효과적으로 대만을 방어할 수 있다면 미국의 방어범위를 확장해야 하는 압력은 더욱 약화될 것이다. 대만은 아직 연합과 연계되어 있을 것이며, 미국의 차별적 신뢰도는 보호될 것이다. 반패권연합 및 미국 동맹구조는 가입국을 추가해야 하는 압력을 받지 않을 것이며, 아마도 이미 참여하고 있는 가입국 이외에 더 필요하지 않을 것이다. 그리고 미국은 존재하는 동맹국들 간의 향상된 응집력을 위해 더 밀어붙여야 할 압력도 덜 받게 될 것이다.

미국의 방어범위의 변화?

그래서 미국은 최소한 아시아 내에 이미 존재하는 동맹을 유지한다고 가정한 다면, 미국은 어떻게 지역을 고려하여 그 방어범위를 변화시킬 수 있을까?

아시아 외의 지역

일반론으로서, 반패권연합이 연계된 국가들을 최대한 많이 추가할 것이라는 사실은 납득이 된다. 아시아 내에서 타당한 연합은 전적으로 다자화된 동맹이기 쉽지 않다. 그보다 이 연합은 일부 양자 및 가급적 협소한 다자동맹을 포함하는 한편, 참가국들이 모든 경우에 상호 방어를 실시해야만 하도록 결부하지는 않는 비공식적이거나 준공식적인 연합이 되기 쉽다. 이 비공식성이 주는 이익은 국가를 더하는 것에 수반되는 단점이 적다는 것이다. 즉, 이들은 위험을 많이 수반하지 않고 연합의 힘을 향상시킨다. 그 단점은 이런 느슨한 연합이 원거리의 연합 가입국들이 베이징의 최선의 전략에 맞서기를 주저함에 따라 노출된 국가를 한지에 노출된 채로 남길 수 있고, 중국의 집중 및 순차전략에 종속시킬 수 있다는 것이다.

이 사실은 연합의 주된 주의사항이 노출된 국가를 가입시키는 것에 있다는 것을 의미한다. 달리 말하면, 근본적으로 노출되지 않은 국가를 가입시키는 것은 장점만 가진다. 미국과 타 연합가입국들은 연합의 가입을 원하는 만큼 많은 수의 이미 가입된 연합 가입국의 중국을 기준으로 후방에 위치한 국가들을 추가하고자 해야 하며, 미국의 안보 보증에 의해 주어지는 더 큰 영향력 때문에 특히 미국 동맹의 후방으로 포함해야 한다. 이는 실제적으로 제1열도선의 동부나 인도의 서부를 의미할 것이다. 이 국가들은 이미 거리와 사이에 배치된 미국 및 타 연합 및 동반국 군사력의 조합에 의해서 중국의 최선의 군사전략으로부터 효과적으로 방어되고 있기 때문에, 이들을 연합에 포함하는 데 있어 단점은 거의 없다.

하지만 이런 국가들은 베이징의 집중 및 순차전략을 맞이하여 제한적인 가치를 더할 것이다. 미국을 제외하고 아시아 외의 그 어떤 국가도 상당한 군사력을 이 지역으로 투사할 수 없다. (러시아는 아시아의 열강이고, 심지어 러시아의 아시아에 대한 군사력 투사도 제한된다.) 그 결과로, 심지어 연합에 가담할 준비가 된 국가들도 그다지 많은 것을 제공할 것 같지 않다. 게다가 많은 원거리의 국가들도 많은 것을 제공할 것 같지 않다. 다수의 원거리 국가들은 중국에 의한 위협을 덜 첨예하게 느낄 것이며, 이 문제를 회피하고자 하거나 심지어 중국에 협력하고자 할 것이다. 그 결과로, 미국과 그 연합 및 동반국들은 아시아 밖의 국가들의 기여에 대하여 너무 큰 기대를 해서는 안 된다.

이를 고려해서, 인도태평양 지역 밖의 일부 국가들은 비록 군사적으로 태평양에서의 투쟁에 군사적으로 중요하지는 않을지라도 의미있게 반패권연합에 기여하고자 하고 그럴 능력을 가질 수 있다. 이를테면 이들은 해당 지역과의 상대적인 자유 교역을 보장하기 위한 자국의 이익이 중국의 지역패권에 의해서 위협받을 수 있다고 생각하기 때문에 그렇게 원할 수 있다. 또한 이런 국가들은 미국과 그 연합이 중국에 대항한 전쟁에서 변화를 초래하기에 장기화된 전쟁이나 전쟁 종결 시나리오에 적합해질 경제적 영향력 등에서 충분한 힘을 가질 수 있다. 더욱이 이런 국가들은 비록 태평양에서의 전쟁에서 결의에 비하면 2차 혹은 3차이겠지만 아직 중요한 안보 위협을 다루는 데 보강할 수 있다.

이 국가들은 광범위한 섬을 소유하고 있고 남태평양에서 광활한 배타적 경제수역을 가진 프랑스와, 캐나다, 영국, 독일, 사우디아라비아, 아랍에미레이트 연합을 포함할 것이다. 그러나 이들의 군사적 노력은 스스로의 지역 혹은 인근지역을 관리하는 데 맞춰서 더욱 효율적으로 할당될 것이며, 거의 확실히 인도태평양에서 미미한 기여를 할 노력인 유럽과 중동에 미국이 집중해야만 하는 필요성에서 구제할 것이다.

인 도

인도는 그 어떤 반패권연합에서도 중요한 가입국일 것이다. 그러므로 인도는 매우 강력하고 해당지역에서 고도의 영향력에 대한 기대감을 갖는다. 중국의 패권은 인도에 결과적으로 큰 비용을 치르게 할 것이다. 게다가 인도와 중국은 길고 분쟁을 겪어온 육상 국경을 공유하며 자연적으로 인도 아대륙과 주변지역에서 영향력을 두고 경쟁한다. 많은 잃을 것을 두고 뉴델리는 중국의 지역패권을 거부하는 데 가장 강력한 이권을 가지며, 이런 목표에 대하여 부단해보이며 요구되는 노력의 규모에 대하여 현실적으로 보인다.11)

　　인도는 자체방어할 수 있다. 인도는 곧 세계 경제의 3위가 될 것이며(아마도 머지않아 2위), 민족주의와 자생에 관한 강한 전통을 가진다. 인도는 중국의 1차공격에 의한 무장해제시도에서 생존할 수 있는 핵무기고를 포함하여 세계의 손꼽히는 막강한 군대를 건설했다.12) 게다가 비록 인도는 중국과 신장된 지상 국경을 공유하지만 델리와 뭄바이시와 같은 그 주요 영토는 이 국경으로부터 멀리 위치해 있다. 이런 요소들 때문에, 인도는 거의 확실히 베이징으로부터 효과적으로 자국의 주요 영토를 방어할 능력을 갖췄다.

　　그러므로 미국은 워싱턴과 뉴델리 사이의 (최소한 이 책에서 집중했던 종류의) 동맹에 관한 제안을 건넬 필요도, 인도가 제안을 구하지도 않을 것이다. 인도는 그 어떤 반패권연합에서든 안보에 대한 보증을 요구하지 않고서도 결의에 찬 가입국으로 남을 것이다. 그리고 이런 요소들과 미국의 힘과 차별적 신뢰도를 가꾸는것에 대한 관심을 고려할 때, 워싱턴은 동맹을 주장할 이유가 없다.

　　게다가 자연적인 분업이 연합 내에서 미국, 일본 그리고 오스트레일리아를 한 축으로 하고, 인도를 다른 축으로 해서 이뤄지고 있다. 아시아의 가장 발달된 경제가 서태평양과 남중국해에 위치해 있고, 이들 중 다수가 워싱턴의 차별적 신뢰도를 시사하기 때문에, 이 지역은 반패권연합 전체와 중국 및 친패권연합 사이에서의 주된 경쟁의 장을 구성할 것이다. 중국의 규모를 고려할 때, 서태평양에서의 미국과 그 동맹은 활발히 이 지역에서의 갈등, 특히 대만과 필리핀을 두고 벌이는 갈등의 준비에 집중해야 할 것이다. 이 사실은 의심의 여지없이 미국의 자원과 노력의 매우 큰 부분을 소비할 것이다.

　　하지만 중국은 또한 자신의 연합을 키울 능력과 관심을 가지거나 그게 아니라면 자신의 지역패권추구를 인도태평양의 다른 중요한 지역 특히 인도 아대륙과 인도양 지역에서 보장할 것이다. 베이징은 이 지역에서 자신의 친패권연합에 국가들을 더하려고 할 수 있고, 대만 혹은 서태평양의 또 다른 국가를 두고 벌이는 갈등에 영향을 주는 방식을 포함하여 자국의 군사력 운용을 위해 지역 국가들에 대한 접근 협의를 추구할 수 있다. 하지만 만약 미국이 주로 서태평양에 몰입해 있다면, 미국은 거의 확실히 인도양과 남아시아에서 주도적 노력을 동시에 결집시킬 여분의 국력을 결코 갖지 못할 것이다.

하지만 인도는 이 아대륙지역에서의 중국의 영향력을 제한하고자 하는 미국보다 더욱 강력한 관심을 가진다. 게다가 인도의 군대 및 다른 국력의 수단은 이 지역에서 운용되기에 더욱 자연스럽게 맞춰져 있다. 인도는 스스로의 지역에서 즉각 운용이 가능하지만 그 넘어에서는 효용이 제한되는 공군 및 해군과 더불어 매우 거대한 지상군을 가졌다.

따라서 미국은 인도가 직접적으로 중국의 완강함을 균형잡음으로써 그리고 베이징의 휘하에 들었을 중요한 인접국가들을 북돋음으로써 자기 지역에 집중하도록 독려해야 한다. 심지어 뉴델리는 미얀마와 같은 국가들에 동맹의 보증을 분별 있게 제공할 수 있다. 미국은 인도를 최대한 이런 방향으로 여건을 보장하고 권한을 위임하고자 할 수 있다.

정도를 깊이한 미국과 인도 사이의 동맹은 가까운 시일 내에 압박해올 것 같지는 않은 두 가지 우발상황하에서 더욱 조언할 만하다. 먼저, 미국의 보증은 만약 인도의 결의가 주춤하고 보증에 의한 약속이 의미 있게 인도의 결의를 강화한다면 조언할 만하다. 또한, 동맹은 만약 미국과 서태평양에서의 동맹의 지위가 악화되고 부상하는 인도가 이를 재조정하는 데 기여할 수 있다면 매력적이게 될 것이다.

중국이 주자로 남고 아시아에서 떠오르는 강국으로 남는 한, 모든 실질적인 목적 달성을 향한 미국과 타 연합 가입국들은 더 강해진 인도로부터 예외 없이 이익을 얻을 것이다. 그러므로 그들은 중국에 대한 가능한 한 강력한 무게추를 제공하고 미국과 타 서태평양 국가들에 가해지는 압박을 제한하기 위해서 인도의 경제 및 군사력을 증가시키고자 해야 할 것이다.

동남아시아

중국과 인접하며 대부분이 미국의 방어범위에 들지 않지만, 미국과 동맹 및 동반국가가 타당하게 방어할 수 있는 지역인 동남아시아에서 미국은 진가를 발휘할 시험대에 오른다. 일반원리로서 연합은 할 수 있는 가장 많은 국가들을 동남아시아에서 아울러야 하는데, 이는 이것이 반패권연합 측에 힘을 더하고 동시에 중국의 연합에 대하여는 이들을 거부시키기 때문이다. 하지만 이런 혜택은 반드시 국가의 방어가능성에 비추어 평가되어야 한다. 중국 북부 및 서부 국경에 걸쳐 위치한 내륙의 어쨌든 작은 경제력을 가진 국가들을 효과적으로 방어하는 데 있어 거의 전망이 없는 것을 고려할 때 이는 본질적으로 미국과 타 연합가입국들은 가능한 아시아 해양까지 전진된 효과적인 방어에 대한 관심을 가진다는 것을 의미한다.

몇몇 예외사항을 제외하고, 이 지역의 국가들은 공직적으로 워싱턴이나 베이징과 연합되어 있지 않다. 미국의 방어범위는 남쪽 오스트레일리아에서 다시 형성되기 전에 태국에서 애매하게 있으면서 필리핀에 달하여 소멸한다. 한편 캄보디아는 주로 중국의 궤도 내에 있는 것으로 간주된다.

하지만 지역의 대부분은 명확히 반패권연합 혹은 중국의 친패권연합과도 연계되지 않은 채로 남아있다. 그러므로 동남아시아는 아시아 내에서 중국에 있어서는 자국의 지역패권추구를 지원하도록 만들거나 복속시킬 수 있는 개방된 장을 제공한다.[13] 게다가 이 국가들의 다수는 크고 성장하는 경제를 가졌고 중요한 지리적 위치를 점유하며, 이로써 이들의 결정은 중요해진다. 베이징에게 이 지역에 대한 지배는 지역세력우세를 향한 긴 여정을 구성할 것이다.

따라서 미국과 반패권연합은 중요한 동남아시아 국가들을 연합으로 끌어오는 것과 아마도 워싱턴이 이들과 동맹관계를 형성하는 데 관심이 있다. 문제는 두 가지 측면이 있다. 첫째, 이들 중 일부는 방어하기 어려우며, 일부는 결코 방어할 수가 없다. 둘째, 이 지역의 많은 국가들은 미국과 중국과 합치해야만 하는 선택을 바라지 않는다. 정말로 국가들 중에 인도네시아, 말레이시아, 베트남은 불합치에 대한 강력한 전통을 가진다.[14] 이런 어려움에도 불구하고 중국 및 친패권연합을 향한 세력균형의 변화는 미국과 동맹 및 동반국이 반패권연합에 동남아시아 국가들을 포함하는 것을 고려하도록 할 것이다. 게다가 강력한 중국과 그 연합이 가하는 더욱 큰 위험 때문에, 미국은 최소한 이 국가들 중 일부에도 이런 위험을 맞아 연합과 연계하는 데 필요한 정도의 확신을 제공하기 위해 안보 보증을 제안할 필요가 있을 것이다.

이런 요소들의 관점에서, 연합은 동남아시아 최대 국가이자 최대 경제력이며 거의 확실히 방어가 가능한 인도네시아를 포함함으로써 혜택을 얻을 것이다. 인도네시아는 이미 미국의 동맹인 필리핀의 남쪽에 위치해 있으며, 미국 방어선의 후방에 있다. 게다가 (주요 영토가 아닐) 보르네오를 예외로 하고, 인도네시아는 말레이시아의 보르네오와 말레이반도의 아래쪽의 남쪽 깊이 위치해 있다. 인도네시아 또한 군도이며, 해양 영역에서 미국에게 이점으로 작용한다. 이에 더하여, 인도네시아는 미국과 가까운 동맹인 오스트레일리아의 근접한 북쪽에 위치해 있으며, 오스트레일리아도 자신의 북쪽 이웃의 효과적인 방어를 보장하는 데 강력한 동기를 가진다. 이 사실은 인도네시아의 방어가 타국의 지원을 끌어올 가능성을 증대시킨다. 또한 이런 요소들은 미국에게 있어 인도네시아를 동맹으로 포함하는 것은 필요하다고 판단된다면 합리적일 것임을 의미한다.

연합이 어떻게 지역의 타국을 보아야 할지는 명확하지 않다.

베트남은 능력 있는 군대와 결의에 찬 자체방어에 대한 명성과 함께 중요하고 성장하는 경제를 가진다. 중국과의 근접함과 치열한 독립적인 성향은 동맹을 피하는 전통을 고려할 때, 미국과의 연합을 필요로 하거나 원하는 것 없이 베트남을 반패권연합에 가담하도록 유도할 것이다. 그래도 이는 베트남의 자체방어능력을 지원할 수도 그리고 지원해야만 할 미국에게 긍정적인 조건이다. 문제는 중국과 친패권연합의 세력이 커지고 베트남이 점점 중국의 집중전략에 취약해지는 것에 대하여 초조해진다면, 미국이 하노이와 동맹을 맺는 것이 납득이 될 것인가에 대한 것이다. 베트남이 횡단가능한 중국과의 지상 국경은 특별히 미국의 우위가 지상보다는 항공 및 해상작전에서 크다는 사실을 고려할 때, 베트남이 자국의 주요 영토를 베이징에 대항하여 방어하기 어렵게 만든다. 미국은 베트남이 자체방어를 하도록 힘을 실어줌으로써 이런 딜레마에 직면해야만 하는 것을 피해야만 한다. 어떤 경우에든, 워싱턴은 자신의 차별적 신뢰도를 베트남의 효과적인 방어에 더하는 것에 대하여 매우 보수적이어야 한다. 이런 위험의 막중함에 견주기 위해서는 매우 강력한 이익이나 필요성이 있어야만 할 것이다.

말레이시아와 싱가포르는 부유하고 중요한 경제국가이다. 말레이반도의 좁은 목은 양국에 상당한 정도의 방어가능성을 부여한다. 그러나 이 반도는 인도차이나보다 아시아 본토에 더 인접해 있어 중국 군사력에 더 접근성이 좋으며, 특히 이는 태국이 베이징과 경계하거나 중국군이 자국영토의 횡단이나 활용을 허락했다면 더욱 그렇다. 그러므로 미국은 이 두 중요한 국가들을 반패권연합으로 끌어오고자 하지만 동맹의 보증을 이들에게 제안하는 데는 주저해야 할 것이다. 브루네이는 그 부와 위치를 고려했을 때, 말레이시아의 라라와크 영토에 둘러싸여서 같은 종류로 분류되기 쉬울 것이다.

태국은 지역 내 중요한 경합국가swing state가 될 것이다. 태국은 동남아시아의 대규모 경제국 중 하나이며 중앙에 위치해 있다. 베트남과 아울러 태국은 중국과 지역의 해양부 사이에 자리잡는다. 부와 전략적 위치 때문에, 태국은 반패권연합에 상당한 가치를 더할 것이다. 하지만 방콕의 가담의지에 대하여 의심해 볼 만한 이유가 있으며, 미국에게 있어 태국과 전적인 동맹관계를 갖는 데 있어 주요한 위험이 있다. 양국은 엄밀히 말하면 현재 동맹이나, 이들의 관계는 일반적으로 상당히 더욱 모호하다고 이해되고 있으며 워싱턴이 도쿄, 캔버라 혹은 심지어 마닐라와 맺고 있는 관계보다 더 덜한 것으로 이해된다. 만약 태국이 공격을 받는다면 워싱턴의 방어 의무가 무엇인지 완전히 명확하지는 않다.15)

우선, 태국은 역사적으로 저항보다는 협조하는 전통을 갖는다. 태국은 19세기와 20세기 초에 유럽 제국열강에게 협조하여 자국의 자주성을 지켰고, 제2차 세계대전에서는 일본제국에 대하여 비슷한 행보를 추구했다.16) 이 사실은 방콕이 어떤 정책을 추구할지, 즉 반패권연합에 가담할지, 베이징에 가담할지 혹은 양자 사이의 어딘가에 있을지 불분명하게 만든다. 다음으로, 만약 전적인 미국의 태국과의 동맹이 태국의 반패권연합 가입에 필요하다면, 이에 따른 심각한 위험이 있다. 태국은 약한 라오스, 미얀마 그리고 북베트남에 의해서만 중국과 분리되어 있다. 따라서 태국은 상대적으로 지상 국경을 따라 중국에 노출되어 있으며, 미국 군사력의 상대적인 효능성을 저하시킨다. 이 사실은 미국의 동맹 보증이 지지되기 힘들도록 만든다. 그러므로 미국과 반패권연합의 가입국들은 방콕이 연합에 가입할 것을 설득해야 하지만, 이들은 방콕이 그럴 것이라고 과대하게 긍정적이어서는 안 된다. 게다가 미국은 워싱턴을 의무지워 태국의 방어를 위해 반드시 오도록 만드는 전적인 동맹관계에 대하여 매우 보수적이어야 한다.

미얀마는 베트남과 유사한 전략적 그림을 제시하지만, 약한 힘의 기반을 가졌다. 미얀마는 독립의 강한 전통을 가졌으며 중국과 긴 지상 국경을 공유하지만 베트남보다 약하고 따라서 미얀마에 대한 효과적인 방어는 더욱 어렵다. 그러나 동시에 미얀마는 중국과 인도양 사이에 있다. 미얀마의 영토사용권을 획득하는 것은 베이징에게 인도양에 대한 의존할 수 있는 접근성을 이에 종속하는 이점과 함께 부여할 수 있다.[17] 따라서 미국 그리고 그 근접성을 고려했을 때, 인도는 이에 대하여 우려해야 하며 미얀마가 중국의 행동에 대항하여 스스로를 방어할 수 있도록 도와야 하지만, 워싱턴은 양곤에 동맹의 보증을 건네는 것에 대하여 신중해야 한다. 그러나 인도의 힘이 커질수록, 뉴델리는 미국의 지원을 받아 이와 같은 동맹 보증을 제안하고자 할 수 있다.

동남아시아의 다른 국가들은 이미 중국에 합류했거나 아니면 중요하지 않거나 반패권연합에 바람직한 보탬이 되도록 하기에는 방어가 불가능하다. 예컨대, 내륙에 갇히고 약한 라오스는 육상 국경을 따라 직접적으로 인접하는 나라인 중국으로부터의 압박에 저항할 수 없을 것이다.

집단방위

방어의 범위를 변경하는 것에 더하여, 미국은 연합 내의 가장 취약한 미국 동맹국의 효과적인 방어를 제공한다는 공통목표를 향한 동맹과 동반국가의 노력을 통합하고자 할 수 있으며, 이는 다른 말로 진정한 집단방위 모형이다. 앞서 기술했듯이, 문제는 이것이 바람직한가가 아니다. 미국은 일반적으로 다른 미국의 동맹 특히 취약한 국가를 방어하는 것을 돕기로 협력하는 동맹 및 동반국가들에 관심이 있다. 문제는 이런 행동을 취하는 데 저항할 수도 있고 이런 노력에 기여할 능력이 제한될 수도 있는 동맹과 동반국가들을 어디까지 밀어붙일 것인지이다.

이 쟁점은 대부분의 미국 동맹국과 동반국가들에게 매우 적합하지는 않다. 유럽에서의 미 동맹국은 유럽을 방어하는 게 납득이 된다. 아시아 밖에 있는 다른 국가들은 무시할 수 있을 정도의 군사력조차도 서태평양으로 투사할 수 없다. 그리고 아시아 내에서 대부분의 미국 동맹국 및 동반국가들은 자신의 효과적인 방어를 부장하는 것이 더 나은데, 그들의 제한된 능력 및 중국과의 군사적 상황 그리고 이 모두 때문이다. 국력을 투사할 수 있는 의미있는 능력이 부족한 필리핀,

베트남 그리고 대만과 같은 국가들은 자국에 대한 효과적인 방어에 기여할 수 있도록 보장하는 데 이미 분주하다. 인도네시아와 말레이시아의 경우도 만약 이들이 연합에 가입한다면 아마도 같을 것이다. 싱가포르는 타지에 대한 집단방위노력에 도움을 줄 수 있을 것이지만, 그 기여도는 작을 것이다. 대한민국은 군사력 투사 능력을 개발할 수 있지만, 나중에 논의되듯 북한과 중국에 대항한 자체방어에 집중해야 한다.

연합의 대부분이 자체 방어에 집중할 필요가 있듯이, 그리고 미국은 연합 가입국들이 자국에 의존하여 자체방어를 하려고 하는 정도를 제한하는 데 중요한 관심을 가지고 있기 때문에, 워싱턴은 중국의 공격이나 강제에 대항하여 스스로를 지키려고 하는 미국의 동맹이 아닌 국가들을 포함한 국가들에 대하여 모든 합리적인 원조를 제공해야 한다. 이 국가들이 중국의 공격이나 강제에 대하여 완강히 저항할 수 있을수록 이들은 베이징의 입김에 휘말리기 어려워질 것이며, 이들은 연합에 가담하는 데 있어 공식적인 미국의 동맹 보증을 요구하지 않을 것이다. 게다가 이런 국가들에 대하여 모든 수단의 방어물자를 제공함으로써, 미국과 그 동맹 및 동반국가들은 가장 명료한 방법으로 이 지역 내 국가들의 자주성과 독립을 보호하는 데 돕고자 하는 자신의 관심을 보일 수 있다. 중국도 비슷한 정도로 노력하지는 않을 것인데, 이와 같이 노력하면 지역패권을 획득할 베이징의 능력을 저감시킬 것이기 때문이다. 이는 중국과의 지역 경쟁에서 연합의 패에 힘을 실어줄 뿐이다.

이런 상황은 대만이나 필리핀과 같은 취약한 동맹국의 집단방어에 상당한 기여를 할 국가로서 일본과 오스트레일리아를 남긴다. 두 국가 모두 능력있는 군대를 가지고 적합한 군사력 투사 능력을 발전시킬 수 있는 부유한 국가들이다.

일   본

일본의 역할은 중요하다. 일본은 세계의 3위 혹은 4위 규모의 경제국가이며 기술진보의 최첨단에 서 있다. 하지만 일본은 국방에 상대적으로 예산을 사용하지 않는다. 미국의 방어범위를 아우른 그 지리적 위치와 구현되지 않은 막대한 군사적 잠재력을 고려할 때, 일본이 국방분야의 노력을 증대시키는 것은 단연코 필수적이다.

제1열도선을 따라 있는 반패권연합 내 미국 방어범위의 전선으로서의 그 위치 때문에, 일본의 최우선 작업은 미국과 가능한 오스트레일리아와 같은 타국과 더불어서 일본 스스로의 방어를 확실히 하는 것이다. 중국 군사위협의 규모와 발전정도를 볼 때, 일본은 이제 미국과의 통합된 태세에서의 자신의 방어에 대한 전적인 역할을 수행할 필요가 있다. 이런 상황은 제2차 세계대전 이후의 방위모형으로부터 상당한 변화를 요구하는데, 이 모형은 고도의 무장해제와 미국에 대한 전적인 의존을 의미했다.

그러나 일본 경제의 규모와 미국의 방어범위에 가장 압박을 가하는 시나리오에 대한 일본의 근접성을 고려할 때, 일본은 자국 남쪽에 바로 인접한 국가인 대만을 효과적으로 방어하는 미국에 대한 지원을 준비하는 데 일부 노력을 할당할 수 있을 것이다. 이는 일본에 아시아 내의 미국 동맹체계의 효과적인 유지에 근본적으로 의존하는 일반적인 효용을 제공할 뿐만 아니라, 일본에 대하여 직접적인 군사적 중요성을 제공한다. 만약 중국이 대만을 복속시킬 수 있게 되면, 중국은 제1열도선을 넘어서도 무소불위의 접근성을 얻게 되어 중국의 군사행동에 대하여 일본은 상당히 취약해질 것이다. 도쿄는 비록 자국의 기여가 필리핀 군도의 이격됨을 고려했을 때 일부 감소하겠지만, 비슷한 이유로 필리핀에 대한 미국의 방어를 돕는 계획을 세울 수 있다.

게다가 일본은 이런 증가된 노력을 기울일 능력이 있다. 일본은 대략 자국의 막대한 GDP의 1퍼센트를 국방에 지출하며, 이는 미국과 중국이 지출하는 것에 비해 훨씬 미달하며 일본이 중국의 군사력 성장에 의해서 심각하게 위협받는다는 도쿄 자체의 인식을 고려했을 때 합리적으로 기대되는 것보다도 훨씬 미달한다.[18] 그러므로 자체방어와 더 넓은 범위에서 연합을 방어하는 데 있어 일본의 기여도를 개선할 막대한 여지가 있다.

오스트레일리아

오스트레일리아는 중간크기이나 고도로 발달된 경제를 갖고 상당한 군사능력을 보유한 국가이다. 오스트레일리아는 기능하는 반패권연합을 지속하도록 고안된 서태평양에서의 전방방어에 깊은 관심을 가진다. 이것은 비록 오스트레일리아가 대만과 필리핀으로부터 멀리 떨어져있지만, 그 운명은 서태평양에서 결정될 것이기 때문이다. 동남아시아를 지배할 수 있는 중국은 미국과 잔류하는 연합 동반국에게 훨씬 더 어려운 세력균형과 그 결과로 인한 오스트레일리아를 방어하기 위한 훨씬 더 고통스럽고 어려우며 위험한 노력을 보일 것이다. 동남아시아의 기지를 활용함으로써 중국은 자국의 집중전략을 오스트레일리아에 대하여 적용할 수 있으며, 이를 통해 오스트레일리아의 방어를 돕는 데 있어 미국에 예외적으로 어려운 군사적 문제를 제기할 것이다. 비록 미국은 제2차 세계대전에서 이런 방어를 지원했지만, 그 방어는 상대적으로 미국보다 훨씬 약하고 중국보다 더 약했을 일본에 대한 것이었다. 그러므로 오스트레일리아는 자국의 해안에 닿기 훨씬 전에 반패권 연합이 중국의 집중 및 순차전략을 견제하도록 보장하는 데 깊은 관심을 갖는다. 그러므로 미국은 캔버라의 동조를 얻어서 필리핀과 대만을 방어하고자 하는 미국의 노력을 도와야 한다. 오스트레일리아는 이미 이런 방향으로 움직이고 있는 것으로 보인다.[19]

아시아에서 반패권노력과 광의의 미국 방위전략

이 책 전반에서 강조되었듯이, 국제무대에서의 미국의 주요한 근본적인 이익은 세계의 주요지역에 대한 그 어떤 국가의 패권형성이든지 방지하는 데 있으며, 인도태평양의 중국만이 유일하게 예측되는 미래 안에 타당하게 이런 지위로 나아가고자 하는 국가이다. 중국이 이와 같은 세력우세를 형성하는 것을 방지하는 것은 미국전략의 최우선순위가 되어야 한다. 만약 미국과 동맹 및 동반국가들이 이 목표를 달성한다면, 다른 어려움들은 그들의 국익에 유리하게 국제체계에서 해결될 수 있다. 만약 이들이 실패하면, 이에 반해, 모든 다른 어려움들은 그 결과로 악화될 것이며, 이런 어려움의 관리는 미국과 연합 내 타국이 선호하는 것보다는 중국이 선호하는 것에 종속될 것이다. 그러므로 이런 압도적인 이익은 국군의 규모, 형태, 구성 그리고 준비태세뿐만 아니라 이들이 수행하도록 과업으로 부여된 임무를 포함하는 미군과 미국 국방기획의 모든 측면에 걸쳐서 반영되어야 할 것이다.

그래도 이런 이익이 미국이 군대를 통해 수행하도록 할 다른 이익과 연관 및 통합되어야 하는가? 이 질문은 중요한 문제인데, 왜냐하면 중국이 지역패권으로 자처하는 것이 미국의 주된 지정학적 우려사항인 한편, 이것이 미국의 국방전략이 주목해야만 하는 유일한 국익은 아니기 때문이다.

치명적인 위협의 관리

권두로 돌아가자면, 미국의 핵심 국익은 미국인들의 안보, 자유 그리고 번영을 보장하는 것이다. 그러나 이들이 자유 및 번영과 같은 재화를 다루기 전에, 우선 다수의 미국인을 살해할 수 있는 공격으로부터의 안전보장을 확실히 해야 한다.

완벽한 안보가 목표는 아니다. 이것은 가능하지도 않을뿐더러, 미국인들이 그들의 자유에 부여하는 높은 가치와 맞지도 않다. 미국인들에게는 높은 살인 및 교통사고 사망률을 감내하는 것이 이런 것을 제거하고자 하는 정책의 결과를 용인하는 것보다 더 수월하다.[20] 하지만 미국인들이 받아들일 위협의 수준에는 한계가 있다. 이런 한계가 어디쯤에 있느냐는 정치적 논쟁거리인데, 위협으로부터 방어하는 것은 자유와 자원의 측면에서 대가가 따르기 때문이다. 그러나 최소한 이것은 수백, 수천의 미국인을 살해할 공격으로부터 미국을 보호하는 것을 의미할 것이다. 미국의 방어체계 그리고 광의의 의미에서 국가안보체계는 미국인들이 이런 수준의 위험으로부터 적절히 방어되도록 해야 한다. 어떤 위협이 있을까?

팬데믹

인명에 가장 심각한 위협은 코로나19 팬데믹이 일깨워주었듯이 팬데믹, 즉 세계적인 질병일 것이다. 이와 같은 질병으로부터 합리적 수준의 보호를 보장하기 위하여 자원을 할당하는 것은 미국인들에게 충분한 납득이 된다. 그러나 팬데믹을 다루는 것은 원칙적으로 방위의 문제는 아니다. 군대는 대규모 살상 전력을 운용한다. 살상 전력은 폭력에 영향을 받지도 않고 질병은 강제할 수도 없으므로 지능도 갖지 않은 질병에 대하여는 무시할 수 있을 정도의 효용밖에 없다. 차라리 이들을 다루는 것은 주로 공중보건, 즉 백신, 약품, 병원시설, 의학장비, 공중위생과 같은 것들의 문제이다. 군사력은 이런 기능에 조력할 수 있지만, 이런 질병이 지능적 행위자에 의해 의도적으로 운용되지 않는 한 이런 과업의 수행은 진정 군대의 역할은 아니다.

게다가 팬데믹은 지정학을 중단시키지 않는다. 힘의 정치는 질병 발발사태의 도중에도 그리고 이후에도 상존한다. 심지어 팬데믹은 국가 지도부의 주의를 분산시키고 과격한 행동을 발생시킬 기회를 만들도록 세력균형을 변동시킴으로써 지정학적 경쟁을 첨예화할 수 있다. 이것은 팬데믹 질병의 위협을 통제하는 데 필요한 노력과 비용이 매우 클 수 있지만, 이런 노력은 논리적으로 국가안보 요구사항들에 대해서 반하지 않음을 의미한다. 심지어 가용자원이 더 적고 조치할 여지가 좁아진다고 해도, 미국은 팬데믹 질병이 있는 세계에서 국가안보위협에 대처하는 계획을 세울 필요가 있다.

핵억지

미국인들에게 가장 중대한 타당한 위협은 만약 발발한다면 그 파괴적인 결과의 측면에서 미국에 대한 대량살상무기의 사용이다. 핵무기를 보유한 그 어떤 국가나 단체도 미국에 가장 막대한 손상을 입힐 수 있다. 또한 생화학 또는 기타 신무기를 이용해서 비교할 만한 손상을 입힐 수도 있다. 그러므로 미국은 이런 무기를 보유한 자들이 가하는 위협에 대응할 수 있는 방어태세가 필요하다. 다시 말해, 이런 무기가 운용될 수 있는 거의 무한한 방법에 대항하여 완벽한 방어는 불가능하므로, 일반적으로 이런 문제를 다루는 데 있어서 억지가 분별있는 전략에 있어서 중요한 요소이다. 그리고 파괴성, 즉시성 그리고 생화학 무기에 상대적인 다른 독특한 이점들 때문에, 핵무기는 이와 같은 대규모 공격에 대항한 억지의 가장 적합한 수단이다. 그러나 핵 대응이 형성할 정치, 평판 그리고 환경적인 문제를 고려할 때, 반격의 비핵수단보다 수준 낮은 위협에 대하여 신뢰성 있게 억지하는 데 중요하다.

실제로 이는 미국이 타당한 첫 타격에서 생존하고, 상대방의 대규모 공격이 갖는 이익을 분명히 능가하는 효과가 충분히 크고 파괴적이며, 제한전쟁에서 효과적인 운용을 가능하게 할 정도로 충분히 표적 선별력을 갖춘 핵억지전력을 배치해야 함을 의미한다. 미국은 자국의 핵억지전력이 이를 달성할 수 있도록 규모와 형태를 갖추도록 해야 한다.

특히, 미국의 핵전력은 미국에 대항하여 파괴적인 힘을 발휘할 국가의 가장 가치있는 자산을 파괴할 수 있어야 한다. 이는 미국 핵전력의 규모와 형태를 갖추는 데 있어 상대적으로 독립적인 기준을 세우기 때문에 중요하다. 핵무기는 궁극적으로 가치있는 것들을 파괴하는 전망으로써 억지 및 영향력을 행사한다. 자연적으로, 상대방이 가장 가치있게 여기는 것이 무엇인지를 감지하는 것은 내재적으로 주관적인 판단이고, 근사치의 문제이며 과학적 확실성에 대한 문제가 아니다. 그럼에도 불구하고, 핵 표적처리는 긴 계보를 가지며, 이런 표적들의 분류는 미국 전략기획에서 잘 갖춰져 있다.[21] 이는 미국의 핵전력이 반드시 잠재적 미국의 적대국의 전력보다 더 많거나 적어야 할 필요는 없음을 의미한다. 이 전력이 그 어느 때든 준비가 되어야 하는 것 또한 아니다. 이 전력들이 생존할 수 있고, 동원될 수 있으며, 부여된 효과를 달성할 수 있는 한, 이 수준의 효과는 충분할 것이다.

이런 기준을 충족하는 핵억지전력 특히 이 책에서 설명된 방위전략하에 미국이 배치할 재래식 전력에 동반한 핵억지전력은 심지어 온건히 이성적인 행위자에 의한 대규모 살상 공격을 억지하는 데 매우 적합할 것이다. 이와 같은 공격을 고려하고 있는 어떤 행위자이든, 공격의 속성에 맞춰서 가장 파괴적일 뿐만 아니라 분별력 있게 보복할 수 있는 미군을 맞이할 것이다. 이로써 본질적으로 세계 내 모든 적합한 행위자를 다뤘다.

대테러

하지만 이런 종류의 억지수단에 항상 영향을 받지 않는 이성을 가진 잠재적 공자들은 어떻게 하는가? 국가는 거의 이런 부류로 분류되지 않는다. 국가는 근본적으로 자신이 소중히 여기고 보유하는 무엇, 즉 영토와 국민을 가진 조직된 개체이다. 국가는 본질적으로 항상 위협을 받을 수 있는 무엇인가를 가지며, 이로써 강제에 영향을 받는다. 국가들은 각자 다른 가치판단을 할 수 있지만, 이들은 늘 무엇인가를 중시한다. 이는 미국의 핵 및 재래식 군사력이 그 어떤 국가와 상대하든 탄탄한 기반을 제공한다는 것을 의미한다.

개인과 단체, 특히 소규모 단체는 항상 이성적이지는 않다. 일부 사람들 및 단체들은 심지어 이들이 막중한 보복을 겪을 것을 알고서도 기꺼이 미국인들에게 막중한 손상을 가하고자 할 수 있다. 우리는 주로 이런 사람들을 테러리스트라고 한다. 하지만 미국은 모든 테러리스트들에 대한 이 정도의 우려를 하고 있지는 않다. 그보다 미국은 그럴듯하게 상당한 수의 미국인을 살해할 수 있는 사람들에 대하여 우려하며 특히 국제적인 테러공격에 대해서 우려한다.

그러나 이는 상대적으로 제한된 일부 집단의 테러리스트들이다. 대부분은 아닐지라도 많은 수의 세계적 테러리스트 조직들은 상당수의 미국인들을 살해하는 데에서 오는 이익을 거의 보지 못하며, 이들이 어떤 이익을 보든지 간에 이들은 이와 같은 공격을 감행하는 데 따르는 비용과 위험보다는 덜 중요시한다. 쿠르디스탄 노동자당the Kurdistan Worker's Party, 바스크 조국과 자유Basque Fatherland and Liberty, 아일랜드 공화국군the Irish Republican Army의 급진 잔존세력은 이들의 폭력을 미국보다는 지역 내 표적으로 향하는 경향이 있는데, 이는 지역표적을 타격하는 것이 자신의 목표로 진보하는 결과를 가져오기에 더 용이하다는 이유 그리고 미국을 공격하는 것은 이들이 목표를 달성한다는 전망을 개선하기보다는 되려 미국으로부터 내려질 분노와 위험을 악화시키기 쉽다는 이유 때문이다. 심지어 미국을 공격했던 헤즈볼라와 같은 단체는 최소한 부분적으로나마 국지적인 정치적 이유에 의해서 공격을 수행했다.22)

게다가 심지어 미국 자체에 대한 공격을 통한 것을 포함하여 상당수의 미국인을 살해하는 데서 오는 이점을 볼 수 있는 단체, 즉 알카에다, ISISIslamic State of Iraq and Syria 그리고 이들의 파생단체나 계열단체와 같은 단체들 중에게도 공격을 수행할 때 이익과 능력을 제한하는 많은 요소들이 있다. 이와 같은 매우 소수의 단체들만 대규모 타격을 수행할 능력을 가졌거나 현실적으로 획득할 수 있다. 이는 중요한 부분인데, 왜냐하면 어떤 국제 테러공격이든지 수행하기 어렵기 때문이다. 사법기관 및 정보기관, 국제 여행장벽 그리고 무기의 가용성에 대한 제한은 상당한 장벽을 제시한다. 대부분의 테러조직들은 이런 장애물을 극복하고 대규모 공격을 감행하는 데 필요한 인원, 자원 그리고 개발이 부족하다. 외국의 개인이나 소규모 단체에 의해 영감을 주는 공격은 더욱 쉬울 것이지만, 이런 공격 또한 상대적으로 소규모인 경향이 있다.

그러나 주요 미국에 대한 테러공격은 아직 가능하며, 알카에다, ISIS 그리고 이들의 잠재적 계승자들이 이런 공격을 수행하는 것을 방지하도록 보장하기 위해서는 계속된 경계가 요구된다. 하지만 미국과 중국 간의 첨예화된 경쟁의 시대에 이런 경계는 테러조직이 상당수의 미국인을 살상할 능력을 부정하는 것뿐만 아니라 중국에 대항하여 아시아의 동맹국들을 방어하기 위한 미국의 능력을 강화하도록 허용하는 수단에 대한 의도적인 생각을 반드시 동반해야 한다.

이를 실현할 기회는 있다. 첫째는 강제를 통한 것이다. 대부분의 테러집단은 미국이나 타국이 손상 혹은 파괴하는 무엇인가를 가치있게 여기며, 이들은 강제에 영향을 받기 쉽다. 이런 조직들이 중요시하는 것들을 미국이 확실히 위협할 수 있는 한, 미국은 이들이 상당수의 미국인을 살해하려고 하지 않도록 설득할 수 있을 것이다.[23] 이런 상황은 심지어 상당수의 미국인을 죽이려고 하고 심지어 그런 능력을 갖고있는 그룹의 경우에도 이들이 상당수의 미국인을 살상하는 것보다 더 중요시할 이익이나 자산을 가지는 한 가능할 것이다. 이런 이익은 이들 지도부의 생명, 영토 통제 또는 특정 정치적 자산을 포함할 수 있다. 미국이 이런 표적들에 위험을 표시하거나 그렇지 않으면 영향력을 행사하면, 이 단체들이 강제될 수 있다는 사실을 믿을 만한 이유가 있는 것이다. 게다가 전체 단체를 강제하는 것이 필수적이지 않을 수 있다. 그보다 만약 이런 그룹의 일부가 억제되거나 강제될 수 있다면, 이것으로 시도된 공격을 방해하는 데 충분할 수 있다.

중요하게도, 이런 사실은 동기가 내재화된 테러조직뿐만 아니라 목표가 초월적인 테러조직에게도 마찬가지로 적용된다. 심지어 후자의 단체가 전형적으로 세속적인 소유물이나 위협받을 수 있는 다른 이익을 가진다. 또한 이런 사실은 자살공격을 활용하는 조직에게도 적용된다. 비록 이런 단체들은 현장의 보병들을 부추기거나 명령을 내려 이런 전술을 사용하도록 하겠지만, 이는 필연적으로 조직의 지도자들이나 단체 전체적으로 이들의 목표를 달성하기 위하여 기꺼이 자신을 희생하고자 한다는 것을 의미하지는 않는다. 이들이 상당수의 미국인을 살해하는 것보다 더욱 중요시하는 무엇인가가 있는 한, 이들은 강제될 수 있다.

그러나 미국인에 대한 공격을 고려하고 있는 테러조직에 대항하여 강제가 작동할 것이라고 확실히 예측할 수는 없다. 억제가 결코 작동하지 않을 상황은 존재하며, 장차 존재할 수 있다. 알레프Aleph와 같은 지복천년설(Millenarian; 옴진리교라고도 했던) 단체는 지구 밖의 고려사항에 너무 집중이 되어서 강제하기가 매우 어렵다. 심지어 단체의 지도부가 강제에 영향을 받을 수 있는 경우라고 하더라도, 이들의 부하들은 그렇지 않고 자의대로 행동할 수도 있다.

그러므로 미국은 이런 조직들이 상당수 미국인들을 살해하는 공격을 계획, 준비, 시행하는 것으로부터 방지할 수 있는 능력을 필요한 경우에는 무력을 사용하는 것을 포함하여 유지해야 한다.[24] 게다가 미국은 수동적이어서는 안 된다. 공격적으로 테러리스트 단체를 표적삼는 것은 주로 이들이 물러서도록 하는 효과적인 방법이다.

하지만 중요하게도, 미국은 미군이 국제테러리즘으로부터 미국인들을 보호할 수 있는 한편, 동시에 아시아의 중국에 대항하여 충분히 강력한 군사능력을 유지 혹은 필요한 경우 복구하기 위해서 가능한 한 경제적으로 이를 행해야 한다. 미국은 지난 20년에 걸쳐서 이와 같은 진전을 거두었으며, 다음을 포함한다. 즉, 대규모 군사 개입으로부터 벗어나 고립 능력과 상당수의 미국인을 살해할 능력을 가졌거나 확보할 수 있는 테러조직을 약화 혹은 파괴하기 위한 지역 동반자들과의 긴밀한 협력을 활용하는 소규모 작전으로 전환하는 변화를 이룬 것이다.[25] 미국은 가능한 한 가장 값비싸지 않고 최소한의 병력수를 활용하여 테러위협을 충분히 저하 및 격파하기 위해 보다 경제적 방법을 보완하는 데 우선순위를 부여해야 한다. 이를 어떻게 할 수 있는지에 대하여는 몇몇 가치있는 작업이 이뤄졌지만, 더욱 경제적인 접근을 발전, 정제 그리고 시행하는 데에는 더 많은 것이 필요하다.[26]

이와 같은 접근의 개요는 차이가 있다. 미국은 우선 자체의 영토 혹은 그 인근에서 운용되는 테러리스트에 대항한 싸움에서 주도하기 위하여 지방 및 지역 행위자들을 활성화하고 동기를 부여해야 한다. 특히 미국의 도움과 격려가 있어도 자신의 영토에서 활동하는 테러리스트를 충분히 약화시키는 데 있어 지방 및 지역 행위자들의 의지와 능력이 부족한 지역에서 미국은 단독으로 행동할 수 있게 준비되어야 한다. 하지만 미국은 더 비용효과가 높은 수단에 우선순위를 부여하여 테러단체에 대한 정보를 수집 및 분석, 이들에 대해 타격을 수행 그리고 테러리스트

표적에 대하여 제한적인 지상작전을 보장하고 실시해야 할 것이다. 보다 경제적인 접근은 테러리스트들이 중국과 같은 국가만큼의 자원이 갖춰지지 않았기 때문에 가능할 것이다. 미국은 테러리스트 단체에 대한 타격을 수행하는 데 스텔스 항공기가 필요하지 않을 것이며, 이들에 대한 정보, 감시, 정찰을 수행하는 데 최고급의 무인체계가 필요하지는 않을 것이다. 그보다 미국은 적합하고 덜 비싼 능력을 사용할 수 있다. 이런 경공격기와 저비용 무인항공기와 같은 능력은 미국이 개발하고 사용해야만 하는 광의의 재래식 군사능력에서 구분되어 다뤄져서 핵 전력과의 조합하에 중국의 공격을 억제 혹은 격파해야 할 것이다. 대테러임무를 위한 능력은, 정규군의 작전에 비해 아류로 다루기보다는 이런 위협을 구체적으로 다루기 위해 경제에 특별한 주안을 두어 발전되어야 한다. 이런 군사적 노력은 같은 뜻을 가진 타국과의 협력하에 사법, 정보, 외교 그리고 여타 비군사능력의 지속적인 발전에 동반하여 외국의 공격이 상당수의 미국인이 취약해질 수 있는 미국 연안 혹은 그 외의 장소에 닿기 전에 식별 및 차단하기 위하여 공유된 능력을 개선해야 한다.[27]

마지막으로, 이런 맥락에서 지난 20년 동안 중동에 할당된 미군 구조의 큰 부분이 미국에 대한 테러공격을 방지하는 데 집중해오지 않았다는 점을 인식하는 것이 중요하다. 그보다 이 군사력의 대부분은 아니더라도, 다수는 이라크에 대항한 체제변혁이나, 이에 후속한 개국 및 정상화 노력이나, 미국에 대한 이란의 공격을 억제하는 데 종사해왔다. 아프가니스탄의 일부 미군은 대테러에 집중해왔지만, 다른 부대들은 광의의 개국 및 정상화노력에 집중해왔다. 이는 전래하는 중동의 미군 주둔은 대테러작전의 기준선이 아님을 의미한다. 이 군은 더 작을 수 있고, 만약 대테러에 더욱 협소하게 집중한다면, 아마도 상당히 더 작아질 수 있다.

미군의 핵심임무

미국 군대의 핵심임무는 중국에 대항하여 반패권연합의 동맹국에 대한 효과적인 방어를 보장하는 것, 효과적인 핵억지력을 유지하는 것 그리고 테러리스트 공격을 포함하여 미국인에 대한 대규모 살상공격을 억지 혹은 방지하는 것이다. 간단히 말하자면, 이 사실은 미국 군대를 핵무기고, 정규군 그리고 군사대테러사업으로 분류할 수 있다. 핵무기고와 대테러사업은 상대적으로 온건한 정도의 미국 국방 노력 및 자원을 요구하는 상대적으로 자기절제된 수요이다. 2020년대 이후, 미 핵무기고에 대한 재구성은 대략 총 국방예산의 5~7퍼센트를 지출할 것으로 예상된다. 미국은 국방예산의 15퍼센트에 육박하는 정도를 대테러사업에 지출하며, 상당한 부분이지만 임무의 중요성을 고려했을 때 가치가 있다.[28]

이 사실은 미국 국방 노력과 자원의 대부분은 미국의 억지 및 방위활동에 있어 주요 장치인 정규군에 쓰임을 의미한다. 많은 이목이 다른 두 임무의 비용과 수요에 몰리는 데 반해, 실질적인 측면에서 국가에 대한 주된 질문은 정규군에게 어떤 것을 요구해야 할 것이냐이다. 이것은 순수한 군사적 물음은 아니다. 특히 연관된 비용 때문에, 이런 질문은 근본적으로 국가가 자국의 방위에 대하여 얼마나 큰 중요성을 부여할 준비가 되었느냐와 관련된 정치적인 문제이다. 코로나19 팬데믹과 그 경제적인 결과는 이런 문제들을 잠깐 내려두게 했다.

이 책에서는 그 어떤 미국의 동맹국이든, 얼마나 취약한지를 불문하고 미국은 자국의 정규군이 타 동맹국과 동반국가와 함께 이들을 효과적으로 방어할 수 있도록 해야 한다고 주장했다. 중국이 국제체제에서 미국을 제외하고 가장 강력한 국가이기 때문에 그리고 인도태평양이 세계에서 가장 중요한 지역이기 때문에, 인도태평양에서 이런 목표를 달성하는 것은 미국 정규군과 어느 정도 연루된 정도만큼 핵전력에게 있어 우선순위가 되어야 한다. 그러므로 미국은 이런 기준을 충족하기 위해서 방위에 충분히 지출하여야 한다.

동시성의 문제

그래서 정규군의 기획을 위한 후속되는 주요 문제는 다음과 같다. 이런 기준이 충족되고 나면, 국가는 얼마나 부가적인 그리고 특히 동시적인 우발상황에 대하여 준비하고자 하는가? 즉, 국가는 그 군대가 대만 또는 또 다른 위협받는 서태평양의 동맹국의 효과적인 거부방어를 수행하는 데에 "추가적으로 그리고 또 동시에" 무엇을 더 수행하기를 기대하는 것인가? 이것은 중요한데 왜냐하면 동시성은 군사력의 규모, 형태 그리고 구성에 있어 주된 추동력이기 때문이다. 만약 국가가

위협을 순차적으로 다룰 수 있다고 생각한다면, 이 국가는 추가적인 위협을 주된
위협을 다룬 "이후에" 다룰 수 있다. 하지만 만일 국가가 다수의 위협에 대하여 동
시적으로 다룰 수 있도록 준비되어야 한다고 판단한다면, 군대는 이에 맞게 규모,
형태 그리고 태세를 갖춰야 한다.

　　동시성은 전쟁이 동시적으로 각자 독립적으로 발생할 수 있으므로, 미국이 이
미 타지에 종사하고 있는 채로 다른 잠재적 공자가 기회를 볼 수 있으므로 중요하
다. 미국은 동시적으로 제2차 세계대전에서 독일 및 일본과 싸웠으며, 그 결과로
두 개별적인 집단의 군대를 요구했다. 이와는 대조되게, 미국은 남북전쟁 "이후"
멕시코에서 먼로 독트린의 위반이라고 여겨지는 조치를 취했는데, 남부연합군을
막 격퇴한 연방군을 배치하여 프랑스를 압박하고 멕시코에서 철수할 것을 강요했
다.[29] 영국은 제1차 세계대전의 수년 전에 이 쟁점에 대하여 씨름했다. 19세기 말
에 영국은 드넓게 펼쳐진 자신의 제국의 여러 전역에서 다수의 경쟁자, 즉 유럽의
독일뿐만 아니라 아프리카의 프랑스, 서반구의 미국, 중앙아시아의 러시아 그리고
동아시아의 일본과 맞닥뜨렸으며, 이에 맞게 군사기획을 수행했다. 그러나 전쟁으
로 치닫는 수년 동안, 런던은 점점 독일제국으로부터의 위협의 우세를 인식했다.
영국은 세계에 걸친 각 경쟁국가들과의 분쟁을 협의하였고 자국 군대의 규모, 형
태 그리고 구성을 변경하여 유럽에서의 독일로부터의 위협에 집중했다.[30]

　　일단 미국이 대만에 대하여 효과적으로 거부방어할 수 있고, 핵억지를 지속할
수 있으며, 효과적인 대테러사업을 유지할 수 있다고 판단했다면, 미국이 두 가지
를 시행하는 것이 신중하다. 첫째, 미국은 한 특정 시나리오에서 동시적인 분쟁,
즉 동유럽의 NATO와 러시아 사이의 분쟁에 대하여 "일부" 준비해야 한다. 이것이
바로 현대 국제환경에서 유일하게 그럴듯한, 즉 만약 동시적으로 행동하지 않으면
미국이 적의 동맹국에 대한 승리의 이론을 격파할 수 없을 수도 있는 시나리오이
다.[31] 둘째, 미국은 러시아나 중국 이외 어느 국가든지에 의한 대륙 간 미사일공격
을 격퇴하기에 충분한 미사일방어를 유지해야 한다.

　　그 어떤 다른 우발상황도 이러한 핵심 임무로부터 미국의 주위를 분산시킬 만
큼 충분히 압박을 가하지 않는다. 북한, 이란, 베네수엘라 그리고 쿠바 모두 미국
과 심각한 이견을 갖고 있으며, 미국에 일부 해를 끼칠 수 있는 능력을 가진다. 하
지만 각각은 이들 중 그 누구보다도 더 강력한 미국에 의해 공격받을 수 있는 상

당한 자산을 가진다. 이것이 억제의 매우 강력한 기반이다.

게다가 이들 중 그 누구도 미국의 동맹국에 대하여 그럴듯한 승리의 이론을 제시하지 못하는데, 그 이유는 그 어느 국가도 있을 법한 저항에 직면하여 동맹의 주요 영토를 장악 및 점령 유지할 수 있는 정규군과 1차 공격에 생존 가능한 핵무기고를 연합시키고 있지 못하기 때문이다. 그러므로 이들 중 그 누구로부터의 재래식 위협에 대하여 대만의 거부방어의 수행과 동시에 조치하기 위한 미국의 엄격한 필요성은 없다. 일단 아시아에서 중국을 다루는 것을 마친 후에, 미국과 어떤 연계된 동맹 및 동반국이든지 즉시 이런 국가들의 군대를 기존에 가진 전과로부터 해제시킬 수 있으며, 필요하다면 막대한 처벌적 손상을 그들에게 입힐 수 있다.

이 사실은 그들의 군사적 지위에 대한 분석으로부터 명백하다. 북한, 이란, 베네수엘라, 쿠바 그리고 그 어떤 그럴듯한 적대국가들이든지 미국의 동맹국을 정복할 수 있는 척조차도 할 군사력이 부족하다. 그러므로 그들은 대만의 효과적인 방어와 동시적으로 조치해야 할 사항들을 요구할 수도 있는 요원하게나마 상상할 수 있는 시나리오를 제시하지 못한다.

북 한

북한은 큰 재래식 군대를 가졌지만, 구식이며, 심지어 노후화되었다.[32] 북한은 북한에 대한 공격에 대하여 예외적으로 가공할 만한 저항을 보일 것으로 예측된다. 그러나 미국은 북한을 정복해야 하거나 그 정부를 교체해야 할 전략적 이익이 없다. 비록 워싱턴은 북한에 다른 형태의 정부를 바랬었을 수도 있지만, 이런 욕구는 침공을 정당화할 정도로 충분히 설득력 있는 이유가 아니다.

반면에, 미국은 그 동맹국인 대한민국을 방어하는 데 이익이 있다. 앞서 논의되었다시피, 미국은 대한민국과 동맹을 유지해야 하며, 자국의 차별적 신뢰도는 대한민국의 효과적인 방어에 있어서 관련된 이권이라고 할 수 있다.

그러나 대한민국은 북한의 침공으로부터 스스로 또한 온건한 미국의 지원을 동반하여 방어할 수 있다. 대한민국은 대략 2조 달러의 (PPP; 역주: 구매력평가) 경제 규모를 가지며 국방예산에 어림잡아 GDP의 2.5퍼센트를 지출하는데, 이는 절대치로 보면 북한이 지출하는 양의 25배 이상이다. 또한 대한민국의 군대는 발달된 경제력으로부터 혜택을 받으며, 미국의 장비와 전문성에 대한 접근성이 있다.[33]

 이런 이유 때문에, 대한민국은 거의 확실히 스스로 북한의 침공을 격퇴할 수 있을 것이다. 대한민국은 더 적은 비용과 위험으로 상당한 미국의 지원을 받아 자국방위를 더 잘 수행할 수 있지만 문제는, 대만을 놓고 극도의 긴장을 수반하는 중국과의 전쟁에 아울러 미국이 얼마나 많이 동시에 이 노력에 기여할 "필요"가 있느냐이다. 답은 대한민국이 스스로 버틸 수 있다는 것이다. 일단 중국에 대항하여 승리한 다음, 미국은 북한에 대항하여 대한민국을 방어하는 데 돕기 위하여 자원을 할당할 수 있지만, 이 노력은 중국의 집중전략으로부터 대만이나 대한민국을 포함한 또 다른 미국 동맹국을 방어하는 미국의 능력을 손상시켜서는 안 된다. 만약 중국과 화평하는 동안 북한과의 갈등이 발발한다면 같은 논리가 적용될 것이다. 이 경우 워싱턴은 북한에 대항한 자국의 노력이 같은 표준을 충족할 능력을 저하시키지 않도록 해야 한다. 강조하자면, 북한이 대한민국의 일부에 입힐 손상을 고려할 때, 이것은 "좋은" 결과는 아니겠지만, 예외적으로 강력한 중국에 의해 위협받은 대한민국을 포함한 동맹국들에 대한 미국의 기본 약속을 충족시키도록 할 것이다.

 그러나 주된 문제는 북한이 핵무기를 가졌다는 사실이다. 북한은 이 무기를 사용하여 대한민국 혹은 심지어 일본을 위협할 수 있으며, 이 둘이 효과적인 대응책이 없으므로, 서울과 도쿄를 강제하기 위해 이런 무기들을 활용할 수 있을 것이다. 비록 미국은 이 능력으로부터 북한의 핵전력을 예방공격하는 이익을 얻을 수 있지만, 이는 실제적으로 달성하기 불가능하지는 않더라도, 거의 확실히 예외적으로 어려울 것이다.[34]

 미국, 대한민국 그리고 일본은 그래도 미국의 핵무기고에 의존하여 북한의 공격을 억제한다는 선택지를 가진다. 그러나 만약 미국이 북한의 어떤 핵 사용에 대하여 북한의 핵공격에 대한 취약해짐 없이 대응할 수 있다면, 세 동맹국들에게 있어 더 좋은 것이다.

 이것은 세 국가가 대한민국이나 일본이 독립적인 핵무기고를 획득할 필요를 피하는 것에 공통적으로 강력한 이익을 가진다고 가정한다면, 단순히 미국의 이기주의적인 이익은 아니다. 북한이 미국을 타격할 수 있으며 서울과 도쿄를 강제하려고 하는 경우에, 미국은 자국의 가장 막대한 관심인 핵공격에 반하여 북한으로부터 대한민국과 일본을 방어하는 이익에 가중치를 부여할 수밖에 없다. 게다가 북한에 관한 미국의 이익은 제한적이다. 북한은 자체적으로 미국의 핵심 이익인 주요지역에 대한 타국의 패권을 방지하는 것에 대하여 주요 전략적 난제를 제시하지 못하는데, 그 이유는 평양이 아시아에서 패권을 달성할 수 있다는 것은 상상도 할 수 없기 때문이다. 북한이 근본적으로 부과하는 전략적 난제는 중국에 대항하는 반패권연합을 약화시킬 수 있는 능력 또는 1950년에 그랬던 것과 같이 중국과 직접적으로 연결되는 것이다. 만약 대한민국이나 일본의 반패권연합에 대한 약속 혹은 기여가 북한 때문에 약화된다면, 중요한 미국의 이익은 고통받을 것이다. 그러나 이 이익은 중국에 의해 부과된 것보다 상당히 더욱 간접적이다.

그 결과로, 북한과 미국 사이에서 한반도에 대한 국익의 비대칭은 중요해질 것이다. 이는 특히 북한이 매우 높은 고통 감내력이 있는 것으로 보이기 때문이다. 북한정부는 국민의 복지에 대한 고려를 거의 하지 않는 것으로 보이며, 미국이 평양을 효과적으로 억제하거나 강제하기 위해 위협을 가할 때 필요한 손상의 정도를 증가시키고 표적의 범위를 좁힌다. 만약 북한이 그럴듯하게 미국에 핵공격으로 위협할 수 있다면, 북한이 상당하지만 제한된 강제행동 또는 공세행동을 대한민국이나 일본에 대하여 시도할 수 있으며, 미국에 대한 직접적인 핵공격 위협 혹은 미국의 강압적인 대응의 결과로 "통제가 불가한" 상태가 초래되어 핵공격 위협을 가함으로써 충분히 완강한 미국의 대응을 억제하고자 할 수 있다. 이에 대한 반응에서 오는 이익은 너무 미국에 온건해서 그에 따르는 고통스러운 결과를 감당하도록 정당화하기는 어려우며, 잠재적으로 북한의 대한민국이나 일본을 강제하도록 할 것이다. 서울 또는 도쿄는 이 상황을 예외적으로 불만족스럽게 여길 것이며, 그 결과로 미국과의 관계 및 이들의 반패권연합에서의 능동적 참여조차 곤경에 빠질 것이다.

이런 이유로 미국과 그 핵억지력에 대한 의존 때문에 대한민국과 일본은 미국이 자신있게 북한의 핵 타격능력을 거부할 수 있다면 모두 좋을 것이다. 이런 상황에서, 북한은 일본과 대한민국을 방어하는 미국의 약속이 더 신뢰할 만하며, 앞서 서술한 북한의 방책을 감행하는 것은 억제되기 쉽다고 판단할 것이다. 북한의 능력을 거부할 미국의 능력은 발사 전 단계left-of-launch의 비살상 노력을 포함한 많은 절차를 수반한다. 그러나 현실적으로 미국은 예방적 조치가 작동할지 확신할 수 없으며, 미국은 예방적이고 포괄적으로 행동하거나 아예 아무런 조치도 취하지 않는 이 두 가지 사이에서 강제적으로 선택해야만 하는 상황을 맞이하고 싶지 않은데, 그 이유는 예방조치가 오류의 위험 그리고 미국을 공격자로 보이게 할 가능성 모두를 높이기 때문이다.

따라서 일단 적이 발사하고 그 의도를 보여주는 미사일 공격을 거부하고자 하는 미사일방어는 매우 가치있다. 미국을 공격하기 위한 북한의 능력을 거부하는데 미국이 자신있게 미사일방어능력을 사용할 수 있다면, 미국, 대한민국 그리고 일본에 대한 평양의 영향력은 극명히 제한될 것이며, 이는 이 세 국가들에게 더 좋다.

이런 상황은 대한민국과 일본에 대한 방어를 제공하려는 노력과도 일관된다. 그러나 현실적으로 북한의 더욱 거대한 단거리 미사일의 보유량을 고려할 때, 이들에게 완벽한 방어를 제공하는 것은 불가능하지는 않겠지만 훨씬 어려울 것이다. 완벽한 방어를 추구하는 것은 실패할 뿐만 아니라 일본과 대한민국의 방위 노력의 너무 큰 부분을 소모할 것이다. 궁극적으로 일본과 대한민국은 각자의 영토에 대한 제한적인 미사일방어에 미국의 확장 핵억지 및 북한에 대한 미국의 효과적인 미사일방어 의존을 더하는 것이 낫다.

문제는 미사일방어가 값비싸며 가격 성능 교환비가 좋지 않다는 점이다. 미사일방어는 러시아나 중국에 의해서 발사될 수 있는 것들과 같은 대규모 복잡한 공격을 막는 데 거의 전망이 없다. 이 사실은 보통의 북한 미사일 무기고는 관리할 수 있지만, 만약 평양의 무기고가 상당히 확장되고 현대화된다면, 이런 변화는 미국의 비용과 어려움이 산술적이지 않은 기하학적인 증가를 가져올 수 있음을 의미하며, 이 증가된 비용으로써 서태평양의 다른 동맹국에 대한 중국의 공격을 격퇴할 수 있는 미국의 능력을 일부 포기하게 될 것이다.[35]

미국은 이런 문제에 대하여 통합된 접근법을 취해야 한다. 첫째, 미국은 북한의 장거리 미사일 및 핵무기고의 성숙과 성장을 최대한 방해하고자 해야 한다. 여기서 중요한 부분은 북한의 무기고 개발과 중국의 지원을 연결시키는 것이며, 중국이 적절하게 유인되어 평양의 개발 노력에 필요한 기술과 다른 자원들에 대한 접근성을 제거 혹은 적어도 최소화하도록 하는 것이다.[36] 둘째, 미국은 미사일방어체계의 개선을 추구하는 한편, 가능하다면 비용곡선을 자국에 유리하도록 변형

해야 한다.[37] 셋째, 미국과 타국들은 외교적으로 북한과 교류하여 핵 및 미사일 무기고 성장의 싹을 잘라내고자 해야 한다.

만약 이러한 통합된 노력이 실패하고 북한의 무기고가 놀랍도록 성장한다면, 미국의 미사일 방어비용은 너무나도 막중해져서 다른 핵심임무를 곤경에 빠뜨릴 수 있다. 이런 경우, 미국과 그 동맹국은 몇몇 방책들을 저울질해야만 할 것이다. 하나는 미국의 미사일방어에 아울러 핵억지에 더 의존하는 것이다. 이런 방어가 다른 방어와 마찬가지로 비록 재래식 전쟁보다 핵전쟁에서 완벽하지 않으면 더 심각한 결과를 얻게 되겠지만, 효과를 얻기 위해서 반드시 완벽할 필요는 없다는 사실을 기억하는 것은 중요하다. 추가로 중국이 북한의 핵 및 미사일 프로그램을 지원하는 것을 저해하기 위해, 미국과 그 동맹국들은 북한의 행동을 중국과 더욱 밀접하게 엮어내고자 할 수 있다.

만약 이런 방책들이 충분하지 않다고 밝혀지고 비용으로 인해서 미국을 핵심 방어 임무로부터 분산시킬 위험을 준다면, 미국과 동맹국들은 대한민국, 일본 혹은 양자 모든 우방의 핵확산을 고려해야 할 것이다. 서울이나 도쿄의 수중에 마련되는 독립적인 혹은 준독립적인 핵무기고는 북한의 위험을 감수하고자 하는 의지와 미국의 결의 사이의 간격을 공략할 북한의 능력을 물리칠 것이다. 대한민국 혹은 일본은 그래서 북한의 핵공격에 대항하여 자체적으로 응징할 수 있는 수단을 갖게 될 것이며, 북한은 타격 및 미사일 방어 구조를 건설하여 대한민국 또는 일본의 대응을 막기에는 너무 가난하다. 이와 같은 우방국 핵확산은 의심의 여지 없이 중국뿐만 아니라 전 세계적으로 막대한 전략적 반향을 일으킬 것이다. 이런 상당한 비용은 대안의 비용에 비교하여 저울질되어야 한다.

만약 가능하다면, 미국의 국방전략의 핵심은 자국의 핵심 임무보다 더 중요하게도 북한의 핵무기를 통한 공격능력을 거부할 만큼 충분한 미사일 방어를 유지하고자 해야 한다는 것이다.

이 란

미국은 대만에 대한 거부방어와 전략적 억지력, 대테러사업 그리고 미사일 방어를 유지하는 것과 동시에 이란으로부터의 위협을 다룰 필요가 없다. 이란의 정규군은 크며 미국이 이란을 침공하고 점령하고자 한다면 가공할 만한 상대방임을 보여줄 것이지만, 이런 행동을 취하는 것은 미국의 전략적 이익에 필수적이지 않으며, 거의 확실히 기념비적이고 값비싼 실수일 뿐만 아니라 실패할 가능성이 높다. 한편, 이란의 정규군은 미국의 지역 동반국가인 쿠웨이트, 사우디아라비아 그리고 아랍에미리트 연합과 같은 국가들의 영토를 장악할 수 있는 상당한 위협을 가하지는 않는다. 이들의 전력만으로도 자국에 대한 이란의 침공을 물리칠 농후한 가능성이 있다. 게다가 심지어 이란군이 동반자의 영토를 장악한다고 하더라도, 미국은 페르시아만 일대의 국가들의 영토에 대한 제압능력을 가졌으며, 이를테면 대만을 두고 중국을 격퇴한 "이후에" 즉각적으로 이란군을 추방 및 격파할 수 있다.38) 미국은 이런 이란의 장악세력의 추방에 동반하여 처벌적 응징작전을 수행할 수 있으며, 이로써 이란의 목표 거부에 더하여 큰 비용을 지울 수 있다. 미국이 중국과 화평한 동안에도 만약 이란과의 갈등이 불거지면 같은 논리가 성립한다. 하지만 북한의 경우와 마찬가지로, 이러한 상황에서 미국은 이란에 대한 그 어떤 노력도 자국이 대만이나 또 다른 아시아의 미국 동맹국을 방어하는 능력을 포기하지 않도록 해야 한다.

이란 또한 미국의 동반국가들을 타격 및 유린할 수 있는 상당한 대리군 및 기타 비정규군을 소유하고 감독하지만, 이러한 전력은 미국이 대만의 우발상황에서 승리한 이후 되돌릴 수 없도록 동반국가들을 점령할 수는 없을 것이며, 이것이 이란의 타격 및 유린이 끝난 후에도 미군이 반드시 충족해야 하는 기준이라는 점을 강조하는 것은 중요하다. 이를 고려할 때, 미국은 이런 타격과 유린으로부터의 동반국가의 취약성을 이를테면 산발적인 미사일방어, 축성장비 그리고 훈련의 판매를 통해 만회하고자 할 수 있다. 또한 미국은 타국, 특히 영국, 프랑스 그리고 그 외의 유럽국가들과 같은 아시아 밖의 국가를 독려하여 이란으로부터의 타격과 유린으로부터 지역 동반국가들이 스스로 방어하는 것을 돕는 데 더 큰 역할을 수행하도록 할 수 있다.

이란의 핵무기고 획득은 이런 계산을 얽히게는 만들 수 있지만 근본적으로 변화시키지는 않는다. 미국과 타국은 올바르고 강하게 이란이 핵무기를 획득하지 못하도록 노력한다. 미국이 그와 같은 무기를 운반하는 이란의 능력에 대항하여 자국의 영토를 방어할 수 있는 능력을 가지는 한, 이란이 가질 수 있는 그 어떤 핵무기의 운용에 대항하고자 하는 미국의 결의는 드높을 것이며, 미국의 확장된 핵억지력은 더 신뢰받을 것이다. 이와 같은 상황에서, 예컨대 이란이 만약 이스라엘이나 사우디아라비아에 대하여 핵무기를 사용한다면, 미국은 파괴적인 전력으로 이란을 응징할 수 있을 것이다. 따라서 만약 이란이 핵무기를 갖고자 한다면, 미국은 북한의 경우와 마찬가지로 합리적이고 가능한 모든 조치를 취하여 이란이 이런 획득으로부터 가질 어떠한 공격적 이익을 거부할 만큼 충분한 방어력을 소유하도록 해야 한다. 미국은 특히 이란이 핵무기로 미국을 타격할 능력을 거부해야 한다. 비용이 허락하는 한, 이상적으로 이런 방어는 북한을 지향하여 할당된 방어들과 합쳐지기보다는 추가로 더해져야 한다.

러시아

미국이 합리적으로 준비해야 할 동시 행동의 시나리오는 동유럽에서 NATO가 입국에 대한 잠재적인 러시아의 공격이다. 이유는 두 가지이다. 첫째, 여타 잠재적인 미국의 적들(중국 외에)과는 달리, 러시아는 자국이 미국의 저항에 직면해서조차도 미국의 동맹국에 대한 장악 및 점령유지를 할 수 있는 그럴듯한 방식을 가진다. 둘째, 유럽은 세계의 주요지역 중 하나다.

미국의 근본적인 쟁점 이권은 유럽에 대한 러시아나 그 어떤 국가가 패권을 가지는 것을 거부하는 것이다. 러시아를 포함한 그 어느 국가도 결코 생각할 수 있는 장래에 유럽에서의 세력우세를 획득할 현실적인 전망이 없는데, 부분적으로 유럽에 이미 NATO라는 반패권연합이 있기 때문이다. 그러므로 미국은 이런 동맹의 유지와 이 동맹의 가입국의 효과적인 방어에도 강력한 관심이 있다.

그러나 NATO는 유럽에 대한 국가의 지역패권형성을 거부한다는 목표를 달성하는 데 필요한 것보다 훨씬 더 커졌다. 오늘날 NATO는 러시아와 우크라이나를 제외한 모든 큰 국가들을 포함하며, 포함한 유럽대륙의 대부분을 포괄한다. 가입현황으로만 판단했을 때, NATO는 러시아에 대비한 유럽에서의 유리한 지역세력균형을 훨씬 능가하여 압도적인 수적 우세에 가까운 상태를 자랑한다. NATO는

상당히 작아지고도 타국의 유럽 패권형성을 거부한다는 근본적인 과업을 달성할
수 있다.

　이는 미국의 관점에서 NATO는 가입국을 잃고도 핵심 기능을 수행할 수 있음
을 의미한다. 게다가 일부 NATO국가들은 방어하기가 어렵다. 하지만 중요한 사안
은 동맹 언약을 철회하는 것은 애초부터 그런 언약을 맺지 않는 것보다 훨씬 더
문제가 있다는 점이다. 따라서 일부 NATO국가들로부터 언약을 철회하는 것은 물
론 상당한 파장을 가질 것이다. 점입가경으로, 가입국에 대한 효과적인 방어 수행
에 실패하는 것은 동맹의 차별적인 신뢰도를 저해하고 그 결과로 동맹의 균열을
초래하거나 분열시킬 수도 있다.

　그 결과로 비록 동맹이 러시아에 비해서 그 세력의 측면에서 여유가 있지만,
NATO는 기존 가입국으로부터 동맹언약을 철회하는 것의 시사점 또한 고려해야
한다. 이제 문제는 미국과 여타 동맹국들이 태평양에서 전쟁을 수행할 때 NATO의
기존 가입국가들이 감당할 수 있는 비용 선에서 방어될 수 있느냐의 여부 그리고
이것이 아시아에서의 반패권연합을 지지하는 미국의 주요 국익과 합치하느냐이다.
만약 가입국가들이 이런 조건 아래에서 방어될 수 있다면, 이 동맹을 현재의 모양
으로 유지하는 것은 납득이 된다. 만약 그렇지 않다면, NATO의 방어범위를 재구
성하여 이 기준과 합치시키는 것이 보다 분별있는 것이다.

　이것은 까다로운 문제인데, NATO에 대한 러시아의 정확한 의도가 명확하지
않기 때문이며, 모스크바가 동맹에 대항하여 군사력을 기꺼이 사용하려는 정황이
보이기 때문이다. 러시아는 최근 몇 년 동안 2014년 우크라이나를 포함한 그 이
후로 타국에 대항하여 군사력을 기꺼이 사용하려고 해왔다. 그리고 모스크바는
NATO를 적대적으로 간주하며, 러시아의 전통적인 구역에 대한 서구 우위 태세
를 퍼뜨리는 작용기제 내지는 러시아를 약화시키고 심지어 토막내려는 수단으로
여긴다. 따라서 모스크바는 동맹을 약화시키거나 심지어 분해하고자 한다. 모스
크바가 파악하는 것으로 보이는 바로, NATO를 잠식하는 것은 서구가 러시아의
자주성에 가하는 정치 및 군사적 위협뿐만 아니라 모스크바가 보았을 때 자국의
"인근국외(역주: 옛 소비에트 연방 공화국들)"에서 더 큰 영향력을 행사할 그리고 아마
도 패권적인 통제에 대한 여지를 남길 것이다.[39] 동맹의 영토를 장악 및 점령유
지함으로써 모스크바는 동맹의 차별적 신뢰도를 저하시키고 이런 목표로 나아갈

수 있다.

러시아의 NATO에 대한 그럴듯한 승리의 이론은 동맹의 최동측에 대한 근접성, 러시아의 발달된 정규군뿐만 아니라 대규모의 다양한 핵무기고에 근본을 둔 기정사실화 전략이다. 러시아는 비연속적인 NATO영토를 장악 및 점령 유지할 수 있는 실질적인 능력을 갖지 못한다. 모스크바는 이와 같은 세력을 저항적인 우크라이나나 흑해를 가로질러서 타당하게 투사하여 가령 루마니아 또는 불가리아를 장악 및 점령 유지할 수 없다.

북동부 NATO는 다르다. 여기서 러시아는 발틱 국가Baltic States 및 폴란드와 직접적으로 국경을 맞대며, 모스크바는 발틱 국가들 및 폴란드 일부에 대한 상당한 국지적 정규군사력의 우위를 만끽한다. 이것은 몇 가지 요소 때문이다. 첫 번째는 러시아에 비해서 유약한 작은 발틱 국가의 약함이다. 두 번째는 지리이다. 이국가들은 러시아와 발트 해 사이에 샌드위치된 얇은 영토를 점유한다. 이곳에 배치된 전력은 러시아로부터의 공격, 특히 기습공격에 더욱 취약하다. 세 번째는 동맹이 내린 소비에트 연방의 붕괴 이후 추가된 NATO 가입국의 방어태세는 축적하지 않겠다는 결정의 결과인 동부 NATO에서의 광의의 동맹 방어 태세의 얇음이다. 비록 NATO는 동부의 방어를 최근 강화해왔지만, 러시아는 아직 국지적 우위를 형성할 수 있으며, 아마도 상당수준의 우위를 달성할 수 있을 것이다.[40]

그 결과로 러시아는 급속히 발틱 국가에 자국의 정규군을 이동할 수 있으며, NATO 전력을 짓밟고 아마도 이를 매우 신속하게 시행할 것이다. 러시아군은 이후 점령지를 강화하여 이들 지역을 인접 러시아 일대의 러시아 전투지대들과 통합시킬 뿐만 아니라 칼리닌그라드 고립영토와도 연결하여 서쪽으로부터 있을 NATO의 반격 비용을 상승시킬 것이다. 만약 동맹전력이 러시아와 신속히 교전할 수 있을 정도로 준비되지 않았다면, 이와 같은 반격은 특히 미중 간의 동시적인 갈등의 맥락에서 NATO가 반격을 감행할 때까지 상당한 시간이 소요될 것이다. 그리고 이같이 지연된 반격은 방어태세가 만끽된 러시아군을 그들의 방어진지로부터 몰아내기 위한 거의 확실히 대규모이고 맹렬한 공격일 필요가 있다. 러시아군은 지상의 자연적인 이점 및 러시아 자국영토와의 근접성을 활용하여 상당한 시간을 두고 발달되고 지속가능한 방어태세를 개발했을 것이다.[41]

그러나 모스크바는 이 같은 수로 효과를 거두기 위해 오직 정규군에만 의존할 수 없다. 러시아는 일단 미국만 두고 보더라도, 북대서양 동맹보다 정규군의 차원에서 막대하게 열세하다. 러시아의 재래전력은 가공할 만하며 순수한 재래식 방어에서 높은 비용을 지출하지만, 모스크바는 이런 노력이 거의 확실히 실패할 것이라는 점을 예상해야만 한다. 이권을 고려했을 때, NATO와 아마도 스웨덴과 핀란드와 같은 우방 미가입국들은 만약 오직 재래전력만이 문제가 된다면 거의 확실히 점령된 가입국가를 해방하러 후속할 것이다.

그러므로 핵전력은 러시아의 승리이론에 있어 주요할 것이다. 그 규모와 발달된 정도가 미국의 핵무기와 견줄 만하며 다양한 종류와 전장 활용의 측면에서 능가하는 러시아의 핵무기는 모스크바가 쟁점이 되는 이권을 훨씬 초과하는 비용을 동맹에 부과할 것이라는 위협을 가능하게 한다. 하지만 앞서 논의되었듯이, 상호 취약한 상황에서 강제적인 영향력을 발휘하기 위해 핵무기를 사용하는 데 있어서 주된 어려움은 바로 핵무기의 사용이 후속될 것으로 예측되는 핵 응징을 고려했을 때 그럴듯하고 분별있게 보여야 한다는 점이다. 만약 이런 무기를 사용하는 것이 분명히 이런 결과를 가져옴에서 비이성적이라면, 핵무기의 사용은 믿을 만하지 않게 보이며 그다지 중요하지 않을 것이다.

하지만 러시아의 핵무기 사용은 분별있게 보일 "수 있으며", 만약 갈등이 특정한 방식으로 전개된다면 그 사용은 믿을 만할 것이다. 러시아에 비한 NATO 세력의 우세함 때문에 그리고 동부 NATO 영토로부터 준비된 방어를 실시할 러시아군의 축출을 위해서 감행해야 할 반격의 규모 때문에, 러시아는 막 취한 점령지를 방어하기 위해서 큰 부분의 자국군을 투입해야 할 필요가 있으며, 최고의 부대들을 투입해야 한다. 이렇게 준비된 러시아군을 격퇴하고 축출하기 위해서 NATO는 이들을 압도해야 한다. 하지만 이 과정에서 발틱 국가와 동부 폴란드의 주요 러시아 영토에 대한 근접성을 고려했을 때, 동맹은 모스크바의 러시아 방어능력이 위험에 빠져 보이도록 그럴듯하게 만들 수 있다.

일단 동맹이 동부 유럽 및 서부 러시아의 러시아군의 척추를 부수게 되면 모스크바는 이들이 무엇이 멈추게 하겠는가 궁금해하며 아마도 러시아의 패배에 대한 전과를 확대하여 동맹이 러시아의 주권을 침해하는 정치적인 조건을 요구할 수 있다고 볼 것이다. NATO는 이런 열망을 거부할 것이지만, 갈등 중간에도 전쟁의 목표는 즉각 변할 수 있다는 점을 감안할 때, 모스크바가 이런 항변을 믿을 것인가? 러시아의 의사결정권자들 그리고 이들이 어떻게 행동할지를 궁금해하는 자들에게는 이런 정황이 재래식 전력의 패배와 동맹의 관용에 의존하는 것보다는 의도적인 핵 고조가 덜 매력 없는 선택지로 보이도록 만들 것이다. 한편으로는 러시아 전략의 강점은 그 약점, 즉 발틱 국가와 동부 폴란드의 점령지를 방어하는 전력이 축출될 취약성에 달려있다. 역설적으로, 이 근본적인 약점 없이는 러시아의 핵 고조위협은 신뢰할 수 없어 보인다.[42]

이런 현실을 고려했을 때, 동맹의 반격을 맞아 모스크바는 NATO에 대한 핵 운용으로 고조시킨다고 위협할 수 있다. 러시아는 자국의 핵무기고에 의해 마련된 거대한 선택지의 조합으로부터 각기 다른 전략 및 표적을 선택할 수 있지만, 기본 논리는 흔히 불리는 "정상화로의 고조(혹은 종결로의 고조)"다.[43] 이 논리하에 러시아는 서구에 후속하여 핵 사다리를 오를 것을 부추기는 한편, 선택적인 핵 운용을 통해 NATO의 재래식 군사우위를 침식시킴으로써 승리를 추구할 것이다. 이런 정황에서 NATO는 중지하고자 하는 가장 강력한 유인을 맞을 것이다. 앞서 논의되었다시피 이와 같은 상황이 전례없는 반면에, 이 상황은 아마도 제자리에서 전력들이 멈춤으로써 해결될 것으로 보이고, 동맹에 주요 부정적 영향을 동반한 러시아의 승리를 의미할 것이다.

미국과 NATO에는 다행스럽게도, 러시아의 승리의 이론을 격퇴할 명확한 방법이 있으며, 동맹은 이를 시행할 아주 충분한 자원이 있다. 이는 주로 핵전력에 대한 것이 아니다. 러시아의 핵 전력은 매우 크다. 비록 모스크바가 기꺼이 이들을 줄이고자 한다고 해도 이런 감소가 이런 정황 속에서 러시아의 종결로의 고조전략을 사용할 능력을 저하시키지는 않을 것이다.

NATO가 즉각 저감시킬 수 있는 러시아의 승리이론에 있어서 중요한 요소는 러시아 자신의 국지적 정규전력 우위이며, 구체적으로 동맹 영토에 대한 점령 및 유지능력이다. 핵 벼랑끝전략의 경쟁이 제자리에서 멈추는 것으로 끝난다고 가정할 때, 중요한 것은 모스크바가 동맹의 영토를 장악 및 유지하지 못하게 하는 것이다. 이것이 러시아 승리이론의 필수부가결 요소이다. 동맹의 영토를 유지할 능력이 없이는 모스크바의 종결로의 고조전략은 얻을 것이 없다.

따라서 동맹은 러시아의 발틱 국가와 동부 폴란드에 대한 기정사실화에 대항한 전력태세가 필요하다. 이는 적대의 시작부터 러시아의 공격과 경쟁할 수 있는 동맹 및 동반국가 전력을 그리고 러시아가 점령한 영토에 대한 유지 및 강화를 할 수 있을 실마리를 주지 않음을 의미한다. NATO 동맹국들은 이런 목표를 달성하기 위해 사전에 나열된 거부 옵션들의 하나를 사용할 수 있다. 이 사항 및 지형, 즉 러시아와 동맹 영토 사이의 주요한 지형지물이 없음을 고려할 때, 점령지에 대한 러시아의 점령 및 유지능력을 거부하는 것은 더욱 매력적이다. 그러나 중요한 것은 최소한 러시아가 이런 방어를 극복하기 위해 훨씬 더 큰 공격을 감행해야만 하도록 거부방어를 지속할 수 있는 능력을 보장하여, 러시아의 성공률을 애초부터 저하시킬 뿐만 아니라 이들이 수세적으로 행동할 것이라는 주장과 이들이 발신할 수 있는 핵 위협의 신뢰도까지 저하시키는 것이다. 이렇게 하면 그들의 승리의 이론을 약화시킬 수 있다.

적절하게 태세를 갖추고 준비된 지상 및 항공 전력뿐만 아니라 이들의 주요 지원요소들은 이런 기준을 달성하는 데 중요할 것이다. 이런 전력들은 전방으로 돌출되어 있거나 한 곳에 새로운 마지노선과 같이 고정되어 있을 필요가 없다. 그보다 점점 늘어나는 분석들은 이런 전력이 기동화되고 유연할 수 있다는 점을 시사하며, 실제로 이런 속성이 이들을 보다 지속가능하고 생존가능하게 만들 것이지만, 이들은 러시아의 전진에 대해 경합하기 위해 신속히 전방으로 나아갈 준비가 되어 있어야 한다. 다행스럽게도 미국과 NATO 전체가 더욱 현실적이고 대규모의 연습, 개선된 준비태세 그리고 태세 증강을 통해서 최근 동유럽에서의 이들 사이의 간격을 검증하는 데 상당한 진전을 거두어왔다.[44]

그러나 이 전략은 더 넓은 맥락에서 고려될 필요가 있다. 러시아는 NATO에 대하여 심각한 위협을 가하고 있지만, 이 위협은 다루기 용이하며 중국이 인도태평양에 대하여 가하는 위협보다 더 중요하지 않다. 따라서 미국은 동부 NATO를 방어하고자 하는 그 어떤 노력에 상회하여 대만이나 서태평양의 또 다른 동맹국에 대한 효과적인 방어를 감행할 수 있도록 하는 데 최우선순위를 부여해야 한다. 미국은 서태평양의 동맹국에 대한 거부방어를 확신할 수 있을 때에만 동부 NATO의 방어를 돕는 준비를 해야 한다.

또한 이는 유럽에서의 러시아와 전쟁이 발발한다면, 미국은 대만이나 서태평양의 또 다른 동맹국에 대한 거부방어를 수행할 수 있는 자국의 능력을 유지해야만 한다는 사실을 의미한다. 이 사실은 베이징이 유럽에서의 전쟁에 의해 마련된 기회를 이용하여 아시아의 미국의 동맹국들에 대한 공격을 수행함으로써 지역패권을 향해 나아가고자 할 수 있기 때문에 중요하다. 중국이 더욱더 가공할 만하고 그 행동이 더더욱 중대하기 때문에, 미국은 비록 러시아가 먼저 행동하더라도 중국의 승리 이론을 물리칠 수 있도록 해야 한다.

실제로, 이런 동시적 전쟁 시나리오의 가장 부담을 주는 변형 그리고 군의 개발, 태세, 준비에 가장 적절한 것은 러시아로부터 개시되는 러시아와 중국 모두에 대한 동시분쟁이다. 그 이유는 모스크바가 수세적이고 합리적으로 행동하겠다는 주장은 미국이 이미 중국과 전쟁을 수행하고 있을 때 NATO를 공격한다면 훨씬 공허할 것이기 때문이다. 이런 움직임은 모스크바에 강제되었다기보다는 기회주의적으로 보일 것이다. 그러므로 미국은 NATO의 더욱 치열하고 결의에 찬 대응을 정당화할 것이며, 모스크바의 합리성과 방어 목표에 대한 인식에 의존한 러시아 승리이론을 약화시킬 것이다.

러시아와의 갈등이 먼저 발생하고 중국과의 전쟁이 후속하는 우발사태는 미국의 국방기획에 있어 가장 심각한 어려움을 제시한다. 그러나 이 우발사태는 한 가지 특정한 이유로 관리될 수 있다. NATO 동맹국뿐만 아니라 핀란드 및 스웨덴과 같이 러시아 공격의 잠재성에 의해 우려하는 다른 국가들도 이를 다룰 수완이 있다는 사실이다.[45] 간단히 말해서, 이 국가들은 함께하면 러시아보다 압도적으로 부유하고, 크며, 강하며, 적절히 준비된다면 이들은 NATO에 대한 러시아의 공격을 현재 이들이 의존하는 것보다 더욱 적은 미국의 개입만으로 즉각 격퇴할 수 있다. 미국의 NATO 동맹국들은 러시아 GDP의 거의 15배를 구성하며, 모스크바가 국방에 할당하는 것보다 네 배를 지출한다.[46] 심지어 냉전 이후 유럽의 무장해제와 러시아의 단일 행위자라는 응집성을 이유로 상당한 정상참작을 하더라도, 미국이 없는 NATO는 모스크바에 대하여 매우 상당한 세력의 이점을 누린다. 그럴듯한 유럽의 동반국가들과 아울러 이 국가들은 비록 NATO 동부의 효과적인 거부방어를 하는 데 필요한 많은 부분의 전력은 아니더라도 즉각 대부분을 공급할 수 있을 것이다. 실제로 최근 폴란드 단독의 증가된 방위 노력은 동부에서 기정사실화전략을 성공적으로 수행할 모스크바의 능력을 저하시킬 것으로 보인다.[47]

유럽에서의 많은 쟁점은 독일에 대한 것이다. 앞서 기술했듯이, 독일은 유럽의 최대의 경제국가이며 가장 중요한 국가이다. 하지만 독일은 국방에 대하여 작은 부분, 즉 2018년에는 GDP의 1.2퍼센트만을 지출하며, 독일이 지출하는 예산은 러시아와의 경합에 적합한 군사능력을 거의 거두지 못한다. 이것은 1945년이 아닌 1989년 이래로 역사적인 이례이다. 1988년에 현 독일의 2/3 크기였던 서독은 동독과의 국경을 따라 12개의 사단을 배치했고 3개 사단은 대기하는 예비로 보유했다. 오늘날 통일된 독일은 그 전력의 미약한 그림자만 겨우 배치할 수 있다.[48] 그러므로 독일은 NATO의 집단방위에 대하여 현재 취하고 있는 것보다 훨씬 더 많이 기여할 능력이 충분히 있으며, 국가의 부와 발달을 고려했을 때, 독일이 증가된 기여를 하는 것은 막대한 변화를 만들 수 있다. 만약 오늘날의 독일이 1988년 동맹방어를 위해서 더 작은 국가였던 서독이 제공했던 능력의 작은 부분이라도 제공한다면, 러시아의 기정사실화 전략은 거부되지는 않더라도 심각하게 훼손될 것이다. 또한 이런 노력은 NATO 안에서 소국들이 독일에 자국군을 통합할 수 있도록 허용할 것이다. 예를 들어, 덴마크, 네덜란드, 벨기에, 이탈리아 그리고 심지어 영국과 프랑스의 기여도보다 중요한 독일군과 상호운용될 수 있는 것으로부터 혜택을 입을 것이다.

독일과 여타 적합한 유럽국가들에 의한 더욱 왕성한 노력은 미국과 그 동맹국들이 동시적으로 아시아의 중국과 유럽의 러시아에 대항한 갈등에 대하여 건전한 전략적 접근을 가능하게 할 것이다. 이런 정황에서 합리적으로 가용하게 될 유럽 및 미군은 동부 NATO에 대한 직접적인 러시아의 공격을 중지할 수 있을 것이다. 하지만 그렇지 않다면, 이들 전력은 러시아의 공격을 둔화시키는 데 집중하여 모스크바가 성공을 위해 더 큰 군사작전을 감행하도록 강요하고 모스크바의 기정사실화 시도를 거부하기 위한 싸움을 충분하게 지속시킬 수 있을 것이다. 일단 미국이 서태평양의 미국 동맹국에 대한 중국의 공격을 격퇴하고 이 갈등으로부터 전력을 자유롭게 할 수준의 확신을 달성하게 되면, 미국은 이 여유전력으로써 동맹을 방어하는 데 보태고 러시아군을 그들이 획득한 영토로부터 축출할 수 있을 것이다.

이런 접근은 여타 유럽의 NATO 동맹국들이 동부 가입국의 방어에서 상당히 더 중요한 역할을 띨 것이라고 가정한다. 이는 능력에 대한 문제가 아니다. 유럽은 NATO에 대한 집단방위에 있어 더욱 큰 역할을 수행할 능력을 전적으로 갖추었다. 이것은 의지의 문제이다. 냉전기간 동안 굳건한 군대를 유지했던 NATO 유럽은 소비에트 연방의 붕괴 이후 근본적으로 무장해제되었는데, 의미심장한 위협을 마주하지 않았기 때문이었다. 그러나 지금 러시아는 동부의 동맹에 대하여 상당한 위협을 가하고 있는 한편, 미국은 중국과 인도태평양에 대한 외부초석균형국가로서의 본질적인 역할에 집중해야 한다.

하지만 그들이 그럴 것인가? 유럽인들 혹은 최소한 독일과 같은 중요한 국가들을 포함한 일부 유럽인들은 궁극적으로 기꺼이 하고자 해야 할 것이다. 냉전 이후 유럽의 방위노력 감소는 논리적이었다. 이 기간 동안 증가한 국방예산은 물질적으로 유럽의 안보를 증진시키지 않았을 것이다. 소비에트 연방의 붕괴는 NATO 유럽의 안보에 대한 주요 위협을 제거했으며, 이렇게 깨어나 미국은 더 높은 수준의 국방지출을 선택했고 러시아를 포함한 그럴듯한 적들에 대하여 막대한 군사적 이점을 유지했다.

하지만 조건은 변화하였다. 러시아는 유럽의 NATO에 대한 군사력을 사용할 능력을 회복하였고 인접국가들의 영토를 취하고 유지하며, 그들을 약화시키기 위해 자국군을 기꺼이 사용할 것이라는 것을 보여주었다. 한편, 중국은 급속도로 군사능력을 성장시키고 있다. 중국을 다루는 것은 필연적으로 미국의 관심과 자원의 더 많은 부분을 흡수할 것이다.

이런 맥락에서, 유럽인들은 선택지가 있다. 이들은 러시아인들이 더 많은 노력을 정당화할 만큼 충분히 위험하지 않다고 혹은 NATO의 동부국가들은 동맹의 전통적인 핵심 가입국들의 안보에 크게 손상을 가하는 것 없이 안전하게 상실될 수 있다고 계산하고는 계속하여 국방지출을 거의 하지 않을 수 있다. 또는 유럽은 미국이 과거에 그랬던 것과 같이 더 큰 부담공유에 대하여 과장한다고 주장할 수 있다. 그러므로 더 하고자 하지 않는 유럽의 결정은 워싱턴의 안보에 대한 흔들리지 않는 약속에 둔 유럽의 신뢰에 근거한 계산된 편승의 결정이다.

이런 이유에 관계없이, 유럽에 의한 증가된 방어 노력을 회피하는 결정은 상당한 비용과 위험을 가져올 것이다. 가장 까다롭게도, 미국은 동부 NATO에서 유럽이 자체방어 노력을 강화시키려고 하지 않는 의지부족에 의해 남겨진 격차를 보충하지 않을 수도 있다. 실제로 이 책에서의 나의 주장은 미국이 이런 간격을 "만회하지 말아야 한다"이다. 만약 중국이 아시아에서의 집중 및 순차전략에서 성공한다면, 중국은 세계에서 가장 중요한 지역에서 패권을 형성할 수 있을 것이다. 만약 러시아가 동유럽에서 기정사실화에 성공한다면, 러시아는 NATO에 의문을 제기하고 유럽 동부를 개방하여 모스크바의 세력우위의 여건을 마련할 것이나, 러시아는 세계에서 가장 부유한 지역을 지배하지는 못할 것이다.

그러므로 만약 방위부담을 더 지겠다는 유럽의 비자발성에 의한 이와 같은 선택에 강요받게 된다면, 미국은 반드시 중국에 대항한 반패권연합의 동맹국들의 효과적인 방어를 먼저 보장해야 한다. 이를 효과적으로 달성하기 위해 미국은 방위에 너무 많은 지출을 하면 안 되는데, 이것은 미국의 경제전망이라는 장기적인 강점의 기반이자 그 안보의 기반을 손상시키기 때문이다. 이는 미국이 아시아에서 노력에 더하여 얼마나 많이 유럽의 방어에 자원을 할당할 수 있는지에 대하여 제한을 가한다. 이와 같은 정황에서 독일이 더욱 강해지고 대범해진 러시아로부터 자국을 보호하기 위해 재무장할 것이며, 이를 통해 러시아는 서쪽으로 움직일 능력을 거부될 것이라는 가정하에, 워싱턴은 유럽이 예전에 취했던 것과 같은 진로를 추구할 것이다.

물론, 이것은 끔찍한 결과일 것이다. 이런 결과는 유럽의 안정성을 궁지에 몰게 될 것이고, 유럽대륙을 다시 수십 년 동안 보지 않던 노골적인 권력정치의 형태의 장으로 열 것이다. 유럽인들에게 더 좋은 선택지는 방위에 대한 지출을 늘리고 효과적으로 지출하며, 미국의 요소들과 아울러 동부 NATO에 대한 러시아의 기정사실화 전략을 효과적으로 거부할 수 있는 전력을 개발하는 것이다. 많은 예비적인 증거는 유럽이 서서히 그리고 발작적으로 이렇게 가고 있음을 시사한다. 그러나 독일은 주요 예외집단으로 남을 것이며, 미국과 동맹이 기울일 독일의 의무와 방위 노력에 대한 합치는 주요한 주안점이 될 것이다.

그래서 동부 NATO는 유럽의 확대된 투자와 NATO 내부의 적응된 노력과 태세 사이의 조합에 의하여 합리적인 비용으로써 효과적으로 방어될 수 있다. 이 사실은 NATO로부터 발틱 국가를 추방함으로써 동맹의 결집에 대한 위험을 무릅쓰는 데 충분하지 못한 기반을 가졌음을 의미한다. 이런 행동을 취하는 것은 NATO의 핵심에 심각한 약점이 있음을 나타낼 것이며 이익을 준다기보다는 더 값비쌀 뿐이다.

동시에 미국 전략은 러시아와의 다른 관계를 위한 여건을 만드는 데 집중해야 한다. 미국과 반패권연합은 만약 러시아가 중국과 너무 가깝게 합치하지 않는다면 대대적인 혜택을 얻을 수 있으며, 만약 러시아가 연합 쪽으로 더욱 기울어지면 더욱더 혜택을 입을 것이다. 미국과 러시아 관계에 있어 이와 같은 전환을 보장하는 것은 미국과 동맹의 전략이 유럽에서의 NATO의 "방어"를 강하게 하는 데 집중하는 한, 서구에서의 러시아의 행동에 대항한 효과적인 방어와 양립이 가능하다. 이 점에 대하여, 여기서 나열된 군사전략은 제한전쟁을 통한 NATO 영토의 방어를 강조하지, 러시아를 침공하기 위한 전력의 개발이나 배치, 강제적인 정부의 교체, 지도부의 참수 또는 전략전력의 무장해제를 강조하지 "않는다". 미국의 절제와 NATO를 잠식하려는 것의 헛됨 둘 모두를 확실히 함으로써, 이 접근법은 모스크바 자국의 주의와 노력을 서쪽으로 전개하는 데 집중하겠다는 관심을 저하시킬 것이며, 러시아가 중국으로부터 자국의 자주권에 대한 대대적인 위협을 명확하게 볼 수 있도록 할 것이다. 이 접근법은 모스크바의 관점에 대하여 미국 및 유럽의 관점과 전적인 책망이나 합치를 요구하지 않는다. 이 접근법은 오직 균형과 접근에 있어서의 변화만을 요구한다. 심지어 유럽에 대하여 더 온건하고 덜 위협적인 지위를 채택한 한편 중국의 세력을 견제하는 데 더욱 집중하는 러시아는 아시아의 반패권연합에 있어서 상당히 요긴할 것이다.[49]

궁극적으로 동시성의 사안은 얼마나 많은 자원을 국방에 할당할 것이냐는 근본적인 문제를 강조한다. 전략과 전략적 선택은 돈의 값을 치른다. 버나드 브로디 Bernard Brodie의 표현에서, 이들은 달러 기호를 입는다.[50] 더 야심찬 전략은 일반적으로 더욱 비싸다. 최근 수십 년간 할당된 GDP의 3~4퍼센트가 넘게 국방에 상당한 추가 자원을 제공하도록 국가가 동의할 가능성은 있다.[51] 이런 증가는 만약 국제적인 정황이 물질적으로 악화된다면, 특히 만약 중국이 군사력에 대한 지출을 상당히 증가시킨다면 신중한 안이 될 것이다.

그러나 국가의 방위전략은 진정으로 필요하지 않는 한 특별히 높은 수준의 군사지출을 요구해서는 안 될 것이다. 심지어 연구 및 개발 외의 전략분야에서 방위에 지출된 돈은 통상 민간 경제에 투자되었을 때만큼 생산적으로 투자되지 않는다. 군사적인 힘을 포함한 국가의 장기적인 강점을 위하여 지출은 다른 곳에 행해지는 것이 더 낫다.[52] 게다가 방위를 위해서 사용된 돈은 국민에 의해 소비되지 않으며, 만약 미국 전략의 목적이 미국인의 안보만이 아닌 그들의 자유와 번영 또한 향상시키는 것이라고 한다면, 미국인들은 자신들이 일을 하고 얻은 많은 열매가 가능한 한 소비, 자선, 사회 서비스 그리고 여타 목적에 할당하는 것에 있어 부당하게 제한받아서는 안 된다.

이것은 미국의 방위 체제가 상당한 양의 추가 자원을 요구하기 이전에 가능한 한 최대한의 중요하지 않은 임무 및 활동에 대하여 가지를 쳐내야 함을 의미한다. 상당한 양의 추가자원은 특히 중국이 인민해방군에 대한 지출을 증가한다면 미국 군대의 핵심 필요임무를 달성하기 위하여 필요할 수 있다. 하지만 미국 정부는 우선 이미 여기에 할당된 돈이 가능한 효율적이고 이성적으로 소비되도록 보장해야 한다. 이것은 앞서 설명된 미국군대의 중요한 임무들 중 하나에 분명하고 효율적으로 기여하지 않는 것들을 구매하거나 실시하는 것을 중지하는 것을 의미한다.

전략이 너무 많은 것을 짊어져야 한다면 어떻게 하는가?

이 책은 미국과 그 동맹 및 동반국가들이 어떻게 중국의 지역패권 목표를 달성하는 것을 방지할 수 있을지에 대하여 집중한다. 그러나 여기 설명된 접근법들의 요구사항이 미국인들이 짊어지기에는 너무하다면 어떻게 할까?

몇 가지 이유에 의해서 그럴 수 있다.

아마도 가장 단도직입적인 이유는 아무리 중요하다고 해도 멀리 떨어진 지역에 대한 또 다른 국가의 패권을 거부하는 것이 이에 수반되는 희생과 위험의 값에 상응한가에 대하여 미국인들이 확신하지 못한다는 것이다. 이런 전개는 중국이 강하면 강할수록 더욱더 농후한데, 왜냐하면 반패권연합의 취약동맹국에 대한 효과적인 방어가 더욱 어려워질 뿐만 아니라 미국에게는 더욱 값비싸고 위험해질 것이기 때문이다. 그러므로 미국과 반패권연합의 타국들이 이와 같은 결과를 피하기 위해서 경제적 활력을 가능한 유지하는 것은 중요하다.

또한 미국인들은 만약 여타 연합가입국들 특히 이 전략이 그들에 대한 효과적인 방어를 위해 미국에 부과하는 특정한 요구사항을 고려할 때 동맹국들이 자신의 할당량을 달성하지 않을 경우 자국방어에 대하여 타국을 원조하려는 것 혹은 이 모두에 대한 노력을 외면할 것이다. 이런 상황 또한 미국인에 대한 요구사항을 증가시킬 것이며, 이들은 만약 지역 내의 사람들이 중국의 지배를 충분히 두려워하지 않아서 이에 대항하고자 노력하지 않을 경우에 자신들에게 불공평하지 않게 이 노력이 비용과 위험에 걸맞은 값을 하는지의 여부를 묻기 시작할 것이다. 만약 큰 위험을 무릅쓰고 미국인들이 방어하고자 하는 국가들이 그들의 지역에 대한 중국의 패권에서 생존할 수 있다면, 이는 아마도 미국인들도 그럴 수 있다는 주장에 힘을 실어주는 것으로 보일 수 있다. 그러므로 연합 국가들 그리고 특히 연합 내 미국 동맹국들 사이에서 합리적으로 동등한 부담의 공유는 필수적이다. 일본의 중요성, 지위 그리고 방위지출의 매우 낮은 수준을 고려할 때, 이 사안은 특히 도쿄에게 까다롭다. 이 문제에 대한 일본의 결정은 반패권연합 전체에 대한 막대한 시사점을 가질 것이다.

　　이를 고려할 때 미국은 동맹 가입국 간 동등함보다는 중국의 지역패권을 거부하는 데 훨씬 더 큰 관심을 갖는다. 이런 관심들 사이에서 무게의 차이가 바로 동등한 부담의 공유에 대한 노력을 매우 어렵지만 정말 중요하게 만든다.53) 그러나 동맹국들이 덜 할수록 이들은 아시아에 대한 중국의 패권을 거부하고자 하는 미국의 약속의 지속성을 더욱 시험할 뿐만 아니라 그 능력 또한 시험한다. 중국은 거의 확실하게 매우 강력해져서 심지어 매우 높은 정도의 미국의 노력과 집중을 가지고도, 일본과 같은 국가로부터의 훨씬 큰 노력이 필수적일 것이다. 게다가 국가들은 항상 최선의 결정을 내리지 않는다. 여타 연합 가입국 특히 동맹국들의 무기력함은 미국인들이 아시아로부터 이탈하겠다는 신중하지 못한 결정을 내리도록 유혹하거나 그저 충분히 노력을 투입하지 않겠다는 결정을 내리게 하여 이 의미심장한 이익을 공유하는 모두에게 손해를 가져올 것이다.

　　같은 이유로, 미국은 미국인들의 의지와 힘을 앗아가서 미국의 대중을 고갈시키고 아시아의 중앙 무대에서의 경합을 더욱 아슬아슬하게 경쟁적인 경합으로 만들 주변적인 전쟁에 얽매이게 되는 것으로부터 회피해야만 한다. 미국인들은 이런 정황에서 혜택이 그에 따른 비용과 위험에 못 미친다고 판단할 것이다. 따라서 미국이 자국의 군사적 수단을 신중하게 활용하는 것은 중요하다. 미국인들의 힘과 의지는 항복하거나 중앙의 무대에서 성공을 위해 필요한 것보다 더 약해지는 것을 방지하기 위해 주된 난제들에 대하여 가꿔져야 한다. 그러므로 이런 주된 어려움을 제외한 그 어떤 것이든지 이를 위해 군사력을 사용하겠다는 요청은 대단히 비판적인 검토를 받아야만 하며 일반적으로 저항되어야 한다.

우방의 핵확산

만약 미국인들이 그들의 동맹에 대한 효과적인 방어에 필요한 노력을 기울이고 싶지 않다면, 두 가지 선택지가 있다. 이들은 중국의 지역패권을 인정하든지 혹은 미국의 동맹국 및 동반국가들에 대한 핵무기의 일부 확산을 감내하거나 심지어 독려할 수 있다. 처음 선택지에 대한 감점요소는 이미 앞서 설명했다.

두 번째 선택지의 일부 감점요소는 잘 알려졌다. 더 많은 국가들이 핵무기를 가지는 세계는 아마도 훨씬 더 위험한 세계일 것이다. 비록 일부 케네스 왈츠 Kenneth Waltz와 같은 저명한 학자들이 일반적인 핵확산은 더욱 안정된 세계를 만들 것이라고 주장했지만, 이 사상은 학계 외에서는 거의 받아들여지지 않았다.54) 많은 국가들이 핵무기를 가지는 세계는 이들 사이에서 억지를 형성하는 데 기여하겠지만, 이 세계는 핵무기국가들 사이의 관계를 더욱 더 복잡하게 형성할 것이고, 사고와 오류에 대한 기회도 더 만들 것이며, 대재앙으로의 추동력도 더욱 담을 것이다. 그래서 일반적인 확산은 안정성의 일정수준을 향상시키는 데 반해, 이런 이점은 예외적으로 높은 수준의 위험을 무릅써야 할 것이다.

그리고 팽배한 확산은 이들 학자들이 제안한 것과 같이 안정적이지는 않을 수 있는데, 그 이유는 확산이 주창자들이 생각하는 것만큼 강력한 억지력이 아닐 수도 있기 때문이다. 핵무기가 잠재적인 공자에 대한 근본적으로 다른 수준의 주의를 불러오는 것은 사실이지만, 이들 무기는 논리와 이성의 법칙을 전적으로 배제하지 않는다. 핵무장이 된 적을 대하는 핵무기를 가진 국가들은 가장 재앙적인 핵공격을 불러오는 가장 확실한 방법이 핵공격을 감행하는 것임을 안다. 이들은 심지어 자국의 영토에 대한 통합성이 위험에 처하더라도 이와 같은 결과에서 벗어나기 위한 가장 강력한 이유를 가진다. 다시 말해서, 침공의 위험에 처한 국가마저도 핵 반격을 피하려는 가장 강력한 동기를 가진다. 점령 혹은 정복은 부분적이라면 특히 파괴보다는 더 선호할 만하다. 이는 소국이 중국과 같이 더 크고 발달된 무기고를 가졌으며, 상당한 미사일방어능력을 가진 대국을 마주할 때 특히 더 그렇다.55) 이런 역동은 쟁점이 되는 사항이 영토나 주권의 부분적인 상실일 때 더욱 분명해진다. 핵전쟁은 그 대안이 완전한 파괴나 노예화일 때 유지할 수 있는 선택지일 수 있지만, 몇몇 지방을 상실한다거나 패권에 복종하는 것을 의미할 때는 덜한 선택지일 수 있다.56) 그러므로 핵무기는 만병통치약이 아니다. 핵무기의 확산은 인도태평양에서 중국이 패권을 형성할 수 있는 능력을 복잡하게 하고 제한을 줄 수 있지만, 이를 꼭 격퇴하지는 않는다.

이를 고려할 때, 선택적인 핵확산은 반패권연합의 방어를 대신하기보다는 특히 결부전략을 더 효과적으로 만듦으로써 강화시킬 수 있다. 이는 만약 중국이 연합에 대하여 혹은 연합의 중요한 일부에 대하여 재래식 군사적 우세를 획득할 수 있다면 특히 적합할 것이다. 이와 같은 경우에, 정규군에 국한된 결부전략은 충분하지 않을 수 있는데, 이는 중국이 심지어 결속된 연합 재래식 방어를 극복하고 그 가입국들을 해체시킬 수 있기 때문이다.

연합 가입국들은 그래서 중국의 핵전력 1차 사용에 대한 위협을 동반한 이와 같은 재래식 군사 열세를 보완하기 위해 미국으로 돌아서야 할 것이다. 그러나 미국의 핵 1차 사용에 대응하여 중국이 막대한 능력을 가질 것이기 때문에, 미국은 절제하고자 하는 가장 강력한 이유를 가질 것이다. 중국은 미국이 절제하도록 하는 한편 워싱턴의 아시아 동맹국 및 동반국가들을 살라미전술salami-slicing로 야금야금 처리할 수 있다고 생각할 수 있다.

일본, 대한민국, 오스트레일리아 그리고 심지어 대만과 같은 국가들에 대한 선택적인 핵확산은 국지적 재래식 패배와 미국의 핵전력 운용에 대한 망설임 간 간격을 해소하는 데 특히 넓은 범위에서 도움을 줄 수 있다. 이 세계에서 미국 및 그 동맹국들에 대항한 재래식 전쟁에서의 중국의 승리는 이런 핵무장된 지역 동맹국들이 한계를 벗어나서 자국의 영토를 방어하기 위해서 중국에 대항하여 핵 사용을 촉진할 수 있다. 이런 상황은 전투 중인 동맹국에 아울러 싸우는 미군에 대항하는 것을 포함한 중국의 반응을 촉발할 것이며, 그 결과로 자국의 동맹국들의 위치의 전체적인 붕괴를 방지하고자 미국의 핵 사용을 초래하게 될 것이다. 이런 태세는 반패권연합의 억지태세를 보다 더 가공할 만하게 할 것이다. 실제로 이런 종류의 영국과 프랑스에 대한 선택적인 핵확산은 많은 이들에게 있어서 소비에트 연방이 유럽에서 재래식 전력의 우세를 만끽하였던 냉전기간 동안 NATO의 억지태세

에 기여했다고 판명되었다. 이것은 사실 NATO의 공식 입장이다.[57]

　　그럼에도 불구하고, 확산의 곤경은 이 선택지를 최후의 선택으로 만든다. 훨씬 더 선호할 만한 선택지는 미국의 핵전력에 의해 뒷받침되었지만 주로 의존하지는 않는 상태에서의 효과적인 재래식 방어이다. 이 기준은 달성하기는 어렵고 값비싸며, 지속적인 집중과 수련을 요구하겠지만, 그 대안은 더 좋지 않다.

올바른 평화

제12장

올바른 평화

이 책은 전쟁에 대한 책이다. 전쟁이 어떻게 생겼을지 그리고 승리하기 위해서는 어떻게 전쟁을 벌일지에 대하여 쓰여있다. 이 책의 뻔뻔한 목표는 미국과 그 동맹국 및 동반국가들에게 바로 이것을 구현할 전략을 제공하는 것이다.

하지만 이 책은 평화를 희망하면서 쓰였다. 전쟁은 대단한 악이다. 전쟁은 죽음, 파괴 그리고 늙은이와 젊은이에 대한 고통뿐만 아니라 다른 그 누구보다 죽어야 할 이유가 없는 군사대열에 속한 사람들에 대한 고통으로 찾아간다.

미국인들 그리고 그들과 한 편이 되는 이들은 자신들이 당연히 소중히 여기는 정당한 재화, 즉 안보, 자유 그리고 번영을 포기함으로써 이와 같은 악을 감당하기를 회피하고자 할 수 있다. 하지만 이런 훌륭한 재화를 포기하는 것은 이들을 지키고자 노력하는 것보다 더 큰 잘못일 것이다. 따라서 미국인들 그리고 그들과 합치하는 이들은 이러한 정당한 이익을 존중하는 종류의 평화, 즉 올바른 평화를 향해 매진하는 것이 옳다.

하지만 올바른 평화는 역설이다. 올바른 평화는 자연스럽게 형성되는 현상이 아니며, 의도되고 창조되는 것이다. 모든 사람이나 국가가 완전하게 평화적인 것은 아니며, 이들이 만물을 같은 방식을 보지도 않는다. 일부는 평화만을 원하지만, 다른 이들은 성화내거나, 질투하거나, 야망에 차있거나 혹은 충분히 위세부리고자 하여 자기 방식을 좇기 위해 싸울 준비가 되어 있다. 좋은 평화를 바라는 것은 이를 달성하는 것과 같지 않다.[1] 그래서 선인들은 평화를 유지하기 위한 최선의 방법이 전쟁을 준비하는 것이라고 보았다.

　　이런 진리가 요구하는 것의 깊이는 종종 상실된다. 기술적인 의미, 즉 무기를 구매하거나 병력을 양성하는 것에서 전쟁을 준비하는 것은 한 측면이다. 하지만 이런 무기와 병력은 준비되어야 하며, 필요하다면 성화내거나 야망에 차있거나 위세부리고자 하는 국가들에게 싸움이 수지가 맞지 않으며, 이들이 감내할 수 있는 평화를 용인하는 것이 패배나 감내할 수 없는 상실을 겪는 것보다 더 낫다는 사실을 확신시킬 수 있도록 운용되어야 한다. 이런 운용은 전쟁이 어떤 모습을 띨지 고려하고 이런 전쟁에서 선전하기 위해서는 어떻게 할지에 대한 의도적이며 노력을 기울인 생각을 통해야만 얻을 수 있는 결과이다.

　　그래서 평화는 평화롭지 않기 위한 집중되지 않은 대기태세에서부터 오지 않고, 전쟁이 실제로 어떨 것인지에 대한 상상과 고려에 대한 기꺼움에서만 비롯된다. 이런 기반에서만이 이와 같은 전쟁에서 행동해야 할 방법, 즉 올바른 평화를 침해할 생각을 하는 타국에게 그런 행동은 수반하는 비용과 위기만큼의 값어치가 없다는 것을 보여줄 방법이 그려질 수 있다. 그러므로 우리가 추구하는 이 올바른 평화는 평화롭지 않은 상태에 대한 사고의 산물이다. 군대에 있어서 이는 호전적인 성향과 전문성, 즉 마치 이들이 전쟁의 벼랑 끝에 서서 스스로를 다잡고 준비태세를 보이려는 항상 훈련하고 행동하고자 하는 의지를 의미한다. 이것은 지도자들과 전략가들에게 전쟁이 언제나 가능성이 있으며 이를 피하기 위해서는 이 끔찍한 것에 대하여 생각해야 한다는 도덕적인 상상과 혼합되어 이에 착수할 준비가 되어 있어야 한다고 여기려는 의지이다. 올바른 평화를 소중히 여기는 자들은 이런 방식으로 행동해야 하는데, 갈등을 받아들이는 것을 거부하는 것은 호전성만큼이나 그리고 아마도 그보다 더욱더 전쟁으로 유도하기 쉽기 때문이다.

　　여기에서 설명한 전략에 관하여, 궁극적으로 평화적인 의도의 증거는 이것이다. 이 전략은 중국을 포함하여 그 누구도 숭고히 그리고 존엄을 갖고 줄 수 없는 것을 요구하지 않는다. 이 책은 전쟁에 관한 책이지만, 동시에 중국이나 그 외의 국가가 세계의 주요지역을 지배하는 것을 방지하고자 싸우는 것에 관한 책이다. 이 책은 반중국적으로 쓰이지 않고, 중국에 대한 매우 높은 존중을 갖고 그 국가에 대한 오랜 개인적이고 가족적인 경험을 갖고 쓰였다. 중국에 대하여 당부하는 것은 중국이 아시아의 패권을 두고 하는 주장을 배제하라는 것이다. 중국은 이 전략이 성공을 거둔 세계에서 자부심을 갖고 살 수 있다. 중국은 세계의 강대국들 중 하나일 것이며, 중국의 선호도와 시각은 존경심을 살 것이다. 중국은 지배할 수 없겠지만, 미국이나 그 어떤 다른 나라도 중국을 지배하지 않을 것이다.

이 전략의 성공은 모든 이들에게 있어 올바른 평형일 것이다. 미국에게 있어 그 결과는 베이징의 허락을 얻을 필요 없이 상호 교역하고 상호작용할 수 있는 아시아가 될 것이며, 아시아와 함께 안전하고, 자유로우며, 번영하는 미래의 가능성이 될 것이다. 중국에게 있어 그 결과는 중국이 명예로워지고 존중받는 세계가 될 것이다. 아시아 지역의 국민들에게 있어 그 결과는 식민지배로부터의 자유 이래로 너무나 강력히 매진해온 자주성과 독립을 의미할 것이다.

이것은 긴장된 평화일 수도 있겠지만, 이 평화도 결국에는 같은 평화일 것이며, 미국의 안보, 자유 그리고 번영과 일관될 것이다. 이 전략의 성공에 의해 생산된 세계에서 이런 방향을 향한 강한 구조적인 경향에도 불구하고, 미국과 중국이 서로 타격하지 않을 것이라는 것은 완전히 타당할 것이다. 하지만 이런 좋은 결과는 미국이 평화를 보존하기 위해 이를 희생하는 것을 받아들일 준비의 결과일 것이다.

미 주

서 문

1) Charles Krauthammer, "The Unipolar Moment," *Foreign Affairs* 70, no. 1 (1990/91): 23-33, doi:10.2307/20044692.

2) 이 말은 출처가 불분명하지만, 주로 나폴레옹이 한 말로 여겨진다. Isaac Stone Fish, "Crouching Tiger, Sleeping Giant," *Foreign Policy*, January 19, 2016, https://foreignpolicy.com/2016/01/19/china_shakes_the_world_cliche/. 그럼에도 시진핑은 직접 이것을 언급했었다. Teddy Ng and Andrea Chen, "Xi Jinping Says World Has Nothing to Fear from Awakening of 'Peaceful Lion,'" *South China Morning Post*, March 28, 2014, https://www.scmp.com/news/china/article/1459168/xi−says−world−has−nothing−fear−awakening−peaceful−lion.

3) 대전략에 관한 최근의 중요한 저작들은 다음을 포함한다. Robert Jervis, *American Foreign Policy for a New Era* (New York: Routledge, 2005); Christopher Layne, *The Peace of Illusions: American Grand Strategy from 1940 to the Present* (Ithaca, NY: Cornell University Press, 2006); Stephen G. Brooks and William C. Wohlforth, *World Out of Balance: International Relations and the Challenge of American Primacy* (Princeton, NJ: Princeton University Press, 2008); Aaron L. Friedberg, *A Contest for Supremacy: China, America, and the Struggle for Mastery in Asia* (New York: W. W. Norton, 2011); Hal Brands, *What Good Is Grand Strategy? Power and Purpose in American Statecraft from Harry S. Truman to George W. Bush* (Ithaca, NY: Cornell University Press, 2014); Colin S. Gray, *Strategy and Defense Planning: Meeting the Challenge of Uncertainty* (New York: Oxford University Press, 2014); Henry Kissinger, *World Order* (New York: Penguin, 2014); Barry R. Posen, *Restraint: A New Foundation for U.S. Grand Strategy* (Ithaca, NY: Cornell University Press, 2014); Hal Brands, *Making the Unipolar Moment: U.S. Foreign Policy and the Rise of the Post-Cold War Order* (Ithaca, NY: Cornell University Press, 2016); Anne−Marie Slaughter, *The Chessboard and The Web: Strategies of Connection in a Networked World* (New Haven: Yale University Press, 2017); Thomas J. Wright, *All Measures Short of War: The Contest for the 21st Century and the Future of American Power* (New Haven: Yale University Press, 2017); John Lewis Gaddis, On Grand Strategy (New York: Penguin, 2018); Robert Kagan, *The Jungle Grows Back: American and our Imperiled World* (New York: Alfred A. Knopf, 2018); John J. Mearsheimer, *The Great Delusion: Liberal Dreams and International Realities* (New Haven: Yale University Press, 2018); Stephen M. Walt, *The Hell of Good Intentions: America's Foreign Policy Elite and the Decline of U.S. Primacy* (New York: Farrar, Straus and Giroux, 2018); Michael E. O'Hanlon, *The Senkaku Paradox: Risking Great Power War over Small Stakes* (Washington, DC: Brookings Institution Press, 2019); Patrick Porter, "Advice for a Dark Age: Managing Great Power Competition," *Washington Quarterly* 42, no. 1 (Spring 2019): 7-25, doi:10.1080/0163660X.2019.1590079; and Rebecca

Lissner and Mira Rapp—Hooper, *An Open World: How American Can Win the Contest for Twenty—First Century Order* (New Haven: Yale University Press, 2020).

4) 다음 자료에서 국가별 군사지출을 계산하였다(2018년 달러화 기준). Stockholm International Peace Research Institute, "SIPRI Military Expenditure Database" (Stockholm: SIPRI, 2019), https://www.sipri.org/databases/milex; and US Defense Intelligence Agency, *China Military Power: Modernizing a Force to Fight and Win*, DIA—02—1706—085 (Washington, DC: Defense Intelligence Agency, 2019), 20, https://www.dia.mil/Portals/ 27/Documents/News/ Military%20Power%20Publications/China_Military_Power_FINAL_5MB _20190103.pdf. 공식 미국의 평가자료는 *US Department of Defense, Summary of the 2018 National Defense Strategy of the United States of America: Sharpening the American Military's Strategic Edge* (Washington, DC: US Department of Defense, January 2018), https://dod.defense.gov/Portals/1/Documents/pubs/2018—National—Defense—Strategy—S ummary.pdf. 다음 또한 참고 Eric Edelman et al., *Providing for the Common Defense: The Assessment and Recommendations of the National Defense Strategy Commission* (Washington, DC: United States Institute for Peace, 2018), v, https://www.usip.org/ sites/default/fi les/2018—11/providing—for—the—common—defense.pdf.

5) Alfred, Lord Tennyson, *In Memoriam* (1850; repr., New York: Cambridge University Press, 2013), 80.

제1장 미국 전략의 목적

1) 공식 발언은 White House, *National Security Strategy* (Washington, DC: White House, May 2010), 14-40, https://obamawhitehouse.archives.gov/sites/default/files/rss_viewer/national_ security_strategy.pdf; White House, *National Security Strategy* (Washington, DC: White House, February 2015), 7-22; White House, *National Security Strategy of the United States of America* (Washington, DC: White House, 2017), 3-4; and Eric Edelman et al., *Providing for the Common Defense: The Assessment and Recommendations of the National Defense Strategy Commission* (Washington, DC: United States Institute for Peace, 2018), 4, https://www.usip.org/sites/default/files/2018—11/providing—for—the— common—defense.pdf. 또한 상원의원의 발언은 Josh Hawley, "Rethinking America's Foreign Policy Consensus" (Center for a New American Security, Washington, DC, November 12, 2019), https://www.hawley.senate.gov/senator—hawleys—speech—rethin king—americas—foreign—policy—consensus. 학술자료는, Hans J. Morgenthau, *The Purpose of American Politics* (New York: Alfred A. Knopf, 1960), 3-42; Eugene V. Rostow, *A Breakfast for Bonaparte: U.S. National Security Interests from the Heights of Abraham to the Nuclear Age* (Washington, DC: National Defense University Press, 1993); Commission on America's National Interests, *America's National Interests* (Cambridge, MA: Center for Science and International Affairs, July 1996), https://www.belfercenter. org/sites/default/files/legacy/files/americas_interests.pdf; Samuel P. Huntington, "The Erosion of American National Interests," *Foreign Affairs* 76, no. 5 (September/October 1997): 28-49, doi:10.2307/20048198; and Robert J. Art, *A Grand Strategy for America* (Ithaca, NY: Cornell University Press, 2003).

2) 저자의 논거는 투키디데스가 분류한 접근법의 종류에 근거한다. Thucydides, *The Landmark Thucydides: A Comprehensive Guide to the Peloponnesian War*, ed. Robert B. Strassler (New York: Simon and Schuster, 1996); Thomas Hobbes, *Leviathan*, with selected variants from the Latin edition of 1668, ed. and intro. Edwin Curley (Indianapolis, IN: Hackett, 1994); Alexander Hamilton, James Madison, and John Jay, *The Federalist Papers*, ed. Ian Shapiro (New Haven: Yale University Press, 2009); Edward Hallett Carr, *The Twenty Years' Crisis, 1919-1929: An Introduction to the Study of International Relations*, 2nd ed. (New York: Harper and Row, 1964); Nicholas J. Spykman, *America's Strategy in World Politics: The United States and the Balance of Power* (1942; repr., New York: Routledge, 2017); Hans J. Morgenthau, *Politics among Nations: The Struggle for Power and Peace*, 7th ed. (New York: McGraw—Hill Education, 2005); Robert Gilpin, *War and Change in World Politics* (Cambridge: Cambridge University Press, 1981); Robert Gilpin, "The Richness of the Tradition of Political Realism," in *Neorealism and Its Critics*, ed. Robert O. Keohane (New York: Columbia University Press, 1986), 287-304; and Richard K. Betts, "The Realist Persuasion," *National Interest*, no. 139 (2015): 45-55, https://www.jstor.org/stable/44028493.

3) Jacob L. Heim and Benjamin M. Miller, *Measuring Power, Power Cycles, and the Risk of Great—Power War in the 21st Century* (Santa Monica, CA: RAND Corporation, 2020), https://doi.org/10.7249/RR2989; Lowy Institute, *Asia Power Index 2019* (Sydney, Australia: Lowy Institute, 2019), https://power.lowyinstitute.org/downloads/Lowy—Institute—Asia—Power—Index—2019—Pocket—Book.pdf; and International Futures (IF) modeling system, version 7.45 (Denver, CO: Frederick S. Pardee Center for International Futures, Josef Korbel School of International Studies, University of Denver, August 2019), https://pardee.du.edu/. 그러나 다음 자료상 미국은 중국 다음으로 2위에 올라있다. Composite Index of National Capability, using the National Military Capabilities (v5.0) dataset (2012). David J. Singer, Stuart Bremer, and John Stuckey, "Capability Distribution, Uncertainty, and Major Power War, 1820-1965," in *Peace, War, and Numbers*, ed. Bruce Russett (Beverly Hills, CA: Sage, 1972), 19-48. 중국을 다루는 미국의 능력에 대하여 상당히 더 낙관적인 국력을 다루는 자료는 Michael Beckley, "The Power of Nations: Measuring What Matters," International Security 42, no. 2 (Fall 2018): 7-44, https://doi.org/10.1162/isec_a_00328.

4) World Bank, "GDP, PPP (Current International $)—South Asia, East Asia & Pacific, World" (Washington, DC: World Bank, accessed June 17, 2020), https://data.worldbank.org/indicator/NY.GDP.MKTP.PP.CD?locations=8S—Z4—1W; US Department of Defense, IndoPacific Strategy Report: Preparedness, Partnerships, and Promoting a Networked Region (Washington, DC: US Department of Defense, July 1, 2019), 2, https://media.defense.gov/2019/Jul/01/2002152311/—1/—1/1/DEPARTMENT—OF—DEFENSE—INDO—PACIFIC—STRATEGY—REPORT—2019.PDF. 2012년 말 미국의 평가는 2030년까지 "GDP에 근거하자면 아시아는 범지구적 세력, 인구 규모, 군사지출 그리고 기술투자에 있어서 북미와 유럽을 합친 것을 능가한다. 2030년이 되기 몇 년 전에 중국 하나만으로 미국을 능가하는 세계최대의 경제를 가질 것이다"라고 결론을 내렸다. US National Intelligence Council, *Global Trends 2030: Alternative Worlds* (Washington, DC: Office of the Director of National Intelligence, December 2012), iv, https://www.dni.gov/files/documents/Global Trends_

2030.pdf. 실제로 PPP 기준으로 중국은 이미 미국을 앞질렀다. World Bank, "GDP, PPP (Current International $)—China, United States" (Washington, DC: World Bank, accessed June 22, 2020), https://data.worldbank.org/indicator/NY.GDP.MKTP.PP.CD?loca tions= CN-US. 다음은 미국과 중국의 경제의 규모에 대한 다양한 근거자료와 방법을 비교한다. Andrew Willige, "The World's Top Economy: The US vs China in Five Charts," *World Economic Forum*, December 5, 2016, https://www.weforum.org/agenda/2016/ 12/the- world-s-top-economy-the-us-vs-china-in-fi ve-charts/.

5) World Bank, "GDP, PPP (Current International $)—European Union, United Kingdom, Russian Federation, Switzerland, Norway, North Macedonia, Bosnia and Herzegovina, Serbia, Albania, Montenegro, Belarus, Ukraine, Moldova, World" (Washington, DC: World Bank, accessed June 17, 2020), https://data.worldbank.org/indicator/NY.GDP.MKTP.PP. CD? locations=EU-GB-RU-CH-NO-MK-BA-RS-AL-ME-BY-UA-MD-1W.

6) World Bank, "GDP, PPP (Current International $)—United States, World" (Washington, DC: World Bank, accessed June 17, 2020), https://data.worldbank.org/indicator/NY.GDP. MKTP.PP.CD?locations=1W-US. 어떤 표준측정지표에 의하면, 미국이 군사지출, 군 병력 규모, 에너지 소비, 철강생산, 도시인구 그리고 총 인구의 지표로 보았을 때 미국이 지구 세 력의 13.9퍼센트를 차지한다. Singer, Bremer, and Stuckey, "Capability Distribution, Uncer- tainty, and Major Power War."

7) World Bank, "GDP, PPP (Current International $)—Iraq, Iran, Islamic Rep., Saudi Ara-bia, United Arab Emirates, Oman, Kuwait, Bahrain, Qatar, World" (Washington, DC: World Bank, accessed June 17, 2020), https://data.worldbank.org/indicator/NY.GDP.MKTP. PP.CD?locations=IQ-IR-SA-AE-OM-KW-BH-QA-1W.

8) 석유수출국기구(OPEC)에 따르면, 페르시아 만은 전세계 석유자원의 약 42퍼센트를 및 천연 가스의 40퍼센트를 보유한다. OPEC, Annual Statistical Bulletin 2018 (Vienna: OPEC, 2018), 60, 112.

9) 페르시아 만 국가들을 제외하면, 나머지 지역은 세계 GDP의 2퍼센트밖에 안 된다. World Bank, "GDP, PPP (Current International $)—Middle East and North Africa, World" (Washington, DC: World Bank, accessed June 17, 2020), https://data.worldbank.org/ indicator/NY.GDP.MKTP.PP.CD?locations=ZQ-1W.

10) Singer, Bremer, and Stuckey, "Capability Distribution, Uncertainty, and Major Power War." 라틴 아메리카는 세계 GDP의 8퍼센트를 차지한다. World Bank, "GDP, PPP (Current International $)—Latin America & Caribbean, World" (Washing-ton, DC: World Bank, accessed June 22, 2020), https://data.worldbank.org/indicator/NY.GDP.MKTP.PP.CD?locations =ZJ-1W.

11) World Bank, "GDP, PPP (Current International $)—Sub-Saharan Africa, World" (Washington, DC: World Bank, accessed June 22, 2020), https://data.worldbank.org/indicator/NY.GDP. MKTP.PP.CD?locations=ZG-1W.

12) 중앙아시아와 코카서스는 합쳐서 세계 GDP의 2.7퍼센트를 차지하며, 사하라 이남 아프리카 보다 적고, 국가재료역량의 종합지수는 0.0072점으로 이집트보다 낮다. 미약한 관리 및 여타 어려움들이 이 국가에서 성장과 개발을 저해할 것으로 예측된다. World Bank, "GDP, PPP (Current International $)—GDP, PPP (Current International $)—Kazakhstan, Kyrgyz Republic, Tajikistan, Turkmenistan, Uzbekistan, Afghanistan, Armenia, Azerbaijan, Georgia, Turkey" (Washington, DC: World Bank, accessed June 22, 2020), https://data.worldbank.org/

indicator/NY.GDP.MKTP.PP.CD?locations=KZ−KG−TJ−TM−UZ−AM−AZ−GE−TR−AF; Singer, Bremer, and Stuckey, "Capability Distri−bution, Uncertainty, and Major Power War"; US National Intelligence Council, *Global Trends 2030*, 32, 48, 52.

13) 이 분석의 논리는 H. J. Mackinder, "The Geographical Pivot of History," Geographical Journal 23, no. 4 (April 1904): 421-437; Spykman, *America's Strategy in World Politics*; and John Lewis Gaddis, *George F. Kennan: An American Life* (New York: Penguin Press, 2011), 331-332. 개관은 다음을 보라. Ronald O'Rourke, *Defense Primer: Geography, Strategy, and U.S. Force Design* (Washington, DC: Congressional Research Service, March 17, 2020, updated November 5, 2020), https://crsreports.congress.gov/product/pdf/IF/IF 10485.

14) Winston Churchill to Lord Haldane, May 6, 1912, quoted in Randolph S. Churchill, *Winston S. Churchill, vol. 2, Young Statesman, 1901-1914* (London: Heinemann, 1967), 588. 수많은 역사적인 사례연구에 기반한 주 전쟁지역의 중요성에 대한 비슷한 평가는 A. Wess Mitchell, *Strategic Sequencing: How Great Powers Avoid Two−Front Wars* (Cambridge, MA: Belfer Center for Science and International Affairs, forthcoming).

15) 15. John Lewis Gaddis, *Strategies of Containment: A Critical Appraisal of American National Security Policy during the Cold War*, rev. ed. (Oxford: Oxford University Press, 2005), 28-29; Gaddis, *George F. Kennan*, 331-332. 이 전략적 원칙은 지속되었다. See, e.g., Stephen M. Walt, "The Case for Finite Containment: Analyzing U.S. Grand Strategy," *International Security* 14, no. 1 (Summer 1989): 5-49, doi:10.2307/2538764; and Robert J. Art, "A Defensible Defense: America's Grand Strategy after the Cold War," *International Security* 15, no. 4 (Spring 1991): 5-53, doi:10.2307/2539010. 미국 외교정책에 있어서 이런 반패권 접근의 깊은 뿌리와 그 계속성에 대한 강조는 John J. Mearsheimer and Stephen M. Walt, "The Case for Offshore Balancing: A Superior U.S. Grand Strategy," *Foreign Affairs* 95, no. 4 (July/August 2016): 70-83, doi:10.2307/43946934.

16) 옥스포드 영어사전에서 주어진 패권의 정의는 "정치, 경제, 또는 군사적 세력 우위 혹은 지도이며, 특히 연합이나 연방의 한 구성원이 여타 국가에 대하여 행사한다." *Oxford English Dictionary*, 3rd ed. (Oxford: Oxford University Press: 2014), s.v. "hegemony, n.," https://www.oed.com/view/Entry/85471. 이 단어가 광범위하고 모호한 범위를 다루기 때문에 학술적 정의가 다양하다. 그 논의는 다음을 참고하라. Robert O. Keohane, *After Hegemony: Cooperation and Discord in World Political Economy* (Princeton, NJ: Princeton University Press, 1984), 45; Hedley Bull, *The Anarchical Society: A Study of Order in World Politics*, 4th ed. (London: Red Globe Press, 2012), 209; Gilpin, *War and Change*, 29, as well as Robert Gilpin, *The Political Economy of International Relations* (Princeton, NJ: Princeton University Press, 1987), 73, and Robert Gilpin, *Global Political Economy: Understanding the International Economic Order* (Princeton, NJ: Princeton University Press, 2001), 99; and John J. Mearsheimer, *The Tragedy of Great Power Politics* (New York: W. W. Norton, 2001), 40. 옥스포드 영어사전에서 세력우위의 정의는 "(최근에는 특히 수량이나 수의 관점에서) 지배, 우세함, 팽배함의 사실 혹은 성질; 지배하거나 우세한 영향력, 세력, 혹은 권위; 이런 경우이다." *Oxford English Dictionary*, 3rd ed. (Oxford: Oxford University Press, 2007), s.v. "predominance, n."

17) The statement of the US Department of Defense: "The Indo−Pacific is the single most consequential region for America's future." US Department of Defense, *Indo−Pacific*

Strategy Report, 1.

18) World Bank, "GDP, PPP (Current International $)—China, World" (Washington, DC: World Bank, accessed June 17, 2020), https://data.worldbank.org/indicator/NY.GDP.MKTP. PP.CD?end=2018&locations=CN−1W&start=1990&type=shaded&view=chart; Heim and Miller, Measuring Power; Lowy Institute, *Asia Power Index 2019*; *International Futures (IF) modeling system*; and Singer, Bremer, and Stuckey, "Capability Distribution, Uncertainty, and Major Power War."

19) Singer, Bremer, and Stuckey, "Capability Distribution, Uncertainty, and Major Power War."

20) 미 국방부가 2019년 6월에 평가했듯이, "경제 및 군사적으로 지위가 향상해 감에 따라, 중국은 인도태평양에서 단기간에 지역패권을 추구하며 궁극적으로 장기적으로는 세계에서의 독보성을 추구한다." US Department of Defense, *Indo−Pacific Strategy Report*, 8. See also US Department of the Navy, *Advantage at Sea: Prevailing with Integrated All−Domain Naval Power* (Washington, DC: US Department of the Navy, December 2020), 4, https://media.defense.gov/2020/Dec/16/2002553074/−1/−1/1/TRISERVICESTRATEGY.PDF. 학술적 평가는 Jennifer Lind, "Life in China's Asia: What Regional Hegemony Would Look Like," *Foreign Affairs* 97, no. 2 (March/April 2018): 71-82, https://www.foreignaffairs. com/articles/china/2018−02−13/life−chinas−asia; Liza Tobin, "Xi's Vision forTransforming Global Governance: A Strategic Challenge for Washington and Its Allies," *Texas National Security Review* 2, no. 1 (November 2018): 155-166, http://dx.doi. org/10.26153/tsw/863; Oriana Skylar Mastro, "The Stealth Superpower: How China Hid Its Global Ambitions," *Foreign Affairs* 98, no. 1 (January/February 2019): 31-39, https://www.foreignaffairs. com/articles/china/china−plan−rule−asia;Nadège Rolland, *China's Vision for a New World Order*, NBR Special Report no. 83 (Seattle, WA: National Bureau of Asian Research, January 2020), 47-51, https://www.nbr.org/publication/chinas−vision−for−a−new−world−order/;*Hearing on a "China Model": Beijing's Promotion of Alternative Global Norms and Standards, before the U.S.−China Economic and Security Review Commission*, 116th Cong. (2020) (statement of Daniel Tobin, Faculty Member, China Studies, National Intelligence University and Senior Associate (Non−Resident), Freeman Chair in China Studies, Center for Strategic and International Studies), https://www.uscc.gov/sites/default/files/testimonies/SFR%20for%20USCC%20Tobin D%2020200313.pdf; and Nadège Rolland, *An Emerging China−Centric Order: China's Vision for a New World Order in Practice*, NBR Special Report no. 87 (Seattle, WA: National Bureau of Asian Research, August 2020), https://www.nbr.org/publication/an−emerging−china−centric−order−chinas−vision−for−a−new−world−order−in−practice/. 반대시각은, *Hearing on a "World−Class" Military: Assessing China's Global Military Ambitions, before the U.S.−China Economic and Security Review Commission*, 116th Cong. 12 (2019) (statement of M. Taylor Fravel, Arthur and Ruth Sloan Professor of Political Science, Massachusetts Institute of Technology), https://www.uscc.gov/sites/default/files/Fravel_USCC%20Testimony_FINAL.pdf.

21) World Bank, "GDP, PPP (Current International $)—European Union, United Kingdom, Russian Federation, Switzerland, Norway, North Macedonia, Bosnia and Herzegovina, Serbia, Albania, Montenegro, Belarus, Ukraine, Moldova, World" (Washington, DC: World Bank, accessed June 17, 2020), https://data.worldbank.org/indicator/NY.GDP.MKTP−.PP.

CD?locations=EU−GB−RU−CH−NO−MK−BA−RS−AL−ME−BY−UA−MD−1W.

22) World Bank, "GDP, PPP (Current International \$)—Russian Federation, Germany, France, United Kingdom, Italy" (Washington, DC: World Bank, accessed June 17, 2020), https://data.worldbank.org/indicator/NY.GDP.MKTP.PP.CD?locations=RU−DE−FR−GB−IT.

23) Singer, Bremer, and Stuckey, "Capability Distribution, Uncertainty, and Major Power War."

24) 쟁점이 되는 것에 대한 비슷한 시각은 미국정부에 의해서 표현되었다. US Department of Defense, Indo−Pacific Strategy Report, 4. 이 기본이 되는 논리의 가장 명확한 현대의 발언은 Evan Braden Montgomery, *In the Hegemon's Shadow: Leading States and the Rise of Regional Powers* (Ithaca, NY: Cornell University Press, 2016). Cf. Joshua Shifrinson, "The Rise of China, Balance of Power Theory, and US National Security: Reasons for Optimism?," *Journal of Strategic Studies* 42, no. 2 (2020): 175-216, doi:10.1080/01402390.2018.1558056.

25) Gilpin, Political Economy of International Relations, 76-77.

26) Robert D. Blackwill and Jennifer M. Harris, War by Other Means: Geoeconomics and Statecraft (Cambridge, MA: Belknap Press of Harvard University Press, 2016), 93-128; Markus Brunnermeier, Rush Doshi, and Harold James, "Beijing's Bismarckian Ghosts: How Great Powers Compete Economically," Washington Quarterly 41, no. 3 (Fall 2018): 161-176, https://doi.org/10.1080/0163660X.2018.1520571; 그리고 이 논점에 관한 공식 및 전문적인 문헌에 대한 고찰은 U.S−China Economic and Security Review Commission, *2019 Report to Congress of the U.S−China Economic and Security Review Commission*, One Hundred Sixteenth Congress, First Session (Washington, DC: U.S.−China Economic and Security Review Commission, November 2019), 33-104, 169-191.

27) Edward N. Luttwak, "From Geopolitics to Geo−Economics: Logic of Conflict, Grammar of Commerce," *National Interest*, no. 20 (Summer 1990): 17-23, https://www.jstor.org/stable/42894676. 최근의 관련자료는 Henrique Choer Moraes and Mikael Wigell, "The Emergence of Strategic Capitalism: Geoeconomics, Corporate Statecraft and the Repurposing of the Global Economy," *FIIA Working Paper* 117 (Helsinki: Finnish Institute of International Affairs, September 30, 2020), https://www.fiia.fi/en/publication/the−emergence− of−strategic−capitalism.

28) 개념적인 논의는 Robert Gilpin, *U.S. Power and Multinational Corporation: The Political Economy of Foreign Direct Investment* (New York: Basic Books, 1975), 79-84뿐만 아니라 Gilpin, War and Change, 134-137; Eli F. Heckscher, *The Continental System: An Economic Interpretation* (Oxford: Clarendon Press, 1922); Jacob Viner, *The Customs Union Issue* (1950; repr., New York: Oxford University Press, 2014), esp. 125-126; Ikuhiko Hata, "Continental Expansion, 1905-1941," in *The Cambridge History of Japan*, vol. 6, The Twentieth Century, ed. Peter Duus (New York: Cambridge University Press, 2005), 299-302; and Michael Kaser, *Comecon: Integration Problems of the Planned Economies* (London: Oxford University Press, 1965).

29) Jeffrey A. Frankel, *Regional Trading Blocs in the World Economic System* (Washington, DC: Institute for International Economics, 1997), 35-47; Jeffrey A. Frankel, "Globalization of the Economy," *NBER Working Paper* no. 7858 (Cambridge, MA: National Bureau of Economic Research, August 2000): esp. 13-19, https://www.nber.org/papers/w7858.pdf;

Dani Rodrik, "How Far Will International Economic Integration Go?," *Journal of Economic Perspectives* 14, no. 1 (Winter 2000): 177-186, http://www.jstor.com/stable/2647061; Daron Acemoglu and Pierre Yared, "Political Limits to Globalization," *American Economic Review: Papers and Proceedings* 100 (May 2010): 83-88, https://www.jstor.org/stable/27804968/; Jeffrey Frieden et al., *After the Fall: The Future of Global Cooperation*, Geneva Reports on the World Economy no. 14 (Geneva: International Center for Monetary and Banking Studies, July 2012); Michael J. Mazarr et al., *Measuring the Health of the Liberal International Order* (Santa Monica, CA: RAND Corporation, 2017), 49-64, https://doi.org/10.7249/RR1994.

30) 다음을 보라. e.g., Gilpin, *Political Economy of International Relations*, 294-296; Pier Carlo Padoan, "Regional Agreements as Clubs: The European Case," in *The Political Economy of Regionalism*, ed. Edward D. Mansfield and Helen V. Milner (New York: Columbia University Press, 1997), 107-133; Kenneth A. Froot and David B. Yoffie, "Trading Blocs and the Incentives to Protect: Implications for Japan and East Asia," in *Regionalism and Rivalry: Japan and the United States in Pacific Asia*, ed. Jeffrey A. Frankel and Miles Kahler (Chicago: University of Chicago Press, 1993), 125-158; Edward D. Mansfield and Helen V. Milner, "The New Wave of Regionalism," *International Organization* 53, no. 3 (Summer 1999): 589-627, https://www.jstor.org/stable/2601291; and Gilpin, *Global Political Economy*, 348.

31) Stephen D. Krasner, "State Power and the Structure of International Trade," *World Politics* 28, no. 3 (April 1976): 318-319, 321-322, doi:10.2307/2009974. See also Peter J. Katzenstein, "International Relations and Domestic Structures: Foreign Economic Policies of Advanced Industrial States," *International Organization* 30, no. 1 (Winter 1976): 1-45, https://www.jstor.org/stable/2706246.

32) Gilpin, War and Change, 150-152.

33) 이런 우려에 대한 공식적인 표현은 William P. Barr, "Remarks on China Policy" (Gerald R. Ford Presidential Museum, Grand Rapids, MI, July 16, 2020), https://www.justice.gov/opa/speech/attorney−general−william−p−barr−delivers−remarks−china−policy−ger ald−r−ford−presidential; and Office of the Secretary of Defense, *Annual Report to Congress: Military and Security Developments involving the People's Republic of China 2020*, 9−A3DFCD4 (Washington, DC: US Department of Defense, August 11, 2020), 11-17, https://media.defense.gov/2020/Sep/01/2002488689/−1/−1/1/2020−DOD−CHINA−MILI TARY−POWER−REPORT−FINAL.PDF. 중국 산업정책에 관한 최근의 분석은 Jean−Christophe Defraigne, "China's Industrial Policy," *Short Term Policy Brief* 81 (Brussels: Europe China Research and Advice Network, June 2014), https://eeas. europa.eu/archives/docs/china/docs/division_ecran/ecran_is103_paper_81_chinas_industrial_policy_jean−christophe_defraigne_en.pdf; Ernest Liu, "Industrial Policies in Production Networks," *Quarterly Journal of Economics* 134, no. 4 (2019): 1883-1948, doi:10.1093/qje/qjz024; Loren Brand and Thomas G. Rawski, eds., *Policy, Regulation, and Innovation in China's Electricity and Telecom Industries* (New York: Cambridge University Press, 2019); Panle Jia Barwick, Myrto Kalouptsidi, and Nahim Bin Zahur, "China Industrial Policy: An Empirical Evaluation," *NBER Working Paper* no. 26075 (Cambridge, MA: National Bureau of Economic Research, September 2019), https://www.

nber.org/papers/w26075; and, for a synopsis, "Free Exchange: China's Industrial Policy Has Worked Better Than Critics Think," *Economist*, January 2, 2020, https://www.economist.com/finance−and−economics/2020/01/02/chinas−industrial−policy−has−worked−better−than−critics−think.

34) Chad P. Brown, "Should the United States Recognize China as a Market Economy?," (Washington, DC: Peterson *Institute for International Economics*, December 2016), 4, https://www.piie.com/publications/policy−briefs/should−united−states−recognize−china−market−economy; Mark Wu, "The 'China Inc.' Challenge to Global Trade Governance," *Harvard International Law Journal* 57, no. 2 (Spring 2016): 261-324, https://ssrn.com/abstract=2779781. 이 쟁점에 대한 고찰은 Wayne M. Morrison, "China−U.S. Trade Issues," RL33536 (Washington, DC: Congressional Research Service, July 30, 2018), 30-54, https://crsreports.congress.gov/product/pdf/RL/RL33536.

35) See Kurt M. Campbell and Ely Ratner, "The China Reckoning: How Beijing Defied American Expectations," Foreign Affairs 97, no. 2 (March/April 2018): 60-70, https://www.foreignaffairs.com/articles/china/2018−02−13/china−reckoning.

36) 규범적인 선호도가 패권질서의 정치적, 사회경제적 그리고 상업적인 차원에 영향을 주는지에 관하여는 Charles A. Kupchan, "The Normative Foundations of Hegemony and the Coming Challenge to Pax Americana," *Security Studies* 23, no. 2 (2014): 219-257, https://doi.org/10.1080/09636412.2014.874205.

37) 실제로 최근 한 연구는 지배세력은 인식된 위협을 제외하고 기존의 질서 내에서의 그 위협을 제한하기 위하여 국제질서를 재구성한다고 밝혔다. Kyle M. Lascurettes, *Orders of Exclusion: Great Powers and the Strategic Sources of Foundational Rules in International Relations* (New York: Oxford University Press, 2020).

38) 예를 들어, 자유진영의 경제력을 증강시키는 한편 경쟁진영의 교역으로부터 얻는 이익의 거부 및 이에 따르는 안보 외부효과의 제한을 위해 냉전 간 동맹 내 교역구역이 형성되었다. 다른 문헌 중에서도 다음을 보라. David Allen Baldwin, *Economic Statecraft* (Princeton, NJ: Princeton University Press, 1985), 235-249; Michael Mastanduno, "Strategies of Economic Containment: U.S. Trade Relations with the Soviet Union," *World Politics* 37, no. 4 (June 1985): 503-531, https://www.jstor.org/stable/2010342; Joanne Gowa, *Allies, Adversaries, and International Trade* (Princeton, NJ: Princeton University Press, 1994); and Sebastian Rosato, *Europe United: Power Politics and the Making of the European Community* (Ithaca, NY: Cornell University Press, 2011).

39) 교역이존과 협상력에 대한 고전적인 논의는 Albert O. Hirschman, *National Power and the Structure of Foreign Trade* (Berkeley: University of California Press, 1945). 강제적인 의존에 대한 최근의 연구는 Henry Farrell and Abraham L. Newman, "Weaponized Interdependence: How Global Economic Networks Shape State Coercion," *International Security* 44, no. 1 (Summer 2019): 42-79, https://doi.org/10.1162/ISEC_a_00351.

40) 다음을 보라. "Appendix 2: Chinese Influence Activities in Select Countries," in *China's Influence and American Interests: Promoting Constructive Vigilance*, rev. ed., ed. Larry Diamond and Orville Schell (Stanford, CA: Hoover Institution Press, 2019), 164-170. 또한 다음의 발언을 보라. Malcolm Turnbull, "Countering Chinese Influence Activities in Australia" (Center for Strategic and International Studies, Washington, DC, July 15, 2020), https://www.csis.org/events/online−event−countering−chinese−influence−activities−a

ustralia.

41) Peter Mattis and Matthew Brazil, *Chinese Communist Espionage: An Intelligence Primer* (Annapolis, MD: Naval Institute Press, 2019).

42) Evan Braden Montgomery, "Breaking Out of the Security Dilemma: Realism, Reassurance, and the Problem of Uncertainty," *International Security* 31, no. 2 (Fall 2006): 151-185, https://www.jstor.org/stable/4137519.

43) 지역의 어려움의 우세보다 지정학적 경쟁의 지구적 차원을 강조하는 주장에 대하여는 cf. Hal Brands and Jake Sullivan, "China Has Two Paths to Global Domination," *Foreign Policy*, May 22, 2020, https://foreignpolicy.com/2020/ 05/22/china−superpower−two− paths−global−domination−cold−war/

제 2 장 호의적 지역세력균형

1) Daniel Goffman, *The Ottoman Empire and Early Modern Europe* (Cambridge, UK: Cambridge University Press, 2002), 111.

2) 다음의 사례를 보라. White House, National Security Strategy (Washington, DC: White House, February 2015), 22.

3) 근접한 저작에 대하여는 길핀의 패권전쟁에 대한 논의를 보라. Robert Gilpin, "The Theory of Hegemonic War," *Journal of Interdisciplinary History* 18, no. 4 (Spring 1988): 592, doi:10.2307/204816.

4) 다음의 사례를 보라. John Lewis Gaddis, *Strategies of Containment: A Critical Appraisal of American National Security Policy during the Cold War*, rev. ed. (Oxford: Oxford University Press, 2005); Marc Trachtenberg, *History and Strategy* (Princeton, NJ: Princeton University Press, 1991); and Francis J. Gavin, *Nuclear Statecraft: History and Strategy in America's Atomic Age* (Ithaca, NY: Cornell University Press, 2014).

5) 다음을 보라. Kenneth N. Waltz, *Theory of International Politics* (Reading, MA: Addison−Wesley, 1979), 125-126; Stephen M. Walt, *The Origins of Alliances* (Ithaca, NY: Cornell University Press, 1987), esp. 17-21, 27-32; Robert Jervis and Jack Snyder, eds., *Dominoes and Bandwagons: Strategic Beliefs and Great Power Competition in the Eurasian Rim−land* (New York: Oxford University Press, 1991); and Glenn H. Snyder, *Alliance Politics* (Ithaca, NY: Cornell University Press, 1997), 18, 158-161. 국가들이 필연적으로 중국의 부상에 대하여 균형을 잡아야 함에 대한 주장은 다음을 보라. Edward N. Luttwak, The Rise of China vs. the Logic of Strategy (Cambridge, MA: Harvard University Press, 2012).

6) Nicholas J. Spykman, *America's Strategy in World Politics: The United States and the Balance of Power* (1942; repr., New York: Routledge, 2017), 66-67, 80-81; George F. Kennan, *American Diplomacy*, 30-32; John J. Mearsheimer, *The Tragedy of Great Power Politics* (New York: W. W. Norton, 2001), 236.

7) 다음의 사례를 보라. Peter Harrell et al., China's Use of Coercive Economic Measures (Washington, DC: Center for a New American Security, June 2018), esp. 9-10, https://www.cnas.org/publications/reports/chinas−use−of−coercive−economic−measur es.

8) 개념적으로 다룬 것은 다음을 보라. Mancur Olson Jr. and Richard Zeckhauser, *An Economic Theory of Alliances* (Santa Monica, CA: RAND Corporation, 1966), https://www.rand.org/pubs/research_memoranda/RM4297.html. 또한 다음을 참고. Mancur Olson, *The Logic of Collective Action: Public Goods and the Theory of the Groups* (Cambridge, MA: Harvard University Press, 1971); and Todd Sandler and Keith Hartley, "Economics of Alliances: The Lessons for Collective Action," *Journal of Economic Literature* 39 (September 2001): 869-896, https://www.jstor.org/stable/2698316.

9) 고전적인 논의는 다음을 보라. Henry Kissinger, *Diplomacy* (New York: Simon and Schuster, 1994), 103-136. 또한 다음을 보라. Glenn H. Snyder, *Deterrence and Defense: Toward a Theory of National Security* (Ithaca, NY: Cornell University Press, 1961), 57; and John J. Mearsheimer, *Conventional Deterrence* (Ithaca, NY: Cornell University Press, 1983), 56-58.

10) 실제로 예방전쟁을 감행할 유인요인을 가지는 것은 주로 반패권연합이다. 다음을 보라. Dale C. Copeland, *The Origins of Major War* (Ithaca, NY: Cornell University Press, 2000), 10-55.

11) 다음의 사례를 보라. Kurt M. Campbell and Jake Sullivan, "Competition without Catastrophe: How America Can Both Challenge and Coexist with China," *Foreign Affairs* 98, no. 5 (Sep—tember/October 2019): 104, https://www.foreignaffairs.com/articles/china/competition—with—china—without—catastrophe.

12) 전쟁의 원인에 대한 중요한 저작은 다음을 포함한다. Kenneth N. Waltz, *Man, the State, and War: A Theoretical Analysis* (New York: Columbia University Press, 1954); Bernard Brodie, *War and Politics* (New York: Macmillan, 1973), 276-340; Geoffrey Blainey, *The Causes of War*, 3rd ed. (New York: Free Press, 1988); A. F. K. Organski and Jacek Kugler, *The War Ledger* (Chicago: University of Chicago Press, 1981); Robert I. Rotberg and Theodore L. Rabb, eds., *The Origins and Prevention of Major Wars* (New York: Cam—bridge University Press, 1989); Donald Kagan, *On the Origins of War and the Preservation of Peace* (New York: Doubleday, 1994); Michael E. Brown et al., eds., *Theories of War and Peace* (Cambridge, MA: MIT Press, 1998); Stephen Van Evera, *Causes of War: Power and the Roots of Conflict* (Ithaca, NY: Cornell University Press, 1999); and Jack S. Levy and William R. Thompson, *Causes of War* (Chichester, UK: Wiley—Blackwell, 2010). 설문조사는 다음을 보라. Greg Cashman, *What Causes War? An Introduction to Theories of International Conflict*, 2nd ed. (Lanham, MD: Rowman and Littlefield, 2014).

13) Office of the Secretary of Defense, *Annual Report to Congress: Military and Security Developments Involving the People's Republic of China 2020*, 9—A3DFCD4 (Washington, DC: US Department of Defense, August 11, 2020), esp. 38-121, https://media.defense.gov/2020/Sep/01/2002488689/—1/—1/1/2020—DOD—CHINA—MILITARY—POWER—REPORT—FINAL.PDF; US Defense Intelligence Agency, *China Military Power: Modernizing a Force to Fight and Win*, DIA—02—1706—085 (Washington, DC: Defense Intelligence Agency, 2019), 23-51, https://www.dia.mil/Portals/27/Documents/News/Military%20Power%20Publications/China_Military_Power_FINAL_5MB_20190103.pdf; and Eric Heginbotham et al., *The U.S.—China Military Scorecard: Forces, Geography, and the Evolving Balance of Power, 1996-2017* (Santa Monica, CA: RAND Corporation, 2015), 23-41, https://www.

jstor.org/stable/10.7249/ j.ctt17rw5gb. 또한 다음을 보라. Thomas Shugart and Javier Gonzales, *First Strike: China's Missile Threat to U.S. Bases in Asia* (Washington, DC: Center for a New American Security, July 2017), https://www.cnas.org/publications/reports/first−strike−chinas−missile−threat−to−u−s−bases−to−asia.

14) 초석균형국가의 개념은 "역외균형국가"의 개념과는 대별된다. "역외균형"학파의 일부 학자들은 유라시아로부터 대규모의 진영의 재보강을 주장하지만, 이 논지는 특정 조건 하에 해외에서 상당한 교전을 마주하는 변형들과 가장 유사하며, 특히 주요 지역에 대하여 특정 국가가 패권을 형성하려고 할 때 그러하다. 그러나 이 시각과 나의 시각의 주되고 중요한 차이점은 이 학파는 지역 국가들이 함께 연합으로 모여 유망 패권국에 대한 균형을 이룰 것이라는 낙관성을 띨 뿐만 아니라 미국은 언제나 차후에 진입하여 합리적인 비용과 위험만 감내하고도 상황을 바로잡을 수 있다는 자신감을 견지하고 있다는 점이다. 그러므로 이들의 우선순위가 되는 주안점은 초석균형보다는 부담 전가에 있다. 그 결과로 균형을 이루는 연합이 형성될 것이며 결집할 것이라는 생각을 가정하여, 이 역외균형적 접근은 국지적인 균형국가들에 전가할 부담의 정도를 극대화하고자 한다. 예를 들어, 존 미어샤이머와 스티븐 월트는 2016년 포린어페어스지의 한 영향력 있는 논문에서 다음과 같이 주장했다. "본질적으로, 목표는 종종 역내에 진입하는 것이 필요하다는 사실을 인식하는 한편 가능한 한 역외균형으로 남는 것이다. 그러나 만약 미국이 동맹국가가 가능한 한 많은 중량을 감당할 수 있도록 만들어야 하고 가능한 신속하게 자국군의 전력을 물려야 하는 상황을 맞게 된다면 … 타국들을 강제하여 스스로의 중량을 감당하도록 하고 … 만약 [미국]이 또 다른 강대국과 싸워야 한다면, 뒤늦게 당도하여 타국들이 날선 초기비용을 감당하게 하는 것이 낫고 … 종합하였을 때 이러한 단계들은 미국이 획기적으로 방위지출을 줄일 수 있도록 할 것이다. John J. Mearsheimer and Stephen M. Walt, "The Case for Offshore Balancing: A Superior U.S. Grand Strategy," *Foreign Affairs* 95, no. 4 (July/August 2016): 74, 78, 83, doi:10.2307/43946934. 저자의 시각은 아시아 내의 대중국 균형의 전망 그리고 아시아의 호의적인 군사 균형에 대하여 훨씬 덜 낙관적이며 이 책의 주안점이 이 부분에 잡혔다. 이 학파의 낙관성과는 다르게, 나는 반패권연합을 형성, 지속, 방어하는 데 있어서 초석균형국가의 중요하고 능동적인 (요원함을 강조하는 말인 "역외"가 아닌) 역할을 강조한다. 역외균형학파의 추가적인 논의는 주요한 주제의 변형들을 대표하는 다음의 사례를 보라. Barry R. Posen and Andrew L. Ross, "Competing Visions for U.S. Grand Strategy," *International Security* 21, no. 3 (Winter 1996/97), doi:10.2307/2539272; Eugene Gholz, Daryl G. Press, and Harvey M. Sapolsky, "Come Home, America: The Strategy of Restraint in the Face of Temptation," *International Security* 21, no. 4 (Spring 1997): 5-48, doi:10.2307/2539282; Christopher Layne, "From Preponderance to Offshore Balancing: America's Future Grand Strategy," *International Security* 22, no.1 (Summer 1997): 86-124, https://muse.jhu.edu/ article/446821; Christopher Layne, *The Peace of Illusions: American Grand Strategy from 1940 to the Present* (Ithaca, NY: Cornell University Press, 2006); Barry R. Posen, *Restraint: A New Foundation for U.S. Grand Strategy* (Ithaca, NY: Cornell University Press, 2014); and Jasen J. Castillo, "Passing the Torch: Criteria for Implementing a Grand Strategy of Offshore Balancing," in *New Voices in American Grand Strategy* (Washington, DC: Center for a New American Security, 2019), 23-35, https://www.cnas. org/publications/reports/new−voices−in−grand−strategy.

15) Edward C. Keefer, *Harold Brown: Offsetting the Soviet Military Challenge, 1977-1981* (Washington, DC: Historical Office, Office of the Secretary of Defense, 2017), 322-339.

16) 자국의 영역을 넘는 미국의 개입에 대한 논리는 또 다른 다음의 퍼즐에 대한 설명을 돕는다. 왜 미국이 북아메리카 및 중앙아메리카 이외의 국가들, 특히 유럽과 아시아의 강대국들로써 균형을 이끌어내지 않았는가 하는 궁금증이 그것이다. 이의 일부는 미국이 자기 지역에서 고도로 안전하고, 자국의 해당지역을 넘어서 패권지역을 확장하고자 하는 이유가 제한된다는 사실이다. 게다가 그런 확장은 어렵다. 세계의 다른 부유한 지역은 훨씬 요원하고 개발되어 있으며, 패권의 세력을 원거리에 걸쳐서 투사하고 유지하고자 하는 시도는 난해하며 값비싸다. 그러므로 20세기 일부 시기의 필리핀을 예외로 하고 미국은 북아메리카와 중앙아메리카 지역을 넘어선 인구를 형성하고 개발된 지역에 패권을 형성하거나 통제하고자 하지 않고 있다. 이런 탄탄하고 믿을 만한 절제에 대한 기반은 미국이 막중한 대응균형 (counterbalancing)을 발동시키지 않은 거의 확실한 이유이다. 이 논점에 관한 주장에 대하여는 다음의 사례를 참고. Stephen G. Brooks and William C. Wohlforth, "Hard Times for Soft Balancing," *International Security* 30, no. 1 (Summer 2005): 72-108, https://www.jstor.org/stable/4137459; and Keir A. Lieber and Gerard Alexander, "Waiting for Balancing: Why the World Is Not Pushing Back," *International Security* 30, no. 1 (Summer 2005): 109-139, https://www.jstor.org/stable/4137460.

17) World Bank, "GDP, PPP (Current International $)—Japan, China" (Washington, DC: World Bank, accessed June 17, 2020), https://data.worldbank.org/indicator/NY.GDP.MKTP.PP.CD?locations=JP−CN; David J. Singer, Stuart Bremer, and John Stuckey, "Capability Distribution, Uncertainty, and Major Power War, 1820-1965," in *Peace, War, and Numbers*, ed. Bruce Russett (Beverly Hills, CA: Sage, 1972), 19-48.

18) World Bank, "GDP, PPP (Current International $)—India, China" (Washington, DC: World Bank, accessed June 17, 2020), https://data.worldbank.org/indicator/NY.GDP.MKTP.PP.CD?locations=IN−CN; Singer, Bremer, and Stuckey, "Capability Distribution, Uncertainty, and Major Power War"; Charles Wolf Jr., China and India, *2025: A Comparative Assessment* (Santa Monica, CA: RAND Corporation, 2011), 37-51, https://www.rand.org/pubs/monographs/MG1009.html.

19) 예비 연합의 국가역량 종합지표 점수의 합계점수는 0.15이다. 중국, 파키스탄 그리고 캄보디아의 점수는 0.23이다. 그러므로 중국, 파키스탄, 캄보디아의 경제력의 총합은 미국의 참여가 없는 예비 연합보다 40퍼센트가 넘게 상회한다. Singer, Bremer, and Stuckey, "Capability Distribution, Uncertainty, and Major Power War."

20) National Security Council, "U.S. Strategic Framework for the Indo−Pacific," (Washington, DC: White House, 2018), 4, https://www.whitehouse.gov/wp−content/uploads/2021/01/IPS−Final−Declass.pdf; US Department of Defense, *Indo−Pacific Strategy Report: Preparedness, Partnerships, and Promoting a Networked Region* (Washington, DC: US Department of Defense, July 1, 2019), 48, https://media.defense.gov/2019/Jul/01/2002152311/−1/−1/1/DEPARTMENT−OF−DEFENSE−INDO−PACIFIC−STRATEGY−REPORT−2019.PDF. See also Michael R. Pompeo, "Opening Remarks at Quad Ministerial" (Iikura Guest House, Tokyo, October 6, 2020), https://www.state.gov/secretary−michael−r−pompeo−opening−remarks−at−quad−ministerial/.

21) 이런 노력에 대한 특별히 명확한 분석은 다음을 보라. Ashley J. Tellis, *Balancing without Containment: An American Strategy for Managing China* (Washington, DC: Carnegie Endowment for International Peace, 2014), https://carnegieendowment.org/files/balancing_without_containment.pdf.

22) 가능성 있는 연합 국가들 간의 결속에 대한 조사는 다음을 보라. Richard Fontaine et al., *Networking Asian Security: An Integrated Approach to Order in the Pacific* (Washington, DC: Center for a New American Security, June 19, 2017), https://www.cnas.org/publications/reports/networking−asian−security; and Scott W. Harold et al., *The Thickening Web of Asian Security Cooperation: Deepening Defense Ties among U.S. Allies and Partners in the Indo−Pacific* (Santa Monica, CA: RAND Corporation, 2019), https://doi.org/10.7249/RR3125. 보다 최근의 전개는 다음을 보라. Mark T. Esper, "Defense Secretary Addresses Free and Open Indo−Pacific" (Asia−Pacific Center for Security Studies, Honolulu, HI, August 26, 2020), https://www.defense.gov/Newsroom/Transcripts/Transcript/Article/2328124/defense−secretary−addresses−free−and−open−indo−pacific−at−apcss−courtesy−transc/source/GovDelivery/; Stephen Biegun, "Remarks at the U.S.−India Strategic Partnership Forum" (U.S.−India Strategic Partnership Forum, Washington, DC, August 31, 2020), https://www.state.gov/deputy−secretary−biegun−remarks−at−the−u−s−india−strategic−partnership−forum/; Hiroyuki Akita and Eri Segiura, "Pompeo Aims to 'Institutionalize' Quad Ties to Counter China," *Nikkei Asia*, October 6, 2020, https://asia.nikkei.com/Editor−s−Picks/Interview/Pompeo−aims−to−institutionalize−Quad−ties−to−counter−China; Stephen Biegun, "Remarks by Deputy Secretary Biegun" (Ananta Centre India−U.S. Forum, New Delhi, October 12, 2020), https://www.state.gov/remarks−by−deputy−secretary−stephen−e−biegun/; Katrina Manson, "Washington Looks to Five Eyes to Build Anti−China Coalition," *Financial Times*, June 3, 2020, https://www.ft.com/content/5c4d6c5c−b1b1−42fc−b779−0697bc0a33b9; Lindsey W. Ford and Julian Gewirtz, "China's Post−Coronavirus Aggression Is Reshaping Asia," *Foreign Policy*, June 18, 2020, https://foreignpolicy.com/2020/06/18/china−india−aggression−asia−alliances/; Angela Dewan, "US Allies Once Seemed Cowed by China. Now They're Responding with Rare Coordination," *CNN*, July 15, 2020, https://www.cnn.com/2020/07/14/world/china−world−coordinate−response−intl/index.html; Derek Grossman, "The Quad Is Poised to Become Openly Anti−China Soon," *RAND Blog*, July 28, 2020, https://www.rand.org/blog/2020/07/the−quad−is−poised−to−become−openly−anti−china−soon.html; David A. Andelman, "Trump Is Assembling a Coalition of the Willing against China," *CNN*, August 11, 2020, https://www.cnn.com/2020/08/11/opinions/trump−administration−china−andelman−opinion/index.html; and "No Drunken Sailors: America Musters the World's Biggest Naval Exercise," *Economist*, August 16, 2020, https://www.economist.com/international/2020/08/16/america−musters−the−worlds−biggest−naval−exercise.

23) Evan Braden Montgomery, *In the Hegemon's Shadow: Leading States and the Rise of Regional Powers* (Ithaca, NY: Cornell University Press, 2016), 54-74.

24) World Bank, "GDP, PPP (Current International $)—Iran, Islamic Rep., Middle East & North Africa" (Washington, DC: World Bank, accessed June 17, 2020), https://data.worldbank.org/indicator/NY.GDP.MKTP.PP.CD?locations=IR−ZQ; Singer, Bremer, and Stuckey, "Capability Distribution, Uncertainty, and Major Power War."

25) US Defense Intelligence Agency, *Russia Military Power: Building a Military to Support Great Power Aspirations*, DIA−11−1704−161 (Washington, DC: US Defense Intelligence Agency, 2017), 42-43, 58-70, https://www.dia.mil/Portals/27/Documents/News/ Military%

20Power%20Publications/Russia%20Military%20Power%20Report%202017.pdf.

26) 브라질은 지구상 부의 2.4퍼센트를 차지하며, 이는 중앙 및 남아메리카에서 큰 차이로 가장 큰 규모이다. 멕시코는 브라질 뒤를 2퍼센트로 쫓는다. 이 지역 내에서 그 어떤 국가도 지구상 부의 1퍼센트 이상을 차지하지 않는다. 브라질과 멕시코의 종합 국가역량지표 점수는 각각 0.25와 0.015이며, 프랑스보다 크지만 미국의 점수보다는 훨씬 낮다. Singer, Bremer, and Stuckey, "Capability Distribution, Uncertainty, and Major Power War"; World Bank, "GDP, PPP (Current International $)—Brazil, Mexico, World" (Washington, DC: World Bank, accessed June 22, 2020), https://data.worldbank.org/indicator/NY.GDP.MKTP.PP.CD?end = 2018&locations = 1W − BR − MX&start = 1990&view = chart.

27) 게다가 사하라 인근 아프리카의 그 어떤 국가도 지구상의 부의 1퍼센트 이상을 대표하지 않으며, 그중 가장 높은 나이지리아는 0.8퍼센트이고, 남아프리카가 0.6퍼센트 그리고 케냐와 탄자니아가 0.1퍼센트를 조금 넘는다. 해당 지역에서 가장 큰 네 경제국가들은 종합 국가재료역량 지표상 점수의 합계가 0.2이고 포르투갈보다 조금 높다. World Bank, "GDP, PPP (Current International $)—Nigeria, South Africa, Kenya, Tanzania, World" (Washington, DC: World Bank, accessed June 22, 2020), https://data.worldbank.org/ indicator/NY.GDP.MKTP.PP.CD?end = 2018&locations = NG − ZA − KE − TZ − 1W&start = 1990&view = chart; Singer, Bremer, and Stuckey, "Capability Distribution, Uncertainty, and Major Power War"; US National Intelligence Council, *Global Trends 2030: Alternative Worlds* (Washington, DC: Office of the Director of National Intelligence, December 2012), 8, 14, 22, 50, https://www.dni.gov/files/documents/GlobalTrends_2030.pdf.

제3장 동맹과 그들의 효과적이고 신뢰성 있는 방위

1) Thomas J. Christensen and Jack Snyder, "Chain Gangs and Passed Bucks: Predicting Alliance Patterns in Multipolarity," *International Organization* 44, no. 2 (Spring 1990): 140, https://www.jstor.org/stable/2706792; Kenneth N. Waltz, *Theory of International Politics* (Reading, MA: Addison−Wesley, 1979), 167. Cf. Tongfi Kim, "Why Alliances Entangle but Seldom Entrap States," *Security Studies* 20, no. 3 (July 2011): 350-377, doi:10.1080/09636412.2011.599201; and Michael Beckley, "The Myth of Entangling Alliances: Reassessing the Security Risks of U.S. Defense Pacts," *International Security* 39, no. 4 (Spring 2015): 7-48.

2) See Office of the Secretary of Defense, *Annual Report to Congress: Military and Security Developments Involving the People's Republic of China 2020*, 9−A3DFCD4 (Washington, DC: US Department of Defense, August 11, 2020), esp. 76-89, https://media.defense.gov/ 2020/Sep/01/2002488689/ − 1/ − 1/1/2020 − DOD − CHINA − MILITARY − POWER − REPORT − FINAL.PDF.

3) 다음의 사례를 보라. H. D. Schmidt, "The Idea and Slogan of 'Perfidious Albion,'" *Journal of the History of Ideas* 14, no. 4 (October 1953): 604-616. Thanks to Wess Mitchell for this allusion.

4) Snyder, Alliance Politics, 45. 동맹에 관해서는 막대한 문헌이 있다. 다른 연구 중에서도 다음을 보라. Robert Osgood, *Alliances and American Foreign Policy* (Baltimore: Johns Hopkins University Press, 1968); George Liska, *Nations in Alliance: The Limits of*

Interdependence (Baltimore: Johns Hopkins University Press, 1968); Stephen M. Walt, *The Origins of Alliances* (Ithaca, NY: Cornell University Press, 1987); James D. Morrow, "Arms versus Allies: Tradeoffs in the Search for Security," *International Organization* 47, no. 2 (1993): 207-233, https://www.jstor.org/stable/2706889; David A. Lake, *Entangling Relations* (Princeton, NJ: Princeton University Press, 1999); Brett Ashley Leeds, "Alliance Reliability in Times of War: Explaining State Decisions to Violate Treaties," *International Organization* 57, no. 4 (Autumn 2003): 801-827, https://www.jstor.org/stable/3594847; Jeremy Pressman, *Warring Friends: Alliance Restraint in International Politics* (Ithaca, NY: Cornell University Press, 2008); Stephen M. Walt, "Alliances in a Unipolar World," *World Politics* 61, no. 1 (2009): 86-120, https://www.jstor.org/stable/40060222; Matthew Fuhrmann and Todd S. Sechser, "Signaling Alliance Commitments: Hand−Tying and Sunk Costs in Extended Nuclear Deterrence," *American Journal of Political Science* 58, no. 4 (2014): 919-935; Paul Poast, *Arguing about Alliances: The Art of Agreement in Military−Pact Negotiations* (Ithaca, NY: Cornell University Press, 2019); and Mira Rapp−Hooper, *Shields of the Republic: The Triumph and Peril of America's Alliances* (Cambridge, MA: Harvard University Press, 2020).

5) 논의에 대하여 다음을 보라. James D. Fearon, "Signaling Foreign Policy Interests: Tying Hands versus Sinking Costs," *Journal of Conflict Resolution* 41, no. 4 (February 1997): 68-90, https://doi.org/10.1177/0022002797041001004; and Fuhrmann and Sechser, "Signaling Alliance Commitments."

6) Taiwan Relations Act (Public Law 96−8, 22 U.S.C. 3301 et seq.); and Susan V. Lawrence and Wayne M. Morrison, *Taiwan: Issues for Congress*, R44996 (Washington, DC: Congressional Research Service, October 30, 2017), 7-13 https://crsreports.congress.gov/product/pdf/R/R44996. 또한 다음을 보라. Nancy Bernkopf Tucker, *Strait Talk: United States-Taiwan Relations and the Crisis with China* (Cambridge, MA: Harvard University Press, 2009); and Richard C. Bush, *A One−China Policy Primer* (Washington, DC: Brookings Institution, March 2017), https://www.brookings.edu/wp−content/uploads/2017/03/one−china−policy−primer.pdf.

7) 다음의 사례를 보라. Hugh White, *How to Defend Australia* (Melbourne: La Trobe University Press, 2019).

8) 다음의 사례를 보라. Richard L. Armitage and Victor Cha, "The 66−year Alliance between the U.S. and South Korea Is in Deep Trouble," *Washington Post*, November 22, 2019, https://www.washingtonpost.com/opinions/the−66−year−alliance−between−the−us−and−south−korea−is−in−deep−trouble/2019/11/22/63f593fc−0d63−11ea−bd9d−c628fd48b3a0_story.html; and Germelina Lacorte, "Duterte Says America Will Never Die for PH," *Inquirer*, August 2, 2015, https://globalnation.inquirer.net/126835/duterte−to−military−attaches−ph−not−out−for−war−china−should−just−let−us−fish−in−seas.

9) Victor D. Cha, "Powerplay: Origins of the U.S. Alliance System in Asia," *International Security* 34, no. 3 (Winter 2009/10): 158-196, https://www.jstor.org/stable/40389236.

10) 이런 긴장에 대한 묘사는 다음을 보라. Brad Glosserman and Scott A. Snyder, *The Japan-South Korea Identity Clash: East Asian Security and the United States* (New York: Columbia University Press, 2015).

11) 인도에 대하여는 다음을 보라. C. Raja Mohan, "India between 'Strategic Autonomy' and

'Geopolitical Opportunity,'" *Asia Policy*, no. 15 (January 2013): 21-25, https://www.jstor. org/sta−ble/24905202; and Ashley J. Tellis, *India as a Leading Power* (Washington, DC: Carnegie Endowment for International Peace, April 2016), 3-6, https://carnegieen dowment.org/2016/04/04/india−as−leading−power−pub−63185. 베트남에 대하여는 다음을 보라. Scott W. Harold et al., *The Thickening Web of Asian Security Cooperation: Deepening Defense Ties among U.S. Allies and Partners in the Indo−Pacific* (Santa Monica, CA: RAND Corporation, 2019), 251-256, 283-284, https:// doi.org/10.7249/ RR3125.

12) 유연성의 필요성과 동맹 형성에 대한 온건한 기대에 대한 공식적인 입장은 다음을 보라. Stephen Biegun, "Remarks at the U.S.−India Strategic Partnership Forum" (U.S.−India Strategic Partnership Forum, Washington, DC, August 31, 2020), https://www.state. gov/deputy−secretary−biegun−remarks−at−the−u−s−india−strategic−partnership− forum/.

13) Leslie H. Gelb and Richard K. Betts, *The Irony of Vietnam: The System Worked* (1979; repr., Washington, DC: Brookings Institution Press, 2016), 180.

14) US Department of State, "Overseas Bases: The Strategic Role of Iceland," *Research Study* (Washington, DC: Bureau of Intelligence and Research, US Department of State, August 14, 1972, declassified December 31, 1981).

15) P. W. J. Riley, *The Union of England and Scotland: A Study in Anglo−Scottish Politics of the 18th Century* (Manchester, UK: Manchester University Press, 1978).

16) 자유주의 중국이야말로 미국의 전략목표여야 한다는 유려한 주장에 대하여는 다음을 보라. Aaron L. Friedberg, *A Contest for Supremacy: China, America, and the Struggle for Mastery in Asia* (New York: W. W. Norton, 2011).

17) 한 논의에 관하여 다음을 보라. Robert Jervis, "Domino Beliefs and Strategic Behavior," in *Dominoes and Bandwagons: Strategic Beliefs and Great Power Competition in the Eurasian Rimland*, ed. Robert Jervis and Jack Snyder (New York: Oxford University Press, 1991), 20-50.

18) 사례에 관하여 다음을 보라. Robert Jervis, "Was the Cold War a Security Dilemma?," *Journal of Cold War Studies* 3, no. 1 (Winter 2001): 36-60, www.muse.jhu.edu/ article/9175.

19) John Lewis Gaddis, *Strategies of Containment: A Critical Appraisal of American National Security Policy during the Cold War*, rev. ed. (Oxford: Oxford University Press, 2005), esp. 83-88, 95-98, 136-145.20. Edward Gibbon, *The History of the Decline and Fall of the Roman Empire*, vol. 1 (1776; repr., New York: Harper and Brothers, 1905), ch. 3, sec. 2, 316.

20) Edward Gibbon, *The History of the Decline and Fall of the Roman Empire*, vol.1 (1776; repr., New York: Harper and Brothers, 1905), ch. 3, sec. 2, 316.

21) Tobin, "Xi's Vision for Transforming Global Governance." See also Rushabh Doshi, "The Long Game: Chinese Grand Strategy after the Cold War" (Ph.D. diss., Harvard University, 2019).

22) Daryl G. Press, *Calculating Credibility: How Leaders Assess Military Threats* (Ithaca, NY: Cornell University Press, 2005), 163n2.

23) Ted Hopf, *Peripheral Visions: Deterrence Theory and American Foreign Policy in the Third World, 1965-1990* (Ann Arbor: University of Michigan Press, 1994); Jonathan Mercer, *Reputation and International Politics* (Ithaca, NY: Cornell University Press, 1996).

24) 다음의 사례를 보라. Geoffrey Parker, "Early Modern Europe," in *The Laws of War: Constraints on Warfare in the Western World*, ed. Michael Howard, George J. Andreopoulos, and Mark R. Shulman (New Haven: Yale University Press, 1994), 40-55.

25) 한 최근의 연구는 국가가 국익의 합치에 대한 동맹의 행동을 추적함으로써 동맹의 의존성을 평가한다고 주장한다. Iain D. Henry, "What Allies Want: Reconsidering Loyalty, Reliability, and Alliance Interdependence," *International Security* 44, no. 4 (Spring 2020): 45-83, https://doi.org/10.1162/ISEC_a_00375.

26) 다음을 보라. Benjamin Graham, *The Intelligent Investor: A Book of Practical Counsel*, 3rd ed. (New York: Harper and Row, 1985); and Jonathan Berk and Peter DeMarzo, *Corporate Finance*, 3rd ed. (Boston: Pearson Education, 2014), 312.

27) 이와 같은 인식에 대하여는 다음을 보라. 38th Commandant of the Marine Corps (Gen. David. H. Berger), *Commandant's Planning Guidance* (Washington, DC: United States Marine Corps, July 17, 2019), 3, https://www.hqmc.marines.mil/Portals/142/Docs/%2038th%20Commandant%27s%20Planning%20Guidance_2019.pdf; and US Department of the Navy, *Advantage at Sea: Prevailing with Integrated All−Domain Naval Power* (Washington, DC: US Department of the Navy, December 2020), 9, https://media.defense.gov/2020/Dec/16/2002553074/−1/−1/1/TRISERVICESTRATEGY.PDF.

28) 다음의 사례를 보라. "America's Public Pension Plans Make Over−Optimistic Return Assumptions," *Economist*, February 9, 2019, https://www.economist.com/finance−and−economics/2019/02/09/americas−public−pension−plans−make−over−optimistic−return−assumptions.

29) J. Baxter Oliphant, "The Iraq War Continues to Divide the U.S. Public, 15 Years after It Began," *Pew Research Center*, March 19, 2018, https://www.pewresearch.org/facttank/2018/03/19/iraq−war−continues−to−divide−u−s−public−15−years−after−it−began/.

30) John F. Kennedy, "Inaugural Address" (Washington, DC, January 20, 1961), https://www.jfklibrary.org/learn/about−jfk/historic−speeches/inaugural−address.

31) 다음의 사례를 보라. US Department of State, "U.S. Collective Defense Arrangements" (Washing−ton, DC: US Department of State, undated, archived content), https://2009−2017.state.gov/s/l/treaty/collectivedefense/index.htm.

32) Jennifer Kavanagh, *U.S. Security−Related Agreements in Force since 1955: Introducing a New Database* (Santa Monica, CA: RAND Corporation, 2014), 21-28, https://www.rand.org/pubs/research_reports/RR736.html.

33) Charles Krauthammer, "The Unipolar Moment," *Foreign Affairs* 70, no. 1 (1990/91): 23-33, doi:10.2307/20044692; Francis Fukuyama, *The End of History and the Last Man* (New York: Free Press, 1992). 후쿠야마의 주장은 흔히 이해되는 것보다는 뉘앙스가 있다. 후쿠야마는 전쟁이 불가능하다고 주장하지 않았다. 그보다 그는 인류의 이데올로기적인 진화에 대한 헤겔의 결론이 사실 니체의 "정신의 거대한 전쟁"을 초대한다고 예측했다. Fukuyama, *End of History*, 328-339. 그러나 통상적인 이해에서는 주요 갈등이 과거의 것인 점을 강조

했다.

34) 다음의 사례를 보라. White House, *The National Security Strategy of the United States of America* (Washington, DC: White House, September 2002), https://history.defense.gov/Portals/70/Documents/nss/nss2002.pdf; White House, *The National Security Strategy of the United States of America* (Washington, DC: White House, March 2006), https://history.defense.gov/Portals/70/Documents/nss/nss2006.pdf; and US Department of Defense, *Quadrennial Defense Review Report* (Washington, DC: US Department of Defense, February 6, 2006), https://history.defense.gov/Portals/70/Documents/quadrennial/QDR2006.pdf.

35) Aaron L. Friedberg, "Competing with China," *Survival* 60, no. 3 (June-July 2018): 7-64, doi:10.1080/00396338.2018.1470755.

36) 아프가니스탄과 이라크에서의 미국의 약속에 대하여는 다음을 보라. James Dobbins et al., *After the War: Nation−Building from FDR to George W. Bush* (Santa Monica, CA: RAND Corporation, 2008), 85-133, https://www.rand.org/pubs/monographs/MG716.html.

37) Thomas Alan Schwartz, *Lyndon Johnson and Europe: The Shadow of Vietnam* (Cam−bridge, MA: Harvard University Press, 2003), esp. 140-142.

38) Edward Wong, "Americans Demand a Rethinking of the 'Forever War,'" *New York Times*, February 2, 2020, https://www.nytimes.com/2020/02/02/us/politics/trump−for−ever−war.html; Mark Hannah, *Worlds Apart: U.S. Foreign Policy and American Public Opinion* (New York: Eurasia Group Foundation, February 2019), https://egfound.org/wp−content/uploads/2019/02/EGF−WorldsApart−2019.pdf.

39) 비교할 만한 논의는 다음을 보라. Paul K. Huth, "Reputations and Deterrence: A Theoretical and Empirical Assessment," *Security Studies* 7, no. 1 (Autumn 1997): 72-99, doi:10.1080/09636419708429334; and Frank P. Harvey and John Mitton, *Fighting for Credibility: U.S. Reputation and International Politics* (Toronto: University of Toronto Press, 2017). 신뢰도의 중요성에 대하여 보다 확장된 시각은 다음을 보라. Alex Weisiger and Keren Yarhi−Milo, "Revisiting Reputation: How Past Actions Matter in International Politics," *International Organization* 69, no. 2 (March 2015): 472-495, https://www.jstor.org/stable/24758122; and Hal Brands, Eric S. Edelman, and Thomas G. Mahnken, *Credibility Matters: Strengthening American Deterrence in an Age of Geo−political Turmoil* (Washington, DC: Center for Strategic and Budgetary Assessments, 2018), https://csbaonline.org/uploads/documents/Credibility_Paper_FINAL_format.pdf. For a discussion of these issues, see Dale C. Copeland, "Do Reputations Matter?," *Security Studies* 7, no. 1 (Autumn 1997): 33-71, doi:10.1080/09636419708429333.

40) 많은 수의 학자들은 지도자와 정부가 국가의 평판으로써 국가의 행동을 다양한 맥락에서 유추한다고 밝혔다. Mark J. C. Crescenzi, "Reputation and Interstate Conflict," *American Journal of Political Science* 51, no. 2 (April 2007): 382-396, https://www.jstor.org/stable/4620072; Barbara F. Walter, *Reputation and Civil War: Why Separatist Conflicts Are So Violent* (Cambridge: Cambridge University Press, 2009); Gregory D. Miller, *The Shadow of the Past: Reputation and Military Alliances before the First World War* (Ithaca, NY: Cornell University Press, 2012); Danielle L. Lupton, "Signaling Resolve: Leaders, Reputations, and the Importance of Early Interaction," *International Interactions* 44, no. 1 (2018): 59-87, doi:10.7591/j.ctvq2w564.6.

41) 갈등과 위기의 결과를 결정하는 데 있어서 이권과 군사력의 상대적인 역할에 대한 활발한 문헌이 있다. 다음의 사례를 보라. Robert Powell, "The Theoretical Foundations of Strategic Nuclear Deterrence," *Political Science Quarterly* 100, no. 1 (Spring 1985): 76-96, https://www.jstor.org/stable/2150861; and Todd S. Sechser and Mathew Fuhrmann, *Nuclear Weapons and Coercive Diplomacy* (Cambridge: Cambridge University Press, 2017), 32-33, 50-51.

42) 예컨대, 포클랜드 위기 간에 리오 조약을 발동시키겠다는 아르헨티나의 위협에도 불구하고 미국은 NATO 동맹국인 영국의 편에 섰다. Lawrence Freedman, *The Official History of the Falklands Campaign*, vol. 2, War and Diplomacy(Abingdon, UK: Routledge, 2005), 119.

43) 다음의 사례를 보라. Bennett Ramberg, "The Precedents for Withdrawal: From Vietnam to Iraq," *Foreign Affairs* 88, no. 2 (March/April 2009): 2-8, ww.jstor.org/stable/20699489; and Hopf, Peripheral Visions, 36.

44) 사실패턴은 "결과에 대한 법적인 논의 없이 특정 사안의 정황에 대한 모든 발생을 일목요연하게 묘사한 것"이다. Jeffrey Lehman and Shirelle Phelps, *West's Encyclopedia of American Law*, 2nd ed., vol. 7 (Detroit, MI: Thomson/Gale, 2005), 114; Henry Campbell Black, *Black's Law Dictionary*, rev. 4th ed. (St. Paul, Minn.: West, 1968), 345, 561, 1184; Grant Lamond, "Precedent and Analogy in Legal Reasoning," *Stanford Encyclopedia of Philosophy*, June 20, 2006, https://plato.stanford.edu/entries/legal−reas−prec/.

제 4 장 방어범위의 규정

1) 소비에트 연방에 대항하여 "방어의 범위"를 유지한다는 생각은 1940년대 말에 미국에서 이목을 끌었다. 조지 케난은 이런 논의에서 중심적인 역할을 수행하였는데, 먼저 "침범의 징조를 보이는 모든 곳에 완강한 대항군을 배치하여 러시아군을 대면할 것"을 주장했으며, 후에는 소비에트의 확장을 억제하기 위한 더욱 집중된 접근을 주장했다. 이런 접근은 "범위 방어"와 "거점 방어"로 각각 불려왔다. John Lewis Gaddis, *Strategies of Containment: A Critical Appraisal of American National Security Policy during the Cold War*, rev. ed. (Oxford: Oxford University Press, 2005), 56-57.

2) US Defense Intelligence Agency, *Iran Military Power: Ensuring Regime Survival and Securing Regional Dominance*, DIA_Q_00055_A (Washington, DC: US Defense Intelligence Agency, 2019), 12, https://www.dia.mil/Portals/27/Documents/News/Military%20Power%20Publications/Iran_Military_Power_LR.pdf.

3) Richard C. Bush, *A One−China Policy Primer* (Washington, DC: Brookings Institution, March 2017), https://www.brookings.edu/wp−content/uploads/2017/03/one−china−pol−icy−primer.pdf.

4) 드와이트 아이젠하워는 1945년에 유사한 논리를 표현했다. "나는 스웨덴이 참전했을 때 그에 의한 적에 미치는 효과를 고려했으며, 만약 스웨덴이 참전한다고 하고, 공중지원 외의 연합군의 다른 지원 없이 스스로 유지할 수 있다고 한다면, 우리에게 유리하다고 결론을 내렸다. 하지만 그 어떤 정황에서도 우리는 주 노력에서의 노력을 분산시키는 추가적인 약속을 더 쌓아두고자 하지 않는다." Alfred D. Chandler Jr., ed., *The Papers of Dwight David Eisenhower: The War Years*, vol. 4 (Baltimore: Johns Hopkins University Press, 1970),

2433, 원저에 강조되어 있다.

5) Snyder, *Alliance Politics*, 45.

6) 다음을 보라. George Liska, *Nations in Alliance: The Limits of Interdependence* (Baltimore: Johns Hopkins University Press, 1968), 60–66; Robert O. Keohane and Joseph S. Nye, *Power and Interdependence: World Politics in Transition* (Boston: Little, Brown, 1977), 55; and G. John Ikenberry, "Institutions, Strategic Restraints, and the Persistence of American Postwar Order," *International Security* 23, no. 3 (Winter 1998/99): 67–71, doi:10.2307/2539338.

7) 다음의 사례를 보라. Johannes Kadura, *The War after the War: The Struggle for Credibility during America's Exit from Vietnam* (Ithaca, NY: Cornell University Press, 2016).

8) Freedom House, *Freedom in the World 2019* (Washington, DC: Freedom House, February 2019), 14, https://freedomhouse.org/report/freedom−world/2019/democracy− retreat.

9) 다음의 사례를 보라. Samuel P. Huntington, *The Third Wave: Democratization in the Late Twentieth Century* (Norman: University of Oklahoma Press, 1991), esp. 91–98.

10) 비슷한 시각이 NATO 내에서 드넓게 공유된다. 다음의 사례를 보라. Robin Emmott and Sabine Siebold, "NATO Split on Message to Send Georgia on Membership Hopes," *Reuters*, November 27, 2015, https://www.reuters.com/article/us−nato−georgia/nato− split−on−message−to−send−georgia−on−membership−hopes−idUSKBN0TG1HP201 51127.

11) 오스트레일리아, 인도 그리고 일본의 국가역량 종합지표점수는 0.119이다. 중국은 0.218이다. 게다가 중국은 경제자원, 부 그리고 정치학자 마이클 베클리가 고안한 지표인 "경제역량"과 같은 세 가지의 개별항목에서도 훨씬 능가한다. David J. Singer, Stuart Bremer, and John Stuckey, "Capability Distribution, Uncertainty, and Major Power War, 1820-1965," in *Peace, War, and Numbers*, ed. Bruce Russett (Beverly Hills, CA: Sage, 1972), 19–48; Lowy Institute, *Asia Power Index 2019* (Sydney, Australia: Lowy Institute, 2019), 4, 38–39, https://power.lowyinstitute.org/downloads/Lowy−Institute−Asia−Power−Index−2019 −Pocket−Book.pdf; and Beckley, "Power of Nations," 11.

12) 지역세력과 성장 추세전망에 관하여 다음을 보라. Lowy Institute, *Asia Power Index 2019*; Organisation for Economic Cooperation and Development (OECD), *Economic Outlook for Southeast Asia, China and India 2020: Rethinking Education for the Digital Era*, preliminary version (Paris: OECD, November 2019), https://www.oecd.org/dev/economic −outlook−for−southeast−asia−china−and−india−23101113.htm; World Bank, *East Asia and Pacific Economic Update: Weathering Growing Risks* (Washington, DC: World Bank Group, October 2019), https://openknowledge.worldbank.org/handle/10986/32482.

13) 캄보디아에 관하여 다음을 보라. Tanner Greer, "Cambodia Wants China as Its Neighborhood Bully," *Foreign Policy*, January 5, 2017, https://foreignpolicy.com/2017/01/ 05/cambodia−wants−china−as−its−neighborhood−bully/. 파키스탄에 관하여 다음의 사례를 보라. Harry I. Hannah, "The Great Game Moves to Sea: The Indian Ocean Region," *War on the Rocks*, April 1, 2019, https://warontherocks.com/2019/04/the− great−game−moves−to−sea−tripolar−competition−in−the−indian−ocean−region/; and Maria Abi−Habib, "China's 'Belt and Road' Plan in Pakistan Takes a Military Turn,"

New York Times, December 19, 2018, https://www.nytimes.com/2018/12/19/world/asia/pakistan−china−belt−road−military.html.

제 5 장   제한전쟁에서의 군사전략

1) 다양한 정의에 대하여 다른 저작 중에서도 다음을 보라. Arthur F. Lykke Jr., "Defining Military Strategy," *Military Review* 69, no. 5 (May 1989): 3; Richard K. Betts, "Is Strategy an Illusion?," *International Security* 25, no. 2 (Fall 2000): 5, doi:10.1162/016228800560444; Edward N. Luttwak, *Strategy: The Logic of War and Peace*, 2nd ed. (Cambridge, MA: Belknap Press of Harvard University Press, 2001), 2; and Colin S. Gray, *The Future of Strategy* (Cambridge: Polity, 2015), 23.

2) 다음의 사례를 보라. Michael Geyer, "German Strategy in the Age of Machine Warfare, 1914-1945," in *Makers of Modern Strategy from Machiavelli to the Nuclear Age*, ed. Peter Paret, Gordon A. Craig, and Felix Gilbert (Princeton, NJ: Princeton University Press, 1986), 527-597.

3) 다음의 사례를 보라. John Keegan, *A History of Warfare* (New York: Alfred A. Knopf, 1993), 379-385.

4) 당시 국방장관이었던 제임스 슐레진저가 1974년에 말했듯이, "1945년 이래의 모든 전쟁들은 핵의 존재에 의해 그림자가 드리워진 비핵전쟁이었다. 핵무기 사용에 대한 위협은 대체로 그 배경에 남아 있었지만, 호전적인 국가들과 중립국가들 모두 웃장 안에 둔 큰 막대기 같이 핵이 모셔졌음을 알고 있었다." James R. Schlesinger, *Annual Defense Department Report FY 1975* (Washington, DC: Government Printing Office, 1974), 25, https://history.defense.gov/Portals/70/Documents/annual_reports/1975_DoD_AR.pdf. 폴 니체는 일전에 비슷한 논점을 제시했다. "이 상황은 체스게임에 비유할 수 있다. 퀸과 같은 핵은 결코 쓰지 않을 수도 있다. 핵은 실제로 적의 그 어떤 말도 결코 잡지 않을 수도 있다. 하지만 퀸과 같은 핵의 지위는 아직 결정적인 방향을 제시하여 비숍과 같은 제한전쟁이나 폰과 같은 냉전에서 안전하게 진보해나갈 수 있는지 영향을 줄 수 있다." Paul H. Nitze, "Atoms, Strategy and Policy," *Foreign Affairs* 32, no. 2 (January 1956): 195, doi:10.2307/20031154.

5) 2020년 8월에 미 국방부가 판단했듯이, "앞으로 도래할 중국 핵전력의 역량, 능력 그리고 준비태세의 변화는 1차타격에 대한 반격을 할 중국의 능력에 대한 그럴듯한 위협을 가할 그 어떤 적대국의 발전보다도 더욱 빠르게 이뤄질 것이다." Office of the Secretary of Defense, *Annual Report to Congress: Military and Security Developments Involving the People's Republic of China 2020*, 9−A3DFCD4 (Washington, DC: US Department of Defense, August 11, 2020), 86, https://media.defense.gov/2020/Sep/01/2002488689/−1/−1/1/2020−DOD−CHINA−MILITARY−POWER−REPORT−FINAL.PDF.

6) 다음의 사례를 보라. Dale C. Copeland, *The Origins of Major War* (Ithaca, NY: Cornell University Press, 2000), esp. 1-78, 147-175.

7) 실제로 "효과적인 전쟁의 절제"는 중국의 능동방어의 전략적 개념의 강령이다. Office of the Secretary of Defense, *Annual Report to Congress*, 28. 또한 이는 인민해방군의 전역기획에 영향을 미치는 것으로 보인다. 다음의 사례를 보라. Edmund J. Burke et al., *People's Liberation Army Operational Concepts* (Santa Monica, CA: RAND Corporation, 2020), 8, https://doi.org/10.7249/RRA394−1.

8) 이런 계열의 전략적 사고의 진화에 대한 표준안은 다음을 보라 Lawrence Freedman and Jeffrey Michaels, *The Evolution of Nuclear Strategy*, 4th ed. (New York: Palgrave Macmillan, 2019). See also Marc Trachtenberg, "Strategic Thought in America, 1952-1966," *Political Science Quarterly* 104, no. 2 (Summer 1989): 301-334, doi:10.2307/2151586.

9) Francis J. Gavin, *Nuclear Statecraft: History and Strategy in America's Atomic Age* (Ithaca, NY: Cornell University Press, 2014), 57-74.

10) Peter Hayes, Lyuba Zarsky, and Walden Bello, *American Lake: Nuclear Peril in the Pacific* (New York: Penguin Books, 1986), 57-59.

11) 제한전쟁에 관한 개념적인 문헌은 다음의 예를 보라. Robert E. Osgood, *Limited War: The Challenge to American Strategy* (Chicago: University of Chicago Press, 1957); Bernard Brodie, "The Meaning of Limited War" (Santa Monica, CA: RAND Corporation, 1958), https://www.rand.org/pubs/research_memoranda/RM2224.html; Thomas Schelling, "Nuclear Weapons and Limited War" (Santa Monica, CA: RAND Corporation, 1959), www.rand.org/pubs/research_memoranda/RM2510.html; Klaus E. Knorr and Thornton Reed, eds., *Limited Strategic War* (New York: Praeger, 1962); Morton H. Halperin, *Limited War in the Nuclear Age* (New York: Wiley, 1963); Herman Kahn, *On Escalation: Metaphors and Scenarios* (New York: Praeger, 1965); Henry A. Kissinger, *Nuclear Weapons and Foreign Policy* (New York: W. W. Norton, 1969); and Robert E. Osgood, "The Reappraisal of Limited War," *Adelphi Papers* 9, no. 54: Problems of Modern Strategy, Part I (1969): 41-54, https://doi.org/10.1080/05679326908448127. 이것에 대한 일부 파장에 대하여는 다음을 보라. Stephen Peter Rosen, "Vietnam and the American Theory of Limited War," *International Security* 7, no. 2 (Fall 1982): 83-113, doi:10. 2307/2538434.

12) 전쟁의 종결에 관하여 다음을 보라. Thomas C. Schelling, *Arms and Influence* (1966; repr., New Haven: Yale University Press, 2008), esp. 204-220; and Fred Charles Iklé, *Every War Must End*, 2nd ed. (1971; repr., New York: Columbia University Press, 2005).

13) 다음을 보라. Robert A. Pape, *Bombing to Win: Air Power and Coercion in War* (Ithaca, NY: Cornell University Press, 1996), 254-313.

14) 다음을 보라. Wallace J. Thies, *When Governments Collide: Coercion and Diplomacy in the Viet-nam Conflict, 1964-1968* (Berkeley: University of California Press, 1980), esp. 82-93.

15) 오마 브래들리 장군은 중국이 "한국에서 전방의 우리 병력들과 병참선 그리고 항만에 대하여 공중을 활용하지 않았다. 그들은 우리의 주일기지나 우리의 해상전력에 대하여도 공중을 활용하지 않았다"라고 적었다. 브래들리는 다음과 같이 생각했다, "우리는 우리에게 다소 유리한 규칙하에서 싸우고 있다." Quoted in H. W. Brands, *The General vs. the President: MacArthur and Truman at the Brink of Nuclear War* (New York: Doubleday, 2016), 365. 또한 다음을 볼 것. Morton H. Halperin, "The Limiting Process in the Korean War," *Political Science Quarterly* 78, no. 1 (March 1963): 13-39, doi:10.2307/2146665; Alexander L. George and Richard Smoke, *Deterrence in American Foreign Policy: Theory and Practice* (New York: Columbia University Press, 1974), 188-189; Richard Ned Lebow, *Between Peace and War: The Nature of International Crisis* (Baltimore: Johns Hopkins University Press, 1981), 148-228; and Thomas J. Christensen, *Useful Adversaries: Grand Strategy, Domestic Mobilization, and Sino-American Conflict, 1947-1958* (Princeton, NJ: Princeton University Press, 1996), 138-193.

16) Roger Dingman, "Atomic Diplomacy during the Korean War," *International Security* 13, no. 3 (Winter 1988/89): 66, doi:10.2307/2538736.

17) 예로 다음을 보라. Wayne Thompson, *To Hanoi and Back: The United States Air Force and North Vietnam, 1966-1973* (Washington, DC: Air Force History and Museums Program, United States Air Force, 2000), 255-259.

18) 예로 다음을 보라. Max Hastings, *Vietnam: An Epic Tragedy, 1945-1975* (New York: HarperCollins, 2018), 689-725.

19) 셸링의 상호 "초점(focal point)"의 생각에 관한 논의는 다음을 참고. Thomas C. Schelling, *The Strategy of Conflict* (1960; repr., Cambridge, MA: Harvard University Press, 1980), 57.

20) 셸링이 기술했듯, "아프게 하는 힘은 협상력이다. 이것을 공략하는 것이 외교이다. 악성 외교이지만 그래도 외교이다." Schelling, *Arms and Influence*, 2.

21) 헬무트 폰 (대) 몰트케(Helmuth von Moltke the Elder)가 설명했듯 전략은 Aushilfe, 즉 물질적인 약점을 보완하는 상쇄요소이다. 다음의 서문을 보라. Carl von Clausewitz, *Vom Kriege* (Berlin: Ferd. Dümmlers, 1911), cited in A. Wess Mitchell, *The Grand Strategy of the Habsburg Empire* (Princeton, NJ: Princeton University Press, 2018), 11.

22) 결의와 벼랑끝전략에 대한 고전적인 사례들은 다음을 포함한다. Schelling, *Arms and Influence*, 92-125; Richard K. Betts, *Nuclear Blackmail and Nuclear Balance* (Washington, DC: Brookings Institution Press, 1987), 14-15; Robert Jervis, *The Meaning of the Nuclear Revolution: Statecraft and the Prospect of Armageddon* (Ithaca, NY: Cornell University Press, 1989), 193-201; and Charles L. Glaser, *Analyzing Strategic Nuclear Policy* (Princeton, NJ: Princeton University Press, 1990), 35-37.

23) Max Hastings, *Retribution: The Battle for Japan, 1944-45* (New York: Alfred A. Knopf, 2008), 283.

24) James M. McPherson, *Battle Cry of Freedom: The Civil War Era* (New York: Oxford University Press, 1988), 263, 267, 271-275.

25) 예로 다음을 보라. Schlesinger, *Annual Defense Department Report*, 4.

26) 예로 다음을 보라. Leon V. Sigal, *Fighting to a Finish: The Politics of War Termination in the United States and Japan, 1945* (Ithaca, NY: Cornell University Press, 1988).

제 6 장 적의 최선의 전략에 대한 집중의 중요성

1) 승리의 이론에 대한 개념적인 논의는 특히 다음을 보라. Brad Roberts, *The Case for U.S. Nuclear Weapons in the 21st Century* (Stanford, CA: Stanford University Press, 2014); and Brad Roberts, On Theories of Victory, *Red and Blue* (Livermore, CA: Center for Global Security, Lawrence Livermore National Laboratory, June 2020), https://cgsr.llnl.gov/content/assets/docs/CGSR−LivermorePaper7.pdf.

2) 보다 최근의 제1차 세계대전에 대한 연구는 다음의 사례를 보라. Steven E. Miller, Sean M. Lynn−Jones, and Stephen Van Evera, eds., *Military Strategy and the Origins of the First World War: An International Security Reader*, rev. and expanded ed. (Princeton, NJ: Princeton University Press, 1991); Dale C. Copeland, *The Origins of Major War* (Ithaca, NY: Cornell University Press, 2000); and Kier A. Lieber, "The New History of World War

I and What It Means for International Relations Theory," *International Security* 32, no. 2 (Fall 2007): 155-191, https://www.jstor.org/stable/30133878. 쿠바 미사일위기사태에 대한 역사적인 연구는 Graham T. Allison and Philip Zelikow, *Essence of Decision: Explaining the Cuban Missile Crisis*, 2nd ed. (New York: Pearson, 1999). See also James G. Blight and David A. Welch, *On the Brink: Americans and Soviets Reexamine the Cuban Missile Crisis* (New York: Hill and Wang, 1989).

3) 다음의 사례 참고. Ian Kershaw, *Fateful Choices: Ten Decisions That Changed the World, 1940-1941* (New York: Penguin Press, 2007).

4) Richard J. Heuer Jr., "Nosenko: Five Paths to Judgement," in *Inside CIA's Private World: Declassified Articles from the Agency's Internal Journal, 1955-1992*, ed. H. Bradford Westerfield (New Haven: Yale University Press, 1995).

5) 다음의 사례를 보라. Peter Mattis and Matthew Brazil, *Chinese Communist Espionage: An Intelligence Primer* (Annapolis: MD: Naval Institute Press, 2019).

6) 다음의 사례 참고. Brian Bond, *Britain, France, and Belgium, 1939-1940*, 2nd ed. (Newark, NJ: Brassey's, 1990), 35-54.

7) For the Civil War, see James M. McPherson, *Battle Cry of Freedom: The Civil War Era* (New York: Oxford University Press, 1988), 537. For the Second World War, see Chris Bellamy, *Absolute War: Soviet Russia in the Second World War* (London: Pan Books, 2007), 498.

8) Carl von Clausewitz, *On War*, ed. and trans. Michael Howard and Peter Paret (Princeton, NJ: Princeton University Press 1976, revised 1989), 101, 117.

9) 다음의 사례 참고. Christopher Andrew and Vasili Mitrokhin, *The Sword and the Shield: The Mitrokhin Archive and the Secret History of the KGB* (New York: Basic Books, 1985); Christopher Andrew and Vasili Mitrokhin, *The World Was Going Our Way: The KGB and the Battle for the Third World* (New York: Basic Books, 2005); and John G. Hines, Ellis M. Mishulovich, and John F. Shull, "Soviet Intentions, 1965-1985: An Analytical Comparison of U.S.—Soviet Assessments during the Cold War," OSD—Net Assessment Contract #MDA903—92—C—0147 (McLean, VA: BDM Federal, September 22, 1995), 68-71, https://nsarchive2.gwu.edu/NSAEBB/NSAEBB426/docs/25.%20Series%20of%20six%20Interviews%20with%20Dr.Tsygichko%20by%20John%20G.%20Hines—begin—ning%20December%2010,%201990.pdf.

10) General Joseph Dunford Jr., "From the Chairman: Maintaining a Boxer's Stance," *Joint Force Quarterly* 86, no. 3 (2017): 2-3, https://ndupress.ndu.edu/Publications/Article/1218381/from—the—chairman—maintaining—a—boxers—stance/.

11) Richard K. Betts, *Surprise Attack: Lessons for Defense Planning* (Washington, DC: Brookings Institution Press, 1982), 34-42.

12) P. K. Rose, "Two Strategic Intelligence Mistakes in Korea, 1950: Perceptions and Reality," *Studies in Intelligence* 45, no. 5 (Fall/Winter 2001): 57-65, https://www.cia.gov/library/center—for—the—study—of—intelligence/csi—publications/csi—studies/studies/fall_winter_2001/article06.html.

13) See Walter E. Kaegi, *Byzantium and the Early Islamic Conquests* (New York: Cambridge University Press, 1992), 73; Edward Luttwak, *The Grand Strategy of the Byzantine*

Empire (Cambridge, MA: Belknap Press of Harvard University Press, 2011), 33.

14) Ernest R. May, *Strange Victory: Hitler's Conquest of France* (New York: Hill and Wang, 2000), 348-362.

15) 고전적인 연구는 Roberta Wohlstetter, *Pearl Harbor: Warning and Decision* (Stanford, CA: Stanford University Press, 1962). 수정주의적인 시각은 Erik J. Dahl, *Intelligence and Surprise Attack: Failure and Success from Pearl Harbor to 9/11 and Beyond* (Washington, DC: Georgetown University Press, 2013).

16) National Commission on Terrorist Attacks upon the United States, *The 9/11 Commission Report: Final Report of the National Commission on Terrorism Attacks upon the United States* (New York: W. W. Norton, 2004), 254-278.

17) 다음의 사례를 보라. Nora Bensahel, "Darker Shades of Gray: Why Gray Zone Confl icts Will Become More Frequent and Complex," *Foreign Policy Research Institute*, February, 13, 2017, https://www.fpri.org/article/2017/02/darker−shades−gray−gray−zone−conflicts −will−become−frequent−complex/; and Michael E. O'Hanlon, *China, the Gray Zone, and Contingency Planning at the Department of Defense and Beyond* (Washington, DC: Brookings Institution, September 2019), https://www.brookings.edu/research/china−the− gray−zone−and−contingency−planning−at−the−department−of−defense−and−bey ond/.

18) 이런 요소들에 대한 고찰은 다음의 사례를 보라. Alan S. Blinder, Andrew W. Lo, and Robert M. Solow, eds., *Rethinking the Financial Crisis* (New York: Russell Sage Foundation, 2013).

19) 고전적인 사례에 대하여는 다음을 보라. Edward Hallett Carr, *The Twenty Years' Crisis, 1919-1929: An Introduction to the Study of International Relations*, 2nd ed. (New York: Harper and Row, 1964).

20) 알렉스 벨레즈−그린(Alex Velez−Green)에게 특별히 이 통찰에 대한 감사를 표한다.

21) 다음의 사례 참고. Keith B. Payne, *The Great American Gamble: Deterrence Theory and Practice from the Cold War to the Twenty−First Century* (Fairfax, VA: National Institute Press, 2008).

22) 오랫동안 전래하는 정책에 관한 최근의 공식 발표는 다음을 보라. US Department of Defense, *Nuclear Posture Review* (Washington, DC: US Department of Defense, 2018), vii, https://dod.defense.gov/News/SpecialReports/2018NuclearPostureReview.aspx. 더 광범위한 최근의 역사에 대해서는 다음을 보라. Roberts, *Case for U.S. Nuclear Weapons*.

23) 다음의 사례를 참고. John Lewis Gaddis, "The Long Peace: Elements of Stability in the Postwar International System," *International Security* 10, no. 4 (Spring 1986): 99-142, doi:10.2307/2538951.

제 7 장 베이징의 최선의 전략

1) Quansheng Zhao, *Interpreting Chinese Foreign Policy: The Micro−Macro Linkage Approach* (Hong Kong: Oxford University Press, 1996), 53-54. See, e.g., Daniel Tobin, *How Xi Jinping's "New Era" Should Have Ended U.S. Debate on Beijing's Ambitions*

(Washington, DC: Center for Strategic and International Studies, May 2020), https://www.csis.org/analysis/how−xi−jinpings−new−era−should−have−ended−us−debate−beijings−ambitions; Tanner Greer, "China's Plans to Win Control of the Global Order," *Tablet*, May 17, 2020, https://www.tabletmag.com/sections/news/articles/china−plans−global−order; Bonnie S. Glaser and Mathew P. Funaiole, "The 19th Party Congress: A More Assertive Chinese Foreign Policy," *Interpreter* (Lowy Institute), October 26, 2017, https://www.lowyinstitute.org/the−interpreter/19th−party−congress−more−assertive−chinese−foreign−policy; and Rush Doshi, "Hu's to Blame for China's Foreign Assertiveness," *Brookings Institution*, January 22, 2019, https://www.brookings.edu/articles/hus−to−blame−for−chinas−foreign−assertiveness/.

2) Nadège Rolland, ed., Securing the Belt and Road Initiative: China's Evolving Military Engagement along the Silk Roads, NBR Special Report #80 (Seattle, WA: National Bureau of Asian Research, September, 2019), esp. 1, 8, 10-12, https://www.nbr.org/wp−content/uploads/pdfs/publications/sr80_securing_the_belt_and_road_sep2019.pdf; Xi Jinping, "Remarks by President Obama and President Xi of the People's Republic of China in Joint Press Conference" (Washington, DC: White House, September 25, 2015), https://obamawhitehouse.archives.gov/the−press−office/2015/09/25/remarks−president−obama−and−president−xi−peoples−republic−china−joint; and Michael R. Pompeo, "P.R.C. National People's Congress Proposal on Hong Kong National Security Legislation," press statement (Washington, DC: US Department of State, May 27, 2020), https://www.state.gov/prc−national−peoples−congress−proposal−on−hong−kong−national−security−legislation/.

3) 다음의 사례를 보라. Robert A. Pape, "Why Economic Sanctions Still Do Not Work," *International Security* 23, no.1 (Summer 1998): 66-77, doi:10.2307/2539263; and Michael Singh, "Conflict with Small Powers Derails U.S. Foreign Policy: The Case for Strategic Discipline," *Foreign Affairs*, August 12, 2020, https://www.foreignaffairs.com/articles/north−america/2020−08−12/conflict−small−powers−derails−us−foreign−policy.

4) 다음의 사례를 참고. U.S.−China Economic and Security Review Commission, 2019 Report to Congress (Washington, DC: U.S.−China Economic and Security Review Commission, November 2019), esp. 136-152, https://www.uscc.gov/sites/default/files/ 2019−11/2019%20Annual%20Report% 20to%20Congress.pdf; Keith Johnson and Robbie Gramer, "The Great Decoupling," *Foreign Policy*, https://foreignpolicy.com/2020/05/14/china−us−pandemic−economy−tensions−trump−coronavirus−covid−new−cold−war−economics−the−great−decoupling/; Rana Foroohar, "Coronavirus Is Speeding Up the Decoupling of Global Economies," *Financial Times*, February 23, 2020, https://www.ft.com/content/5cfea02e−549f−11ea−90ad−25e377c0ee1f; and Laura Silver, Kat Devlin, and Christine Huang, "Unfavorable Views of China Reach Historic Highs in Many Countries," Pew Research Center, October 6, 2020, https://www.pewresearch.org/global/2020/10/06/unfavorable−views−of−china−reach−historic−highs−in−many−countries/.

5) Marc Ozawa, ed., "The Alliance Five Years after Crimea: Implementing the Wales Summit Pledges" (Rome: Research Division, NATO Defense College, December 2017), http://www.ndc.nato.int/news/news.php?icode=1406; Lawrence S. Kaplan, *The United States and NATO: The Formative Years* (Lexington: University Press of Kentucky, 1984), esp. 8-11.

6) 다음의 사례를 참고. Chinese Taiwan Affairs Office and Information Office of the State Council, "The Taiwan Question and Reunifi cation of China" (Taiwan Affairs Offi ce and Information Office of the State Council, People's Republic of China, August 1993), china.org.cn/english/7953.htm. 중국은 법안을 통과시켜서 소위 비평화적인 수단을 포함한 대만에 대한 통일을 법제화하였다. Susan V. Lawrence and Wayne M. Morrison, Taiwan: Issues for Congress, R44996 (Washington, DC: Congressional Research Service, October 30, 2017), 40–41, https://crsreports.congress.gov/product/pdf/R/R44996.

7) Xi Jinping, "Secure a Decisive Victory in Building a Moderately Prosperous Society in All Respects and Strive for the Great Success of Socialism with Chinese Characteristics for a New Era" (19th National Congress of the Communist Party of China, Beijing, October 18, 2017), 21, xinhuanet.com/english/download/Xi_Jinping's_report_at_19th_CPC_National_Congress.pdf. 이에 더하여 Hearing on U.S.−China Relations in 2019: A Year in Review, before the U.S.−China Economic and Security Review Commission, 116th Cong. esp. 1–2 (2019) (statement of Bonnie Glaser, Senior Advisor and Director, China Power Project, Center for Strategic and International Studies), https://www.uscc.gov/sites/default/files/Panel%20III%20Glaser_Written%20Testimony.pdf.

8) National Security Council, "U.S. Strategic Framework for the Indo−Pacific," (Washington, DC: White House, 2018), 7, https://www.whitehouse.gov/wp−content/uploads/2021/01/IPS−Final−Declass.pdf; Lawrence Eagleburger, "Taiwan Arms Sales," cable to James Lilley (Washington, DC: White House, July 10, 1982), https://www.ait.org.tw/wp−content/uploads/sites/269/State−cable−of−1982−07−10−200235.pdf; and George Shultz, "Assurances for Taiwan," cable to James Lilley (Washington, DC: US Department of State, August 17, 1982), https://www.ait.org.tw/wp−content/uploads/sites/269/State−cable−of−1982−08−17−200235−1.pdf. 이런 전문들에 대한 비밀해제에 관하여 동아시아 및 태평양 담당 차관보 데이비드 스틸웰(David R. Stilwell)은 말했다. "우리는 이러한 오랜 정책들에 대해서 바꾼 것이 아무것도 없습니다. 하지만 우리가 무엇을 하는가 하면, 대만과의 교류에 있어서 최신화를 시켜서 우리의 이러한 정책들을 더 잘 반영하도록 하고 변화하는 정황에 잘 대응하고자 하는 것입니다." Stilwell, "The United States, Taiwan, and the World: Partners for Peace and Prosperity" (Washington, DC: Heritage Foundation, August 31, 2020), https://www.state.gov/The−United−States−Taiwan−and−the−World−Partners−for−Peace−and−Prosperity/. 또한 다음을 참고. Kathrin Hille, Demetri Sevastopulo, and Katrina Manson, "US Declassifies Taiwan Security Assurances," Financial Times, August 31, 2020, https://www.ft.com/content/24e87b4b−b146−4ea8−a9b2−9f801af21ea6.

9) National Security Council, "U.S. Strategic Framework for the Indo−Pacific," (Washington, DC: White House, 2018), 7, https://www.whitehouse.gov/wp−content/uploads/2021/01/IPS−Final−Declass.pdf; 1996년부터 2017년에 걸친 미국의 대만방어에 대한 비교를 다음에서 참고. Eric Heginbotham et al., The U.S.−China Military Scorecard: Forces, Geography, and the Evolving Balance of Power, 1996-2017 (Santa Monica, CA: RAND Corporation, 2015), 23–41, https://www.jstor.org/stable/10.7249/j.ctt17rw5gb.

10) CSIS 태평양 포럼의 전직 사장이자 아시아 안보에 대한 가장 박식하고 소식통을 많이 갖고 있었던 랄프 코사(Ralph Cossa)는 다음을 관련지었다: "한국, 일본 그리고 기타 아시아의 공직자들과 수천은 아니지만 수백 번 가졌던 논의에서 근거할 때, 아시아 및 타 지역에서의 미국 동맹의 신뢰도는 대만 방어에 대한 미국의 사실상의 약속에 대한 신뢰에 달려있다고 나

는 생각한다. 예고 없이 중국 본토로부터의 공격에 대하여 미국이 대만에 대한 원조를 할 수 없다면, 미국의 동맹국들은 동맹에 대하여 신뢰를 잃을 것이며 그들 자신의 생존을 위한 독립적인 핵능력이나 베이징과의 협의 등의 대체수단을 모색할 것이다. 미국의 동맹국들은 일정정도의 전략적 모호성을 취하는 데 편안함을 느끼는데, 특히 그들이 중국과 공개적으로 대적하고 싶지 않기 때문에, 대만을 먹지 않고 푸딩 맛의 증거 혹은 광산에 갖고 들어가는 앵무새 같은 것(역주: 실질적인 지표)로 보고 있다. Ralph Cossa, email message to author, August 25, 2020. See also Richard Haass and David Sacks, "American Support for Taiwan Must Be Unambiguous: To Keep the Peace, Make Clear to China That Force Won't Stand," Foreign Affairs, September 2, 2020, https://www.foreignaffairs.com/articles/united－states/american－support－taiwan－must－be－unambiguous; Paul Dibb, "Taiwan Could Force Us into an ANZUS－Busting Choice," *Australian*, August 4, 2020, https://www.theaustralian.com.au/commentary/taiwan－could－force－us－into－an－anzusbusting－choice/news－story/02d38e6d3164ecff1e965b16f85a93f3; and Russell Hsiao, "Fortnightly Review," in *Global Taiwan Brief* 5, no. 18 (September 23, 2020), http://globaltaiwan.org/wp－content/uploads/2020/09/GTB－PDF－5.18.pdf.

11) 아시아의 사상가들을 설문한 자료는 동맹 및 동반국가들은 미국이 중국의 도발에 대하여 대만을 방어하기 위해 상당한 위험을 감수할 것임을 나타낸다. Michael J. Green et al., "Survey Findings: U.S. Allies and Partners," *Mapping the Future of U.S. China Policy* (CSIS), October 13, 2020, https://chinasurvey.csis.org/groups/allies－and－partners/.

12) Jim Thomas, John Stillion, and Iskander Rehman, *Hard ROC 2.0: Taiwan and Deterrence through Protraction* (Washington, DC: Center for Strategic and Budgetary Assessments, 2014), 5-10, https://csbaonline.org/research/publications/hard－roc－2－0－taiwan－and－deterrence－through－protraction; Office of the Secretary of Defense, Annual Report to Congress: Military and Security Developments Involving the People's Republic of China 2020, 9－A3DFCD4 (Washington, DC: US Department of Defense, August 11, 2020), 164-166, https://media.defense.gov/2020/Sep/01/2002488689/－1/－1/1/2020－DOD－CHINA－MILITARY－POWER－REPORT－FINAL.PDF. 또한 다음을 참고. Ian Easton, *The Chinese Invasion Threat: Taiwan's Defense and American Strategy in Asia* (Arlington, VA: Project 2049 Institute, 2017).

13) 2015년의 한 연구는 2017년 이내로 미국은 해협횡단 군사경쟁의 아홉가지 차원 모두에서 주요 이점을 잃을 것이라고 전망하였다. 실제로 미국은 두 가지의 주요 차원인 기지방공과 해상전에서 열세할 것이며, 네 가지 차원에서 대등할 것이다. 게다가 이 판단에서 이런 경향은 2017년 이후에 더 악화될 것이다. Heginbotham et al., *U.S.－China Military Scorecard*, 318.

14) Office of the Secretary of Defense, Annual Report to Congress, esp. 58-62; US Defense Intelligence Agency, China Military Power: Modernizing a Force to Fight and Win, DIA－02-1706-085 (Washington, DC: Defense Intelligence Agency, 2019), esp. 33-36, https://www.dia.mil/Portals/27/Documents/News/Military%20Power%20Publications/China_Military_Power_FINAL_5MB_20190103.pdf. See also David Lague, "China Expands Its Amphibious Forces in Challenge to U.S. Supremacy beyond Asia," Reuters, July 20, 2020, https://www.reuters.com/investigates/special－report/china－military－amphibious/.

15) See Thomas Lum, The Republic of the Philippines and U.S. Interests, R43498 (Washington, DC: Congressional Research Service, April 5, 2012), 14-18, https://crsreports.

congress.gov/ product/pdf/R/R43498; Bureau of East Asian and Pacific Affairs, "U.S. Relations with the Philippines," Bilateral Relations Fact Sheet (Washington, DC: US Department of State, January 21, 2018), https://www.state.gov/u−s−relations−with−the−philippines/; and *Hearing on U.S. Pacific Command Posture, before the Subcommittee on Defense, Committee on Appropriations, U.S. House of Representatives*, 114th Cong. 12 (2016) (statement of ADM Harry B. Harris Jr., USN, Commander, US Pacific Command), https://docs.house.gov/meetings/AP/AP02/20160414/104762/HHRG−114−AP02−Wstate−HarrisA−20160414.pdf.

16) Denny Roy, *Return of the Dragon: Rising China and Regional Security* (New York: Columbia University Press, 2013), 115-122; Scott W. Harold et al., *The Thickening Web of Asian Security Cooperation: Deepening Defense Ties among U.S. Allies and Partners in the Indo−Pacific* (Santa Monica, CA: RAND Corporation, 2019), 256-260 https://doi.org/10.7249/RR3125; Huong Le Thu, "Rough Waters Ahead for Vietnam−China Relations" (Washington, DC: Carnegie Endowment for International Peace, September 30, 2020), https://carnegieendowment.org/2020/09/30/rough−waters−ahead−for−vietnam−china−relations−pub−82826.

17) Arthur M. Schlesinger Jr., *A Thousand Days: John F. Kennedy in the White House* (Boston: Houghton Mifflin, 1965), 339; Secretary of Defense Robert M. Gates, "Secretary of Defense Speech" (United States Military Academy, West Point, NY, February 25, 2011), https://archive.defense.gov/Speeches/Speech.aspx?SpeechID=1539.

18) Association of Southeast Asian Nations (ASEAN), Investing in ASEAN, 2013/2014 (Jakarta: ASEAN, 2013), 6, https://www.usasean.org/system/files/downloads/Investing−in−ASEAN−2013−14.pdf; ASEAN, Investing in ASEAN, 2019/2020 (Jakarta: ASEAN, 2019), 5, https://asean.org/storage/2019/10/Investing_in_ASEAN_2019_2020.pdf.

19) 토마스 셸링(Thomas C. Schelling)은 무력을 강제의 대안이라고 설명했다. "당신이 원하는 것을 차지하는 것과 타인이 당신에게 가지고 오도록 만드는 것 사이에는 차이가 있다." Thomas C. Schelling, *Arms and Influence* (1966; repr., New Haven: Yale University Press, 2008), 1-18.

20) B. H. Liddell Hart, *The Strategy of Indirect Approach* (London: Faber and Faber, 1941), revised as Strategy, 2nd rev. ed. (New York: Meridian, 1991).

21) Giulio Douhet, *Command of the Air*, trans. Dino Ferrari (Maxwell AFB, AL: Air University Press, 2019), 53.

22) 이런 방책에 대한 요약은 다음을 참고. Office of the Secretary of Defense, Annual Report to Congress, 113.

23) 나는 이 논리를 형성하는 데 도움을 준 야샤 파시(Yashar Parsie)에 감사하다. Schelling, *Arms and Influence*, 69-91, 100, 174-184. 또한 다음을 참고. Robert J. Art, "To What Ends Military Power?," *International Security* 4, no. 4 (Spring 1980): 7-10, doi:10.2307/2626666; and David E. Johnson, Karl P. Mueller, and William H. Taft, *Conventional Coercion across the Spectrum of Operations: The Utility of U.S. Military Forces in the Emerging Security Environment* (Santa Monica, CA: RAND Corporation, 2003), 14, https://www.rand.org/pubs/ monograph_reports/MR1494.html.

24) 경험적인 연구는 여럿 중에 다음을 참고. Walter J. Petersen, "Deterrence and Compellence: A Critical Assessment of Conventional Wisdom," *International Studies Quarterly* 30, no.

3 (September 1986): 269-294, https://doi.org/10.2307/2600418; Richard Ned Lebow, "Thucydides and Deterrence," *Security Studies* 16, no. 2 (April-June 2007): 163-188, https://doi.org/10.1080/09636410701399440; Todd S. Sechser, "Militarized Compellent Threats, 1918-2001," *Conflict Management and Peace Science* 28, no. 4 (September 2011): 377-401, https://doi.org/10.1177/0738894211413066; Todd S. Sechser and Mathew Fuhrmann, *Nuclear Weapons and Coercive Diplomacy* (Cambridge: Cambridge University Press, 2017); and Alexander B. Downes, "Step Aside or Face the Consequences: Explaining the Success and Failure of Compellent Threats to Remove Foreign Leaders," in *Coercion: The Power to Hurt in International Politics*, ed. Kelly M. Greenhill and Peter Krause (New York: Oxford University Press, 2018), 93-116.

25) Schelling, *Arms and Influence*, 70-75; Thomas C. Schelling, *The Strategy of Conflict* (1960; repr., Cambridge, MA: Harvard University Press, 1980), 196, 원저에 강조표시됨. 또한 다음을 참고. Glenn Herald Snyder and Paul Diesing, *Conflict among Nations: Bargaining, Decision Making, and System Structure in International Crises* (Princeton, NJ: Princeton University Press, 1977), 24-25; Robert A. Pape, *Bombing to Win: Air Power and Coercion in War* (Ithaca, NY: Cornell University Press, 1996), 6; Robert Jervis, *The Meaning of the Nuclear Revolution: Statecraft and the Prospect of Armageddon* (Ithaca, NY: Cornell University Press, 1989), 29-35; and Oran R. Young, *Politics of Force: Bargaining during International Crises* (Princeton, NJ: Princeton University Press, 1969), 337-361.

26) Demosthenes, Orations, vol. 1, trans. J. H. Vince (Cambridge, MA: Harvard University Press, 1930), 417.

27) Daniel Kahneman and Amos Tversky, "Prospect Theory: An Analysis of Decision under Risk," *Econometrica* 47, no. 2 (March 1979): 263-291, doi:10.2307/1914185; Robert Jervis, "Political Implications of Loss Aversion," *Political Psychology* 13, no. 2 (June 1992): 187-204, doi:10.2307/3791678; Jack S. Levy, "Loss Aversion, Framing, and Bargaining: The Implications of Prospect Theory for International Conflict," *International Political Science Review* 17, no. 2 (April 1996): 179-195, https://doi.org/10.1177/019251296017002004; Gary Schaub Jr., "Deterrence, Compellence, and Prospect Theory," *Political Psychology* 25, no. 3 (2004): 389-411, https://www.jstor.org/stable/379254; Jonathan Mercer, "Prospect Theory and Political Science," *Annual Review of Political Science* 8, no. 1 (2005): 1-21, doi:10.1146/annurev.polisci.8.082103.10491. See also Snyder and Diesing, *Conflict among Nations*, 25.

28) 교리적으로 다룬 내용은 다음을 참고. US Air Force, "Practical Design: The Coercion Continuum," in *Annex 3−0: Operations and Planning* (Maxwell AFB, AL: Curtis E. LeMay Center for Doctrine Development and Education, Air University, November 4, 2016), https://www.doctrine.af.mil/Portals/61/documents/Annex_3−0/3−0−D15−OPS−Coercion−Continuum.pdf. 최근 조사에 대하여는, Tami Davis Biddle, "Coercion Theory: A Basic Introduction for Practitioners," *Texas National Security Review* 3, no. 2 (Spring 2020), http://dx.doi.org/10.26153/tsw/8864.

29) Pape, *Bombing to Win*, 21-25.

30) Karl P. Mueller, "The Essence of Coercive Air Power: A Primer for Military Strategists," *Royal Air Force Air Power Review* 4, no. 3 (Autumn 2001): 6, https://www.airuniversity.

af.edu/Portals/10/ASPJ/journals/Chronicles/mueller.pdf.

31) 다음에서 처벌을 보라. "Punishment" in US Air Force, "Practical Design."

32) 처벌이 적의 항복을 강제하는지의 여부 혹은 그 정도에 대한 것은 오랫동안 논쟁되어 왔다. 그 논쟁 자체는 주로 강제적인 승리를 쟁취하는 데 국가의 항공력 활용에 주안점을 두어왔으나, 그 결과는 논리적으로 다른 형태의 비용부과를 수반하는 군사적 처벌까지 확장될 수 있다. 이 논쟁에 역사적인 기여를 한 다음을 참고. Pape, Bombing to Win; Robert A. Pape, "The Limits of Precision—Guided Air Power," *Security Studies* 7, no. 2 (Winter 1997/98): 93-114, https://doi.org/10.1080/09636419708429343; Barry D. Watts, "Ignoring Reality: Problems of Theory and Evidence in Security Studies," *Security Studies* 7, no. 2 (Winter 1997/98): 115-171, https://doi.org/10.1080/09636419708429344; John Warden, "Success in Modern War," *Security Studies* 7, no. 2 (Winter 1997/98): 172-190, https://doi.org/10.1080/09636419708429345; Robert A. Pape, "The Air Force Strikes Back: A Reply to Barry Watts and John Warden," *Security Studies* 7, no. 2 (Winter 1997/98), 191-214, https://doi.org/10.1080/09636419708429346; Karl Mueller, "Strategies of Coercion: Denial, Punishment, and the Future of Air Power," *Security Studies*, 7, no. 3 (Spring 1998): 182-228, https://doi.org/10.1080/09636419808429354; Daniel L. Byman and Matthew C. Waxman, "Kosovo and the Great Air Power Debate," *International Security*, 24, no. 4 (Spring 2000): 5-38, https://www.jstor.org/stable/2539314; and Michael Horowitz and Dan Reiter, "When Does Aerial Bombing Work? Quantitative Empirical Tests, 1917-1999," *Journal of Conflict Resolution* 45, no. 2 (April 2001): 147-173: https://www.jstor.org/stable/3176274. 강압적인 항공력에 대한 역사 연구는 Morale Division, United States Strategic Bombing Survey, *The Effects of Strategic Bombing on German Morale*, 2 vols.(Washington, DC: Government Printing Office, December 1946, May 1947); Morale Division, United States Strategic Bombing Survey, *The Effects of Strategic Bombing on Japanese Morale* (Washington, DC: Government Printing Office, June 1947); Ronald Schaffer, *Wings of Judgement: American Bombing in World War II* (New York: Oxford University Press, 1985); Kenneth P. Werrell, "The Strategic Bombing of Germany in World War II: Costs and Accomplishments," *Journal of American History* 73, no. 2 (December 1986): 702-713, https://doi.org/10.2307/1902984; Mark Clodfelter, *The Limits of Air Power: The American Bombing of North Vietnam* (New York: Free Press, 1989); Stephen T. Hosmer, *Psychological Effects of U.S. Air Operations in Four Wars, 1941-1991: Lessons for U.S. Commanders* (Santa Monica, CA: RAND Corporation, 1996), https://www.rand.org/pubs/monograph_reports/MR576.html; and Tami Davis Biddle, *Rhetoric and Reality in Air Warfare: The Evolution of British and American Ideas about Strategic Bombing, 1914-1945* (Princeton, NJ: Princeton University Press, 2002), esp. 214-288. 강제 해양봉쇄에 대한 연구는 Mancur Olson Jr., *The Economics of Wartime Shortage: A History of British Food Supplies in the Napoleonic Wars and in World Wars I and II* (Durham, NC: Duke University Press, 1963); Hein E. Goemans, *War and Punishment: The Causes of War Termination in the First World War* (Princeton, NJ: Princeton University Press, 2000); John J. Mearsheimer, *The Tragedy of Great Power Politics* (New York: W. W. Norton, 2001), 83-137; Paul Kennedy, *The Rise and Fall of British Naval Mastery*, 2nd ed. (New York: Humanity Books, 1986), 299-322; Philip A. Crowl, "Alfred Thayer Mahan: The Naval Historian," in *Makers of Modern Strategy: From Machiavelli to the Nuclear Age*, ed. Peter Paret, Gordon A. Craig, and Felix Gilbert

(Princeton, NJ: Princeton University Press, 1986), 444-477; Michael A. Glosny, "Strangulation from the Sea? A PRC Submarine Blockade of Taiwan," *International Security* 28, no. 4 (Spring 2004): 125-160, https://www.jstor.org/stable/4137451; and Erik Sand, "Desperate Measures: The Effects of Economic Isolation on Warring Powers," *Texas National Security Review* 3, no. 2 (Spring 2020), https://tnsr.org/2020/04/desperate−measures−the−effects−of−economic−isolation−on−warring− powers/.

33) Robert A. Pape, "Why Japan Surrendered," *International Security* 18, no. 2 (Fall 1993): 154-201, doi:10.2307/2539100; Ward Wilson, "The Winning Weapon? Rethinking Nuclear Weapons in Light of Hiroshima," *International Security* 31, no. 4 (Spring 2007): 162-179, https://www.jstor.org/stable/4137569.

34) Robert A. Pape Jr., "Coercive Air Power in the Vietnam War," *International Security* 15, no. 2 (Fall 1990): 103-146, doi:10.2307/2538867; Earl H. Tolford Jr., SETUP: What the Air Force Did in Vietnam and Why (Maxwell AFB, AL: Air University Press, 1991), 283-288, https://media.defense.gov/2017/Apr/07/2001728434/−1/−1/0/B_0040_TILFORD_SETUP.PDF; Conrad C. Crane, *American Airpower Strategy in Korea, 1950-1953* (Lawrence: University of Kansas Press, 2000); William W. Momyer, *Airpower in Three Wars: WWII, Korea, Vietnam* (Maxwell AFB, AL: Air University Press, 2003), https://www.airuniversity.af.edu/Portals/10/AUPress/Books/B_0089_MOMYER_AIR−POWER.pdf; and Clodfelter, *Limits of Air Power*.

35) Stephen T. Hosmer, *The Conflict over Kosovo: Why Milosevic Decided to Settle When He Did* (Santa Monica, CA: RAND Corporation, 2001), 114, 123, https://www.rand.org/pubs/monograph_reports/MR1351.html. See also Horowitz and Reiter, "When Does Aerial Bombing Work?"

36) Quoted in Ernst Campbell Messner and Ian Simpson Ross, eds., *The Glasgow Edition of the Works and Correspondence of Adam Smith*, vol. 6, Correspondence, 2nd ed. (Oxford: Oxford University Press, 2014), 262n3.

37) Hosmer, *Conflict over Kosovo*, 40-47.

38) 중국의 대만에 대한 전략적 사고에 대한 개관은 다음을 참고. Tai Ming Cheung, "Chinese Military Preparations against Taiwan over the Next 10 Years," in *Crisis in the Taiwan Strait*, ed. James R. Lilley and Chuck Downs (Washington, DC: National Defense University and American Enterprise Institute, 1997), 45-72; Allen S. Whiting, "China's Use of Force, 1950-96, and Taiwan," *International Security* 26, no. 2 (Fall 2001): 124-131, https://www.jstor.org/stable/3092124; Thomas J. Christensen, "Posing Problems without Catching Up: China's Rise and Challenges for U.S. Security Policy," *International Security* 25, no. 4 (Spring 2001): 14-21, https://www.jstor.org/stable/3092132; Robert S. Ross, "Navigating the Strait: Deterrence, Escalation Dominance, and U.S.−China Relations," *International Security* 27, no. 2 (Fall 2002): 54-56, https://www.jstor.org/stable/3092143; Brad Roberts, "The Nuclear Dimension: How Likely? How Stable?," in Assessing the Threat: The Chinese Military and Taiwan's Security, ed. Michael D. Swaine et al. (Washington, DC: Carnegie Endowment for International Peace, 2007), 213-242; *Chinese Political and Military Thinking regarding Taiwan and the East and South China Seas, before the U.S.−China Economic and Security Review Commission*, 115th Cong. (2017) (statement of Timothy R. Heath, Senior International/Defense Researcher, RAND

Corporation), https://www.rand.org/pubs/testimonies/CT470.html; and Peter Gries and Tao Wang, "Will China Seize Taiwan? Wishful Thinking in Beijing, Taipei, and Washington Could Spell War in 2019," *Foreign Affairs*, February 15, 2019, https://www. foreignaffairs.com/articles/ china/2019-02-15/will-china-seize-taiwan.

39) 대만 대중의 응집된 매우 큰 대다수는 현 상태의 일종의 형태를 유지하는 것을 선호한다. 2019년 설문조사에서 오직 1.4퍼센트만이 조속한 중국본토와의 통일에 찬성했고, 8.9퍼센트는 현재를 유지하고 통일을 미루는 데 찬성했다. ROC Mainland Affairs Council, "Percentage Distribution of the Questionnaire for the Routine Survey on the 'Public Views on Current Cross-Strait Issues'" (Taipei: Mainland Affairs Council, Republic of China, October 24, 2019), 2, https://ws.mac.gov.tw/001/Upload/297/relfile/8010/5823/ef1a8650-abae-4b61-8da5-6bb00e5053e7.pdf. 동시에 응답자의 69.8퍼센트는 대만의 자유와 민주주의가 제약을 받을 때 그리고 대만의 존재와 개발이 위협받을 때, 대만인은 반드시 굴기하고 스스로 방어해야 한다는 주장을 지지했다. ROC Mainland Affairs Council, "Public Opinion on the Cross-Strait Relations in the Republic of China" (Taipei: Mainland Affairs Council, Republic of China, October 24, 2019), 2, https://ws.mac.gov.tw/001/Upload/297/relfile/8010/5823/dd8e265f-c130-4278-8a0c-348ab8296672.pdf; ROC Mainland Affairs Council, "Public View on Current Cross-Strait Relation (October 24-28, 2018)" (Taipei: Mainland Affairs Council, Republic of China, November 1, 2018), 3, https://ws.mac.gov.tw/001/Upload/297/relfile/8010/5674/ca75e10c-bb7c-4cc2-a1bc-eb8ec78ed336.pdf.

40) Benjamin S. Lambeth, *The Transformation of American Air Power* (Ithaca, NY: Cornell University Press, 2000), 15-16. See also James G. Hershberg and Chen Jian, "Reading and Warning the Likely Enemy: China's Signals to the United States about Vietnam in 1965," *International History Review* 27, no. 1 (March 2005): 47-84, https://www.jstor.org/stable/40110654.

41) 전직 국방장관 제임스 매티스는 나폴레옹이 말했다고 전해지는 이 유명한 격언을 2004년 팔루자 전투의 맥락에서 다음과 같이 말하면서 다채롭게 개선했다. "비엔나를 점령하려고 하면, 비엔나를 [비속어] 차지해라." Jim Mattis and Bing West, *Call Sign Chaos: Learning to Lead* (New York: Random House, 2019), 129.

42) 예컨대, 앤 얼트먼은 1918년과 2016년 사이에 강제적인 영토포기의 13건의 사례가 있었다고 계산하였다. 동일 기간에 112건의 직접 토지몰수가 있었고, 이중 82건은 1945년 후의 일이다. Dan Altman, "By Fait Accompli, Not Coercion: How States Wrest Territory from Their Adversaries," *International Studies Quarterly* 61, no. 4 (December 2017): 885-886, https://doi.org/10.1093/isq/sqx049.

43) Pape, *Bombing to Win*, 88.

44) See David G. Chandler, T*he Campaigns of Napoleon* (New York: Macmillan, 1966), esp. xxxiii-xxxvi, 511, 600; and Williamson Murray and Allan R. Millet, *A War to Be Won: Fighting the Second World War* (Cambridge, MA: Belknap Press of Harvard University Press, 2000), 83-89, 236-240.

45) Josh. 6:1-27.

46) 사례를 참고. Barry S. Strauss, "The War for Empire: Rome versus Carthage," in *Great Strategic Rivalries: From the Classical World to the Cold War*, ed. James Lacey (New York: Oxford University Press, 2016), 97-100; Flavius Josephus, "The Wars of the Jews, or The History of the Destruction of Jerusalem," in *The Complete Works of Flavius*

Josephus, the Celebrated Jewish Historian [...], trans. William Whiston (Chicago: Thompson and Thomas, 1901), 498-709.

47) Iñigo Olalde et al., "The Genomic History of the Iberian Peninsula over the Past 8000 Years," *Science* 363 (2019): 1230-1235, doi:10.1126/science.aav4040.

48) 사례를 참고. *Henry A. Kissinger: A World Restored: Metternich, Castlereagh, and the Problem of Peace, 1812-1822* (Boston: Houghton Miffl in, 1957), 98, 155.

49) 사례를 참고. Henry Kissinger, *Diplomacy* (New York: Simon and Schuster, 1994), 424; John Lewis Gaddis, *Strategies of Containment: A Critical Appraisal of American National Security Policy during the Cold War*, rev. ed. (Oxford: Oxford University Press, 2005), 37; and Walter Isaacson and Evan Thomas, *The Wise Men: Six Friends and the World They Made* (New York: Simon and Schuster, 1986), 34.

50) 사례를 참고. Paul Kecskemeti, *Strategic Surrender: The Politics of Victory and Defeat* (Santa Monica, CA: RAND Corporation, 1958), 5-6, 8-9, https://www.rand.org/pubs/reports/R308.html.

51) 사례를 참고.Williamson Murray and Wayne Wei−Siang Hsieh, *A Savage War: A Military History of the Civil War* (Princeton, NJ: Princeton University Press, 2016), 504-505.

52) 사례를 참고. Julian Jackson, *The Fall of France: The Nazi Invasion of 1940* (New York: Oxford University Press, 2003), 143-182.

53) David Stevenson, *With Our Backs to the Wall: Victory and Defeat in 1918* (Cambridge, MA: Harvard University Press, 2011), 161-169.

54) See Shlomo Aronson, *Conflict and Bargaining in the Middle East* (Baltimore: Johns Hopkins University Press, 1978), 178-179.

55) Lawrence Freedman, *The Official History of the Falklands Campaign*, vol. 2, War and Diplomacy (Abingdon, UK: Routledge, 2005), esp. 1-12.

56) 이런 지위의 법역사에 대하여는 다음을 참고. Ian Brownlie, *International Law and the Use of Force by States* (Oxford: Clarendon Press, 1963), 19-21; and James Crawford, *The Creation of States in International Law*, 2nd ed. (New York: Oxford University Press, 2006), 282-328.

57) Paul W. Schroeder, *The Transformation of European Politics, 1763-1848* (Oxford: Clarendon Press, 1994), 371-395.

58) Mark Mazower, *Hitler's Empire: How the Nazis Ruled Europe* (New York: Penguin Press, 2008), esp. 102-136.

59) Stephen A. Carney, *The U.S. Army Campaigns of the Mexican War: The Occupation of Mexico, May 1846-July 1848* (Center for Military History, U.S. Army, 2005), https://history.army.mil/html/books/073/73−3/index.html.

60) Geoffrey Wawro, *The Franco−Prussian War: The German Conquest of France in 1870-1871* (New York: Cambridge University Press, 2003), 246.

61) Barry E. Carter, Allen S. Weiner, and Duncan B. Hollis, *International Law*, 7th ed. (New York: Wolters Kluwer, 2018), 450-451.

62) See Alexander L. George, "The Cuban Missile Crisis," in *Avoiding War: Problems of Crisis Management*, ed. Alexander L. George (Boulder, CO: Westview, 1991), 227, 382-383, 549-550, 553-554; Schelling, *Arms and Influence*, 1-30, 44-45; Alexander L. George and

Richard Smoke, *Deterrence in American Foreign Policy: Theory and Practice* (New York: Columbia University Press, 1974), 536-540; Glenn Herald Snyder and Paul Diesing, *Conflict among Nations: Bargaining, Decision Making, and System Structure in International Crises* (Princeton, NJ: Princeton University Press, 1977), esp. 227; Stephen Van Evera, "Offense, Defense, and the Causes of War," *International Security* 22, no. 4 (Spring 1998): 10, doi:10.2307/2539239; Van Jackson, "Tactics of Strategic Competition: Gray Zone, Redlines, and Conflicts before War," *Naval War College Review* 70, no. 3 (Summer 2017): 39-61, https://digital−commons.usnwc.edu/nwc−review/vol70/iss3/4/; and Ahmer Tarar, "A Strategic Logic of the Military Fait Accompli," *International Studies Quarterly* 60, no. 4 (December 2017): 743, https://doi.org/10.1093/isq/sqw018.

63) NATO 계획관들은 북독일 평원의 방어를 준비하는 데 어려움에 봉착했다. 현대 사례는 다음을 보라. Paul Bracken, "Urban Sprawl and NATO Defence," *Survival* 18, no. 6 (1976): 254-260, https://doi.org/10.1080/00396337608441648; Drew Middleton, "Urban Sprawl on the North German Plain Forces NATO to Rethink Its Strategy against a Soviet Invasion," *New York Times*, February 20, 1977, https://www.nytimes.com/1977/02/20/archives/urban−sprawl−on−the−north−german−plain−forces−nato−to−re−think−its.html; James H. Polk, "The North German Plain Attack Scenario: Threat or Illusion?," *Strategic Review* 8, no. 3 (Summer 1980): 60-66; and John J. Mearsheimer, *Conventional Deterrence* (Ithaca, NY: Cornell University Press, 1983), 179-181.

64) US Army, *ADP 3−0: Operations* (Washington, DC: US Department of the Army, July 31, 2019), esp. 2−1, https://armypubs.army.mil/epubs/DR_pubs/DR_a/pdf/web/ARN18010_ADP%203−0% 20FINAL% 20WEB.pdf.

65) Billy Fabian et al., *Strengthening Deterrence on NATO's Eastern Front* (Washington, DC: Center for Strategic and Budgetary Assessments, 2019), esp. 17-28, https://csbaonline.org/research/publications/strengthening−the−defense−of−natos−eastern−frontier.

66) Uri Bar−Joseph, *The Watchmen Fell Asleep: The Surprise of Yom Kippur and Its Sources* (Albany: State University of New York Press, 2005).

67) Lawrence and Morrison, *Taiwan*, 16, 23; Richard C. Bush, *A One−China Policy Primer* (Washington, DC: Brookings Institution, March 2017), 21n4, https://www.brookings.edu/wp−content/uploads/2017/03/one−china−policy−primer.pdf.

68) 중국과 중국의 기정사실화에 대한 우려를 공식적으로 표현한 것은 다음을 보라. Review of the FY2020 Budget Request for the Dept. of Defense, before the Subcom−mittee on Defense, Committee on Appropriations, United States Senate, 116th Cong. 3 (2019) (statement of Patrick M. Shanahan, Acting Secretary of Defense), https://www.appropriations.senate.gov/imo/media/doc/05.08.19−Shanahan%20Testimony.pdf; US Department of Defense, Indo−Pacific Strategy Report: Preparedness, Partnerships, and Promoting a Networked Region (Washington, DC: US Department of Defense, July 1, 2019), 18, https://media.defense.gov/2019/Jul/01/2002152311/−1/−1/1/DEPARTMENT−OF−DEFENSE− INDO−PACIFIC−STRATEGY−REPORT−2019.PDF; and US Department of the Navy, Advantage at Sea: Prevailing with Integrated All−Domain Naval Power (Washington, DC: US Department of the Navy, December 2020), 5, https://media.defense.gov/2020/Dec/16/2002553074/−1/−1/1/TRISERVICESTRATEGY.PDF. See also Michèle A. Flournoy, "How to Prevent a War in Asia: The Erosion of American Deterrence Raises

the Risk of Chinese Miscalculation," Foreign Affairs, July 18, 2020, https://www. foreignaffairs.com/articles/united—states/2020—06—18/how—prevent—war—asia.

69) 중국의 야망이 제한되어 있다는 점을 강조하는 주장에 대하여는 다음을 보라. Lyle J. Goldstein, *Meeting China Halfway: How to Defuse the Emerging US—China Rivalry* (Washington, DC: Georgetown University Press, 2015); Jeffrey A. Bader, *A Framework for U.S. Policy toward China* (Washington, DC: Brookings Institution, March 2016), 6, https://www.brookings.edu/research/a—framework—for—u—s—policy—toward—china— 2/; Paul Heer, "Understanding the Challenge from China," Open Forum (The Asan Forum), April 3, 2018, http://www.theasanforum.org/understanding—the—challenge— from—china/; *Hearing on a "World—Class" Military: Assessing China's Global Military Ambitions, before the U.S.—China Economic and Security Review Commission*, 116th Cong. 12 (2019) (statement of M. Taylor Fravel, Arthur and Ruth Sloan Professor of Political Science, Massachusetts Institute of Technology), https://www.uscc.gov/sites/ default/files/Fravel_USCC%20Testimony_FI—NAL.pdf; and Fareed Zakaria, "The New China Scare: Why America Shouldn't Panic about Its Latest Challenger," *Foreign Affairs* 100, no. 1 (January/February 2020): 59-62, https://www.foreignaffairs.com/articles/china/ 2019—12—06/new—china—scare.

70) Karine Varley, *Under the Shadow of Defeat: The War of 1870-71 in French Memory* (London: Palgrave Macmillan, 2008).

71) Thomas, Stillion, and Rehman, Hard ROC 2.0; Office of the Secretary of Defense, Annual Report to Congress, 164-166. See also Easton, Chinese Invasion Threat.

72) 스프라트리 섬 시나리오에 대한 바람직하지 못한 추세선은 다음을 보라. Heginbotham et al., U.S.—China Military Scorecard, 318, 338-342.

제 8 장 거부방어

1) 개념적인 설명은 다음을 참고. Herman Kahn, *On Escalation: Metaphors and Scenarios* (New York: Praeger, 1965), 289-291. 미국의 군사적 지배를 옹호하는 사례는 다음을 참고. *The Impact of National Defense on the Economy, Diplomacy, and International Order, before the Armed Services Committee, U.S. House of Representatives*, 115th Cong. 2-3 (2018) (statement of Hal Brands, Henry A. Kissinger Distinguished Professor, Johns Hopkins—SAIS, Senior Fellow, Center for Strategy and Budgetary Assessments), https://csbaonline.org/research/publications/statement—before—the—house—armed—serv ices—committee—the—impact—of—national—.

2) Eric Heginbotham et al., The U.S.—China Military Scorecard: Forces, Geography, and the Evolving Balance of Power, 1996-2017 (Santa Monica, CA: RAND Corporation, 2015), 332 -334, https://www.jstor.org/stable/10.7249/j.ctt17rw5gb.

3) Stockholm International Peace Research Institute, *SIPRI Yearbook: Armaments, Disarmament and International Security* (Stockholm: SIPRI, various years), cited in World Bank, "Military Expenditure (% of GDP)—United States, China" (Washington, DC: World Bank, accessed June 4, 2020), https://data.worldbank.org/indicator/MS.MIL.XPND.GD.ZS?locations= US—CN; Office of the Secretary of Defense, Annual Report to Congress: Military and

Security Developments Involving the People's Republic of China 2020, 9−A3DFCD4 (Washington, DC: US Department of Defense, August 11, 2020), 139-140, https://media. defense.gov/2020/Sep/01/2002488689/−1/−1/1/2020−DOD−CHINA−MILITARY−POWE R−REPORT−FINAL.PDF. 일부 분석가들은 인민해방군의 방위지출이 구매력평가지수 (PPP)에 의해 측정되면 훨씬 더 클 것이라고 판단한다. Frederico Bartels, *China's Defense Budget in Context: How Under−Reporting and Differing Standards and Economic Distort the Picture* (Washington, DC: Heritage Foundation, March 2020), https://www. heritage.org/asia/report/chinas−defense−budget−context−how−under−reporting−and −differing−standards−and−economies; Peter Robertson, "China's Military Might Is Much Closer to the US Than You Probably Think," *Conversation*, October, 1, 2019, https://theconversation.com/chinas−military−might−is−much−closer−to−the− us−than−you−probably−think−124487.

4) US Department of Defense, *Summary of the 2018 National Defense Strategy: Sharpening the American Military's Strategic Edge* (Washington, DC: US Department of Defense, January 2018), https://dod.defense.gov/Portals/1/Documents/pubs/2018−National−Defense −Strategy−Summary.pdf.

5) The Joint Staff, *Description of the National Military Strategy 2018* (Washington, DC: Joint Chiefs of Staff, July 2019), https://www.jcs.mil/Portals/36/Documents/Publications/UNCLASS _2018_National_Military_Strategy_Description.pdf. See also T. X. Hammes, *An Affordable Defense of Asia* (Washington, DC: Atlantic Council, June 2020), https://www.atlanticcouncil. org/in−depth−research−reports/report/an−affordable−defense−of−asia/.

6) Elbridge Colby and David Ochmanek, "How the United States Could Lose a Great−Power War," *Foreign Policy*, October 29, 2019, https://foreignpolicy.com/2019/ 10/29/united−states−china−russia−great−power−war/; R. W. Komer, "Horizontal Escalation Paper," Memorandum for the Secretary of Defense, I−35354−80 (Washington, DC: Offi ce of the Undersecretary of Defense for Policy, US Department of Defense, October 9, 1980), https://www.archives.gov/fi les/declassifi cation/iscap/pdf/2010073− doc1.pdf; Robert Komer, *Maritime Strategy or Coalition Defense?* (Cambridge, MA: Abt Books, 1984), esp. 70-73; Michael Fitzsimmons, "Horizontal Escalation: An Asymmetric Approach to Russian Aggression?," *Strategic Studies Quarterly* 13, no. 1 (Spring 2019): 95-133, https://www.airuniversity.af.edu/Portals/10/SSQ/documents/Volume−13_Issue−1/ Fitzsimmons.pdf.

7) See Glenn H. Snyder, *Deterrence and Defense: Toward a Theory of National Security* (Ithaca, NY: Cornell University Press, 1961), 14-16. See also A. Wess Mitchell, "The Case for Deterrence by Denial," *American Interest*, August 12, 2015, https://www.the− american−interest.com/2015/08/12/the−case−for−deterrence−by−denial/; and Elbridge Colby and Jonathon F. Solomon, "Avoiding Becoming a Paper Tiger: Presence in a Warfighting Defense Strategy, *Joint Force Quarterly* 82, 3rd Quarter (2016): 24-32, https://ndupress.ndu.edu/Portals/68/Documents/jfq/jfq−82/jfq−82_2432_Colby−Solo− mon.pdf.

8) 공군참모총장 휴 다우딩의 인용은 다음에 나와있다. quoted in Robert Wright, *Dowding and the Battle of Britain* (London: Corgi, 1970), 146, in turn quoted in Colin Gray, "Dowding and the British Strategy of Air Defense, 1936-1940," in *Successful Strategies:*

Triumphing in War and Peace from Antiquity to the Present, ed. Williamson Murray and Richard Hart Sinnreich (Cambridge: Cambridge University Press, 2014), 241.

9) Carl von Clausewitz, *On War*, ed. and trans. Michael Howard and Peter Paret (Princeton, NJ: Princeton University Press, 1976, revised 1989), 348. See also Harold A. Winters et al., *Battling the Elements: Weather and Terrain in the Conduct of War* (Baltimore: Johns Hopkins University Press, 1998), 1-4; and Colin Gray, "The Continued Primacy of Ge−ography," *Orbis* 40, no. 2 (Spring 1996): 247-259, doi:10.1080/01402399908437759.

10) Andrew F. Krepinevich Jr., *Archipelagic Defense: The Japan−U.S. Alliance and Preserving Peace and Stability in the Western Pacific* (Tokyo: Sasakawa Peace Foundation, 2017), 46-51, https://www.spf.org/en/global−data/SPF_20170810_03.pdf; Toshi Yoshi−hara and James R. Holmes, Red Star over the Pacific: China's Rise and the Challenge to U.S. Maritime Strategy, 2nd ed. (Annapolis, MD: Naval Institute Press, 2018).

11) US Army, *FM 3−90: Tactics* (Washington, DC: US Department of the Army, July 2001), B−14, https://usacac.army.mil/sites/default/files/misc/doctrine/CDG/cdg_resources/manuals/fm/fm3_90.pdf.

12) Edward C. O'Dowd, *Chinese Military Strategy in the Third Indochina War: The Last Maoist War* (New York: Routledge, 2007), 46-50.

13) John J. Mearsheimer, *The Tragedy of Great Power Politics* (New York: W. W. Norton, 2001), 114-128; Nicholas J. Spykman, *America's Strategy in World Politics: The United States and the Balance of Power* (1942; repr., New York: Routledge, 2017), 392-393.

14) Office of the Secretary of Defense, *Annual Report to Congress: Military Power of the People's Republic of China, 2008* (Washington, DC: US Department of Defense, 2008), 44, https://www.hsdl.org/?view&did=483904; Offi ce of the Secretary of Defense, Annual Report to Congress: Military and Security Developments Involving the People's Republic of China 2020, 9−A3DFCD4 (Washington, DC: US Department of Defense, August 11, 2020), 114, https://media.defense.gov/2020/Sep/01/2002488689/−1/−1/1/2020−DOD−CHINA−MILITARY−POWER−REPORT−FINAL.PDF; Theodore L. Gatchel, *At Water's Edge: Defending against the Modern Amphibious Assault* (Annapolis, MD: Naval Institute Press, 1996), 7, 207.

15) Paul S. Dull, *A Battle History of the Japanese Imperial Navy (1941-1945)* (Annapolis, MD: Naval Institute Press, 1978), 35-40.

16) Robert E. Ball and Charles N. Calvano, "Establishing the Fundamentals of a Surface Ship Survivability Design Discipline," *American Society of Naval Engineers* 106, no. 1 (1994): 72, https://calhoun.nps.edu/handle/10945/61577.

17) 스텔스 및 항공기 생존에 관하여는 Committee on Future Air Force Needs for Survivability, Air Force Studies Board, Division on Engineering and Physical Sciences, National Research Council of the National Academies, Future Air Force Needs for Survivability (Washington, DC: National Academies Press, 2006), 9-15.

18) Jonathan F. Solomon, "Maritime Deception and Concealment: Concepts for Defeating Wide−Area Oceanic Surveillance−Reconnaissance−Strike Networks," *Naval War College Review* 66, no. 4 (Autumn 2013): 87-116, https://digital−commons.usnwc.edu/cgi/viewcontent.cgi?article=1413&context=nwc−review; Bryan Clark and Timothy A. Walton, *Transforming the U.S. Surface Fleet for Decision−Centric Warfare* (Washington,

DC: Center for Strategic and Budgetary Assessments, 2019), 28-30, https://csbaonline.org/research/publications/taking−back−the−seas−transforming−the−u.s−surface−fleet−for−decision−centric−warfare.

19) Gatchel, *At Water's Edge*, 1-9.

20) Stephen Biddle, *Military Power: Explaining Victory in Modern Battle* (Princeton, NJ: Princeton University Press, 2004), 44-46; US Army, *ATP 2−01.3: Intelligence Preparation of the Battlefield* (Washington, DC: US Department of the Army, March 2019), 4−40, https://home.army.mil/wood/application/files/8915/5751/8365/ATP_2−01.3_Intelligence_Preparation_of_the_Battlefi eld.pdf.

21) See US Army, *FM: 3−21.8 (FM 7−8): The Infantry Rifle Platoon and Squad* (Washington, DC: US Department of the Army, March 2007), 8−62, 8−143-8−144, https://www.globalsecurity.org/military/library/policy/army/fm/3−21−8/l; and Robert A. Pape, *Bombing to Win: Air Power and Coercion in War* (Ithaca, NY: Cornell University Press, 1996), 174-210.

22) John W. McGillvray Jr., "Stealth Technology in Surface Warships," *Naval War College Review* 47, no. 1 (Winter 1994): 28-19, https://www.jstor.org/stable/44642486. See also Timothy A. Walton, Ryan Boone, and Harrison Schramm, *Sustaining the Fight: Resilient Maritime Logistics for a New Era* (Washington, DC: Center for Strategic and Budgetary Assessments, 2019), 47, 57, 94-97, https://csbaonline.org/research/publications/sustaining−the−fight−resilient−maritime−logistics−for−a−new−era.

23) Paul McLeary, "In War, Chinese Shipyards Could Outpace US in Replacing Losses; Marine Commandant," *Breaking Defense*, June 17, 2020, https://breakingdefense.com/2020/06/in−war−chinese−shipyards−can−outpace−us−in−replacing−losses/.

24) Stephen E. Ambrose, *D−Day: June 6, 1944: The Climactic Battle of World War II* (New York: Simon and Schuster, 1994), 239, 252.

25) Barry D. Watts, *The Evolution of Precision Strike* (Washington, DC: Center for Strategic and Budgetary Assessments, 2013), https://csbaonline.org/research/publications/the−evolution−of−precision−strike.

26) Mark Gunzinger and Bryan Clark, *Sustaining America's Precision Strike Advantage* (Washington, DC: Center for Strategic and Budgetary Assessments, 2015), 8, https://csbaonline.org/research/publications/sustaining−americas−precision−strike−advantage; A. J. C. Lavelle, ed., *The Tale of Two Bridges and the Battle for the Skies over North Vietnam* (Washington, DC: Offi ce of Air Force History, United States Air Force, 1985), 85, cited in Barry D. Watts, *Six Decades of Guided Munitions and Battle Networks: Progress and Prospects* (Washington, DC: Center for Strategic and Budgetary Assessments, March 2007), 187, https://csbaonline.org/research/publications/six−decades−of−guided−munitions−and−battle−networks−progress−and−prospects; Robert O. Work and Shawn Brimley, *20YY: Preparing for War in the Robotic Age* (Washington, DC: Center for a New American Security, January 2014), 10-16, https://www.jstor.org/stable/resrep06442.

27) Gunzinger and Clark, *Sustaining America's Precision Strike Advantage*, 48-55.

28) Curtis E. LeMay Center for Doctrine Development and Education, "Dynamic Targeting and the Tasking Process," in *Annex 3−60: Targeting* (Maxwell AFB, AL: US Air Force, updated March 15, 2019), https://www.doctrine.af.mil/Portals/61/documents/Annex_3−

60/3−60−D17−Target−Dynamic−Task.pdf.

29) Gunzinger and Clark, *Sustaining America's Precision Strike Advantage*, 13-15; *Hearing on a Review of Defense Innovation and Research Funding, before the Subcommittee on Defense, Committee on Armed Services*, U.S. Senate, 115th Cong. 2-3 (2017) (Statement of William B. Roper Jr., Director, Strategic Capabilities Office), https://www. appropriations.senate.gov/hearings/a−review−defense−innovation−and−research−fun ding.

30) Alan J. Vick et al., *Aerospace Operations against Elusive Ground Targets* (Santa Monica, CA: RAND Corporation, 2001), esp. 1-56, https://www.rand.org/pubs/monograph_reports/ MR1398.html; James Acton, "Escalation through Entanglement: How the Vulnerability of Command−and−Control Systems Raises the Risks of an Inadvertent Nuclear War," *International Security* 43, no. 1 (Summer 2018): 75, https://doi.org/10.1162/isec_a_00320; Charles L. Glaser and Steve Fetter, "Should the United States Reject MAD? Damage Limitation and U.S. Nuclear Strategy toward China," *International Security* 41, no. 1 (Summer 2016): 63-70, https://doi.org/10.1162/ISEC_a_00248; Christopher J. Bowie, "Destroying Mobile Ground Targets in an Anti−Access Environment" (Rosslyn, VA: Northrop Grumman Analysis Center, December 2001).

31) 대만해협의 인근에서 (즉, 인민해방군의 동부 및 남부 전구사령부가 있는) 중국은 37대의 전차 상륙함, 수륙양용 수송함 및 22대의 중상륙함을 보유한다고 추측된다. 중국은 400기의 군 수송기를 보유하고 있지만 10퍼센트가 안되는 공정부대의 기종은 27,000kg 이상을 운반하지 못한다고 판단된다. Office of the Secretary of Defense, *Annual Report to Congress (2020)*, 165-166; International Institute for Strategic Studies, *The Military Balance*, vol. 120 (London: International Institute for Strategic Studies, 2020), 263-264, 266.

32) 대만 시나리오와 발틱 국가 시나리오에서의 각각의 표적의 숫자에 대한 추측은 다음을 참고. David A. Shlapak et al., *A Question of Balance: Political Context and Military Aspects of the China−Taiwan Dispute* (Santa Monica, CA: RAND Corporation, 2009), 104, https://www.rand.org/pubs/monographs/MG888.html; and Scott Boston et al., *Assessing the Conventional Force Imbalance in Europe: Implications for Countering Russian Local Superiority* (Santa Monica, CA: RAND Corporation, 2018), 9, https://www. rand.org/pubs/research_reports/RR2402.html. 나는 이 기준에 관하여 데이비드 어크마넥 (David Ochmanek)에게 감사하다.

33) 일부 다른 조합과 결론은 있지만 비슷한 논리는 다음을 참고. Stephen Biddle and Ivan Oelrich, "Future Warfare in the Western Pacific: Chinese Antiaccess/Area Denial, U.S. AirSea Battle, and Command of the Commons in East Asia," *International Security* 41, no. 1 (Summer 2016): 23, doi:10.1162/ISEC_a_00249.

34) Martin van Creveld, *Military Lessons of the Yom Kippur War: Historical Perspectives* (Beverly Hills, CA: Sage, 1975), esp. 11-20.

35) United States Strategic Bombing Survey (Pacific), Naval Analysis Division, *The Campaigns of the Pacific War* (Washington, DC: Government Printing Office, 1946), https://www. ibiblio.org/hyperwar/NHC/NewPDFs/USAAF/United%20States%20Strategic%20Bombing%20 Survey/USSBS%20Campaigns%20of%20Pacifi c%20War.pdf.

36) 다음의 사례를 보라. Williamson Murray and Wayne Wei−Siang Hsieh, *A Savage War: A Military History of the Civil War* (Princeton, NJ: Princeton University Press, 2016), 167-

191.

37) Murray and Hsieh, 260-261; Russell F. Weigley, *The American Way of War: A History of United States Military Strategy and Policy* (Bloomington: Indiana University Press, 1973), 114-118.

38) John B. Lundstrom, *The First South Pacifi c Campaign: Pacific Fleet Strategy*, December 1941-June 1942 (Annapolis, MD: Naval Institute Press, 1976).

39) 다른 것 중에도 다음을 보라. James M. McPherson, *Battle Cry of Freedom: The Civil War Era* (New York: Oxford University Press, 1988), 654-662; and John Keegan, *The American Civil War: A Military History* (New York: Vintage Books, 2009), 195-196.

40) US Army, *ADP 3−90: Offense and Defense* (Washington, DC: US Department of the Army, July 31, 2019), 1−5, 4−6, 4−50, 4−55, https://fas.org/irp/doddir/army/adp3_90.pdf.

41) See John Keegan, *The First World War* (New York: Alfred A. Knopf, 1998), 408-414.

42) Philip J. Haythornthwaite, *Gallipoli, 1915: Frontal Assault on Turkey* (London: Osprey, 1991), 39-40, 48, 57, 64-66.

43) atrick Sullivan and Jesse W. Miller Jr., *The Geography of Warfare* (1983; New York: Routledge, 2015), 63-64.

44) US Army, *ADP 3−90*, 4−51-4−53; US Army, *FM 3−90*, 8−37-8−42.

45) US Army, *FM 3−90−1: Offense and Defense*, vol. 1 (Washington, DC: US Department of the Army, March 2013), 7-34, http://www.bits.de/NRANEU/others/amd−us−archive/fm3−90−1C2%2815%29.pdf; US Army, FM 3−90, 3−28-3−109.

46) John J. Mearsheimer, *Conventional Deterrence* (Ithaca, NY: Cornell Univer−sity Press, 1983), 43, 74, 125-126.

47) Biddle, *Military Power*, esp. 48-49; B. H. Liddell Hart, *Strategy*, 2nd rev. ed. (New York: Meridian, 1991); Elbridge Colby, *Masters of Mobile Warfare* (Princeton, NJ: Princeton University Press, 1943); and Edward Luttwak, *The Grand Strategy of the Roman Empire: From the First Century CE to the Third*, rev. ed. (Baltimore: Johns Hopkins University Press, 2016), 146-149. Cf. John J. Mearsheimer, "Maneuver, Mobile Defense, and the NATO Central Front," *International Security* 6, no. 3 (Winter 1981/82): 104-122, https://www.jstor.org/stable/253860.

48) Naval Analysis Division, United States Strategic Bombing Survey (Pacific), *The Campaigns of the Pacific War*, 320-321, 325-326; George W. Garand and Truman R. Strobridge, *History of U.S. Marine Corps Operations in World War II*, vol. 4, Western Pacific Operations (Washington, DC: Historical Division, US Marine Corps, 1971), 456-457, https://www.marines.mil/News/Publications/MCPEL/Electronic−Library−Display/Article/1151105/history−of−the−us−marine−corps−operations−in−world−war−ii−western−pacific−opera/.

49) Barry S. Strauss, *The Trojan Wars: A New History* (New York: Simon and Schuster, 2006), 65-66.

50) Allen F. Chew, *Fighting the Russians in Winter: Three Case Studies* (Fort Leavenworth, KS: Combat Studies Institute, US Army Command and General Staff College, December 1981); Lawrence Freedman, *Strategy: A History* (New York: Oxford University Press,

2013), 78-81.

51) Bryan I. Fugate, *Operation Barbarossa: Strategy and Tactics on the Eastern Front, 1941* (Novato, CA: Presidio Press, 1984), 40-50; John Keegan, *The Second World War* (New York: Penguin Books, 1990), 182-185.

52) Biddle, *Military Power*, 49; Freedman, Strategy, 198-201.

53) US Army, *FM 100-5: Operations* (Washington, DC: Headquarters, Department of the Army, 1982), 7－1－7－2, http://cgsc.cdmhost.com/cdm/ref/collection/p4013coll9/id/48; John L. Romjue, *From Active Defense to AirLand Battle: The Development of Army Doctrine, 1973-1982* (Fort Monroe, VA: US Army Training and Doctrine Command, June 1984), https://www.tradoc.army.mil/Portals/14/Documents/Command%20History/Command%20History%20Publications/From%20Active%20Defense%20to%20Air－Land%20Battle.pdf; Bernard W. Rogers, "Follow－On Forces Attack: Myths and Reali－ties," *NATO Review*, no. 6 (December 1984): 1-9; US Congress, Office of Technology Assessment, New Technology for NATO: Implementing Follow－On Forces Attack, OTA－ISC－309 (Washington, DC: Government Printing Offi ce, June 1987), https://www.hsdl.org/?view&did=446427.

54) 다른 자료 중에서도 다음을 보라. Bruce A. Elleman, *Modern Chinese Warfare, 1795-1989* (New York: Routledge, 2001), 284-294.

제9장 효과적 거부방어 이후의 제한전쟁

1) John Speed Meyers, "Mainland Strikes and U.S. Military Strategy towards China: Historical Cases, Interviews, and a Scenario－Based Survey of American National Security Elites" (PhD diss., Pardee RAND Graduate School, 2019), https://doi.org/10.7249/RGSD430.

2) Alison A. Kaufman and Daniel M. Hartnett, *Managing Conflict: Examining Recent PLA Writings on Escalation Control* (Washington, DC: CNA, February 2016), https://apps.dtic.mil/dtic/tr/fulltext/u2/1005033.pdf; Burgess Laird, *War Control: Chi－nese Writings on the Control of Escalation in Crisis and Conflict* (Washington, DC: Center for a New American Security, April 2017), https://www.cnas.org/publications/reports/war－control; and Fiona S. Cunningham and M. Taylor Fravel, "Dangerous Confidence? Chinese Views on Nuclear Escalation," *International Security* 44, no. 2 (Fall 2019): 61-109, https://doi.org/10.1162/isec_a_00359. 중국의 방공네트워크에 대하여는 다음을 참고. Eric Heginbotham et al., *The U.S.－China Military Scorecard: Forces, Geography, and the Evolving Balance of Power, 1996-2017* (Santa Monica, CA: RAND Corporation, 2015), 97-131, https://www.jstor.org/stable/10.7249/j.ctt17rw5gb.

3) 선택적인 경제적 탈동조화(decoupling)에 친화적인 사례에 대하여는 다음을 참고. Hearing to Receive Testimony on China and Russia, before the Armed Services Committee, United States Senate, 116th Cong. (2019) (statement of Ely Ratner, Executive Vice President and Director of Studies, Center for a New American Security), https://www.armed－services.senate.gov/imo/media/doc/Ratner_01－29－19.pdf; and Charles W. Boustany Jr. and Aaron L. Friedberg, *Partial Disengagement: A New Strategy for Economic Competition with China* (Seattle, WA: National Bureau of Asian Research, November 2019),

https://www.nbr.org/wp−content/uploads/pdfs/publications/sr82_china−task−force−rep ort−final.pdf. See also Julian Gewirtz, "The Chinese Reassessment of Interdependence," China Leadership Monitor, June 1, 2020, https://www.prcleader.org/gewirtz.

4) Michael Pettis, "China Cannot Weaponize Its U.S. Treasury Bonds" (Washington, DC: Carnegie Endowment for International Peace, May 28, 2019), https://carnegieendowment. org/chinafi nancialmarkets/79218.

5) Caitlin Talmadge, "Would China Go Nuclear? Assessing the Risk of Chinese Nuclear Escalation in a Conventional War with the United States," International Security 41, no. 4 (Spring 2017): 50-92, https://doi.org/10.1162/ISEC_a_0027.

6) Carl von Clausewitz, On War, ed. and trans. Michael Howard and Peter Paret (Princeton, NJ: Princeton University Press, 1976, revised 1989), 370.

7) 토마스 셸링의 노벨상 강의를 보라. "An Astonishing Sixty Years: The Legacy of Hiroshima," in Arms and Influence (1966; repr., New Haven: Yale University Press, 2008), 287-303.

8) US Department of Defense, Nuclear Posture Review (Washington, DC: US Department of Defense, 2018), 54-55, https://dod.defense.gov/News/SpecialReports/2018NuclearPosture Review.aspx.

9) 다음을 보라. John K. Warden, Limited Nuclear War: The 21st Century Challenge for the United States (Livermore, CA: Center for Global Security, Lawrence Livermore National Laboratory, July 2018), https://cgsr.llnl.gov/content/assets/docs/CGSR_LP4−FINAL.pdf.

10) 다음의 사례를 보라. e.g., Brad Roberts, The Case for U.S. Nuclear Weapons (Stanford, CA: Stanford University Press, 2014), 171.

11) Thomas C. Schelling, The Strategy of Confl ict (1960; repr., Cambridge, MA: Harvard University Press, 1980), 57; and Rober Jervis, The Meaning of the Nuclear Revolution: Statecraft and the Prospect of Armageddon (Ithaca, NY: Cornell University Press, 1989), 31.

12) 이 논점에 대하여 알렉스 벨레즈−그린(Alex Velez−Green)에게 감사하다.

13) 특히 다음을 보라. Andrew F. Krepinevich Jr., Protracted Great−Power War: A Preliminary Assessment (Washington, DC: Center for a New American Security, February 2020), https://www.cnas.org/publications/reports/protracted−great−power−war. For Chinese thinking on this issue, see M. Taylor Fravel, Active Defense: China's Military Strategy since 1949 (Princeton, NJ: Princeton University Press, 2019), 49-50, 65, 67.

14) 다음의 사례를 보라. David G. Chandler, The Campaigns of Napoleon (New York: Macmillan, 1966), 321-325.

15) Christopher M. Clark, Iron Kingdom: The Rise and Downfall of Prussia, 1600-1947 (Cambridge, MA: Belknap Press of Harvard University Press, 2006), 204-206.

16) Emma Chanlett−Avery, A Peace Treaty with North Korea?, R45169 (Washington, DC: Congressional Research Service, April 19, 2018), https://crsreports.congress.gov/product/ pdf/R/R45169. 러일관계에 대한 요약본은 다음에서 찾을 수 있다. Ministry of Foreign Affairs of Japan, Ministry of Foreign Affairs of the Russian Federation, "Preface," in Joint Compendium of Documents on the History of Territorial Issue between Japan and Russia (Tokyo: Ministry of Foreign Affairs of Japan, September 1992), https://www.mofa. go.jp/region/europe/russia/territory/edition92/preface.html.

17) 이 논점에 대하여 알렉스 벨레즈ー그린(Alex Velezー Green)에게 감사하다.

18) Talmadge, "Would China Go Nuclear?," 54-55.

19) National Security Decision Memorandum 242, "Policy for Planning the Employment of Nuclear Weapons" (Washington, DC: National Security Council, 1974), https://fas.org/irp/offdocs/nsdm—nixon/nsdm_242.pdf; Presidential Directive/NSC—59, "Nuclear Weapons Employment Policy" (Washington, DC: White House, July 25, 1980), https://fas.org/irp/offdocs/pd/pd59.pdf; Office of the Secretary of Defense, *Policy Guidance the Employment of Nuclear Weapons* (NUWEP) (U) (Washington, DC: US Department of Defense, October 1980), https://www.archives.gov/files/declassification/iscap/pdf/2013—111—doc01.pdf; and Walter Slocombe, "The Countervailing Strategy," *International Security* 5, no. 4 (Spring 1981): 18-27, https://www.jstor.org/stable/2538711.

20) US Department of Treasury, "Suggested Post—Surrender Program for Germany," September 1, 1944, in *Foreign Relations of the United States, Conference at Quebec, 1944,*ed. Richardson Dougall et al. (Washington, DC: Government Printing Offi ce, 1972), document 77, https://history.state.gov/historicaldocuments/frus1944Quebec/d77.

21) 다음의 사례를 보라. Robert A. Pape, *Bombing to Win: Air Power and Coercion in War* (Ithaca, NY: Cornell University Press, 1996), 90, 257; and Michael Horowitz and Dan Reiter, "When Does Aerial Bombing Work? Quantitative Empirical Tests, 1917-1999," *Journal of Conflict Resolution* 45, no. 2 (April 2001): esp. 156, https://www.jstor.org/stable/3176274.

22) Forrest E. Morgan et al., *Dangerous Thresholds: Managing Escalation in the 21st Century* (Santa Monica, CA: RAND Corporation, 2008), 169-170, https://www.rand.org/pubs/monographs/MG614.html; and John Speed Meyers, "Mainland Strikes and U.S. Military Strategy towards China: Historical Cases, Interviews, and a Scenario—Based Survey of American National Security Elites" (PhD diss., Pardee RAND Gradu—ate School, 2019), https://doi.org/10.7249/RGSD430.

23) 강제에 관한 역사적인 연구들은 다른 것보다 다음을 참고. Thomas C. Schelling, *Arms and Influence* (1966; repr., New Haven: Yale University Press, 2008), 69-91; Robert J. Art, "To What Ends Military Power?," *International Security* 4, no. 4 (Spring 1980): 7-10, doi:10.2307/2626666; and Pape, *Bombing to Win*, esp. 4-8. 또한 Robert J. Art and Kelly M. Greenhill, "Coercion: An Analytical Overview," in *Coercion: The Power to Hurt in International Politics*, ed. Kelly M. Greenhill and Peter Krause (New York: Oxford University Press, 2018), 5-6, 13-22; and Tami Davis Biddle, "Coercion Theory: A Basic Introduction for Practitioners," *Texas National Security Review* 3, no. 2 (Spring 2020), http://dx.doi.org/10.26153/tsw/8864.

24) Krepinevich Jr., *Protracted Great—Power War*, 23-27, 34-35.

25) Piers Mackesy, *The War for America, 1775-1783* (1964; repr., Lincoln: University of Nebraska Press, 1993), esp. 435-436.

26) Geoffrey Jukes, *The Russo—Japanese War*, 1904-1905 (Oxford: Osprey, 2002), 76.

27) US Department of Defense, *Summary of the 2018 National Defense Strategy: Sharpening the American Military's Strategic Edge* (Washington, DC: US Department of Defense, January 2018), 6, https://dod.defense.gov/Portals/1/Documents/pubs/2018—National—

Defense−Strategy−Summary.pdf; David Ochmanek, *Restoring U.S. Power Projection Capabilities: Responding to the 2018 National Defense Strategy* (Santa Monica, CA: RAND Corporation, July 2018), 8, https://www.rand.org/pubs/perspectives/PE260.html; *Hearing to Receive Testimony on China and Russia, before the Armed Services Committee, United States Senate*, 116th Cong. (2019) (statement of Elbridge A. Colby), https://www.armed−services.senate.gov/imo/media/doc/Colby_01−29−19.pdf; Elbridge Colby, "How to Win America's Next War," *Foreign Policy* no. 232 (Spring 2019): 48, https://foreign−policy.com/2019/05/05/how−to−win−americas−next−war−china−rus sia−military−infrastructure/; Christopher M. Dougherty, *Why America Needs a New Way of War* (Washington, DC: Center for a New American Security, June 2019), 33.

제10장　결부전략

1) Edward S. Miller, *War Plan Orange: The U.S. Strategy to Defeat Japan, 1897-1945* (Annapolis, MD: Naval Institute Press, 1991), 223-232.

2) David Ochmanek, "Wisdom and Will? American Military Strategy in the Indo−Pacific" (Sydney: United States Studies Centre, University of Sydney, November 28, 2018), esp. 10-11, https://www.ussc.edu.au/analysis/american−military−strategy−in−the−indo−pacifi c.

3) 이런 정리에 대하여 알렉스 벨레즈−그린(Alex Velez−Green)에게 고맙다.

4) Bryan Clark and Jesse Sloman, *Advancing beyond the Beach: Amphibious Operations in an Era of Precision Weapons* (Washington, DC: Center for Strategic and Budgetary Assessments, 2016), esp. 5-14, https://csbaonline.org/research/publications/advancing−beyond−the−beach−amphibious−operations−in−an−era−of−precision−wea.

5) *Hearing to Receive Testimony on Reshaping the U.S. Military, before the Committee on Armed Services United States Senate*, 115th Cong. 3 (2017) (statement of David Och−manek, Senior International/Defense Researcher, RAND Corporation), https://www.armed−services.senate.gov/imo/media/doc/Ochmanek_02−16−17.pdf; Christopher M. Dougherty, *Why America Needs a New Way of War* (Washington, DC: Center for a New American Security, June 2019).

6) 다음을 보라. Maury Klein, *A Call to Arms: Mobilizing America for World War II* (New York: Bloomsbury, 2013). 강대국 세력경쟁에서의 산업적인 동원능력에 대하여는 다음을 참고. Andrew Krepinevich, *Defense Investment Strategies in an Uncertain World* (Washington, DC: Center for Strategic and Budgetary Assessments, 2008), https://csbaonline.org/research/publications/defense−investment−strategies−in−an−uncertain−world.

7) Office of the Under Secretary of Defense for Acquisition and Sustainment, Office of the Deputy Assistant Secretary of Defense for Manufacturing and Industrial Base Policy, Fiscal Year 2017 Annual Industrial Capabilities: Report to Congress (Washington, DC: US Department of Defense, March 2018), 81-87, https://www.businessdefense.gov/Portals/51/Documents/Resources/2017%20AIC%20RTC%2005−17−2018%20−%20Public%20Release.pdf?ver=2018−05−17−224631−340.

8) Marc Levinson, U.S. Manufacturing in International Perspective, R42135 (Washington, DC: Congressional Research Service, February 21, 2018), 2, https://crsreports.congress.gov/

product/pdf/R/R42135.

9) 이런 전력의 역할에 대한 검증은 다음을 참고. Jim Thomas and Chris Dougherty, *Beyond the Ramparts: The Future of U.S. Special Operations Forces* (Washington, DC: Center for Strategic and Budgetary Assessments, 2013), https://csbaonline.org/research/publications/beyond−the−ramparts−the−future−of−u−s−special−operations−forces.

10) Richard B. Frank, *Guadalcanal: The Definitive Account of the Landmark Battle* (New York: Penguin Books, 1992).

11) Caitlin Talmadge, "Would China Go Nuclear? Assessing the Risk of Chinese Nuclear Escalation in a Conventional War with the United States," *International Security* 41, no.4 (Spring 2017): 50-92, https://doi.org/10.1162/ISEC_a_0027; James Acton, "Escalation through Entanglement: How the Vulnerability of Command−and−Control Systems Raises the Risks of an Inadvertent Nuclear War," *International Security* 43, no. 1 (Summer 2018): 56-99, https://doi.org/10.1162/isec_a_00320.

12) Carl von Clausewitz, *On War*, ed. and trans. Michael Howard and Peter Paret (Princeton, NJ: Princeton University Press, 1976, revised 1989), 106.

13) 이와 같은 접근법의 기준은 고려될 만하다. 2019년의 한 설문은 여타 요인을 제거했을 때 만약 중국이 대만을 침공하면 미국인의 76퍼센트는 대만의 독립을 인정할 것임을, 55퍼센트는 해당 지역에 미국 군사자산을 배치하는 것을 지지함을, 42퍼센트는 중국 항공기를 파괴하기 위한 비행금지구역(no−fly zone)을 지지함을 그리고 39퍼센트는 대만의 방어를 위해 미 지상군을 투입하는 것을 지지함을 밝혔다. Reagan Foundation, "U.S. National Survey of Defense Attitudes" (Washington, DC: Ronald Reagan Foundation, October 24-30, 2019), 11, https://www.reaganfoundation.org/media/355278/regan−national−defense−survey−2019−topline.pdf.

14) Thucydides, *The Landmark Thucydides: A Comprehensive Guide to the Peloponnesian War*, ed. Robert B. Strassler (New York: Simon and Schuster, 1996), 1.76, 43.

15) Clausewitz, *On War*, 80, 86.

16) Stephen M. Walt, *The Origins of Alliances* (Ithaca, NY: Cornell University Press, 1987), esp. 24-26.

17) 괄목할 만한 사례는 Winston Churchill, The Second World War, vol. 2, Their Finest Hour (1949; repr., Boston: Houghton Mifflin, 1985), 231.

18) 투모스(Thumos)는 심기일전한다는 의미의 그리스 개념이다. 영어에는 정확한 용어가 없지만, 고전적 의미에서 오늘날의 열정(passion)이라는 말과 닮았다. 우리가 보통 감정적이라고 부르는 말과 이 말은 구분된다. 투모스적인 충동은 우리가 "고상한" 동기라고 부르는 것과 비슷하지만 엄밀히 말해서 이성적인 동기와는 다르며, 명예와 영광에 대한 욕구, 지배적인 리비도와 같다. 다음을 참고. Plato, *The Republic of Plato*, trans. Allan Bloom, 2nd ed. (New York: Basic Books, 1991), 4.439e, 199, 449n33; Saint Augustine, *Concerning the City of God against the Pagans*, trans. Henry Bettenson (London: Pelican Books, 1972); and Albert O. Hirschman, *The Passions and the Interests: Political Arguments for Capitalism before Its Triumph* (Princeton, NJ: Princeton University Press, 1977), esp. 7-20. 실제로 1648년 이래로 오늘날까지 보았을 때, 학술연구는 명예와 일면 비슷한 "지위"를 62개의 사례로부터 주되거나 그에 보조하는 전쟁의 동기로 보았으며, "복수"를 11개의 사례로부터 식별했다. 다음을 참고. Richard Ned Lebow, *Why Nations Fight: Past and Future Motives for War* (Cambridge: Cambridge University Press, 2010). 다음 또한 참고. David A.

Welch, *Justice and the Genesis of War* (Cambridge: Cambridge University Press, 1993).

19) Bradley A. Thayer, *Darwin and International Relations: On the Evolutionary Origins of War and Ethnic Conflict* (Lexington: University Press of Kentucky, 2004).

20) Martin Gilbert, *The First World War: A Complete History* (New York: Henry Holt, 1994).

21) Clausewitz, *On War*, 127. 오늘날의 논의는 다음을 참고 Joint Chiefs of Staff, *Joint Publication 3−0: Joint Operations* (Washington, DC: US Department of Defense, January 17, 2017, updated October 22, 2018), III−38, VIII−19, https://www.jcs.mil/Portals/36/Documents/Doctrine/pubs/jp3_0ch1.pdf?ver=2018−11−27−160457−910. See also Ben Connable et al., *Will to Fight: Analyzing, Modeling, and Simulating the Will to Fight of Military Units* (Santa Monica, CA: RAND Corporation, 2018), https://www.rand.org/pubs/research_reports/RR2341.html.

22) James M. McPherson, *Battle Cry of Freedom: The Civil War Era* (New York: Oxford University Press, 1988), 274, 318; Doris Kearns Goodwin, *Team of Rivals: The Political Genius of Abraham Lincoln* (New York: Simon and Schuster, 2005), 335-348.

23) David Hackett Fisher, *Paul Revere's Ride* (New York: Oxford University Press, 1994), 261-281.

24) G. W. T. Omond, "Belgium, 1930-1839," in *The Cambridge History of British Foreign Policy, 1783-1919*, vol. 2, 1815-1866, ed. Adolphus William War and George Pea−body Gooch (Cambridge: Cambridge University Press, 2011), 160; and Michael Brook, "Britain Enters the War," in *The Coming of the First World War*, ed. Robert John Weston Evans and H. Pogge Von Strandmann (Oxford: Oxford University Press, 2001), 148.

25) Paul W. Schroeder, *The Transformation of European Politics, 1763-1848* (Oxford: Clarendon Press, 1994), 670-691; Zara S. Steiner and Keith Neilson, *Britain and the Origins of the First World War*, 2nd ed. (Basingstoke, UK: Palgrave Macmillan, 2003), 233; Larry Zuckerman, *The Rape of Belgium: The Untold Story of World War One* (New York: New York University Press, 2004), 1, 43.

26) Frederick C. Schneid, *The Second War of Italian Unification, 1859-1861* (Oxford: Osprey, 2012), 27-28.

27) Scott D. Sagan, "The Origins of the Pacifi c War," Journal of Interdisciplinary History 18, no. 4 (Spring 1988): 893-922, https://www.jstor.org/stable/204828.

28) Franklin Roosevelt, "Address to Congress Requesting a Declaration of War with Japan" (United States Capitol, Washington, DC, December 8, 1941), https://www.loc.gov/resource/afc1986022.afc1986022_ms2201/?st=text&r=0.004,−0.152,0.793,0.391,0.

29) Quoted in Steven Englund, *Napoleon: A Political Life* (Cambridge, MA: Harvard Uni−versity Press, 2004), 105. See also Clausewitz, On War, 185.

30) Joel Ira Holwitt, "Execute against Japan": The U.S. Decision to Conduct Unrestricted Submarine Warfare (College Station: Texas A&M University Press, 2009), 139-149.

31) Richard Overy, *Why the Allies Won* (New York: W. W. Norton, 1997), 11-13.

32) US Department of Defense, *Indo−Pacific Strategy Report: Preparedness, Partnerships, and Promoting a Networked Region* (Washington, DC: US Department of Defense, July 1, 2019), 23-24, https://media.defense.gov/2019/Jul/01/2002152311/−1/−1/1/DEPART−MENT−OF−DEFENSE−INDO−PACIFIC−STRATEGY−REPORT−2019.PDF.

33) 이 논점에 대하여 특히 알렉스 벨레즈-그린(Alex Velez-Green)에게 감사하다.

34) Narushige Michishita, Peter M. Swartz, and David F. Winkle, *Lessons of the Cold War in the Pacific: U.S. Maritime Strategy, Crisis Prevention, and Japan's Role* (Washington, DC: Wilson Center, May 2016), 8, https://www.wilsoncenter.org/sites/default/files/media/documents/publication/lessons_of_the_cold_war_in_the_pacific.pdf, cited in Ashley Townshend and Brendan Thomas-Noone with Matilda Steward, Averting Crisis: American Strategy, Military Spending and Collective Defence in the Indo-Pacific (United States Studies Centre, University of Sydney, August 2019), 62-64, https://united-states-studies-centre.s3.amazonaws.com/uploads/9e7/e52/ff4/9e7e52ff4c698816393349716d6d61e5f4566606/Averting-crisis-American-strategy-military-spending-and-collective-defence-in-the-Indo-Pacific.pdf. 또한 Ashley Townshend et al., *Bolstering Resilience in theIndo-Pacific: Policy Options after COVID-19* (Sydney: United States Studies Centre, University of Sydney, June 2020), 13-14, https://www.ussc.edu.au/analysis/bolstering-resilience-in-the-indo-pacific-policy-options-for-aus-min-after-covid-19.

35) William L. Shirer, *The Rise and Fall of the Third Reich: A History of Nazi Germany* (1960; repr., New York: Simon and Schuster, 2011), 286-290.

36) David G. Chandler, *The Campaigns of Napoleon* (New York: Macmillan, 1966), 739-749; and A. Wess Mitchell, *The Grand Strategy of the Habsburg Empire* (Princeton, NJ: Princeton University Press, 2018), 194-224.

37) McPherson, *Battle Cry of Freedom*, 특히 309, 312, 768-771; Gilbert, *First World War*, 특히 437, 511, 514-515; Michael Howard, *The Franco-Prussian War: The German Invasion of France, 1870-1871*, 2nd ed. (London: Routledge, 2005), 352-357; Carter Malkasian, *The Korean War: 1950-1953* (Oxford: Osprey, 2001), 27-29; and William Stueck, "The Korean War," in *The Cambridge History of the Cold War*, ed. Melvyn P. Leffler and Odd Arne Westad (Cambridge: Cambridge University Press, 2010), 277-278.

38) Michael J. Green, *By More Than Providence: Grand Strategy and American Power in the Asia Pacific since 1783* (New York: Columbia University Press, 2017), esp. 199-207; H. W. Brands, *Bound to Empire: The United States and the Philippines* (New York: Oxford University Press, 1992), 20-38; and Philip Zelikow, "Why Did America Cross the Pacific? Reconstructing the U.S. Decision to Take the Philippines, 1989-99," *Texas National Security Review* 1, no. 1 (November 2017): 36-67, https://doi.org/10.15781/.

39) 다음의 사례를 보라. the Soviet Bloc's "Seven Days to the Rhine" exercise. Kyle Mizokami, "Revealed: How the Warsaw Pact Planned to Win World War Three in Europe," *National Interest*, July 2, 2016, https://nationalinterest.org/feature/revealed-how-the-warsaw-pact-planned-win-world-war-three-16822. 바르샤바 조약기구의 계획의 역사에 대하여는 Vojtech Mastny, Sven G. Holtsmark, and Andreas Wenger, eds., *War Plans and Alliances in the Cold War: Threat Perceptions in the East and West* (London: Routledge, 2006).

40) Charles Esdaile, *Napoleon's Wars: An International History, 1801-1815* (London: Allen Lane, 2007), 249-251; Ramon Hawley Myers, Mark R. Peattie, and Ching-Chih Chen, *The Japanese Colonial Empire, 1895-1945* (Princeton, NJ: Princeton University Press, 1998); Norman M. Naimark, *The Russians in Germany: A History of the Soviet Zone of Occupation, 1945-1949* (Cambridge, MA: Belknap Press of Harvard University Press,

1995); Jean−Louis Panné et al., *The Black Book of Communism: Crimes, Terror, Repression*, trans. Jonathan Murphy (Cambridge, MA: Harvard University Press, 1999), 33-456.

41) Protocol Additional to the Geneva Conventions of 12 August 1949, and Relating to the Protection of Victims of International Armed Conflicts (Protocol I), art. 58, August 6, 1977, U.N.T.C. 17512; Protocol Additional to the Geneva Conventions of 12 August 1949 and Relating to the Protection of Victims of Non−International Armed Conflicts (Protocol II), art. 13, August 6, 1977, U.N.T.C. 17513; US Department of Defense, Department of Defense Law of War Manual (Washington, DC: Offi ce of the General Counsel, US Department of Defense, June 2015), §5.6.1.2, 209, https://dod.defense.gov/Portals/1/Documents/pubs/DoD%20Law%20of%20War%20Manual%20−%20June%202015%20Updated%20Dec%202016.pdf?ver＝2016−12−13−172036−190.

42) US Department of Defense, *Department of Defense Law of War Manual*, §2.2, 52-53, §2.2.2.2, 55-56.

43) James S. Corum, *The Luftwaffe: Creating the Operational Air War, 1918-1940* (Law−rence: University Press of Kansas, 1997), 7, 198-199, 327n72.

44) See B. H. Liddell Hart, *History of the Second World War* (New York: G. P. Putnam's Sons, 1970), 66-68, 594.

45) Michael Warner, *The Office of Strategic Services: America's First Intelligence Agency* (Langley, VA: CIA History Staff, Center for the Study of Intelligence, Central Intelligence Agency, May 2000); M. R. D. Foot, *SOE in France: An Account of the Work of the British Special Operations Executive in France, 1940-1944* (London: Her Majesty's Stationery Offi ce, 1966).

46) Denis Judd, *Empire: The British Imperial Experience from 1765 to the Present* (New York: Basic Books, 1996), 258-272; and Richard English, *Armed Struggle: The History of the IRA* (Oxford: Oxford University Press, 2003), 187-227.

47) 다음의 사례를 보라. Alistair Horne, *A Savage War of Peace: Algeria, 1954-1962* (London: Macmillan, 1972).

48) ROC Mainland Affairs Council, "Summarized Results of the Public Opinion Survey on the 'Public's View on the President's Inaugural Address and Related Cross−Strait Issues' " (Taipei: Mainland Affairs Council, Republic of China, May 31, 2020), https://ws.mac.gov.tw/001/Upload/297/relfile/8010/5920/203aeeaf−e762−4ee8−a1c2−0c7cc0d3245e.pdf. 또 James T. Areddy and William Mauldin, "Outrage over China's Treatment of Hong Kong Galvanizes the West," Wall Street Journal, July 15, 2020, https://www.wsj.com/articles/outrage−over−chinas−treatment−of−hong−kong−galvanizes−the−west−11594805405.

49) 다음을 보라. Paul Kennedy, *The Rise and Fall of the Great Powers: Economic Change and Military Conflict from 1500 to 2000* (New York: Random House, 1987), 100-115.

50) White House, United States Strategic Approach to the People's Republic of China (Washington, DC: White House, May 2020), https://www.whitehouse.gov/wp−content/uploads/2020/05/U.S.−Strategic−Approach−to−The−Peoples−Republic−of−China−Report−5.20.20.pdf. 중국의 대목표보다 개방된 노력에 관해서는 Xi Jin−ping, "Secure a Decisive Victory in Building a Moderately Prosperous Society in All Respects and Strive

for the Great Success of Socialism with Chinese Characteristics for a New Era" (19th National Congress of the Communist Party of China, Beijing, October 18, 2017), 21, xinhuanet.com/english/download/Xi_Jinping's_report_at_19th_CPC_Na−tional_Congress.pd f. 또한 Elizabeth C. Economy, *The Third Revolution* (New York: Oxford University Press, 2018).

51) 다음을 보라. Karen M. Sutter, Andres B. Schwarzenberg, and Michael D. Sutherland, COVID−19: China Medical Supply Chains and Broader Issues, R46304 (Washington, DC: Congressional Research Service, April 6, 2020), esp. 9-21, https://crsreports.congress. gov/product/pdf/R/R46304.

52) David Kahn, *Seizing the Enigma: The Race to Break the German U−Boat Codes, 1939- 1943*, rev. ed. (Annapolis, MD: Naval Institute Press, 2012).

53) Herman Kahn, *On Escalation: Metaphors and Scenarios* (New York: Praeger, 1965), 289- 291.

54) Fred Anderson, Crucible of War: The Seven Years' War and the Fate of Empire in British North America (New York: Random House, 2000), 504-506.

55) 이 사안에 대한 뛰어난 탐색은 German Federal Minister of Defence, *White Paper 1983: The Security of the Federal Republic of Germany* (Bonn: German Federal Government, 1983).

56) 이 역사에 관한 저자의 평가는 인용과 함께 다음을 보라. Elbridge A. Colby, "The United States and Discriminate Nuclear Options in the Cold War," in *On Limited Nu−clear War in the 21st Century*, ed. Jeffrey A. Larsen and Kerry M. Kartchner (Stanford, CA: Stanford University Press, 2014), 49-79.

57) 이에 대한 훌륭한 분석은 Robert Komer, *Maritime Strategy or Coalition Defense?* (Cambridge, MA: Abt Books, 1984).

58) 다음의 사례를 보라. Eliot A. Cohen, "Toward Better Net Assessment: Rethinking European Conventional Balance," *International Security* 13, no. 1 (Summer 1988): 50-89, doi:10. 2307/2538896.

59) Clausewitz, On War, 87.

제11장 시사점

1) Hugh White, *The China Choice: Why America Should Share Power* (Melbourne: Black, 2012); Christopher Layne, "Sleepwalking with Beijing," *National Interest*, no. 137 (May/June 2015): 37-45, https://www.jstor.org/stable/44028380; and Graham Allison, "The New Spheres of Infl uence: Sharing the Globe with Other Great Powers," *Foreign Affairs* 99, no. 2 (March/April 2020): 30-40, https://www.foreignaffairs.com/articles/united− states/2020−02−10/new−spheres−influence.

2) 이 정의는 다음의 정의들과 닮았다. Barry R. Posen, *Restraint: A New Foundation for U.S. Grand Strategy* (Ithaca, NY: Cornell University Press, 2014), 1; and Hal Brands, *What Good Is Grand Strategy: Power and Purpose in American Statecraft from Harry S. Truman to George W. Bush* (Ithaca, NY: Cornell University Press, 2014), 3. 패러다임의 개

념에 관해서 Thomas S. Kuhn, *The Structure of Scientific Revolutions*, 4th ed. (Chicago: University of Chicago, 2012).

3) Stephen Peter Rosen, *Winning the Next War: Innovation and the Modern Military* (Ithaca, NY: Cornell University Press, 1991), 34-38. See also Barry R. Posen, *The Sources of Military Doctrine: France, Britain, and Germany between the World Wars* (Ithaca, NY: Cornell University Press, 1984); Williamson Murray and Allan R. Millett, eds., *Military Innovation in the Interwar Period* (New York: Cambridge University Press, 1996); and David E. Johnson, *Fast Tanks and Heavy Bombers: Innovation in the U.S. Army, 1917-1945* (Ithaca, NY: Cornell University Press, 1998).

4) US Department of Defense, *Summary of the 2018 National Defense Strategy: Sharpening the American Military's Strategic Edge* (Washington, DC: US Department of Defense, January 2018), https://dod.defense.gov/Portals/1/Documents/pubs/2018−National−Defense−Strategy−Summary.pdf. 국방전략에 수반되는 자세한 사항에 대하여는 Hearing to Receive Testimony on China and Russia, before the Armed Services Committee, United States Senate, 116th Cong. (2019) (statement of Elbridge A. Colby), https://www.armed−services.senate.gov/imo/media/doc/Colby_01−29−19.pdf. For the Department's progress along these lines and challenges to further progress, see Mark T. Esper, "Implementing the National Defense Strategy: A Year of Success," *US Department of Defense*, July 2020, https://media.defense.gov/2020/Jul/17/2002459291/−1/−1/1/NDS−FIRST−YEAR−ACCO MPLISHMENTS−FINAL.PDF; and Govini, *The 2020 Federal Scorecard* (Rosslyn, VA: Govini, 2019), https://www.govini.com/wp−content/uploads/2020/06/Govini−2020−Federal−Scorecard. pdf.

5) 다음의 사례를 보라. Japanese Ministry of Defense, *National Defense Program Guidelines for FY2019 and beyond* (Tokyo: Japanese Ministry of Defense, December 18, 2018), https://www.mod.go.jp/j/approach/agenda/guideline/2019/pdf/20181218_e.pdf; and Australian Department of Defence, *2020 Defence Strategic Update* (Canberra: Australian Government, July 2020), https://www.defence.gov.au/strategicupdate−2020/. 또한 다음을 보라. Eric Heginbotham and Richard J. Samuels, "Active Denial: Redesigning Japan's Response to China's Military Challenge," *International Security* 42, no. 4 (Spring 2018): esp. 153-155, https://doi.org/10.1162/isec_a_00313; and Ashley Townshend and Brendan Thomas−Noone with Matilda Steward, *Averting Crisis: American Strategy, Military Spending and Collective Defence in the Indo−Pacific* (Sydney: United States Studies Centre, University of Sydney, August 2019), esp. 60-73, https://united−states−studies−centre.s3.amazonaws. com/uploads/9e7/e52/ff4/9e7e52ff4c698816393349716d6d61e5f4566606/Averting−crisis−American−strategy−military−spending−and−collective−defence−in−the−Indo−Pacific. pdf.

6) 다음의 첨언을 참고. David Ochmanek in Richard Bernstein, "The Scary War Game Overt Taiwan That the U.S. Loses Again and Again," *Real Clear Investigations*, August 17, 2020, https://www.realclearinvestigations.com/articles/2020/08/17/the_scary_war_game_over_taiw an_that_the_us_loses_again_and_again_124836.html. 또한 Christopher M. Dougherty, *Why America Needs a New Way of War* (Washington, DC: Center for a New American Security, June 2019), esp. 24.

7) National Security Council, "U.S. Strategic Framework for the Indo−Pacific," (Washington,

DC: White House, 2018), 5, https://www.whitehouse.gov/wp−content/uploads/2021/ 01/IPS−Final−Declass.pdf. 어떻게 대만이 이렇게 할 수 있었는지에 관한 사례로는 William S. Murray, "Revisiting Taiwan Defense Strategy," *Naval War College* 61, no. 3 (2008): 13-38, https://digital−commons.usnwc.edu/cgi/viewcontent.cgi?article=1814&context =nwc−review; and Jim Thomas, John Stillion, and Iskander Rehman, *Hard ROC 2.0: Taiwan and Deterrence through Protraction* (Washington, DC: Center for Strategic and Budgetary Assessments, 2014), https://csbaonline.org/research/publications/hard−roc− 20−taiwan−and−deterrence−through−protraction.

8) 다음의 사례를 보라. Jonathan F. Solomon, "Demystifying Conventional Deterrence: Great Power Conflict and East Asian Peace," *Strategic Studies Quarterly* 7, no. 4 (Winter 2013): 117-157, https://www.jstor.org/stable/26270780; Andrew F. Krepinevich Jr., *Archipelagic Defense: The Japan−U.S. Alliance and Preserving Peace and Stability in the Western Pacific* (Tokyo: Sasakawa Peace Foundation, 2017), https://www.spf.org/en/global− data/SPF_20170810_03.pdf; Evan Braden Montgomery, *Reinforcing the Front Line: U.S. Defense Strategy and the Rise of China* (Washington, DC: Center for Strategic and Budgetary Assessments, 2017), https://csbaonline.org/research/publications/reinforc−ing− the−front−line−u.s.−defense−strategy−and−the−rise−of−china; David Ochmanek et al., *U.S. Military Capabilities and Forces for a Dangerous World; Readying the U.S. Military for Future Warfare, before the House Armed Services Committee*, 115th Cong. (2018) (statement of Jim Thomas, Principal and Co−Founder, Telemus Group), https://docs.house.gov/meetings/AS/AS00/20180130/106813/HfHRG−115−AS00−Wstate− Tho−masJ−20180130.pdf; David Ochmanek, *Restoring U.S. Power Projection Capabilities: Responding to the 2018 National Defense Strategy* (Santa Monica, CA: RAND Corporation, July 2018), https://www.rand.org/pubs/perspectives/PE260.html; Bryan Clark et al., *Regaining the High Ground at Sea: Transforming the U.S. Navy's Carrier Air Wing for Great Power Competition* (Washington, DC: Center for Strategic and Budgetary Assessment, December 2018), https://csbaonline.org/research/publications/regaining−the− high−ground−at−sea−transforming−the−u.s.−navys−carrier−air−wi; David Johnson, "An Army Caught in the Middle between Luddites, Luminaries, and the Occasional Looney," *War on the Rocks*, December 19, 2018, https://warontherocks.com/ 2018/12/ an−army−caught−in−the−middle−between−luddites−luminaries−and−the−occasio nal−looney/; Jim Mitre, "A Eulogy for the Two−War Construct," *Washington Quarterly* 41, no. 4 (Winter 2019): 7-30, https://doi.org/10.1080/0163660X.2018.1557479; Billy Fabian et al., Strengthening the Defense of NATO's Eastern Frontier (Washington, DC: Center for Strategic and Budgetary Assessments, March 2019), https://csbaonline.org/ research/publications/strengthening−the−defense−of−natos−eastern−frontier; Thomas G. Mahnken et al., *Tightening the Chain: Implementing a Strategy of Maritime Pressure in the Western Pacific* (Washington, DC: Center for Strategic and Budgetary Assessments, May 2019), https://csbaonline.org/research/publications/implementing−a−strategy−of− maritime−pressure−in−the−western−pacifi c; Mike Gallagher, "State of (Deterrence by) Denial," *Washington Quarterly* 42, no. 2 (Summer 2019): 31-45, https://doi.org/ 10.1080/0163660X.2019.1626687; Dougherty, *Why America Needs a New Way of War*; Robert O. Work and Greg Grant, *Beating the Americans at Their Own Game: An Offset Strategy with Chinese Characteristics* (Washington, DC: Center for a New American

Security, June 2019), https://www.cnas.org/publications/reports/beating−the−americans−at−their−own−game; Thomas P. Ehrhard, "Treating Pathologies of Victory: Hardening the Nation for Strategic Competition," in *2020 Index of U.S. Military Strength*, ed. Dakota L. Wood (Washington, DC: Heritage Foundation, 2019), 19-33, https://www.heritage.org/military−strength/topical−essays/treating−the−pathologies−victory−hardening−the−nation−strategic; Townshend, Thomas−Noone, and Steward, Averting Crisis; Bryan Clark and Timothy A. Walton, Taking Back the Seas: Transforming the U.S. Surface Fleet for Decision−Centric Warfare (Washington, DC: Center for Strategic and Budgetary Assessments, December 2019), https://csbaonline.org/research/publications/taking−back−the−seas−transforming−the−u.s−surface−fleet−for−decision−centric−warfare; Miranda Priebe et al., *Distributed Operations in a Contested Environment: Implications for USAF Force Presentation* (Santa Monica, CA: RAND Corporation, 2019), https://www.rand.org/pubs/research_reports/RR2959.html; Andrew F. Krepinevich Jr., *Protracted Great−Power War: A Preliminary Assessment* (Washington, DC: Center for a New American Security, February 2020), https://www.cnas.org/publications/reports/protracted−great−power−war; Brendan Rittenhouse Green and Austin Long, "Conceal or Reveal? Managing Clandestine Military Capabilities in Peacetime Competition," *International Security* 44, no. 3 (Winter 2019/20): 48-83, https://doi.org/10.1162/ ISEC_a_00367; Christian Brose, *The Kill Chain: Defending America in the Future of High−Tech Warfare* (New York: Hachette, 2020); Bryan Frederick et al., *Understanding the Deterrent Impact of U.S. Overseas Forces* (Santa Monica, CA: RAND Corporation, 2020), https://doi.org/10.7249/RR2533; Eric J. Wesley and Robert H. Simpson, "Expanding the Battlefield: An Important Fundamental of Multi−Domain Operations," *Land Warfare Paper* 131 (Arlington, VA: Association of the United States Army, April 2020), https://www.ausa.org/sites/default/files/publications/LWP−131−Expanding−the−Battlefield−An−Im−portant−Fundamental−of−Multi−Domain−Operations.pdf; and David H. Berger, Force Design 2030 (Washington, DC: US Marine Corps, March 2020), https://www.hqmc.marines.mil/Portals/142/Docs/CMC38%20Force%20Design%202030%20Report%20Phase%20I%20and%20II.pdf?ver=2020−03−26−121328−460.

9) 다음을 보라. Michael J. Green, *By More Than Providence: Grand Strategy and American Power in the Asia Pacific since 1783* (New York: Columbia University Press, 2017), 245-296, 321-322. See also Abraham M. Denmark, U.S. *Strategy in the Asian Century: Empowering Allies and Partners* (New York: Columbia University Press, 2020).

10) Andrew Rhodes, "The Second Island Cloud: A Deeper and Broader Concept for American Presence in the Pacific Islands," *Joint Force Quarterly* 95 (2019): 46-53, https://ndupress.ndu.edu/Portals/68/Documents/jfq/jfq−95/jfq−95.pdf.

11) For a treatment of Sino−Indian strategic competition, see Daniel Kliman et al., *Imbalance of Power: India's Military Choices in an Era of Strategic Competition with China* (Washington, DC: Center for a New American Security, October 2019), https://www.cnas.org/publications/reports/imbalance−of−power.

12) 다음의 사례를 보라. Jacob Cohn, Adam Lemon, and Evan Braden Montgomery, *Assessing the Arsenals: Past, Present, and Future Capabilities* (Washington, DC: Center for Strategic and Budgetary Assessments, 2019), esp. 35-37, https://csbaonline.org/research/publications/

Assessing_the_Arsenals_Past_Present_and_Future_Capabilities.

13) 다음을 보라. Alexander Benard, *Swing Nations: How the United States Can Win against China across Asia and Africa* (Stanford, CA: Hoover Institution, forthcoming).

14) 다음의 사례를 보라. David Shambaugh, "U.S.−China Rivalry in Southeast Asia: Power Shift or Competitive Coexistence?," *International Security* 42, no. 4 (Spring 2018): 93-95, doi:10.1162/ISEC_a_00314; Murray Hiebert, *Under Beijing's Shadow: Southeast Asia's China Challenge* (Lanham, MD: Rowman and Littlefi eld, 2020); and Gregory B. Policy, *Rocks and Rules: America and the South China Sea* (New York: Oxford University Press, forthcoming).

15) 태국은 1954년 동남아시아 조약 및 마닐라 조약의 다자간 조약(SEATO는 이래로 해체), 1962년의 타낫−러스크 고뮤니크 (communiqué), 2003년 주요 비NATO 동맹 선정 그리고 2012년 태국−미국 공동비전선언의 결과로서(SEATO는 이래로 해체) 미국과 얕은 동맹관계를 맺고 있다. Bureau of East Asian and Pacific Affairs, "U.S. Relations with Thailand," *Bilateral Relations Fact Sheet* (Washington, DC: US Department of State, October 21, 2019), https://www.state.gov/u−s−relations−with−thailand/; Emma Chanlett−Avery, Ben Dolven, and Wil Mackey, Thailand: Back−ground and U.S. Relations, IF10253 (Washington, DC: Congressional Research Service, July 29, 2015), 1, 5-8, https://crsreports.congress.gov/product/pdf/IF/IF10253; and Thai Minister of Defense Sukumpol Suwanatat and Secretary of Defense Leon E. Panetta, "2012 Joint Vision Statement for the Thai−U.S. Defense Alliance" (Bangkok, November 15, 2012), https://archive.defense.gov/releases/release.aspx?releaseid=15685. 전 미 태평양사령부 작전처장 (예)소장 마크 몽고메리가 태국에 대한 워싱턴에 비교한 상태에 관하여 명확히 해준 것에 감사하다.

16) 역사에 대한 것은 Chris Baker and Pasuk Phongpaichit, A History of Thailand, 2nd ed. (Melbourne: Cambridge University Press, 2009), 81-139.

17) 간단한 개관은 Ian Storey, "China's 'Malacca Dilemma,'" China Brief (James−town Foundation) 6, no. 8 (April 12, 2006), https://jamestown.org/program/chinas−ma−lacca−dilemma/.

18) Emma Chanlett−Avery, Caitlin Campbell, and Joshua A. Williams, The U.S.−Japan Alliance, RL33740 (Washington, DC: Congressional Research Service, updated June 13, 2019), 9, https://crsreports.congress.gov/product/pdf/RL/RL33740.

19) Australian Department of Defence, 2020 Defence Strategic Update.

20) 미국의 외교정책에서 완벽한 안보를 추구하는 것에 대한 비판은 Patrick Porter, The Global Village Myth: Distance, War, and the Limits of Power (Washington, DC: Georgetown University Press, 2015).

21) 학술적으로 다룬 내용에 대한 예는 다음을 보라. Desmond Ball and Jeffery Richelson, eds., Strategic Nuclear Targeting (Ithaca, NY: Cornell University Press, 1986); and Scott D. Sagan, Moving Targets: Nuclear Strategy and National Security (Princeton, NJ: Princeton University Press, 1989), esp. 10-98.

22) 다음을 보라. Augustus Richard Norton, Hezbollah: A Short History, updated ed. (Princeton, NJ: Princeton University Press, 2014), 27-46.

23) 다음을 보라. Paul K. Davis and Brian Michael Jenkins, *Deterring and Influence in Counter−terrorism: A Component in the War on al Qaeda* (Santa Monica, CA: RAND

Corporation, 2002), https://www.rand.org/pubs/monograph_reports/MR1619.html; Robert Trager and Dessislava Zagorcheva, "Deterring Terrorism: It Can Be Done," *International Security* 30, no. 3 (Winter 2005/06): 87-123, https://www.jstor.org/stable/4137488; and Daniel Byman, *A High Price: The Triumphs and Failures of Israeli Counterterrorism* (Oxford: Oxford University Press, 2011). 이 사안에 대한 이전의 분석은 Elbridge A. Colby, "Expanded Deterrence," *Policy Review* (June and July 2008), https://www.hoover.org/research/expanded-deterrence.

24) 다음을 보라. Stephen Tankel, "A Resource-Sustainable Strategy for Countering Violent Extremist Organizations" (Washington, DC: Center for a New American Security, September 24, 2020), https://www.cnas.org/publications/commentary/a-resource-sustainable-strategy-for-countering-violent-extremist-organizations; 그리고 군 구조에 대한 시사점은 David Ochmanek et al., U.S. Military Capabilities and Forces for a Dangerous World, xv, 77-94.

25) 다음의 사례를 보라. Erik W. Goepner, "Learning from Today's War: Measuring the Effectiveness of America's War on Terror," Parameters 46, no. 1 (Spring 2016): 107-120, https://publications.armywarcollege.edu/pubs/3323.pdf.

26) 다음의 사례를 보라. Hearing to Consider the Nomination of: General Mark A. Milley, USA for Re-appointment to the Grade of General and to Be Chairman of the Joint Chiefs of Staff, before the Committee on Armed Services, United States Senate, 116th Cong. 67 (2019) (Advance Policy Questions for Gen. Mark A. Milley, US Army, nominee for appointment to be Chairman of the Joint Chiefs of Staff), https://www.armed-services.senate.gov/imo/media/doc/Milley_APQs_07-11-19.pdf; and Melissa Dalton and Mara Karlin, "Toward a Smaller, Smarter Force Posture in the Middle East," Defense One, August 26, 2018, https://www.defenseone.com/ideas/2018/08/toward-smaller-smarter-force-posture-middle-east/150817/.

27) 특히 이 대테러사업 분야에서 알렉스 벨레즈-그린(Alex Velez-Green)이 기여한 것에 대하여 감사하다. 이 문제에 대하여 어떻게 대처해야 하는지에 대한 그의 분석이 이 분야의 대부분을 반영한다. 마이클 리터(Michael Leiter)의 첨언도 이 분야에서 크게 도움이 되었다.

28) Michael Bennet, *Projected Costs of U.S. Nuclear Forces, 2019-2028* (Washington, DC: Congressional Budget Office, January 2019), 4, https://www.cbo.gov/publication/54914; Laicie Heeley et al., *Counterterrorism Spending: Protecting America While Promoting Efficiencies and Accountability* (Washington, DC: Stimson Center, May 2018), 13, https://www.stimson.org/2018/counterterrorism-spending-protecting-america-while-promoting-efficiencies-and-accountability/. 스팀슨 센터 연구는 해외상황작전(Overseas Contingency Operation, OCO) 기금을 대테러사업 지출의 계산에 포함했다. OCO 항목은 유럽 억지 구상(European Deterrence Initiative)과 같은 비대테러사업기금을 포함한다.

29) Office of the Historian, "French Intervention in Mexico and the American Civil War," Foreign Service Institute, US Department of State, https://history.state.gov/mile-stones/1861-1865/french-intervention.

30) 해군장관 샐본(Selborne)이 다음과 같이 말했듯 "결정적인 전투는 … 유럽해역에서 이뤄질 것이다 … 만약 영국 해군이 지중해와 영국해협에서 패배한다면 우리 지위에 가해지는 긴장은 중국해협에서의 우세의 그 어떤 정도에 의해서도 완화되지 않을 것이다. 그러나 만약 영국해군이 지중해와 영국해협에서 제압한다면 중국해협에서의 심각한 재앙마저도 별로 중요

하지 않을 것이다. 그러므로 이런 고려사항들은 제국의 안전함에 어울리는 최소한의 중국해역에서의 해군만을 유지할 것에 대한 건전한 주장을 뒷받침한다." 다음에서 인용 Aaron L. Friedberg, *The Weary Titan: Britain and the Experience of Relative Decline, 1895-1905* (Princeton, NJ: Princeton University Press, 1988), 176. 전략적 동시성에 관한 중요한 연구는 A. Wess Mitchell, *Strategic Sequencing: How Great Powers Avoid Two Front Wars* (Cambridge, MA: Belfer Center for Science and International Affairs, forthcoming).

31) 동시성에 대한 본질적인 연구는 Mitre, "Eulogy for the Two—War Construct." 다른 시각은 Hal Brands and Evan Braden Montgomery, "One War Is Not Enough: Strategy and Force Planning for Great Power Competition," *Texas National Security Review* 3, no. 2 (Spring 2020), http://dx.doi.org/10.26153/tsw/8865; and The Department of Defense's Role in Long—Term Major State Competition, before the Armed Services Committee, U.S. House of Representatives, 116th Cong. 3 (2020) (statement of Thomas G. Mahnken, President and Chief Executive Officer, Center for Strategic and Budgetary Assessments), https://csbaonline.org/research/publications/statement—before—the—house—armed—serv ices—committee—the—department—of—defenses—role—in—long—term—major—state— competition.

32) International Institute for Strategic Studies, *Military Balance*, 284-286.

33) World Bank, "GDP, PPP (Current International $)—Korea, Rep." (Washington, DC: World Bank, accessed June 17, 2020), https://data.worldbank.org/indicator/NY.GDP.MKTP.PP. CD?locations=KR; International Institute for Strategic Studies, *The Military Balance*, vol. 119 (London: International Institute for Strategic Studies, 2019), 515; Stockholm International Peace Research Institute, "Military Expenditure by Country, in Constant (2017) US $m., 1988-2018" (Stockholm: SIPRI, 2019), 18, https://www.sipri.org/sites/ default/files/Data%20for%20all%20countries%20from%201988%E2%80%932018%20in%20con stant%20%282017%29%20USD%20%28pdf%29.pdf. 비교 데이터는 2018년에 대한 것이며, 2017년 달러화를 기준으로 측정되었다.

34) See David Ochmanek and Lowell H. Schwartz, *The Challenge of Nuclear—Armed Regional Adversaries* (Santa Monica, CA: RAND Corporation, 2008), 53, https://www. rand.org/pubs/monographs/MG671.html; Committee on Conventional Global Strike Capability, National Research Council, *U.S. Conventional Prompt Global Strike: Issues for 2008 and Beyond* (Washington, DC: National Academies Press, 2008), 48-50; and Defense Science Board Task Force, T*ime Critical Conventional Strike from Strategic Standoff* (Washington, DC: Office of the Under Secretary of Defense for Acquisition, Technology, and Logistics, US Department of Defense, March 2009), 81-84, https://dsb. cto.mil/reports/2000s/ADA498403.pdf.

35) Brad Roberts, "On the Strategic Value of Ballistic Missile Defense," *Proliferation Papers* (Institut Français des Relations Internationales), no. 50 (June 2014): 9-35, https://www. ifri.org/sites/default/fi les/atoms/fi les/pp50roberts.pdf.

36) 비슷한 시각은 Isaac Stone Fish and Robert Kelly, "North Korea Is Ultimately China's Problem: How Washington Can Get Beijing to Step Up," *Foreign Affairs*, June 8, 2018, https://www.foreignaffairs.com/articles/china/2018—06—08/north—korea—ultimately—chi nas—problem.

37) 다음의 사례를 보라. Erik W. Goepner, "Learning from Today's War: Measuring the

Effectiveness of A Kenneth E. Todorov, *Missile Defense: Getting to the Elusive "Right Side of the Cost Curve"* (Washington, DC: Center for Strategic and International Studies, April 2016), https://www.csis.org/analysis/missile−defense−getting−elusive−right−side−cost−curve.

38) Evan Braden Montgomery, "Primacy and Punishment: U.S. Grand Strategy, Maritime Power, and Military Options to Manage Decline," *Security Studies* 29, no. 4 (2020): 769−796, doi:10.1080/09636412.2020.1811463.

39) Jakub J. Grygiel and A. Wess Mitchell, *The Unquiet Frontier: Rising Rivals, Vulnerable Allies, and the Crisis of American Power* (Princeton, NJ: Princeton University Press, 2017), 8; President of the Russian Federation, "The Russian Federation's National Security Strategy," *Russian Federation*, trans. Instituto Español de Estudios Estratégicos (IEEE), December 31, 2015, http://www.ieee.es/Galerias/fichero/OtrasPublicaciones/Internacional/2016/Russian−National−Security−Strategy−31Dec2015.pdf.

40) Scott Boston et al., *Assessing the Conventional Force Imbalance in Europe: Implications for Countering Russian Local Superiority* (Santa Monica, CA: RAND Corporation, 2018), https://www.rand.org/pubs/research_reports/RR2402.html; Fabian et al., *Strengthening the Defense of NATO's Eastern Front*, 1-14.

41) David A. Shlapak and Michael W. Johnson, *Reinforcing Deterrence on NATO's Eastern Flank* (Santa Monica, CA: RAND Corporation, 2016), 6, 8, https://www.rand.org/pubs/research_reports/RR1253.html; Dougherty, *Why America Needs a New Way of War*, 34-35. North Atlantic Treaty Organization, "NATO Readiness Initiative" (Brussels: NATO, June 2018), https://www.nato.int/nato_static_fl2014/assets/pdf/pdf_2018_06/20180608_1806−NATO−Readiness−Initiative_en.pdf; and North Atlantic Treaty Organization, "NATO: Ready for the Future: Adapting the Alliance (2018-2019)" (Brussels: NATO, November 2019), https://www.nato.int/nato_static_fl2014/assets/pdf/pdf_2019_11/20191129_191129−adaptation_2018_2019_en.pdf.

42) 전략의 역설적인 논리에 대한 중대한 연구는 Edward N. Luttwak, Strategy: The Logic of War and Peace, 2nd ed. (Cambridge, MA: Belknap Press of Harvard University Press, 2001).

43) US Department of Defense, *Nuclear Posture Review* (Washington, DC: US Department of Defense, 2018), 8, 30, https://dod.defense.gov/News/SpecialReports/2018NuclearPosture Review.aspx. See also Alexander Velez−Green, *The Unsettling View from Moscow: Russia's Strategic Debate on a Doctrine of Pre−Emption* (Washington, DC: Center for a New American Security, April 2017), https://www.jstor.org/stable/resrep06406; Dave Johnson, *Russia's Conventional Precision Strike Capabilities, Regional Crises, and Nu−clear Thresholds* (Livermore, CA: Center for Global Security Research, Lawrence Livermore National Laboratory, February 2018), https://cgsr.llnl.gov/content/assets/docs/Precision−Strike−Capabilities−report−v3−7.pdf.

44) 다른 것들 중에서도 다음을 참고. David A. Shlapak and Michael W. Johnson, *Reinforcing Deterrence on NATO's Eastern Flank; Testimony from Outside Experts on Recommendations for a Future National Defense Strategy, before the Committee on Armed Services, United States Senate*, 115th Cong. (2017) (statement of David Ochmanek, Senior International/Defense Researcher, RAND Corporation), https://www.armed−

services.senate.gov/imo/media/doc/Ochmanek_11−30−17.pdf; and Fabian et al., Strengthening the Defense of NATO's Eastern Front.

45) 스웨덴의 현대 전략환경에 대한 훌륭한 분석은 Johan Raeder, "The United States National Defense Strategy—Consequences for Swedish Defense Policy," *Royal Academy of Swedish War Sciences Proceedings and Journal*, no. 1 (2020): 7-23.

46) 다음을 사용한 계산 North Atlantic Treaty Organization, "Defence Expenditure of NATO Countries (2012-2019)," PR/CP(2019) 069 (Brussels: NATO, June 2019), 7-10, https://www.nato.int/nato_static_fl2014/assets/pdf/pdf_2019_06/20190625_PR2019−069−EN.pdf; and World Bank, "GDP (Current US$)—Russian Federation" (Washington, DC: World Bank, accessed December 7, 2019), https://data.worldbank.org/indicator/NY.GDP.MKTP.CD?locations=RU. 두 수치 모두 2015년 달러화 기준이다.

47) Polish Ministry of National Defence, *The Defence Concept of the Republic of Poland* (Warsaw: Polish Ministry of National Defence, 2017), https://www.gov.pl/web/national−defence/defenceconcept−publication.

48) Stockholm International Peace Research Institute, *SIPRI Yearbook: Armaments, Disarmament and International Security* (Stockholm: SIPRI, various years), cited in World Bank, "Military Expenditure (% of GDP)—Germany," (Washington, DC: World Bank, accessed December 8, 2019), https://data.worldbank.org/indicator/ms.mil.xpnd.gd.zs; Congressional Budget Office, *U.S. Ground Forces and the Conventional Balance in Europe* (Washington, DC: Congress of the United States, June 1988), 93, https://www.cbo.gov/sites/default/files/100th−congress−1987−1988/reports/doc01b−entire.pdf; and Michael Shurkin, *The Abilities of the British, French, and German Armies to Generate and Sustain Armored Brigades in the Baltics* (Santa Monica, CA: RAND Corporation, 2017), 10, https://www.rand.org/pubs/research_reports/RR1629.html.

49) For a similar view, see Andrew F. Krepinevich, *Preserving the Balance: A U.S. Eurasia Defense Strategy* (Washington, DC: Center for Strategic and Budgetary Assessments, 2017), 28, https://csbaonline.org/research/publications/preserving−the−balance−a−u.s.−eurasia−defense−strategy.

50) Bernard Brodie, *Strategy in the Missile Age* (Santa Monica, CA: RAND Corporation, 1959), 358.

51) SIPRI, SIPRI Yearbook, cited in World Bank, "Military Expenditure (% of GDP)—United States" (Washington, DC: World Bank, accessed June 2, 2020), https://data.worldbank.org/indicator/MS.MIL.XPND.GD.ZS?locations=US&start=2000; and Brendan W. McGarry, *FY2021 Defense Budget Request: An Overview* (Washington, DC: Congressional Research Service, February 20, 2020), 4, https://crsreports.congress.gov/product/pdf/IN/IN11224.

52) 이 주제에 관한 문헌의 조사에 대하여는 Rati Ram, "Defense Expenditure and Eco−nomic Growth," in *Handbook of Defense Economics*, vol. 1, ed. Keith Hartley and Todd Sandler (Oxford: Elsevier, 1995), 251-274.

53) Mancur Olson Jr. and Richard Zeckhauser, An Economic Theory of Alliances (Santa Monica, CA: RAND Corporation, 1966), https://www.rand.org/pubs/research_memo−randa/RM4297.html. See also Hedley Bull, "Strategy and the Atlantic Alliance: A Critique of United States Doctrine" (Princeton, NJ: Center for International Studies, Woodrow Wilson School of Public and International Affairs, Princeton University, 1964); Mancur

Olson, *The Logic of Collective Action: Public Goods and the Theory of the Groups* (Cambridge, MA: Harvard University Press, 1971); Francis A. Beer, *The Political Economy of Alliances* (Beverly Hills, CA: Sage, 1972); Todd Sander and Jon Cauley, "On the Economic Theory of Alliances," *Journal of Conflict Resolution* 19, no. 2 (1975): 330-348, https://doi.org/10.1177/002200277501900207; Todd Sandler, "Sharing Burdens in NATO," *Challenge* 31, no. 2 (March/April 1988): 29-35 https://www.jstor.org/stable/40720487; Todd Sandler, "The Economic Theory of Alliances: A Survey," *Journal of Conflict Resolution* 37, no. 3 (September 1993): 446-483, https://www.jstor.org/stable/174264; John R. Oneal and Paul F. Diehl, "The Theory of Collective Action and NATO Defense Burdens: New Empirical Tests," *Political Research Quarterly* 47, no. 2 (June 1994): 373-396, doi:10.2307/449016; and Anika Binnedijk and Miranda Priebe, *An Attack against Them All? Drivers of Decisions to Contribute to NATO Collective Defense* (Santa Monica, CA: RAND Corporation, 2019), https://www.rand.org/pubs/research_reports/RR2964.html.

54) Scott D. Sagan and Kenneth N. Waltz, *The Spread of Nuclear Weapons: An Enduring Debate*, 3rd ed. (New York: W. W. Norton, 2013). 반론은 Richard K. Betts, "Universal Deterrence or Conceptual Collapse? Liberal Pessimism and Utopian Realism," in *The Coming Crisis: Nuclear Proliferation, U.S. Interests, and World Order*, ed. Victor A. Utgoff (Cambridge, MA: MIT Press, 2000), 65-66.

55) 비슷한 시각은 James R. Schlesinger, "The Strategic Consequences of Nuclear Proliferation," in *Selected Papers on National Security, 1964-1968* (Santa Monica, CA: RAND Corporation, 1974), 3-11.

56) 안정-불안정의 역설의 개념에 관해서 Glenn H. Snyder, "The Balance of Power and the Balance of Terror," in *The Balance of Power*, ed. Paul Seabury (San Francisco: Chandler, 1965), 185-201. See also Robert Jervis, *The Illogic of American Nuclear Strategy* (Ithaca, NY: Cornell University Press, 1984), 31.

57) 다음을 보라. Erik W. Goepner, "Learning from Today's War: Measuring the Effectiveness of A North Atlantic Treaty Organization, "Deterrence and Defense Posture Review," 2012 (063) (Brussels: NATO, May2012), para. 10, https://www.nato.int/cps/en/natohq/official_texts_87597.htm.

제12장 올바른 평화

1) Hans J. Morgenthau, Politics among Nations: The Struggle for Power and Peace, 7th ed. (New York: McGraw-Hill Education, 2005).

저자소개

앨브리지 A. 콜비 Elbridge A. Colby

정책 싱크탱크인 마라톤 이니셔티브의 공동창립자이자 대표. 2017년 국방부 전략전력개발 부차관보를 역임, 2018년 국방전략서(NDS) 집필 및 발간을 주도했다. 여기서 최초로 국방 노력을 중국, 러시아에 의해 가해지는 대미안보위협에 집중할 것을 제시하였다. 2003년 이 라크 연합군임시행정처, 2004년 대량살상무기 위원회, 2005년 국가정보국(DNI), 등에서 복무했으며, 2017년 국가안보전략서(NSS)의 집필대표도 역임했다.

역자소개

오준혁

연합사단 참모장교로 육군 소령으로 복무 중. 2013년 해외파병, 이후 2016년 군경합동작 전, 미국(레인저, 그린베레) 및 이스라엘 특수부대와의 연합훈련, 2020년 사관학교 교수, 이어서 연합업무를 수행하고 있다. 국제분야, 유관기관 및 정책분야의 경험을 쌓아가면서 군의 발전과 국가방위에 기여하고자 노력하는 군인이다. 저서로 「웨스트포인트에서 꿈꾸 다」가 있다.

거부전략: 강대국 분쟁시대 미국의 국방

초판발행	2023년 9월 30일
중판발행	2024년 5월 20일
지은이	Elbridge A. Colby
옮긴이	오준혁
펴낸이	안종만 · 안상준
편 집	사윤지
기획/마케팅	최동인
표지디자인	BEN STORY
제 작	고철민 · 조영환
펴낸곳	㈜ **박영사**
	서울특별시 금천구 가산디지털2로 53, 210호(가산동, 한라시그마밸리)
	등록 1959. 3. 11. 제300-1959-1호(倫)
전 화	02)733-6771
f a x	02)736-4818
e-mail	pys@pybook.co.kr
homepage	www.pybook.co.kr
ISBN	979-11-303-1816-5 93390

* 파본은 구입하신 곳에서 교환해 드립니다. 본서의 무단복제행위를 금합니다.

정 가	29,000원